大数据技术与项目实战系列教材

主流开源云平台部署与应用实践

◎ 联创中控（北京）教育科技有限公司　编著

清華大学出版社
北京

内 容 简 介

本书针对当前流行的云平台及部署方法进行分析介绍，理论与实际结合。全书共分为10章，分别介绍云计算基础、OpenStack 云平台部署及使用、CloudStack 云平台部署及使用。

本书层次清晰、结构合理，具体内容包括云计算简介以及云计算的发展趋势、云计算总体架构、主流开源云平台软件 OpenStack 和 CloudStack 概述、OpenStack 平台各个组件的安装配置、OpenStack 管理工具的使用、OpenStack 的运行和维护、CloudStack 的安装配置、CloudStack 的使用、CloudStack 源代码分析以及 API 接口调用等。

本书适合云计算以及大数据的初学者阅读，也可作为高等院校相关课程的教学参考书。

图书在版编目(CIP)数据

主流开源云平台部署与应用实践/联创中控（北京）教育科技有限公司编著. —北京：清华大学出版社，2022.3

大数据技术与项目实战系列教材

ISBN 978-7-302-51421-3

Ⅰ. ①主… Ⅱ. ①联… Ⅲ. ①计算机网络 Ⅳ. ①TP393

中国版本图书馆 CIP 数据核字(2018)第 235745 号

责任编辑：贾 斌 李 晔
封面设计：刘 键
责任校对：李建庄
责任印制：朱雨萌

出版发行：清华大学出版社
网 址：http://www.tup.com.cn，http://www.wqbook.com
地 址：北京清华大学学研大厦 A 座 **邮 编：**100084
社 总 机：010-83470000 **邮 购：**010-62786544
投稿与读者服务：010-62776969，c-service@tup.tsinghua.edu.cn
质量反馈：010-62772015，zhiliang@tup.tsinghua.edu.cn
课件下载：http://www.tup.com.cn,010-83470236
印 装 者：北京嘉实印刷有限公司
经 销：全国新华书店
开 本：185mm×260mm **印 张：**23 **字 数：**563 千字
版 次：2022 年 5 月第 1 版 **印 次：**2022 年 5 月第 1 次印刷
印 数：1～2000
定 价：59.00 元

产品编号：078324-01

前言

FOREWORD

OpenStack 和 CloudStack 具有许多强大的功能，可以让用户构建一个安全的多租户云计算环境，可以帮助用户更好地协调服务器、存储、网络资源，从而构建一个 IaaS 平台。

本书深入浅出地介绍了 OpenStack 和 CloudStack，并从历史发展、安装配置、功能使用、开发入门等方面进行了全面的介绍。

本书旨在指导读者进行 OpenStack 和 CloudStack 的入门学习，使读者掌握 OpenStack 和 CloudStack 的安装和使用步骤，对 OpenStack 和 CloudStack 产生全面、系统的认识。

本书对 OpenStack 和 CloudStack 的基本技术方法进行了分析，并提供了相应的实例帮助读者进行更加深入的了解。通过本书的学习，相信大家会在很短暂的时间内会掌握 OpenStack 和 CloudStack 的相关技术，为以后的工作、学习提供指导与帮助。

本书特色

本书作者从实践出发，结合大量的教学经验以及工程案例，深入浅出地介绍大数据技术架构及相关组件。在内容的编排上，注重理论与实践相结合。首先提出相关的理论背景，并进行深入分析、讲解，然后着重介绍相关技术的环境搭建，最后通过实际操作，帮助读者对技术的掌握及应用。

为了方便读者对内容的理解和满足相关教学、工作的需要，本书配套提供了真实的样本数据文件、PPT 课件以及实验视频，读者可以根据勘误与支持中的联系方式进行咨询或者获取文件。

本书适用对象

本书既适合初学者阅读，也适合有一定基础的技术人员为进一步提高技术水平使用。本书的读者对象包括：

- 云计算初学者。
- 云计算开发人员。
- 云平台管理人员。
- 高等院校计算机相关专业的老师、学生。
- 具有云计算大数据相关经验，并希望进一步提高技术水平的读者。

如何阅读本书

本书在章节的安排上，旨在引导读者以最快的速度上手。本书一共包括 10 章，分为 3 个部分：云计算概述、OpenStack 以及 CloudStack。

云计算概述(第 1～3 章)。第 1 章的主要内容包括云计算简介以及云计算的发展趋势；第 2 章的主要内容包括云计算总体架构、云计算关键技术以及云计算典型应用架构；第 3

章的主要内容包括主流开源云平台软件、OpenStack 和 CloudStack 概述。

OpenStack(第 4～6 章)。第 4 章主要讲解 OpenStack 平台各个组件的安装配置；第 5 章着重讲解 OpenStack 管理工具的使用，包括虚拟机的管理、资源管理、网络管理等；第 6 章着重讲解 OpenStack 的运行和维护，包括故障排除以及监控管理工具的使用。

CloudStack(第 7～10 章)。第 7 章主要讲解 CloudStack 的安装过程，包括管理节点以及计算节点的安装，CloudStack 简介，CloudStack 架构分析，CloudStack 网络功能等；第 8 章详细介绍 CloudStack 的使用，包括磁盘管理、网络管理、访问控制、虚拟机管理等；第 9 章基于 CloudStack 源代码以及 API 接口进行讲解；第 10 章针对 CloudStack 使用过程中的常见错误进行讲解，旨在帮助读者更好地掌握相关的知识。

致谢

在本书的编写过程中，得到了广大企事业单位人员的大力支持，在此特别感谢渭南师范学院朱创录副教授参与编写了本教材的第 1～3 章的内容。同时谨向在本教材编写过程中给予支持与帮助的专家、学者致以深深的谢意。在本书的编辑和出版过程中还得到了清华大学出版社的帮助与支持，在此一并表示感谢。

编　者

2022 年 3 月

目录

CONTENTS

第1部分　云计算概述

第 3 部分 CloudStack

第 1 部分　云计算概述

第1章

云计算及其发展趋势

1.1 云计算简介

1.1.1 什么是云计算

每天打开电视，拧开水龙头，有没有想过这些资源使用起来为什么这么方便？不需要亲自去建一个大电站、自来水厂，电和水想用就用，不用的时候关掉即可，也不会出现浪费。这些资源都是按需收费的，用多少就付多少的费用。这些资源的产生、输送和维护都有专门的工作人员来操作，使用者并不需要过多地担心，十分方便。

如果把计算机、网络、磁盘存储这种 IT 基础设施与水电等资源做比较的话，IT 基础设施还远未达到像水电资源那样的高效利用。就当前情况而言，无论是个人还是企业，都是自己准备这些 IT 基础设施，空置率相当高，并没有得到有效的利用。产生这种情况的主要原因是由于 IT 基础设施在流通性上并不如水电那样便利。

科技在飞速发展，网络带宽、硬件计算能力都在不断提升。这些硬件技术的发展，为 IT 基础设施的流通创造了关键的条件。那么当 IT 基础设施具备流通性的时候，就有企业开始考虑转向 IT 基础设施提供商的角色。其实，发电厂与自来水厂的产生，也是需要解决流通性这个关键的问题（铺设管道与线路成为可能）。任何商品的产生，也是首先要解决流通性的问题。如果物品不能流通，进而无法交换，那么也就具备不了商品价值。

首先设想一下，有那么一个 IT 基础设施提供商，愿意提供个人和企业所需要的 IT 基础设施（按需收费与使用）。这些 IT 基础设施，如 CPU、存储、硬件维护、硬件更新都有人来维护，不需要个人和企业参与。如果 IT 基础设施能够像水电一样流通、按需收费，便是狭义上的云计算。如果IT资源从基础设施扩展至软件服务、网络应用、数据存储，就引申出了广义的云计算。这也就意味着IT资源能够通过网络交付及使用了。

表1-1给出了云计算与水电特征的比较。

表1-1 云计算与水电特征比较

特　征	云　计　算	水　电
弹性资源提供	根据客户需要来提供IT资源，实现资源的弹性提供。当客户的需求增加时，可以多提供一些资源；当客户的需求减少时，可以将资源回收，供其他客户使用	水电的提供都是具备一定弹性的。用户可以很容易地通过水龙头和电源开关控制水电和使用量
资源自助化	客户在云计算系统中，按照自己的需求选择自己所需要的资源类型	只要铺设了管道及线路，水电的使用量都是自助化的，开关随意
便捷	IT资源通过网络访问，变得相当便捷	水电的使用相当方便
计量收费	IT资源在流通的过程中，应该按照用户使用量(比如：占用磁盘大小、网络带宽、CPU数量等等)进行计费	水电的使用一般都是按照计量收费的，收费的时候只需要读取水表、电表读数就可以了
资源虚拟化	IT资源虚拟化实现资源整合，便于统一管理与使用	由于水电物理资源特性，较易实现整合管理，无须虚拟化

云计算技术上的实现，需要虚拟化、并行计算、效用计算、网络存储和负载平衡等旧有的技术。虽然云计算是技术的整合，却能够带来生活、生产方式以及商业模式的变化，因此云计算的实现总是令人瞩目。

1.1.2 什么是云存储

云计算将IT资源变得像水电资源一样易于管理与流通。但是云计算系统却面临另外一个大问题：存储。这好比自来水厂需要大容量的存储设备来处理从水源抽取的水(保存起来以供净化)。云计算系统除了修建数据中心存放物理设备之外，还需要存储大规模的数据。这些数据的来源有多种可能：用户数据、系统运行所需数据以及互联网数据(比如搜索引擎抓取的数据)。

采用何种方式存储与管理这些大规模的数据，就成了云计算系统需要考虑的问题。因此，云计算系统需要实现一个以存储为目标的子系统，即云存储系统。

云存储的概念应该是被云计算所包含，平时所提及的云计算就包含了云存储。之所以将云存储单独提出来，原因是云存储在整个云计算系统中，是一个比较完整的子系统，与云计算的其他模块相比，比较独立。甚至可以将云存储从云计算系统中脱离出来，只是单纯地面向用户提供存储服务(如Dropbox、微盘、网盘等)。鉴于云存储的特殊性，云存储经常被单独讨论。

那么云存储要实现什么样的目标呢？云的真正目的是将IT资源变得像水电一样流通

使用。

为了达成这样的目标，云存储在设计的时候，将云存储系统分为 4 层。

(1) 硬件层：硬件层是云存储最底层、最基础的部分。硬件层包括了网络光纤、iSCSI 设备、SSD 硬盘或者其他多种多样的存储设备。有时候，这些设备并不集中于某一地，而是通过网络连接在一起。

(2) 管理层：管理层是最核心的部分。管理层主要是通过分布式文件系统、网络通信让硬件设备协同工作。管理层保证了系统的可靠性、持久性和稳定性，进而向用户提供有效的存储服务。

(3) API 层：只是有了管理层还远远不够，还需要提供网络访问的 API。有了这些 API，就可以为各种各样的应用提供服务，比如视频点播、网盘和 Dropbox 等。

(4) 客户端：一个完整的云存储系统还需要有方便易用的客户端。简洁的 UI 和人性化的设计都是客户端应该考虑的重点。

1.1.3 私有云与公有云

什么是私有云？什么又是公有云？两者有什么区别？

打个比方，小李开了个大公司，在生产的时候，不能停水，并且要保证水质纯净。如果过度依赖自来水厂，那么有两种情况可能发生：输水管道破裂，断水；水源出现污染。当出现这两种情况的时候，大公司由于产品不达标，就会巨额亏损。这个时候小李想索性在公司内部成立一个供水部门，买来净化水的设备，直接向生产部门供应水。在运作时，供水部门需要检查供水管道，并且保证水质。

与此类似，很多公司在使用云计算系统的时候，出于安全、性能和保密等方面的考虑，自己设计了云计算系统以供本公司使用。这样的云计算就是私有云(相当于小李自己成立的供水部门)。

公有云的地位则相当于面向公众供水的自来水厂。公有云并不特定地面向某个公司或者某个个人提供服务，而是面向需要云计算资源的所有企业和个人提供服务。简言之，面向公众的云计算称为公有云。

公有云与私有云的差别主要体现在应用场景上。两种云计算系统核心实现甚至可以完全相同。但是，两个很关键的因素却导致了公有云的发展并没有跟上私有云的步伐。

(1) 安全性：个人，尤其是企业非常关心数据的安全性。一旦出现数据泄露，企业的核心数据外泄，那么导致的后果很有可能会严重影响企业的发展。相对而言，由于访问控制等原因，私有云的安全性可以得到一定的保证。

(2) 服务可靠性：公有云为了节省资源，在超负荷运行、出现宕机的时候，容易对企业造成影响。比如某视频网站在直播节目的时候，发现申请的公有云资源宕机了，直播就只能暂停。

在公有云成型的今天，主要是上面的两大因素制约着公有云的发展。而私有云则还处于发展阶段。但是两者的核心实现，对程序员而言，差异并不大。对于初学者而言，只需要关心云计算的核心实现。当具备一定的基础与实力后，可以在公有云或者企业私有云上大展拳脚。

1.1.4 为什么使用云计算

上面从理论上介绍了云计算的作用：将 IT 资源变得像水电一样可流通。但是为什么使用云计算？云计算对于互联网的设计会带来怎么样的变化？云计算产生的背景又是什么呢？

举一个简单的例子：设计一个网站，提供 http、MySQL 和 ftp 这 3 个服务。http 提供动态页面显示，MySQL 提供后台数据记录与查询服务，ftp 提供简单的文件上传与共享服务。

方案 1：简单的服务部署

1. 部署方式

如图 1-1 所示的模型为传统的服务部署模型。

在这个模型中，所有的服务都在一台主机里。很多人员在开发时候，都会采用这种部署方式，其优点是开发、调试都很简单。

图 1-1 http、ftp 和 MySQL 服务部署到一台主机中

2. 存在的问题

1) 安全

所有的服务都是放在一台机器上，当出现安全问题的时候，所有的服务都受到了威胁。整个网站都暴露了，没有任何隐秘信息可言。

2) 可靠性

采用这种方式，可靠性太低了。当物理服务器一出现问题，所有的服务都不可用了。整个系统的可靠性相当差。

3) 扩展难度

当访问量以及数据量开始上升之后，方案 1 又会遇到扩展的制约。一种简单的办法是，换一台功能更大的服务器(旧的机器被闲置浪费了)。但即使是市场上的最好的服务器，它的性能以及所能支撑的数据访问量也是有限的。

4) 维护成本

维护时，服务软件本身的故障较易处理，毕竟只需要把精力集中于一台机器上。但是，当造成故障的原因是操作系统、硬件时，维护成本就变得较为困难，那么所有的服务都受到了严重的干扰。

3. 生活实例

关于这种部署方式，可以想象为小李想开一个饭店。小李征求到的方案 1：会计、厨师、采购员都由小李一个人做。这种简单的做法，会有哪方面的隐患呢？

安全性而言，当采购员小李钱包被偷了，没买到菜。小李也没法做菜，于是收入也没有了。一个小问题，就直接导致小李的饭店停业一天。

可靠性而言，比如小李生病了，那么会直接导致饭店关门歇业。

就扩展性而言，由于所有的业务都需要一个人来做，需要找到一个与小李一样精通会计、厨师、采购的人不容易。

就维护而言，就小李一个人，看似简单。不过有一天，小李的手受伤了，缠着绷带要休息几天，饭店又关门歇业了。

方案 2：分布式服务部署

1. 部署方式

在投资界，有一句至理名言："不要把鸡蛋都放在一个篮子里"。说的是投资需要分散风险，以免因孤注一掷的失败造成巨大的损失。在服务架设方面，一般也需要满足这个原则。方案 1 由于把所有的服务都放在一个服务器上，带来的风险是巨大的。这个服务器一旦出现问题，所有的服务都瘫痪了。

针对这个问题，很自然地会想到分布式系统的处理方法，也就是方案 2。既然架设在一台服务器上是危险的，那么将这 3 个服务器分散至 3 台不同的物理服务器上，提出如图 1-2 所示的模型。

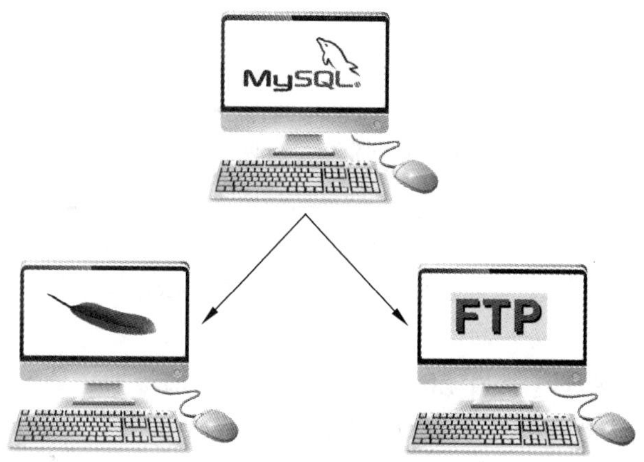

图 1-2 分布式架构模型

采用分布式模型，会带来很多优点。

1) 安全

由于服务分散到了 3 台机器，3 个服务器之间是相互隔离的，并且每台机器可以针对性地设置防火墙。当一台机器被攻击的时候，其他服务器可以不受影响，不会出现所有服务器都崩溃的情况。因此，可以说，在安全性方面，相比简单模型方案 1 而言，分布式的方案 2 已经有了明显的改观。

2) 可靠性

每个服务都有可靠性问题，在分布式架构下都可以得到解决。比如 http 需要的高可用服务，只需要额外增加一台备用服务器，当 http 服务器出现问题的时候，就使用备用服务器。MySQL 服务可以采用高可用集群的部署方式。ftp 文件存储服务可以替换为分布式存储服服务，或者直接采用云存储作为存储服务。

2. 存在的问题

采用分布式构建服务之后，可以解决安全、可靠性、扩张等问题。但是，扩展、部署和维护都会直接面对大量的物理服务器，其难度也相应增加。

1) 扩展难度

当用户增加、访问量开始上升的时候，对系统管理员、维护人员来说，又要进行采购设备、配置硬件、安装系统、配置软件等一系列重复而又烦琐的工作。

此外，还存在潜在的浪费。比如对于持续高访问量的网站而言，只需要持续不断地增加服务器，称之为添油战术。但是有的网站的访问量，在特定的时期会出现爆发式增长。采用添油战术的情况下，平时低访问量时，将造成大量的服务器的闲置和浪费。

2）部署难度

部署这么一套分布式系统，实在是比较麻烦的事情。可以想象的是，开发人员的开发环境、测试环境和生产环境都需要不断地重复验证。在此期间，需要经历多少次反复。交付给客户之后，还需要保证客户端能够维护这样一套复杂的系统。

3）维护难度

在分布式系统中，当发现某台物理服务器出现故障的时候，补救措施一般有两种：一种是在原机器上进行修复；另一种是找一台新的物理服务器，重新安装操作系统的服务软件。在此期间，需要经历漫长的修复过程。

3. 生活实例

如果觉得以上这些理论不容易理解，那么还是回到小李开饭店这个生动而又形象的例子上吧。小李征求的方案2：会计、厨师、采购分别由不同的人来担当。

就扩展而言，就是当某个职位上人手比较少的时候，需要找新人进行相应职能的培训。比如缺少采购，需要招新人进行采购的培训。每次招人的时候，还需要考虑到人员过剩的情况。

就部署而言，就是需要找齐相应的人，并且进行相应的培训。还要保证这些人员之间可以进行较好的合作。方案2的实施由于涉及很多人，小李部署这套方案也有很大压力。

就维护而言，就是当某个人身体出现问题的时候，小李有两种方案：一种是等待这个员工恢复健康；一种是另外找人，再进行培训。这两种方案都会浪费不少时间。

方案3：基于虚拟化的服务部署

1. 部署方式

在使用分布式方案部署的过程中，会遇到一系列难以解决的问题。一种有趣的想法是：能不能把这些服务部署到虚拟机上？通过虚拟机管理软件（Hypervisor）来进行管理。粗略一看，部署到虚拟机上，与部署到物理机上，没什么差别，并且还需要考虑性能损失的问题（虚拟机与同样配置的物理机相比，在性能方面会有一定的损失）。

设计一个系统的时候，需要考虑的因素很多。比如在这个系统中，要考虑的因素就有性能、安全性、可靠性、扩展难度、部署难度和可维护性等。需要综合所有的这些因素来设计这样一个系统。值得考虑的是，如果把服务器部署到虚拟机中，带来的便利性是否胜过性能上的损失，以及性能上的损失是否是在可接受的范围内。

在这种思路下，可以提出方案3：利用虚拟提供点构的系统，如图1-3所示。

KVM（Kernal Based Virtual Machine）表示运行于Linux平台上的虚拟机管理软件。在KVM上面，运行着3台虚拟机，分别运行着http、ftp和MySQL 3个服务。采用这种方式，与分布式的架构相比，有以下这些优点。

1）安全

采用虚拟机的架构，除了保证物理服务器的安全之外，还需要保证虚拟机的安全。物理

图 1-3　基于虚拟机方案的架构

机与虚拟机以及虚拟机与虚拟机之间，可以通过设置不同的网络、防火墙策略进行隔离，避免相互感染。

2）可靠性

在采用虚拟提供点构的情况下，可靠性与分布式方案略有不同。分布式方案中需要添加物理机，在此方案中，只需要添加虚拟机。

3）扩展

扩展的时候，首先是在资源空闲的物理机上建立虚拟机。当且仅当物理机资源不够时，才需要添加物理机资源。创建虚拟机的方式是将现有资源充分利用（当访问量低的时候，甚至可以把虚拟机集中于某些服务器，把空闲的关机以节省资源）。

4）部署

虚拟机的部署远比物理机的部署方便。添加一个新的虚拟机，最简单的方法是复制一个虚拟机磁盘模板。维护人员只需要通过 Hypervisor 便可以部署虚拟机（可以免掉那些重复的操作系统安装、软件配置过程）。

5）维护

把服务架设于虚拟机上面后，物理服务器的维护可以交给少量专业的机房管理员。整个系统的管理员可以专注于虚拟机的管理。

由此，可以看出，基于虚拟机的架构主要是把系统部署在虚拟机上。那么整个系统并不直接依赖于底层物理服务器，而是直接依赖于虚拟机。因此，整个系统可以分为如图 1-4 所示的 3 个层次。

从图 1-4 可以看出，系统依赖于虚拟机，虚拟机依赖于底层硬件。整个系统分为了 3 层，每层都有相应的管理人员或工具进行管理与维护，职能更加专一。网站管理员可以从烦琐的物理服务器管理中解脱出来，把精力放在网站功能及虚拟机管理上。

2. 存在的问题

方案 3 已经能够解决很多问题了。但是现在仍然面临着一个问题：当规模上去之后，怎么办？采用方案 3，小规模部署方式如图 1-5 所示。

图 1-5 显示了小规模部署的情况，只有 4 台服务器和一两台虚拟机。如果采用人工管理的方式，可以轻松搞定。但是，由于 Hypervisor 只能管理某一台物理机上的虚拟机，当物理机与虚拟机数量上升之后，直接基于 Hypervisor 的管理方式就不太合适了。大型互联网应用往

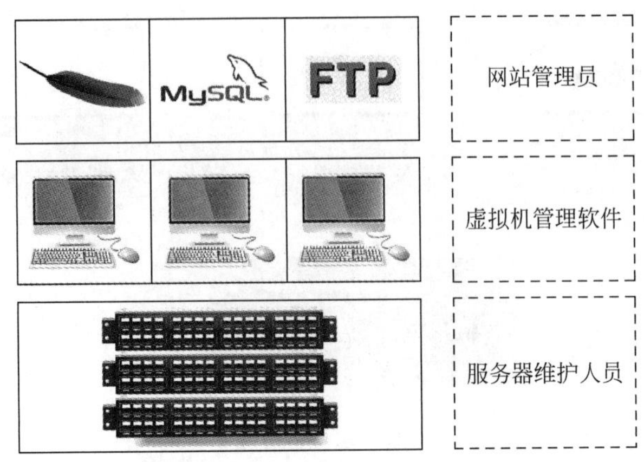

图 1-4　基于虚拟机架构分层示意图

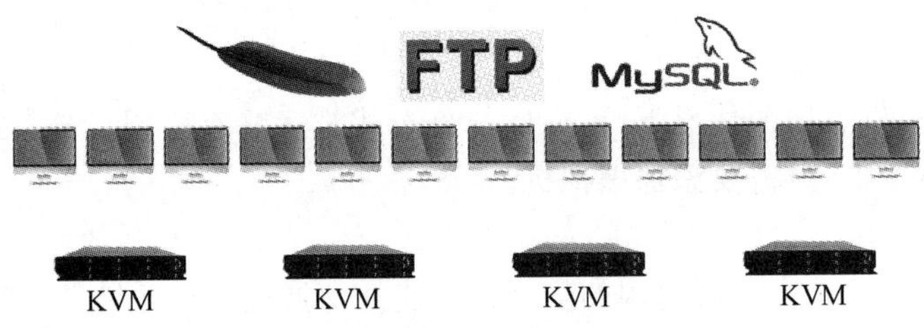

图 1-5　虚拟机架构小规模示意图

往有上千万台虚拟机，采用人工管理的方式就不适用了。此外，除了负责虚拟机创建之外，还需要处理虚拟机的网络、磁盘、CPU、内存的管理，人工来处理这些事务极其烦琐且易出错。

3. 生活实例

小李征求意见时，看到了方案 3：会计、厨师、采购人员依然由不同的人来担任，额外添加两个部门：一个是人事部门(人事部门对应图 1-4 中的服务器维护人员)，一个是培训部门(培训部门对应图 1-4 中的虚拟机管理软件)。

在平时，人事部门负责人员的管理、招聘、裁员和医疗等事务(对应于物理服务器的维护)。培训部门主要是负责将人事部门招聘来的新人培训成具备某种技能的员工(对应于虚拟机管理软件的功能)。

当业务扩张的时候，首先是向培训部门要人，如果培训部门发现有人可以培训，则把这些人培训为所需要的员工。如果培训部门发现没有人供培训，那么会向人事部门要人。人事部门则会寻找相应的人，并提供给培训部门。裁员则比较简单了。

由于将人员管理、人员培训和饭店运作这 3 种功能进行了明白的划分，小李看了这个方案很满意。但是小李还有一个疑问就是人事部门与培训部门又怎么运作呢？人事部门与培训部门又如何管理呢？

方案 4：云计算的解决方案

采用方案 3，使用虚拟提供点构，还是会面临同时管理物理机与虚拟机的难题。特别是当系统规模扩大之后，使用的物理机与虚拟机数目都会急剧增加。这时，Hypervisor 的管理功能已经不适合这种大规模的场景，需要设计一个虚拟机资源管理系统。

使用过 C 语言的人，都能够体会到内存资源使用的便利性。只需要简单地使用 malloc 与 free 两个函数，就可以很方便地申请和释放内存。那么，能否把虚拟机资源管理系统设计得如同内存管理系统一样，通过简单的函数调用，就可以生成或销毁虚拟机？

```
virtual_machine * vm = malloc_virtual_machine();
free_virtual_machine(vm);
```

这样的虚拟机资源管理系统，被称为云计算系统。当采用云计算系统之后，整个系统的结构就发生了变化，如图 1-6 所示。

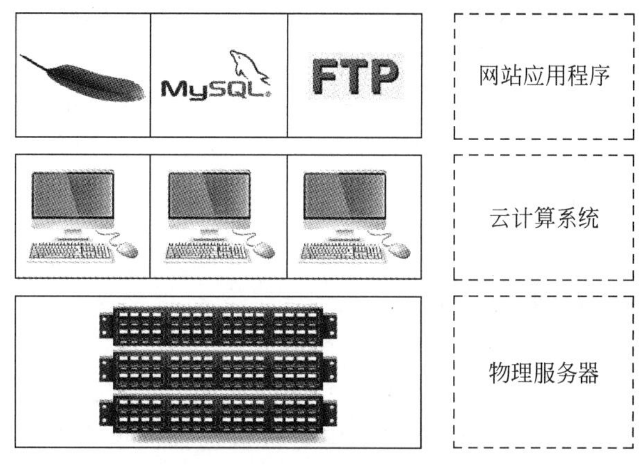

图 1-6 采用云计算系统之后的三层结构示意图

采用云计算系统之后，网站应用程序就可以直接运行在虚拟机之上了。不过，仔细想一下就会发现问题：从虚拟机到一个可供使用的应用程序还是有很长的路要走。那么按照以前的设想，能不能把这些步骤加以细化和系统化？答案是可以。当有一个可用的云计算系统之后，还需要有以下步骤：

(1) 云计算系统搭建完成之后，可以申请、管理虚拟机。

(2) 利用申请的虚拟机搭建 MySQL、Apache 和 FTP 等服务。

(3) 利用搭建的软件服务，搭建出互联网应用程序。

将这 3 个步骤进行仔细的划分，就成了著名的云计算三层架构模型，如图 1-7 所示。

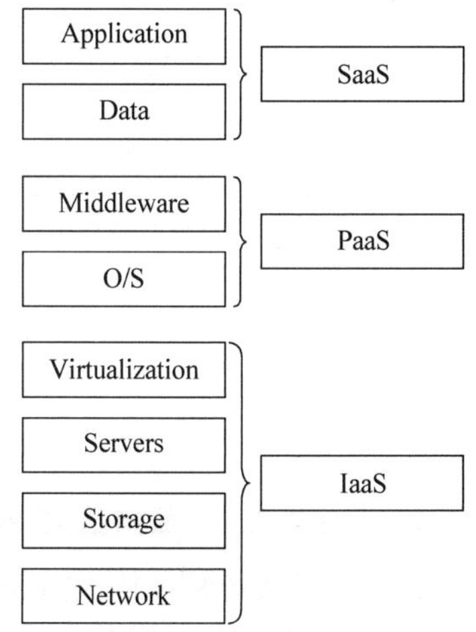

图 1-7 云计算系统三层架构

在这 3 个层次中，每层代表的具体含义如下：

(1) IaaS(Infrastructure as a Service)基础设施即服务。IaaS 包括的部分如物理机的管理、虚拟机的管理和存储的管理。

(2) PaaS(Platform as a Service)平台即服务。PaaS 包括的部分如在虚拟机中搭建开发环境（比如配置好 Apache、MySQL 和 PHP 等环境）。

(3) SaaS(Software as a Service)软件即服务。SaaS 包括的部分如搭建一个购物网站、博客网站、微博网站等，这种互联网应用可以像商品一样进行流通。

采用这种三层架构有什么优势呢?

- 资源的有效管理与利用。IaaS 管理了底层物理资源,并且向上层提供虚拟机。因此数据中心的管理员只需要维护物理服务器就可以了,并不需要了解上层应用程序。此外,SaaS 层的应用程序是按需请求虚拟机,当需求量较少的时候,可以关闭空闲的服务器以节省电量;当需求量上升的时候,可以新开一些服务器提供虚拟机,从而可以达到资源的有效利用。
- 快速部署中间件服务。PaaS 可以快速批量地生成中间件服务,用来支持上层各种各样的互联网应用。如网上商店、博客应用都需要各自的数据库服务,那么就可以分别向 PaaS 请求各自的数据库。此时,PaaS 会自动生成两个相互独立的数据库服务,而不需要开发人员手动配置数据库。
- 加速互联网应用开发。当 PaaS 平台稳定之后,开发人员不再需要从底层搭建各种中间件服务,可以直接调用 PaaS 的 API,进一步生成应用程序,因此互联网应用开发变得更加容易、快速。

1.2 云计算的发展趋势

随着云计算技术在各行各业日新月异的发展与突破,以及云计算产学研生态链各环节持续不懈的“化云为雨”的努力,云计算的应用与价值挖掘已全面渗透到企业 IT 信息化以及电信网络转型变革的方方面面。各行业、各企业依据自身业务现状、竞争形势与信息化变革程度的不同,不断持续深化企业 IT 云化的程度,并从一个里程碑走向下一个里程碑。

1.2.1 云计算发展的里程碑

从云计算理念最初诞生至今,企业 IT 架构从传统非云架构向目标云化架构的演进,可总结为经历了如图 1-8 所示的三大里程碑发展阶段。

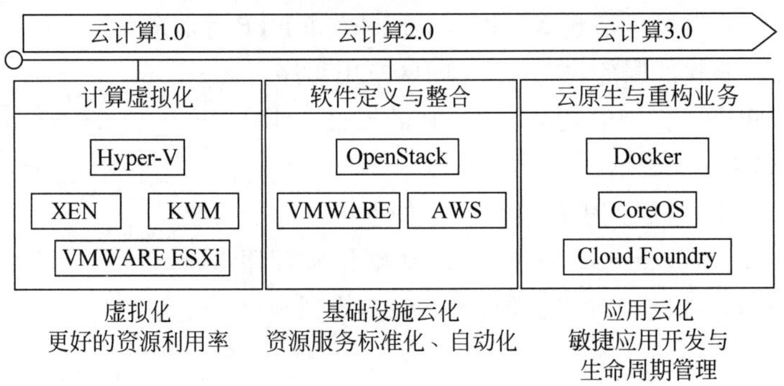

图 1-8 云计算发展的 3 个阶段

1. 云计算 1.0:面向数据中心管理员的 IT 基础设施资源虚拟化阶段

该阶段的关键特征体现为通过计算虚拟化技术的引入,将企业 IT 应用与底层的基础设施彻底分离解耦,将多个企业 IT 应用实例及运行环境(客户机操作系统)复用在相同的物理服务器上,并通过虚拟化集群调度软件,将更多的 IT 应用复用在更少的服务器节点上，从而实现资源利用效率的提升。

2. 云计算 2.0：面向基础设施云租户和云用户的资源服务化与管理自动化阶段

该阶段的关键特征体现为通过管理平台的基础设施标准化服务与资源调度自动化软件的引入，以及数据平台的软件定义存储和软件定义网络技术，面向内部和外部的租户，将原本需要通过数据中心管理员人工干预的基础设施资源复杂低效的申请、释放与配置过程，转变为在必要的限定条件下（比如资源配额、权限审批等）的一键式全自动化资源发放服务过程。这个转变大幅提升了企业 IT 应用所需的基础设施资源的快速敏捷发放能力，缩短了企业 IT 应用上线所需的基础设施资源准备周期，将企业基础设施的静态滚动规划转变为动态按需资源的弹性按需供给过程。这个转变同时为企业 IT 支撑其核心业务走向敏捷，更好地应对瞬息万变的企业业务竞争与发展环境奠定了基础。云计算 2.0 阶段面向云租户的基础设施资源服务供给，可以是虚拟机形式，可以是容器（轻量化虚拟机），也可以是物理机形式。该阶段的企业 IT 云化演进，暂时还不涉及基础设施层之上的企业 IT 应用与中间件、数据库软件架构的变化。

3. 云计算 3.0：面向企业 IT 应用开发者及管理维护者的企业应用架构的分布式微服务化和企业数据架构的互联网化重构及大数据智能化阶段

该阶段的关键特征体现为：企业 IT 自身的应用架构逐步从（依托于传统商业数据库和中间件商业套件，为每个业务应用领域专门设计的、烟囱式的、高复杂度的、有状态的、规模庞大的）纵向扩展应用分层架构体系，走向（依托开源增强的、跨不同业务应用领域高度共享的）数据库、中间件平台服务层以及（功能更加轻量化解耦、数据与应用逻辑彻底分离的）分布式无状态化架构，从而使得企业 IT 在支撑企业业务敏捷化、智能化以及资源利用效率提升方面达到一个新的高度，并为企业创新业务的快速迭代开发铺平了道路。针对上述三大云计算发展演进里程碑阶段而言，云计算 1.0 已经是过去式，且一部分行业、企业客户已完成初步规模的云计算 2.0 建设商用，正在考虑该阶段的进一步扩容，以及面向云计算 3.0 的演进；而另一部分客户则正在从云计算 1.0 走向云计算 2.0，甚至同步展开云计算 2.0 和 3.0 的演进评估与实施。

1.2.2　云计算各阶段间的主要差异

上述云计算里程碑阶段点之间，特别是云计算 1.0 与 2.0/3.0 阶段之间的主要差异体现为如下 7 点。

1. 从 IT 非关键应用走向电信网络应用和企业关键应用

站在云计算面向企业 IT 及电信网络的使用范围的视角来看，云计算发展初期，虚拟化技术主要局限于非关键应用，比如办公桌面云、开发测试云等。该阶段的应用往往对底层虚拟化带来的性能开销并不敏感。人们更加关注于资源池规模化集中之后资源利用效率的提升以及业务部署效率的提升。然而随着云计算的持续深入普及，企业 IT 云化的范围已从周边软件应用，逐步走向更加关键的企业应用，甚至企业的核心生产 IT 系统。由此，如何确保云平台可以更为高效、更为可靠地支撑时延敏感的企业关键应用，就变得至关重要。

对于企业 IT 基础设施的核心资产而言，除去实实在在的计算、存储、网络资源等有形物理资产之外，最有价值的莫过于企业数据这些无形资产。在云计算的计算虚拟化技术发展初期阶段，Guest OS 与 Host OS 之间的前后端 I/O 队列在 I/O 吞吐上的开销较大，而传统的结构化数据由于对 I/O 性能吞吐和时延要求很高，这两个原因导致很多事务关键型结构化数据在云化的初期阶段并未被纳入虚拟化改造的范畴，从而使得相关结构化数据的基础设施仍处于虚拟化乃至云计算资源池的管理范围之外。然而随着虚拟化 XEN/KVM 引擎在 I/O 性能上的不断优化提升（如采用 SR-IOV 直通、多队列优化技术），使得处于企业核心应用的 ERP 等关系型关键数据库迁移到虚拟化平台上实现部署和运行已不是问题。

与此同时，云计算在最近 2～3 年内，已从概念发源地的互联网 IT 领域，渗透到电信运营商网络领域。互联网商业和技术模式的成功，启发电信运营商们通过引入云计算实现对现有电信网络和网元的重构来打破传统意义上电信厂家所采用的电信软件与电信硬件紧绑定的销售模式，同样享受到云计算为 IT 领域带来的红利，诸如：硬件 TCO 的降低，绿色节能，业务创新和部署效率的提升，对多国多子网的电信功能的快速软件定制化以及更强的对外能力开放。

2. 从计算虚拟化走向存储虚拟化和网络虚拟化

从支撑云计算按需、弹性分配资源，与硬件解耦的虚拟化技术的角度来看，云计算早期阶段主要聚焦在计算虚拟化领域。事实上，众所周知的计算虚拟化技术早在 IBM 370 时代就已经在其大型机操作系统上诞生了。技术原理是通过在 OS 与裸机硬件之间插入虚拟化层，来在裸机硬件指令系统之上仿真模拟出多个 370 大型机的“运行环境”，使得上层“误认为”自己运行在一个独占系统之上，实际上是由计算虚拟化引擎在多个虚拟机之间进行 CPU 分时调度，同时对内存、I/O、网络等访问也进行访问屏蔽。后来只不过当 x86 平台演进成为在 IT 领域硬件平台的主流之后，VMware ESX、XEN、KVM 等依托于单机 OS 的计算虚拟化技术才将 IBM 370 的虚拟化机制在 x86 服务器的硬件体系架构下实现并且商品化，并且在单机/单服务器虚拟化的基础上引入了具备虚拟机动态迁移和 HA 调度能力的中小集群管理软件（如 vCenter/vSphere、XEN Center、FusionSphere 等），从而形成当前的计算虚拟化主体。

随着数据和信息越来越成为企业 IT 中最为核心的资产，作为数据信息持久化载体的存储已经逐步从服务器计算中剥离出来成了一个庞大的独立产业，与必不可少的 CPU 计算能力一样，在数据中心发挥着至关重要的作用。当企业的存储需求发生变化时该如何快速满足新的需求以及如何利用已经存在的多厂家的存储，这些问题都需要存储虚拟化技术来解决。

与此同时，现代企业数据中心的 IT 硬件的主体已经不再是封闭的、主从式架构的大小型机一统天下的时代。客户端与服务器之间南北方向通信、服务器与服务器之间东西方向协作通信以及从企业内部网络访问远程网络和公众网络的通信均已走入了以对等、开放为主要特征的以太互联和广域网互联时代。因此，网络也成为计算、存储之后，数据中心 IT 基础设施中不可或缺的“三要素”之一。

就企业数据中心端到端基础设施解决方案而言，服务器计算虚拟化已经远远不能满足用户在企业数据中心内对按需分配资源、弹性分配资源、与硬件解耦的分配资源的能力需求，由此存储虚拟化和网络虚拟化技术应运而生。

除去云管理和调度所完成的管理控制面的 API 与信息模型归一化处理之外，虚拟化的重要特征是通过在指令访问的数据面上，对所有原始的访问命令字进行截获，并实时执行

“欺骗”式仿真动作，使得被访问的资源呈现出与其真正的物理资源不同的(软件无须关注硬件)、“按需获取”的颗粒度。对于普通 x86 服务器来说，CPU 和内存资源虚拟化后再将其(以虚拟机 CPU/内存规格)按需供给资源消费者(上层业务用户)。计算能力的快速发展，以及软件通过负载平衡机制进行水平扩展的能力提升，计算虚拟化中仅存在资源池的“大分小”的问题。然而对于存储来说，由于最基本的硬盘(SATA/SAS)容量有限，而客户、租户对数据容量的需求越来越大，因此必须考虑对数据中心内跨越多个松耦合的分布式服务器单元内的存储资源(服务器内的存储资源、外置 SAN/NAS 在内的存储资源)进行“小聚大”的整合，组成存储资源池。这个存储资源池，可能是某一厂家提供的存储软硬件组成的同构资源池，也可以是被存储虚拟化层整合成为跨多厂家异构存储的统一资源池。各种存储资源池均能以统一的块存储、对象存储或者文件的数据面格式进行访问。

对于数据中心网络来说，其实网络的需求并不是凭空而来的，而是来源于业务应用，与作为网络端节点的计算和存储资源有着无法切断的内在关联性。然而，传统的网络交换功能都是在物理交换机和路由器设备上完成的，网络功能对上层业务应用而言仅仅体现为一个一个被通信链路连接起来的孤立的“盒子”，无法动态感知来自上层业务的网络功能需求，完全需要人工配置的方式来实现对业务层网络组网与安全隔离策略的需要。在多租户虚拟化的环境下，不同租户对于边缘的路由及网关设备的配置管理需求也存在极大的差异化，而物理路由器和防火墙自身的多实例能力也无法满足云环境下租户数量的要求，采用与租户数量等量的路由器与防火墙物理设备，成本上又无法被多数客户所接受。于是人们思考是否可能将网络自身的功能从专用封闭平台迁移到服务器通用 x86 平台上来。这样至少网络端节点的实例就可以由云操作系统来直接自动化地创建和销毁，并通过一次性建立起来的物理网络连接矩阵，进行任意两个网络端节点之间的虚拟通信链路建立，以及必要的安全隔离保障，从而里程碑式地实现了业务驱动的网络自动化管理配置，大幅度降低数据中心网络管理的复杂度。从资源利用率的视角来看，任意两个虚拟网络节点之间的流量带宽，都需要通过物理网络来交换和承载，因此只要不超过物理网络的资源配额上限(默认建议物理网络按照无阻塞的 CLOS 模式来设计实施)，只要虚拟节点被释放，其所对应的网络带宽占用也将被同步释放，因此也就相当于实现对物理网络资源的最大限度的“网络资源动态共享”。换句话说，网络虚拟化让多个盒子式的网络实体第一次以一个统一整合的“网络资源池”的形态，出现在业务应用层面前，同时与计算和存储资源之间，也有了统一协同机制。

3. 资源池从小规模的资源虚拟化整合走向更大规模的资源池构建，应用范围从企业内部走向多租户的基础设施服务乃至端到端 IT 服务

从云计算提供像用水用电一样方便的服务能力的技术实现角度来看，云计算发展早期，虚拟化技术(如 VMware ESX、微软 Hyper-V、基于 Linux 的 XEN、KVM)被普遍采用，被用来实现以服务器为中心的虚拟化资源整合。在这个阶段，企业数据中心的服务器只是部分孤岛式的虚拟化以及资源池整合，还没有明确的多租户以及服务自动化的理念，服务器资源池整合的服务对象是数据中心的基础设施硬件以及应用软件的管理人员。在实施虚拟化之前，物理的服务器及存储、网络硬件是数据中心管理人员的管理对象，在实施虚拟化之后，管理对象从物理机转变为虚拟机及其对应的存储卷、软件虚拟交换机，甚至软件防火墙功能。目标是实现多应用实例和操作系统软件在硬件上最大限度地共享服务器硬件，通过多应用负载的削峰错谷达到资源利用率提升的目的，同时为应用软件进一步提供额外的HA/FT(High Availability/Fault Tolerance，高可用性/容错)可靠性保护，以及通过轻载合并、重载分离的动态调度，对空载服务器进行下电控制，实现PUE功耗效率的优化提升。

然而，这些虚拟化资源池的构建，仅仅是从数据中心管理员视角实现了资源利用率和能效比的提升，与真正的面向多租户的自动化云服务模式仍然相差甚远。因为在云计算进一步走向普及深入的新阶段，通过虚拟化整合之后的资源池的服务对象，不能再仅仅局限于数据中心管理员本身，而是需要扩展到每个云租户。因此云平台必须在基础设施资源运维监控管理端口的基础上，进一步面向每个内部或者外部的云租户提供按需定制基础设施资源，订购与日常维护管理的端口或者API界面，并将虚拟化或者物理的基础设施资源的增、删、改、查等权限按照分权分域的原则赋予每个云租户，每个云租户仅被授权访问其自己申请创建的计算、存储以及与相应资源附着绑定的OS和应用软件资源，最终使得这些云租户可以在无须购买任何硬件IT设备的前提下，实现按需快速资源获取，以及高度自动化部署的IT业务敏捷能力的支撑，从而将云资源池的规模经济效益以及弹性按需的快速资源服务的价值充分发掘出来。

4. 数据规模从小规模走向海量，数据形态从传统结构化走向非结构化和半结构化

站在云计算系统需要提供的处理能力角度看，随着智能终端的普及、社区网络的火热、物联网的兴起，IT网络中的数据形态已经由传统的结构化、小规模数据，迅速发展成为有大量文本、大量图片、大量视频的非结构化和半结构化数据，数据量也是呈指数方式增长。

对非结构化、半结构化大数据的处理而产生的数据计算和存储量的规模需求，已远远超出传统的纵向扩展(Scale-Up)硬件系统的处理能力，因此要求必须充分利用云计算提供的横向扩展(Scale-Out)架构特征，按需获得大规模资源池来应对大数据的高效、高容量分析处理的需求。

企业内日常事务交易过程中积累的大数据或者从关联客户社交网络以及网站服务中抓取的大数据，其加工处理往往并不需要实时处理，也不需要系统处于持续化的工作态，因此共享的海量存储平台，以及批量并行计算资源的动态申请与释放能力，将成为未来企业以最高效的方式支撑大数据资源需求的解决方案选择。

5. 企业和消费者应用的人机交互计算模式，也逐步从本地固定计算走向云端计算、移动智能终端及浸入式体验瘦客户端接入的模式

随着企业和消费者应用云化演进的不断深入，用户近端计算、存储资源不断从近端计算剥离，并不断向远端的数据中心迁移和集中化部署，从而带来了企业用户如何通过企业内部局域网及外部固定、移动宽带广域网等多种不同途径，借助固定、移动乃至浸入式体验等多种不同瘦客户端或智能终端形态接入云端企业应用的问题。面对局域网及广域网连接在通信包转发与传输时延不稳定、丢包以及端到端QoS质量保障机制缺失等实际挑战，如何确保远程云接入的性能体验达到与本地计算相同或近似的水平，成为企业云计算IT基础设施平台面临的又一大挑战。

为应对云接入管道上不同业务类型对业务体验的不同诉求，业界通用的远程桌面接入协议在满足本地计算体验方面已越来越无法满足当前人机交互模式发展所带来的挑战，需要重点聚焦解决面向IP多媒体音视频的端到端QoS/QoE优化，并针对不同业务类别加以动态识别并区别处理，使其满足如下场景需求。

- 普通办公业务响应时延小于100ms，带宽占用小于150kbps：通过在服务器端截获GDI/DX/OpenGL绘图指令，结合对网络流量的实时监控和分析，从而选择最佳传输方式和压缩算法，将服务端绘图指令重定向到瘦客户端或软终端重放，从而实现时延与带宽占用的最小化。
- 针对虚拟桌面环境下VoIP质量普遍不佳的情况，默认的桌面协议TCP连接不适合作为VoIP承载协议的特点：采用RTP/UDP代替TCP，并选择G.729/AMR等成熟的VoIP Codec；瘦客户端可以在支持VoIP/UC客户端的情况下，尽量引入VoIP虚拟机旁路方案，从而减少不必要的额外编解码处理带来的时延及话音质量上的开销。上述优化措施使得虚拟桌面环境下的话音业务MOS平均评估值从3.3提升到4.0。
- 针对远程云接入的高清(1080p/720p)视频播放场景：在云端桌面的多虚拟机并发且支持媒体流重定向的场景下，针对普通瘦客户端高清视频解码处理能力不足的问题，桌面接入协议客户端软件应具备通过专用API调用具备瘦客户端芯片多媒体硬解码处理能力；部分应用如Flash以及直接读写显卡硬件的视频软件，必须依赖GPU或硬件DSP的并发编解码能力，基于通用CPU的软件编解码将导致画面停滞、体验太差，此时就需要引入硬件GPU虚拟化或DSP加速卡来有效提升云端高清视频应用的访问体验，达到与本地视频播放相同的清晰与流畅度。桌面协议还能够智能识别并区分画面变化热度，仅对变化度高且绘图指令重定向无法覆盖部分才启动带宽消耗较高的显存数据压缩重定向。
- 针对工程机械制图、硬件PCB制图、3D游戏，以及最新近期兴起VR仿真等云端图形计算密集型类应用：同样需要大量的虚拟化GPU资源进行硬件辅助的渲染与压缩加速处理，同时对接入带宽(单路几十兆到上百兆带宽，并发达到数10Gbps/100Gbps)提出了更高的要求，在云接入节点与集中式数据中心站点间的带宽有限的前提下，就需要考虑进一步将大集中式的数据中心改造为逻辑集中、物理分散的分布式数据中心，从而将VDI/VR等人机交互式重负载直接部署在靠近用户接入的Service PoP点的位置上。

另一方面，正当全球消费者IT步入方兴未艾的Post-PC时代大门之时，iOS及Android移动智能终端同样正在悄悄取代企业用户办公位上的PC甚至便携电脑，企业用户希望通过智能终端不仅可以方便地访问传统Windows桌面应用，同样期待可以从统一的“桌面工作空间”访问公司内部的Web SaaS应用、第三方的外部SaaS应用，以及其他Linux桌面系统里的应用，而且希望一套企业的云端应用可以不必针对每类智能终端OS平台开发多套程序，就能够提供覆盖所有智能终端形态的统一业务体验，针对此业务场景的需求，企业云计算需在Windows桌面应用云接入的自研桌面协议基础上，进一步引入基于HTML5协议、支持跨多种桌面OS系统、支持统一认证及应用聚合、支持应用零安装升级维护，及异构智能终端多屏接入统一体验的云接入解决方案——WebDesktop。

6. 云资源服务从单一虚拟化，走向异构兼容虚拟化、轻量级容器化以及裸金属物理机服务器

在传统企业IT架构向目标架构演进的过程中，为了实现应用的快速批量可复制，以闭源VMware、Hyper-V及开源XEN、KVM为代表的虚拟化是最早成熟和被广泛采纳的技术，使得应用安装与配置过程可基于最佳实践以虚拟机模板和镜像的形式固化下来，从而在后续的部署过程中大大简化可重复的复杂IT应用的安装发放与配置过程，使得软件部署周期缩短到以小时乃至以分钟计算的程度。然而，随着企业IT应用越来越多地从小规模、单体式的有状态应用走向大规模、分布式、数据与逻辑分离的无状态应用，人们开始意识到虚拟机虽然可以较好地解决大规模IT数据中心内多实例应用的服务器主机资源共享的问题，但对于租户内部多个应用，特别是成百上千，甚至数以万计的并发应用实例而言，均需重复创建成百上千的操作系统实例，资源消耗大，同时虚拟机应用实例的创建、启动，以及生命周期升级效率也难以满足在线Web服务类、大数据分析计算类应用这种突发性业务对快速资源获取的需求。以Google、Facebook、Amazon等为代表的互联网企业，开始广泛引入Linux容器技术(namespace、cgroup等机制)，基于共享Linux内核，对应用实例的运行环境以容器为单位进行隔离部署，并将其配置信息与运行环境一同打包封装，并通过容器集群调度技术(如Kubernetes、MESOS、Swarm等)实现高并发、分布式的多容器实例的快速秒级发放及大规模容动态编排和管理，从而将大规模软件部署与生命周期管理，以及软件DevOps敏捷快速迭代开发与上线效率提升到了一个新的高度。尽管从长远趋势上来看，容器技术终将以其更为轻量化、敏捷化的优势取代虚拟化技术，但在短期内仍很难彻底解决跨租户的安全隔离和多容器共享主机超分配情况下的资源抢占保护问题，因此，容器仍将在可见的未来继续依赖跨虚拟机和物理机的隔离机制来实现不同租户之间的运行环境隔离与服务质量保障。与此同时，对于多数企业用户来说，部分企业应用和中间件由于特殊的厂家支持策略限制，以及对企业级高性能保障与兼容性的诉求，特别是商用数据库类业务负载，如Oracle RAC集群数据和HANA内存计算数据库，并不适合运行在虚拟机上，但客户依然希望针对这部分应用负载可以在物理机环境下获得与虚拟化、容器化环境下相似的基础设施资源池化按需供给和配置自动化能力。这就要求云平台和云管理软件不仅仅要实现物理机资源自身的自动化操作系统与应用安装自动化，也需要进一步在保障多租户隔离安全的情况下实现与存储和网络资源池协同的管理与配置自动化能力。

7. 云平台和云管理软件从闭源、封闭走向开源、开放

从云计算平台的接口兼容能力角度看，云计算早期阶段，闭源VMware vSphere/vCenter、微软SystemCenter/Hyper-V云平台软件由于其虚拟化成熟度遥遥领先于开源云平台软件的成熟度，因此导致闭源的私有云平台成为业界主流的选择。然而，随着XEN/KVM虚拟化开源，以及OpenStack、CloudStack、Eucalyptus等云操作系统OS开源软件系统的崛起和快速进步，开源力量迅速发展壮大起来，迎头赶上并逐步成长为可以左右行业发展格局的决定性力量。仅以OpenStack为例，目前IBM、HP、SUSE、Redhat、Ubuntu等领先的软硬件公司都已成为OpenStack的白金会员，从2010年诞生第一个版本开始，平均每半年发布一个新版本，所有会员均积极投身到开源贡献中来，到目前为止，已推出13个版本(A/B/C/D/E/F/G/H/I/J/K/L/M)，繁荣的社区发展驱动其功能不断完善，并稳步、

快速地迭代演进。2014 年上半年，OpenStack 的成熟度已与 vCloud/vSphere 5.0 版本的水平相当，满足基本规模商用和部署要求。从目前的发展态势来看，OpenStack 开源大有成为云计算领域的 Linux 开源之势。回想 2001 年前后，当 Linux OS 仍相当弱小、UNIX 操作系统大行其道、占据企业 IT 系统主要生产平台的阶段，多数人不会想象到仅 10 年的时间，开源 Linux 已取代闭源 UNIX，成为主导企业 IT 服务端的默认操作系统的选择，小型机甚至大型机硬件也正在进行向通用 x86 服务器的演进。下面的内容将重点围绕云计算出现的这些新变化来讲述云计算的架构技术。

第 2 章

云计算架构

2.1 云计算总体架构分析

从前面的分析不难看出，云计算推动了 IT 领域自 20 世纪 50 年代以来的 3 次变革浪潮，对各行各业数据中心基础设施的架构演进及上层应用与中间件层软件的运营管理模式产生了深远的影响。在云计算发展早期，Google、Amazon、Facebook 等互联网巨头们在其超大规模 Web 搜索、电子商务及社交等创新应用的牵引下，率先提炼出了云计算的技术和商业架构理念，并树立了云计算参考架构的标杆与典范，但那个时期，多数行业与企业 IT 的数据中心仍然采用传统的以硬件资源为中心的架构，即便是已进行了部分云化的探索，也多为新建的孤岛式虚拟化资源池(如基于 VMware 的服务器资源整合)，或者仅仅对原有软件系统的服务器进行虚拟化整合改造。随着近两年云计算技术与架构在各行各业信息化建设中和数据中心的演进变革，以及更加广泛和全面的落地部署与应用，企业数据中心 IT 架构正在面临一场前所未有的，以"基础设施软件定义与管理自动化""数据智能化与价值转换"以及"应用架构开源化及分布式无状态化"为特征的转化。从架构视角来看，云计算正在推动全球 IT 的格局进入新一轮"分久必合、合久必分"的历史演进周期，我们通过分离回归融合的过程，从 3 个层面进行表述，如图 2-1 所示。

1. 基础设施资源层融合

面向企业 IT 基础设施运维者的数据中心计算、存储、网络资源层，不再体现为彼此独立和割裂的服务器、网络、存储设备以及小规模的虚拟化资源池，而是通过引入云操作系统，在数据中心将多个虚拟化集群资源池统一整合为规格更大的逻辑资源池，甚至进一步将地理上分散，但相互间通过 MPLS/VPN 专线或公共网络连接的多个数据中心以及多个异构云中的基础设施资源整合为统一的逻辑资源池，并对外抽象为标准化、面向外部租户(公有

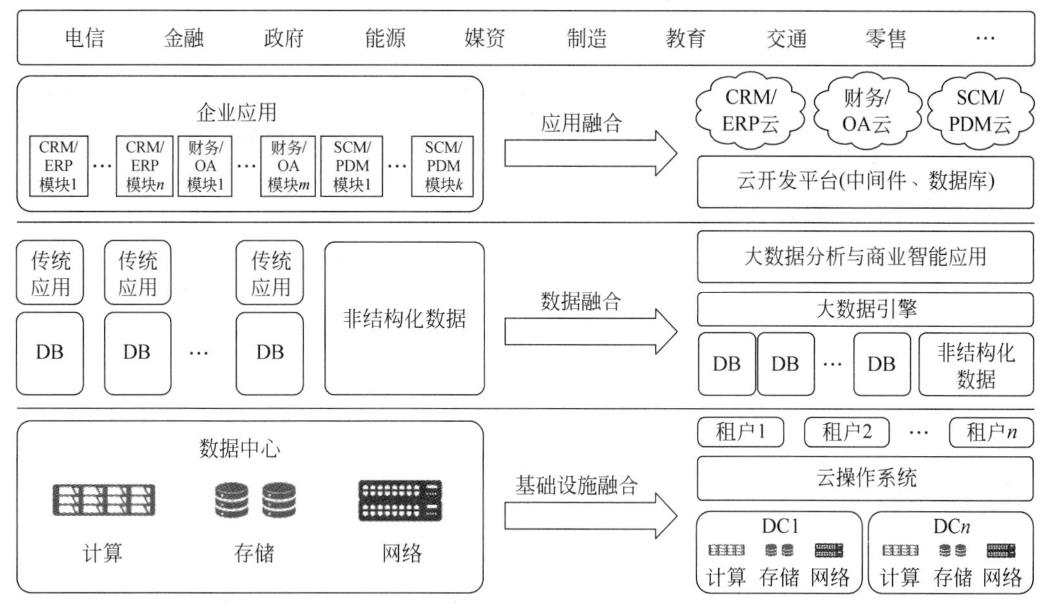

图 2-1　企业 IT 框架的云化演进路径

云)和内部租户(私有云)的基础设施服务,租户仅需制定其在软件定义的 API 参数中所需资源的数量、SLA/QoS 及安全隔离需求,即可从底层基础设施服务中以全自动模式弹性、按需、敏捷地获取到上层应用所需的资源配备。

2. 数据层融合

面向企业日常业务经营管理者的数据信息资产层,不再体现为散落在各个企业、消费者的 IT 应用中,如多个看似关联不大的结构化事务处理记录(关系型数据库)数据孤岛,非结构化的文档、媒体以及日志数据信息片段,而是通过引入大数据引擎,将这些结构化与非结构化的信息进行统一汇总、汇聚存储和处理,基于多维度的挖掘分析与深度学习,从中迭代训练出对业务发展优化及客户满意度提升有关键价值的信息,从而将经营管理决策从纯粹依赖人员经验积累转变到更多地依赖基于大数据信息内部蕴藏的智慧信息,来支撑更科学、更敏捷的商业决策。除大数据之外,数据层融合的另一个驱动力,来自于传统商业数据库在处理高并发在线处理及后分析处理扩展性方面所遭遇的不可逾越的架构与成本的瓶颈,从而驱动传统商业闭源数据库逐步被横向扩展架构的数据库分表、分库及水平扩展的开源数据库所替代。

3. 应用平台层融合

面向企业 IT 业务开发者和供应者的应用平台层,在传统 IT 架构下,随具体业务应用领域的不同,呈现出条块化分割、各自为战的情况,各应用系统底层的基础中间件能力以及可重用的业务中间件能力,尽管有众多可共享重用的机会点,但重复建设的情况非常普遍(比如 ERP 系统和 SCM 系统都涉及库存管理),开发投入浪费相当严重。各业务应用领域之间由于具体技术实现平台选择的不同,无法做到通畅的信息交互与集成;而企业 IT 应用开发本身,也面临着在传统瀑布式软件开发模型下开发流程笨重、测试验证上线周期长、客户需求响应慢等痛点。于是,人们开始积极探索基于云应用开发平台来实现跨应用领域基础公共开发平台与中间件能力去重整合，节省重复投入，同时通过在云开发平台中集成透明的开源中间件来替代封闭的商业中间件平台套件，特别通过引入面向云原生应用的容器化应用安装、监控、弹性伸缩及生命周期版本灰度升级管理的持续集成与部署流水线，来推动企业应用从面向高复杂度、厚重应用服务的瀑布式开发模式，逐步向基于分布式、轻量化微服务的敏捷迭代、持续集成的开发模式演进。以往复杂、费时的应用部署与配置，乃至自动化测试脚本，如今都可以按需地与应用软件打包，并可以将这些动作从生产环境的上线部署阶段，前移到持续开发集成与测试阶段。应用部署与环境依赖可以被固化在一起，在后续各阶段以及多个数据中心及应用上下文均可以批量复制，从而将企业应用的开发周期从数月降低至数周，大大提升了企业应用相应客户需求的敏捷度。

综上所述，企业 IT 架构云计算演进中上述 3 个层次的融合演进，最终目的只有一个，那就是通过推动企业 IT 走向极致的敏捷化、智能化以及投入产出比的最优化，使得企业 IT 可以更好地支撑企业核心业务，进而带来企业业务敏捷性、核心生产力与竞争力的大幅提升，以更加从容地应对来自竞争对手的挑战，更轻松地应对客户需求的快速多变。

那么，云计算新发展阶段具体的架构形态究竟是怎样的呢？是否存在一个对于所有垂直行业的企业数据中心基础设施云化演进，以及无论对于公有云、私有云及混合云场景都普遍适用的一个标准化云平台架构呢？

答案无疑是肯定的。尽管从外在表象上来看，私有云与公有云在商业模式、运营管理集成存在显著差别，然而从技术架构视角来看，我们宏观上不妨可将云计算整体架构划分为云运营(Cloud BSS)、云运维(Cloud OSS)以及云平台系统(IaaS/PaaS/SaaS)三大子系统，这三大子系统相互间毫无疑问是完全 SOA 解耦的关系，云平台和云运营支撑子系统很明显是可以实现在公有云和私有云场景下完全重用的，仅云运营子系统部分，对于公有云和私有云/混合云存在一定差异。因此，只需要将这部分进一步细分解耦打开，即可看到公有云、私有云可以共享的部分，如：基础计量计费，IAM 认证鉴权，私有云所特有的 ITIL 流程对接与审批、多层级租户资源配额管理等，以及公有云所特有的批价、套餐促销和在线动态注册等。

由此可以看到，无论是公有云、私有云，还是混合云，其核心实质是完全相同的，都是在基础设施层、数据层，以及应用平台层上，将分散的、独立的多个信息资产孤岛，依托相应层次的分布式软件实现逻辑上的统一整合，然后再基于此资源池，以 Web Portal 或者 API 为界面，向外部云租户或者内部云租户提供按需分配与释放的基础设施层、数据层以及应用平台服务，云租户可以通过 Web Portal 或者 API 界面给出其从业务应用的需求视角出发，向云计算平台提出自动化、动态、按需的服务能力消费需求，并得以满足。

综上所述，一套统一的云计算架构完全可以同时覆盖于公有云、私有云、混合云等所有典型应用场景。

2.1.1 云计算架构上下文

云计算架构应用上下文的相关角色包括云租户/服务消费者、云应用开发者、云服务运营者/提供者、云设备提供者，如图 2-2 所示。

1. 云租户/云服务消费者

云租户是指这样一类组织、个人或 IT 系统，该组织/个人/IT 系统消费由云计算平台提

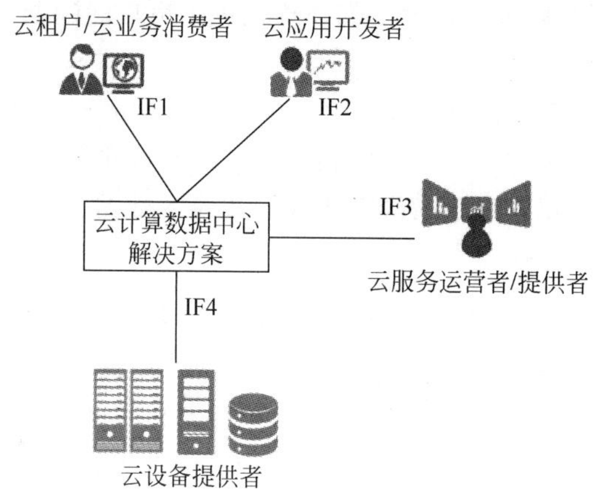

图 2-2 云计算系统架构上下文

供的业务服务(比如请求使用云资源配额,改变指配给虚拟机的 CPU 处理能力,增加 Web 网站的并发处理能力等)组成。该云租户/云业务消费者可能会因其与云业务的交互而被计费。

云租户也可被看作一个云租户/业务消费者组织的授权代表。比如说一个企业使用到了云计算业务,该企业整体上相对云业务运营及提供者来说是业务消费者,但在该业务消费者内可能存在更多的细化角色,比如使得业务消费得以实施的技术人员以及关注云业务消费财务方面的商务人员等。当然,在更为简化的公有云场景下,这些云业务消费者的角色关系将简化归并为一个角色。

云租户/业务消费者在自助 Portal 上浏览云服务货架上的服务目录,进行业务的初始化以及管理相关操作。

就多数云服务消费者而言,除从云服务提供者那里获取到的 IT 能力之外,也同时继续拥有其传统(非云计算模式)IT 设施,这使得云服务与其内部既有的 IT 基础设施进行集成整合至关重要,因此特别需要在混合云的场景下引入云服务集成工具,以便实现既有 IT 设施与云服务之间的无缝集成、能力调用以及兼容互通。

2. 云应用开发者

云应用开发者负责开发和创建一个云计算增值业务应用,该增值业务应用可以托管在云平台运营管理者环境内运行,或者由云租户(服务消费者)来运行。典型场景下云应用开发者依托于云平台的 API 能力进行增值业务的开发,但也可能会调用由 BSS 和 OSS 系统负责开放的云管理 API 能力(云应用开发者当然也可能选择独立构建其独立于云平台的增值业务应用系统的 BSS/OSS 系统,而不调用或重用底层的云管理 API)。

云业务开发者全程负责云增值业务的设计、部署并维护运行时主体功能及其相关的管理功能。如同云租户/云业务消费者以及云业务运营提供者一样,云业务开发者也可以是一个组织或者个人,比如一个开发云业务的 ISV 开发商是一个云业务开发者,其内部可能包含了上百个担任不同细分技术或商业角色的雇员。另外,负责云业务管理的运维管理人员与负责开发云业务的开发组织紧密集成也是一种常见的角色组织模式(比如 Google、Amazon、百度等自营加自研的互联网 DevOps 服务商),这是提升云业务开放和上线效率的一种行之有效的措施，因为此类角色合一的模式提供了更短的问题反馈路径，使得云业务的运营效率有了进一步实质性提升。

目前云计算业务开发者在公有云及私有云领域的典型应用包括运营商虚拟主机出租与托管云、企业内部IT私有云或专有云、桌面私有云、运营商桌面云服务、企业网络存储与备份云、视频媒体处理云、IDC Web托管及CDN云以及大数据分析云等。

3. 云服务运营者/提供者

云服务运营者/提供者承担着向云租户/服务消费者提供云服务的角色。云服务运营者/提供者概念的定义来源于其对BSS/OSS管理子系统拥有直接的或者虚拟的运营权。同时作为云服务运营者以及云服务消费者的个体，也可以成为其他对外转售云服务提供者的合作伙伴，消费其云服务，并在此基础上加入增值，并将增值后的云服务对外提供。当然，云服务运营者组织内部不排除有云业务开发者的可能性，这两类决策既可在同一组织内共存，也可相对独立进行。

4. 云设备/物理基础设施提供者

云设备提供者提供各种物理设备，包括服务器、存储设备、网络设备、一体机设备，利用各种虚拟化平台，构筑成各种形式的云服务平台。这些云服务平台可能是某个地点的超大规模数据中心，也可能是由地理位置分布的区域数据中心组成的分布式云数据中心。

云设备提供者可能是云服务运营者/提供者，也可能就是一个纯粹的云设备提供者，他将云设备租用给云服务运营者/提供者。

在这里特别强调云设备/物理基础设施的提供者必须能够做到不与唯一的硬件设备厂家绑定，即在云计算系统平台扩展接口上所谓的多厂家硬件的异构能力。

5. 接口说明

从上述云计算的基础上下文描述，不难看出云平台和云运营与运维管理系统是介于上层多租户的IT应用、传统数据中心管理软件，以及下层数据中心物理基础设施层之间的一层软件。其中云平台可进一步被分解为面向基础设施整合的云操作系统，面向数据整合的大数据引擎，以及面向应用中间件整合的应用开放平台。而云运营与运维管理系统在云计算引入的初期，与传统数据中心管理系统是并存关系，最终将逐步取代传统数据中心管理。

云平台的南向接口IF4向下屏蔽底层千差万别的物理基础设施层硬件的厂家差异性。针对应用层软件以及管理软件所提出的基础设施资源、数据处理以及应用中间件服务诉求，云平台系统向上层多租户的云应用与传统数据中心管理软件屏蔽如何提供资源调度、数据分析处理，以及中间件实现的细节，并在北向接口IF1、IF2和IF3为上层软件及特定租户提供归一化、标准化的基础设施服务(IaaS)、数据处理及应用平台服务(PaaS)API服务接口。在云平台面向云运营与管理者(拥有全局云资源操作权限)的IF3接口，除了面向租户的基础设施资源生命周期管理API之外，还包括一些面向物理、虚拟设施资源及云服务软件日常OAM运行健康状态监控的操作运维管理API接口。

其中IF1/IF2/IF3接口中关于云租户感知的云平台服务API的典型形态为Web RESTful接口。IF4接口则为业务应用执行平面的x86指令，以及基础设施硬件特有的、运行在物理主机特定类型OS中的管理Agent，或者基于SSL承载的OS命令行管理连接。

IF3 接口中的 OAM API 则往往采用传统 IT 和电信网管中被广泛采用的 Web RESTful、SNMP、CORBA 等接口。

2.1.2　云计算的典型技术参考架构

基于上述分析，不难得出云计算数据中心架构分层概要，如图 2-3 所示。

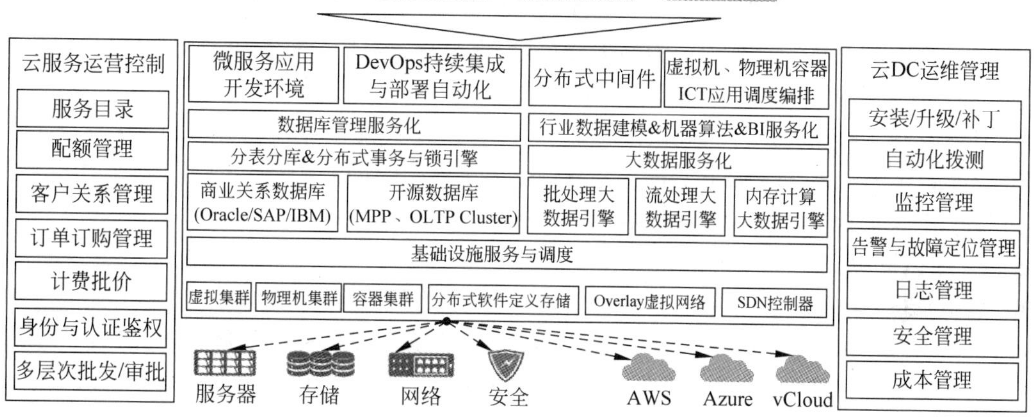

图 2-3　云计算数据中心解决方案端到端总体分层架构

2.1.2.1　云平台 IT 基础设施架构层

1946 年第一台电子计算机诞生至今，IT 基础设施先后经历了大规模集中式计算的大型机/小型机，到小规模分布式的 PC 和小规模集中化的 B/S、C/S 客户端服务器架构，再到大规模集中化的云计算，从合并、分离，再重新走向融合。这个阶段的融合，借助虚拟化及分布式云计算调度管理软件，将 IT 基础设施整合成为一个规模超大的"云计算机"，相当于建成了一座"基础设施电厂"。多个租户可以从这座"电厂"中随时随地获取到其所需的资源，从而大大提升了业务敏捷度，降低了 TCO 消耗，甚至提供了更优的业务性能与用户体验。

1. 云计算机与大型机的区别

然而，历史总是在螺旋式前进的，"云计算机"看似大型机，但绝非简单回到了大型机时代。

1）架构不同，规模扩展能力不同

由"垂直扩展"到"横向扩展"；计算处理能力，存储容量，网络吞吐能力，租户/应用实例数量，均相差 n 个数量级以上，从硬件成本视角来看，TCO 成本也更低。

2）硬件依赖性不同，生态链、开放性不同

由"硬件定义"到"软件定义"；对于早期的 IT 系统，少数硬件厂家绑定 OS 和软件，IT 只是少数用户的奢侈品。在新的时代，通过软件屏蔽异构硬件差异性，同一个硬件平台上，可以运行来自多个不同厂家的软件和 OS。新时代的 IT 生态链更加繁荣，IT 产品成为人人消费得起的日用品。

3）可靠性保障方式不同

由“单机硬件器件级的冗余实现可靠性”发展到“依赖分布式软件和故障处理自动化实现可靠性，甚至支持地理级容灾”。

4）资源接入方式不同

将IT基础设施能力比作“电力”，大型机只能专线接入，是只能服务于少数人群的“发电机”，基于企业以太网或者互联网的开放接入，是可以为更多人群提供服务的“发电站”和“配电网”。

2. 基础设施层的组成

基础设施层又可进一步划分为物理资源层、虚拟资源层以及资源服务与调度层。

1）物理资源层

所有支撑IaaS层的IT基础设施硬件，其中包括服务器、存储（传统RAID架构垂直扩展的ScaleUp存储和基于服务器的分布式水平扩展的ScaleOut存储），以及数据中心交换机（柜顶、汇聚以及核心交换）、防火墙、VPN网关、路由器等网络安全设备。

2）虚拟资源层

虚拟资源层在云计算架构中处于最为关键与核心的位置。该层次与“资源服务与调度层”一起，通过对来自上层操作系统及应用程序对各类数据中心基础设施在业务执行和数据平台上的资源访问指令进行“截获”。指令和数据被截获后将进行“小聚大”的分布式资源聚合处理、“大分小”的虚拟化隔离处理以及必要的异构资源适配处理。这种处理可以实现在上层操作系统及应用程序基本无须感知的情况下，将分散在一个或多个数据中心的数据中心基础设施资源进行统一虚拟化与池化。

在某种程度上，虚拟资源层对于上层虚拟机（含操作系统及应用程序）的作用与操作系统对于应用软件的支撑关系是类似的，实质上都是在多道应用作业实例与底层的物理资源设备或者设备集群之间进行时分和空分的调度，从而让每道作业实例都“感觉”到自己是在独占相关资源，而实际上资源在多个作业实例之间的复杂、动态的复用调度机制完全由虚拟资源层屏蔽。技术实现的主要困难与挑战在于：操作系统的管理API是应用程序感知的，而虚拟资源层则必须做到上层操作系统与应用程序的“无感知”，同时帮助完对于频繁的指令级陷入和仿真调度，做到令上层应用及OS可接受的性能开销。

虚拟资源层又分为3个部分，具体如下。

（1）计算虚拟化。

所有计算应用（含OS）并非直接承载在硬件平台上，而是在上层软件与裸机硬件之间插入了一层弹性计算资源管理及虚拟化软件：弹性计算资源管理软件对外负责提供弹性计算资源服务管理API，对内负责根据用户请求调度分配具体物理机资源；虚拟化软件（Hypervisor）对来自所有的x86指令进行截获，并在不为上层软件（含OS）所知的多道执行环境并行执行“仿真操作”，使得从每个上层软件实例的视角，仍然是在独占底层的CPU、内存以及I/O资源（见图2-4）；而从虚拟化软件的视角，则是将裸机硬件在多个客户机（VM）之间进行时间和空间维度的穿插共享（时间片调度、页表划分、I/O多队列模拟等）。由此可见，计算虚拟化引擎本身是一层介于OS与硬件平台的中间附加软件层，因此将不可避免地带来性能上的损耗。随着云计算规模商用阶段的到来以及计算虚拟化的进一步广泛普及应用，越来越多的计算性能敏感型和事务型的应用逐步被从物理机平台迁移到虚拟化平台之上，因此对进一步降低计算虚拟化层的性能开销提出了更高的要求，典型的增强技术包括以下内容，如图 2-4 所示。

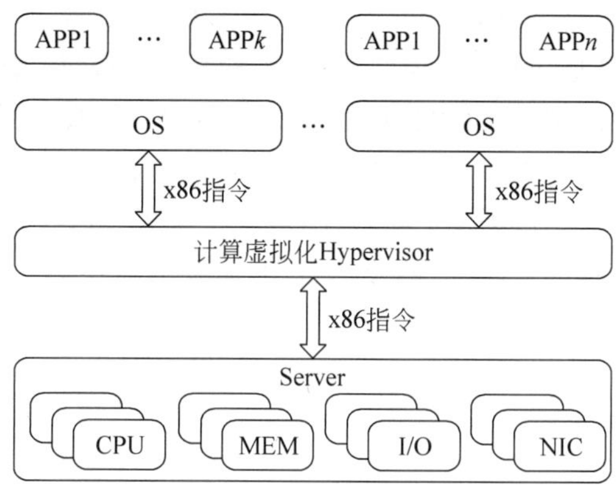

图 2-4　计算虚拟化硬件接口

- 虚拟化环境下更高的内存访问效率：应用感知的大内存业务映射技术，通过该技术，可有效提升从虚拟机线性逻辑地址到最终物理地址的映射效率。
- 虚拟化环境下更高的 CPU 指令执行效率：通过对机器码指令执行的流程进行优化扫描，通过将相邻执行代码段中的“特权”指令所触发的 VM_Exit 虚拟化仿真操作进行基于等效操作的“合并”，从容实现在短时间内被频繁反复地执行。由于每次 VM_Exit 上下文进入和退出的过程都会涉及系统运行队列调度以及运行环境的保存和恢复，即将多次上下文切换合并为一次切换，从而达到提升运行效率的目的。
- 虚拟化环境下更高的 I/O 和网络包的收发处理效率：由于多个虚拟机在一个物理机内需要共享相同的物理网卡进行网络包的收发处理，为有效减少中断处理带来的开销，在网络及 I/O 发包过程中，通过将小尺寸分组包合并为更大尺寸的分组包，可以减少网络收发端的中断次数，从而达到提升虚拟机之间网络吞吐率的目的。
- 更高的 RAS 可靠性保障：针对云计算所面临的电信领域网络及业务云化的场景，由于硬件故障被虚拟化层屏蔽了，使得物理硬件的故障无法像在传统物理机运行环境中那样直接被传送通知给上层业务软件，从而导致上层业务层无法对故障做出秒级以内的及时响应，比如业务层的倒换控制，从而降低了整体可靠性水平。如何感知上层的业务要求，快速进行故障检测和故障恢复，保证业务不中断，这给计算虚拟化带来了新的挑战。

(2) 存储虚拟化。

随着计算虚拟化在各行各业数据中心的普遍采用，在 x86 服务器利用效率提升并已获得普遍应用的同时，人们发现存储资源的多厂家异构管理复杂、平均资源利用效率低下，甚至在 I/O 吞吐性能方面无法有效支撑企业关键事务及分析应用对存储性能提出的挑战，通过对所有来自应用软件层的存储数据面的 I/O 读写操作指令进行“截获”，建立从业务应用视角覆盖不同厂家、不同版本的异构硬件资源的统一的 API 接口，进行统一的信息建模，使得上层应用软件可以采用规范一致的、与底层具体硬件内部实现细节解耦的方式访问底层存储资源。

除了产生硬件异构、应用软件与硬件平台解耦的价值之外，通过“存储虚拟化”层内对多个对等的分布式资源节点的聚合，实现该资源的“小聚大”。比如，将多个存储/硬盘整合成为一个容量可无限扩展的超大(EB级规模)的共享存储资源池。由此可以看到，存储虚拟化相对计算虚拟化最大的差别在于：其主要定位是进行资源的“小聚大”，而非“大分小”。原因在于，存储资源的“大分小”在单机存储以及SAN/NAS独立存储系统，乃至文件系统中通过LUN划分及卷配置已经天然实现了，然而随着企业IT与业务数据的爆炸式增长，需要实现高度扁平化、归一化和连续空间，跨越多个厂家服务器及存储设备的数据中心级统一存储，即“小聚大”。存储“小聚大”的整合正在日益凸显出其不可替代的关键价值(见图2-5)。

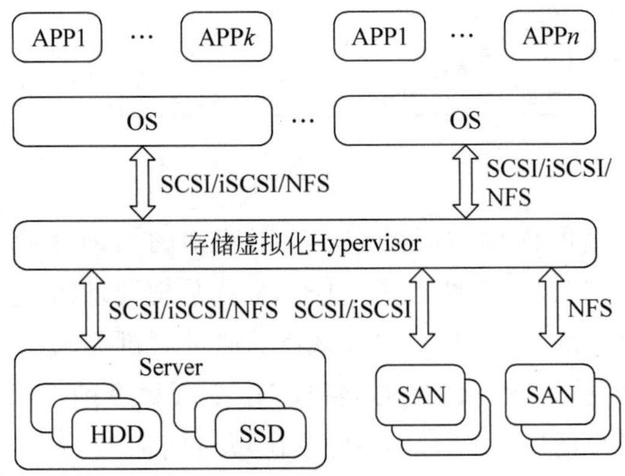

图2-5　存储虚拟化硬件接口

站在操作系统角度，OS管理的资源范畴仅仅是一台服务器，而Cloud OS管理的资源范畴扩展到了整个数据中心，甚至将跨越多个由广域网物理或者逻辑专线连接起来数据中心。在一台服务器内，核心CPU、内存计算单元与周边I/O单元的连接一般通过PCI总线以主从控制的方式来完成，多数管理细节被Intel CPU硬件及主板厂家的总线驱动所屏蔽，且PCI I/O设备的数量和种类有限，因此OS软件层面对于I/O设备的管理是比较简单的。相对而言，在一个具备一定规模的数据中心内，甚至多个数据中心内，各计算、存储单元之间以完全点对点的方式进行松耦合的网络互联。云数据中心之上承载的业务种类众多，各业务类型对于不同计算单元(物理机、虚拟机)之间，计算单元与存储单元之间，乃至不同安全层次的计算单元与外部开放互联网网络和内部企业网络之间的安全隔离及防护机制要求动态实现不同云租户之间的安全隔离。云数据中心还要满足不同终端用户不同场景的业务组网要求及安全隔离要求。因此，云操作系统的复杂性将随着云租户及租户内物理机和虚拟机实例的数量增长呈现几何级数的增长，由业务应用驱动的数据中心网络虚拟化和自动化已变得势在必行和不可或缺。为了实现彻底与现有物理硬件网络解耦的网络虚拟化与自动化，唯一的途径与解决方案就是SDN(也即所谓软件定义的网络)，即构建出一个与物理网络完全独立的叠加式逻辑网络，其主要部件以及相关技术包括以下几方面。

- SDN控制器：这是软件定义网络的集中控制模块。负责云系统中网络资源的自动发现和池化、根据用户需求分配网络资源、控制云系统中网络资源的正常运行。
- 虚拟交换机：根据SDN控制器，创建出的虚拟交换机实例。可以对这个虚拟交换机进行组网的设计、参数的设置，一如对物理交换机的使用。

- 虚拟路由器：根据 SDN 控制器，创建出的虚拟路由器实例。可以对这个虚拟路由器进行组网的设计、参数的设置，一如对物理路由器的使用。
- 虚拟业务网关：根据用户业务的申请，由 SDN 控制器创建出虚拟业务网关实例，提供虚拟防火墙的功能。可以对这个虚拟业务网关进行组网的设计、参数的设置，一如对物理业务网关的使用。
- 虚拟网络建模：面对如此复杂多变的组网，如何保证网络的有效区分和管理，又能保证交换和路由的效率，一个有效的建模方法和评估模型是必需的。虚拟网络建模技术能提前预知一个虚拟网络的运行消耗、效率和安全性。虚拟网络建模可以做成一个独立功能库，在需要的时候启动，以减少对系统资源的占用。

3）资源服务与调度层

相对虚拟化层在业务执行面和数据面上的“资源聚合与分割仿真”，该层次主要体现为管理平台上的“逻辑资源调度”。

由于多个厂家已经投入到云计算的研发和实施中，不可避免地有多种实现方式。而要实现云计算真正的产业化并被广泛使用，各厂家的云计算平台必须要能够互相交互，即进行接口标准化。接口标准化后，主流的虚拟化平台，例如 Hyper-V、KVM、UVP、ESX 等之间能够互相兼容。各个硬件厂家或者中间件厂家可以自由选择虚拟化内核。

在云计算新的发展阶段中，面向公有云、面对国际化公司的分布式云系统将是重点。这会引发对超大资源的分配和调度。在整个云计算的实现架构上，计算、存储、网络资源的分配和使用将走向专业化。这是因为一个云应用业务，根据性质的不同，它对计算、存储、网络资源的需求可能是不一样的。例如，呼叫中心业务偏向于计算资源使用，而对于网盘业务则偏向于存储资源使用。在这种情况下，为了更有效地利用资源，给业务层提供基本资源调用 API 是最好的选择，将计算、存储、网络资源都作为基本资源单位，提供统一的资源调用接口，让云业务开发者自己选择如何高效地使用这些资源。这些 API 包括以下几个方面。

- 弹性计算资源调用 API：计算资源包括 CPU 和内存，云计算平台根据运营商的要求，已经将 CPU 和内存虚拟化和池化。系统提供资源的动态申请、释放、故障检测、隔离和自动切换功能，做到业务不感知。CPU 资源又可以分为纯计算型、图像处理型等不同类型。不管是 CPU 还是内存，都提供瘦分配功能，资源的自动伸缩保证在低业务量时减少资源的消耗，高业务量时开启所有物理资源，确认业务的高效运行。计算资源 API 还需要提供集群能力。
- 弹性存储资源调用 API：存储资源 API 提供文件或者卷接口，除了提供常见的资源申请、释放、瘦分配等功能外，还涉及其他几个关键方面。

① 异构资源的池化：不同的厂家在将存储资源池化后，提供统一的 API，一个厂家可以利用这些 API，将不同厂家的存储资源池构成一个大的资源池，然后再封装出 API 供业务调用。

② 存储资源的分层分级存储：因业务性能要求的不同，分层存储是一个常用的技术，业务系统在申请存储资源的时候，可以选择是否使用这个特性。

③ 内存存储资源的支持：在未来的系统中，内存一定会成为主存，所有的存储，除非一些特别重要的信息，基本上不再需要存入非易失性介质。而使用内存资源作为主存，可靠性

是关键要求。在构造内存存储池的时候，可靠性必须贯彻始终，每个内存存储在其他地方有备份，或者确保内存存储有可靠的 UPS 保护。

- 弹性网络资源调用 API：网络资源 API 的基本功能也包括资源的申请、释放、监控、故障隔离和恢复等，也需要考虑异构资源的统一化。

2.1.2.2 云平台大数据引擎层

数据服务层是叠加在基础设施服务之上的，具备多租户感知能力的结构化、半结构化及非结构化数据服务的能力。

结构化数据服务子层提供对结构化数据的存储和处理功能，它通过叠加各种结构化数据库软件来实现，例如常见的 Oracle\Sybase\HANA 等。为提高处理效率，弹性存储资源调度层会针对不同的基于磁盘或者基于内存的数据库，提供更高效的存储资源调用 API。例如面向 HANA 内存数据库，提供内存专用的存储资源调用 API 接口。

非结构化数据服务主要是叠加常见的 NoSQL 数据库的功能模块，例如 Map-reduce、HBase 等，提供弹性存储资源的特殊接口。

流数据服务更多地涉及对特殊 CPU 资源和专用芯片资源的使用。在弹性计算资源 API 中提供一些专用接口，来进行流数据的高效输入、压缩、解压缩、处理和转发。

在传统 IT 系统中，软件业务处理逻辑总是位于端到端软件栈的核心，数据作为业务处理逻辑可持久化的后端支撑，由此出现了数据库引擎技术及 SQL 标准化查询语言，用来进行可靠、高效的关系型数据创建、更新、存储和检索。由于数据库领域的算法难度大、专业性强，一直以来，可商用数据库均由 Oracle、IBM、Sybase 等少数几家厂家所垄断。随着开源数据库技术的不断成熟和发展，特别是大数据与分布式数据库技术方兴未艾的发展，以及基于大量基础数据的机器学习算法不断取得突破，并在互联网搜索、电商和广告领域获得广泛应用，打破了数据总是作为独立应用的附属支撑的定位，使得之前被事务处理逻辑边界限制的数据孤岛有可能通过 ETL 数据抽取和汇总机制，被大规模集中存储起来，并进行大规模的横向跨数据源、数据集(OLTP)，乃至跨越较长时间跨度的内生关联关系与价值信息的抽象分析提取与挖掘分析，原先需要通过昂贵的软件许可证(License)及专业支持才能实现的数据汇总分析(OLAP)，通过开源软件即可实现。

2.1.2.3 云应用开发部署及中间件层

传统企业 IT 数据中心中，J2EE、微软.NET、IBM WebSphere、Oracle WebLogic 等是被普遍采用的企业应用开发平台及中间件(如消息队列、缓存、企业集成总线等)，然而随着全球互联网化、移动化等大趋势对业务创新能力以及快速响应客户需求的挑战不断加剧，传统企业中间件在开放互通性、水平扩展能力、支撑快速敏捷迭代开发等方面越来越无法满足业务支撑的需要，与此同时，以 Kubernetes、Mesos、Coudify 等为代表的面向 DevOps 敏捷开发的开源应用与部署开发工具链与平台，具备分布式水平扩展能力的系列开源数据库和中间件，如 MySQL/PostgreSQL/MangoDB、RabbitMQ/Kafka 消息队列、Redis 缓存，以及业务流行的 Spring for Java、Ruby on Rails、Sinatra、Node.js、Grails、Scala on Lift、PHP 及 Python 等，在近年来获得快速发展，且体现出相比传统企业中间件的几个关键优势。

- 开放性、标准化：基于开源，应用开发平台的管理 API 更为开放透明，同时也引入了容器化技术进行应用部署，使得应用实例的部署不再与编程语言(如 Java)绑定。

- 轻量化：相比闭源软件，Web 中间件自身的资源消耗大幅减少，容器化应用部署相比虚拟机模式更加轻量化、敏捷化。
- 分布式及弹性扩展：与数据库层扩展能力配合，提供负载平衡及弹性伸缩控制基础框架机制的支撑，使 Scale-Out 应用架构可聚焦于应用逻辑本身，开发更加轻松高效。
- 敏捷开发与上线部署：支持从开发、集成、测试验证到生产上线的全流程自动化环境置备及测试自动化，配置随同应用一起发布，任何生产环境、任何开发集成部署节点皆可一键式快速重用，而无需烦琐的部署配置流程。

2.1.2.4　云服务运营控制

云服务运营控制系统的主要服务对象是云服务产品定义、销售与运营人员，针对上述基础设施层、大数据层以及应用开发部署层的云服务产品，当然不是云服务运营者无偿提供给租户和用户使用的，需要引入“云服务运营控制”子系统来负责建立云服务产品在供应者和消费者之间的线上产品申请、受理及交付控制，以及完成与信息交付服务等值的货币交换。该系统以可订购的服务产品的形式在服务目录上呈现各种丰富多样的云服务产品，同时可基于云资源及云服务的实际使用量、使用计次及使用时长的消费记录，或简单按照包年包月的模式进行计量和计费，从而将企业获取 IT 产品和服务的商业和交付模式真正从买盒子、买上门人工服务支持(CAPEX)这样直接在线获取转变为按需在线购买(OPEX)的模式。一方面充分保障了面向云租户与消费者的经济性、敏捷性效益，另一方面也让公有云服务运营者从外部租户的规模经济效益中获利，并不断提升其服务质量；而私有云运营者也可有效依据计量计费信息来核算内部各租户、各部门对云服务产品的消费情况，并给出预算优化建议。

因此，对于公有云来说，“云服务运营控制”系统，进一步包含了租户身份认证鉴权管理、客户关系(CRM)管理、订购管理、产品定义与服务目录、促销与广告、费率管理、批价与信用控制、计费计量等一系列功能模块；而除了与公有云场景共享的租户身份认证鉴权、产品定义和服务目录、计量计费功能之外，与企业内部多层级部门组织结构相匹配的资源配额与服务封装和服务目录定制、服务申请审批流程、与 ITIL 系统的对接等，则是私有云服务运营过程需要解决的独特性问题。

无论是公有云还是私有云，为广泛引入第三方 ISV 的软件加入自己的云平台生态系统，将第三方软件与自建的云平台相结合，并进一步实现对自研和第三方云服务能力的封装组合及配置部署生命周期管理的工作流及资源编排自动化管理，引入了所谓 Markeplace 应用超市及 XaaS 业务上线系统，使得未来在 IaaS/PaaS 平台能力基础上引入的第三方业务上线部署、配置以及测试过程从原来多次重复的人工干预过程，转变为一键式触发的全自动化过程，从而大幅提升第三方应用软件在公有云、私有云平台上实现上线过程的自动化和敏捷化效率。

2.1.2.5　云 DC 运维管理

云 DC 运维管理子系统，目标是服务于云 DC 的运维管理人员的日常运维管理，包含云平台与应用软件的安装部署与升级补丁，虚拟及物理基础设施的监控与故障管理、日志管理、自动化仿真测试、安全管理，成本管理等功能模块和内部服务，通过管理工具支撑运维人员对系统运行的异常事件及健康状态进行快速、高效的响应处理，从而保障面向最终租户提供的云服务可靠性、可用性、性能体验等 SLA 属性达到甚至超出承诺的水平。

1. 面向 DevOps 敏捷开发部署的软件安装与升级自动化及业务连续性保障

在管理控制平面上，云 DC 相对于传统 DC 运维体系带来的一个显著变化，就是各云平台、云服务以及云运维管理软件的架构，从原来厚重的模块化、服务总线式架构，演进到被拆解分离的多个轻量化、运行态解耦的微服务架构，各微服务间仅有 REST 消息交互，没有任何数据库、平台组件的实例化共享依赖，从而实现了在线模式下各微服务的独立安装、灰度升级，数以百计的各个不同版本的云平台、云服务以及云管理运维微服务，只需保证升级时间窗内多个共存版本的服务接口契约语义级与功能级兼容性，以及各自上线前的预集成验证工作充分到位，无须做端到端系统测试，即可基于敏捷开发、集成与部署的支撑工具流水线，实现各自独立版本节奏的升级更新与上线发布，并且在新上线发布的观测期一旦发现问题，具备快速升级回退的能力。

在数据平台上，由于租户的所有业务应用运行承载在每台服务器的虚拟化引擎及分布式存储和软件定义网络平台的基础上，因此为保障在对数以万计到百万计的资源池节点上的虚拟化引擎、分布式存储及软件定义网络及其管理代理节点进行软件升级的过程中，租户业务中断最小化，甚至是零中断，首先在工程上必须将此类资源池基础平台类软件的升级分批执行，其次必须支持完善的虚拟化和分布式软件系统的热补丁机制，以及必要的跨物理节点热迁移机制，从而最大限度地降低升级过程中系统平台重启动带来的对云租户可感知的业务中断影响。此外，在热补丁无法完全覆盖、重启租户资源池服务器的场景下，则需要考虑引入对云租户可见的故障域的概念，引导用户将具备主备、负荷分担冗余能力的应用负载部署在不同的故障区域内，从而实现在不对故障域做并行升级的前提下，业务基本不中断，或业务中断时间仅取决于业务应用的主备切换或负荷分担切换的时延。

2. 智能化、自动化的故障与性能管理

与传统 DC 高度精细化的人工干预管控及治理模式不同，云 DC 运维管理最为显著的差异化特点是管理对象的数量、规模及复杂度均呈现指数级增长，因此对运维管理的自动化、智能化提出了更高的要求。从上述系统架构描述不难看出，无论是公有云还是私有云，一个功能完整的云 DC 软硬件栈系统是由基础设施层(进一步分解为虚拟化和软件定义存储与软件定义网络构成的数据平台，以及标准化云服务管理层)、数据层以及应用开发部署平台与中间件层等多个 SOA 解耦的微服务、软件组件所构成的，具有很高的系统复杂度；同时云 DC 中的分布式、规模和数量庞大的基础设施(对于公有云及大型私有云，服务器数量往往可达数万到数十万、百万规模)及各类系统云服务及租户的业务应用负载数量，也达到了数以百万乃至千万级的程度，对网络与安全工程组网也提出了巨大挑战。因此，为应对上述挑战，将云 DC 运维管理员从传统 DC 烦琐低效的人工干预、保姆式管理监控与故障处理中解放出来，转向尽可能无人干预的自动化、智能化的运维管理模式，将人均维护管理效率从平均每人数十台服务器，提升到平均每人数千台服务器，需要解决的关键问题及其解决方案包括以下几点。

- 基于工作流的自动化人工故障修复机制：通过基于最佳运维实践预定义的工作流

驱动,或者依据长期积累的故障模式库来驱动自动化运维工作流进行监测及无人干预或基于事件告警通知的一键式修复。

- 基于日志和监控信息的跨微服务、跨系统的制定业务流程和租户用户追踪与关联分析,用于解决客户报障和主动告警场景下的快速故障定位:在传统数据中心中,各软硬件系统的日志监控信息往往相对零散孤立,没有实现与业务和用户的自动关联,因此难以适应复杂度更高的云数据中心故障管理的需要。
- 基于大数据机器学习引擎的大规模运维场景下的性能与故障规律分析、趋势预测及故障根因识别定位:传统数据中心的故障发现与修复建议的处理,主要依赖于运维管理系统收集监控日志信息,以及运维团队长期积累的历史经验总结出来的典型故障模式。但随着云数据中心管理维护对象的数量级增长,以及系统复杂度的持续迭代提升,导致基于人工经验及故障模式积累的维护效率终将难以跟上公有云及大型私有云业务规模快速扩张发展的步伐,因此需要引入大数据机器学习机制,对历史积累的海量故障和监控信息进行围绕特定主题的关联分析,从而自动化地、智能化地挖掘出更多高价值的、运维人员认知范围外的故障模式与系统优化模式,从而进一步提升系统运维的效率。

3. 生命周期成本管理

除上述挑战之外,由于公有云、私有云面向云租户与云服务消费者的基础设施服务,是一个需要持续投入服务器以及网络与安全硬件的重资产经营过程,因此如何保证运营过程中的硬件资产投入产出比与经济效益,如何进行精细化的成本管理,就成为一个至关重要的问题。在传统数据中心中,所有硬件资产都是以配置库的形式进行编号管理,用户与硬件基本是固定对应的关系,然而在这些硬件资产资源池化和多租户自动化之后,硬件通过虚拟化和跨节点调度机制在多个租户间动态共享,而云服务界面上甚至也会参照QoS/SLA的要求,面向租户提供超出硬件实际供给能力的资源配额,这些硬件资源是否在云资源池的共享环境下得到了高效的使用,硬件的平均空置率或者说应用和租户对硬件资源的实际使用效率是否达到了理想水平(比如高于80%的实际使用率,或低于20%的空置率),是否需要对资源分配算法、超分配比率做出及时调整,将对公有云的可持续运营利润水平,以及私有云、混合云的成本控制效率产生决定性的影响。

2.1.3 云计算的服务及管理分层分级架构

面向云租户、云服务消费者的服务分层分级视图,如图2-6所示。

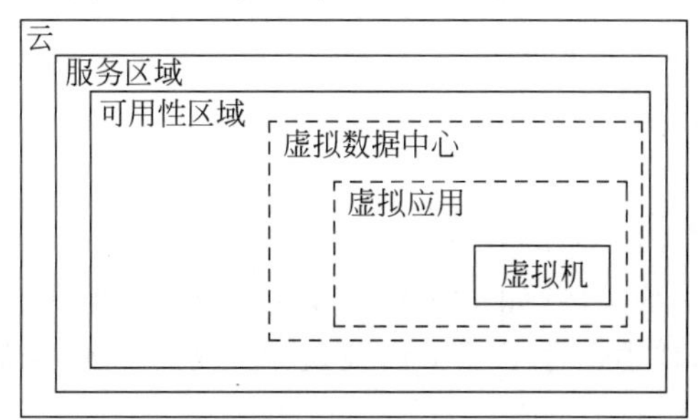

图2-6 面向云租户、云服务消费者的服务分层分级视图

- 一朵云划分为多个服务区域(Region),每个服务区域对应一组共享的 IaaS/PaaS/SaaS 云服务实例,不同服务区域可能有不同的服务产品目录,以及体现云服务对区域本地化需求的考虑,如本地化的服务订购端口、虚拟机及云服务的区域化定制选项等。
- 公有云面向全球的用户提供云服务,因此往往设计为跨多个服务区域,每个服务区域部署一套云服务,但多个服务区域共享同一套租户认证鉴权管理系统,这样租户一旦成功登录鉴权后,即可在不同服务区域间随意按需切换,而无须重新鉴权。
- 一个服务区域由两个或两个以上可用性区域(AZ)组成,每个可用性区域面向租户呈现为一个地理上独立的可靠性保障区域,该区域一般依赖于相同的数据中心层基础设施,比如数据中心电源供给、UPS 非间断电源。
- 一般情况下,租户会指定将其申请的云资源及应用发放部署在哪个 AZ 内,对于分布式应用,则可选择应用跨 AZ 部署,以实现更高层次的地理容灾可靠性保障。
- 在租户签约虚拟机或容器服务的情况下,可以看到隶属于该租户的每台虚拟机或每个容器实例;在租户签约物理机的情况下,可以看到每台物理机实例,除此之外的资源池集群,物理数据中心等概念均对租户不可见。

面向云数据中心运维人员的管理分层视图,如图 2-7 所示。

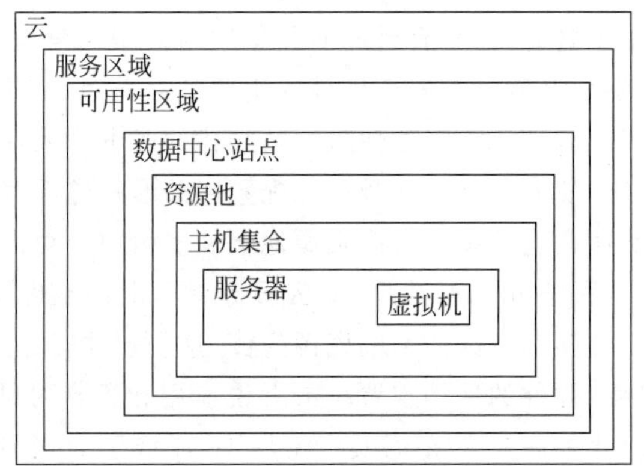

图 2-7 面向云数据中心维护人员的管理分层视图

- 每个服务区域(Region)下的可用性区域(AZ)设计部署对于云 DC 管理员直接可见,每个服务区域到租户/最终用户侧的接入时延一般推荐在 100ms 的范围内。
- 服务区域内各可用性区域间的网络传输时延迟一般控制在 10ms 的范围内,一个可用性区域一般由一个或多个物理数据中心构成,物理数据中心层仅对运维管理员可见,对普通租户/用户不可见。
- 数据中心内物理网络传输时延一般在 1ms 以内,由一个或多个层网络或层子网构成。
- 每个物理数据中心内可以部署一个或多个资源池集群,每个资源池集群对应一个云资源池调度管理系统实例(如 OpenStack),每个资源池集群包含的服务器规模一般是数千到数万台,其中包含了用于承载租户业务应用负载的计算集群,以及用来承载租户数据的存储集群。

- 每台虚拟机默认情况下直接接入到基础云资源调度管理系统，但对于异构的传统虚拟化集群，也可整体作为一台逻辑“大主机”接入到资源池调度管理系统。
- 在同一物理资源池集群范围内，考虑到云租户对服务器硬件需求的特殊性（比如对于GPU加速硬件、SR-IOV网卡、不同工作频率和数量的CPU、不同容量的内存、不同类型的虚拟化集群，乃至裸金属物理机集群等），均需要对隶属于同一资源选择属性的服务器进行标签（Tagging），隶属于同一资源属性标签的服务器构成一个“主机集合”，同一服务器主机可被标记为多个资源属性标签，即可以隶属于多个“主机集合”。由此可见，“主机集合”是一个在物理资源池集群范围内用来划分与动态资源调度相关的，基于特定资源池属性维护来划分的“逻辑资源池”概念，该“主机集合”的标签条件，将与云资源池调度管理软件API入口指定的动态调度参数进行匹配，从而决定当前的资源发放申请被调度到哪些“主机集合”内。

2.1.4　连通公有云与私有云的混合云架构

如前所述，公有云服务因其大规模集约化的优势，在弹性、敏捷性以及无须固定硬件投资、按需资源及服务申请和计费的成本优势方面，获得了广大企业用户，特别是中小企业用户的青睐。公有云业务在国内乃至全球范围内的普及程度和渗透率也有了大幅度提升。然而与此同时，我们也不难发现，很多大企业及政府机构在面临云计算的建设使用模式的选择时，不可避免地将安全性问题放在了一个非常重要的位置上，甚至是作为首要考量的因素。目前，仅有在自建数据中心及自己维护管理组织的掌控范围内私有云模式才能保障企业敏感涉密的关键信息资产。这一事实决定了私有云仍将是很多大企业建设云计算首要选择的模式，在未来相当长一段时间内私有云仍将与公有云并存发展。只有连通公有云和私有云的混合云能够将线上的公有云弹性敏捷优势，与私有云的安全私密保障优势相结合，实现优势互补，才能成为企业的最佳选择（见图2-8）。

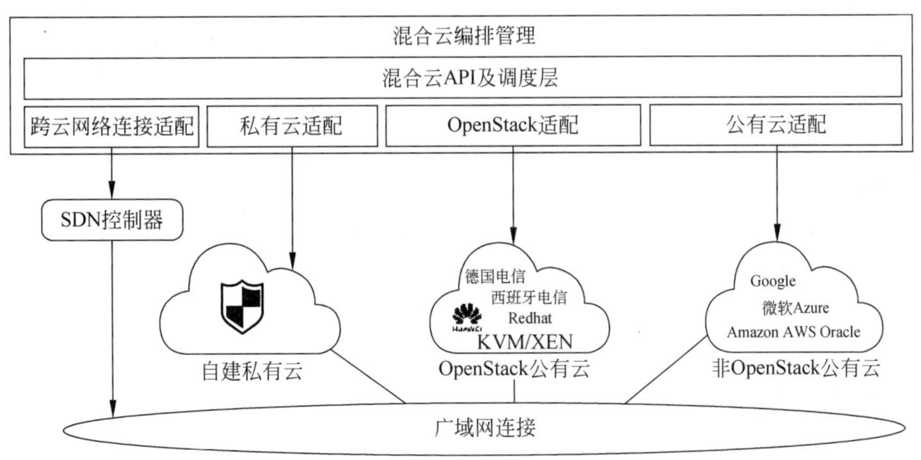

图2-8　混合云架构

然而，考虑到大企业、政府机构等的业务负载的多样性，需要向云端迁移的应用并不仅仅包含核心涉密的信息资产，也包括业务突发性强，资源消耗量大，并且具备资源使用完毕之后可以立即释放的特征，比如开发测试应用、大数据分析计算应用、电商渠道的分布式Web前端应用等，均属于此类应用负载。这些应用当然也更适合采用公有云的方式来承载。但对于同一企业租户来说，如果一部分应用负载部署在公有云端，另一部分应用负载部署在私有云端，则仅仅跨云的身份认证、鉴权发放及API适配是不够的，更重要的是必须实现连通公有云和私有云的安全可信网络，实现自动化建立网络连接。

除基于企业应用负载的安全隐私级别分别跨公有云和私有云进行静态部署之外，对于已部署在私有云之上的应用而言，电商网站的三层Web架构、负载平衡、Web前端和数据库后端初始已部署在私有云内。当业务负载高峰到来后，企业用户希望可以在不对Web网站应用做任何修改与配置调整的情况下，实现Web前端到公有云的一键式敏捷弹性伸缩，并借用公有云端的弹性IP及其带宽资源，应对峰值业务负载对资源使用量及IP带宽资源的冲击。

为满足上述诉求，需要跨不同的公有云和私有云，构建一层统一的混合云编排调度及API开放层，实现跨不同异构云的统一信息模型，并通过适配层将不同异构私有云、公有云的云服务及API能力集，对齐到混合云的统一信息模型，并通过SDN与各公有云、私有云的网络控制功能相配合，最终完成跨异构云网络互联的自动化。

当然这个统一编排调度引擎，以及API开放层的实现架构，存在不同的可选路径。

1. 路径1

引入一个全新的编排调度层，逐一识别出跨不同异构云的公共服务能力，并以此公共能力及其信息建模为基础参照，进行到各公有云、私有云的计算，存储原生API能力的逐一适配。

该路径下的跨云网络互联方案，需要混合云SDN与各公有云、私有云的VPN网络服务进行紧密协同配合，由于不同异构云之间的网络服务语义及兼容性相比计算和存储服务差别更大，因此也必然给跨云的VPN网络连接适配处理带来更大的复杂度与挑战。

2. 路径2

依托于业界开源事实标准的云服务与调度层(如OpenStack)，作为连通各异构公有云、私有云的信息模型及API能力的基准，通过社区力量推动各异构云主动提供与该事实标准兼容的适配驱动。

该路径下的跨云网络互联，采用叠加在所有异构云虚拟化之上的Overlay虚拟网络机制，无须进行跨异构云的网络模型适配转换，即可面向租户实现按需的跨云网络互联，从而大大降低了跨云网络互联处理的难度，为混合云的广泛普及奠定了坚实的基础。

2.2 云计算涉及的关键技术

相对于云计算初期阶段以探索和试用为特征的非互联网领域及行业的基础设施云资源池建设，新阶段云计算基础设施云化已步入大规建设，新阶段云计算基础设施化已步入大规模集中化建设的阶段，需要云操作系统(Cloud OS)必须具备对多地多数据中心内异构多厂家的计算、存储以及网络资源的全面整合能力，因此有如下一些关键技术和算法。

2.2.1 异构硬件集成管理能力

2.2.1.1 异构硬件管理集成技术

1. 异构的内容

异构的内容包括以下几点：

- 在业务运行平面上，虚拟化引擎层（Hypervisor）天然实现了硬件异构。例如，通过XEN及KVM虚拟化引擎的硬件指令仿真，并引入必要的半虚拟化驱动，则可对上层客户机操作系统完全屏蔽多数厂家x86服务器的差异。
- 在管理维护平面上，云OAM维护管理软件通过采用灵活的插件机制对各类异构硬件通过有代理以及无代理模式的模式，从各类服务器硬件管理总线、操作系统内的Agent，甚至异构硬件自带的管理系统中收集，并适配到统一建模的CIM信息模型中来。
- 虚拟机、物理机统一建模：x86服务器虚拟机、物理机以及ARM物理机的异构集群管理。

2. 异构实现原理

异构实现原理如图2-9所示。

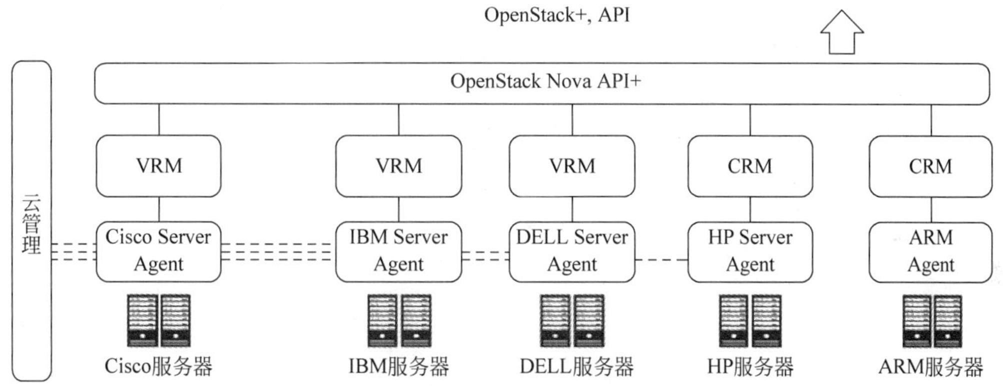

图2-9 硬件异构兼容原理

2.2.1.2 异构 Hypervisor 简化管理集成技术

针对数据中心场景，企业IT系统中的Hypervisor选择往往不是唯一的，可能有VMware的ESX主机及vSphere集群，可能有微软的Hyper-V及SystemCenter集群，也可能有从开源KVM/XEN衍生的Hypervisor（如华为UVP等）多种选择并存。此时云操作系统是否有能力对这些异构Hypervisor加以统一调度管理呢？答案是肯定的。可以依托OpenStack开源框架，通过Plug-in及Driver等扩展机制，将业界所有主流的Hypervisor主机或者主机集群管理接口统一适配到OpenStack的信息模型中来，并提供V2V/P2V虚拟机镜像的转换工具，在异构Hypervisor之间按需进行虚拟机镜像转换。这样即使是不同的Hypervisor也可共存于同一集群，共享相同存储及网络服务，甚至HA服务。

资源以统一集群方式管理（OpenStack目标）、屏蔽Hypervisor差异，简化云计算资源管理（见图2-10）。

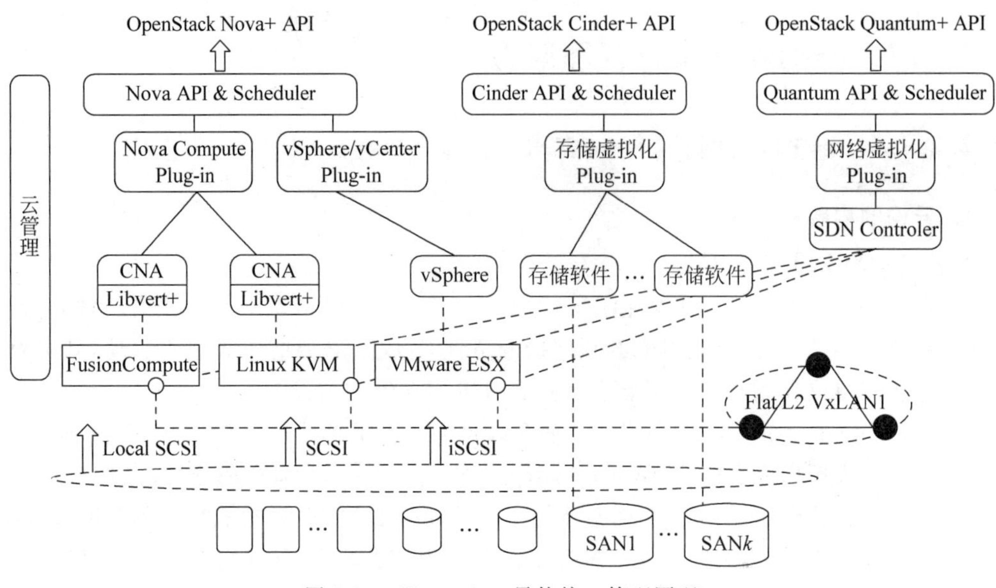

图 2-10 Hypervisor 异构统一管理原理

2.2.1.3 异构存储管理集成的统一简化技术

异构存储管理继承的统一简化技术主要包括如下几点(见图 2-11)：

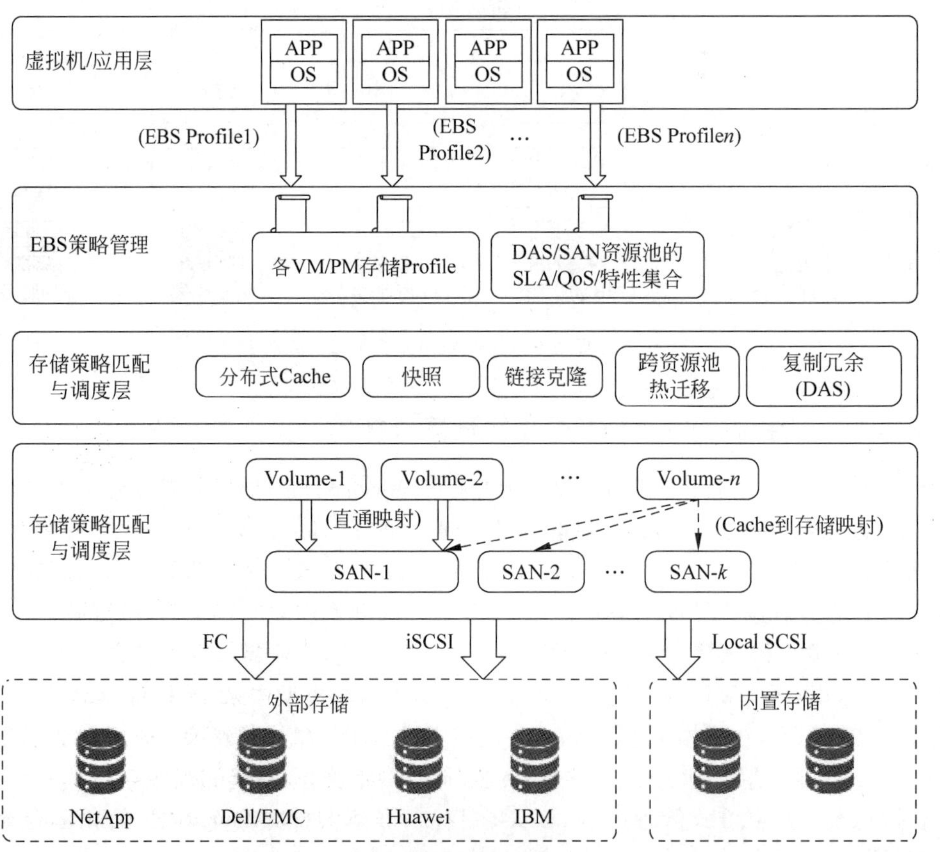

图 2-11 存储异构统一管理原理

- 10PB 级存储大资源池、跨多厂家异构外置存储以及服务器自带 SSD/HDD 的资源池化，将存储服务抽象为同时适用于虚拟机和物理机的“统一 EBS”服务；
- 容量、IOPS、MBPS 等 SLA/QoS 是 EBS 存储服务界面的“统一语言”，与具体支撑该服务的存储形态及厂家无关；
- 可按需将部分存储高级功能(数据冗余保护、置 0 操作、内部 LUN 复制、链接克隆等)卸载到外置存储(类 VVOL)；
- 针对 DAS 存储融合，应用层逻辑卷与存储 LUN 之间采用 DHT 分布式打散映射以及一致的 RAID 保护；
- 针对 SAN 存储融合，应用层逻辑卷与存储 LUN 之间采用 DHT 分布式打散映射(新建卷)或者直接映射(利旧并平滑迁移已有卷)，数据可靠性一般由 SAN 存储自身负责；
- 同一应用 Volume 的直接映射卷可“逐步”平滑迁移到 DHT 映射卷，实现业务中断。

2.2.2 应用无关的可靠性保障技术

2.2.2.1 数据中心内的可靠性保障技术

数据中心内的可靠性保障技术主要包括 HA(High Availability)冷备份、FT(Fault Tolerance)热备份、轻量级 FT。

1. HA(High Availability)冷备份

数据中心内基于共享存储的冷迁移，在由于软件或硬件原因引发主 VM/PM 故障的情况下，触发应用在备用服务器上启动。其适用于不要求业务零中断或无状态应用的可靠性保障(见图 2-12)。

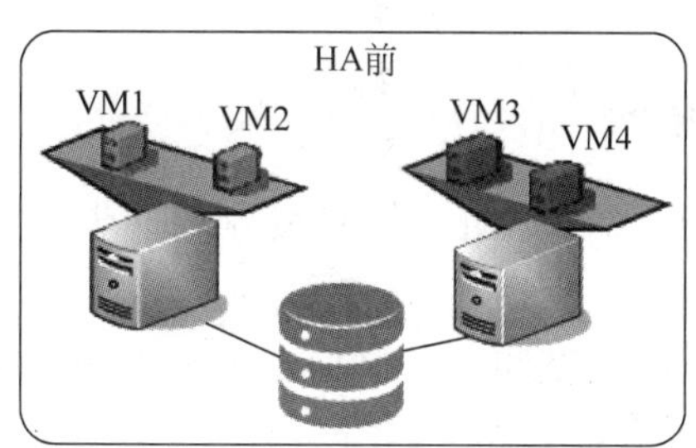

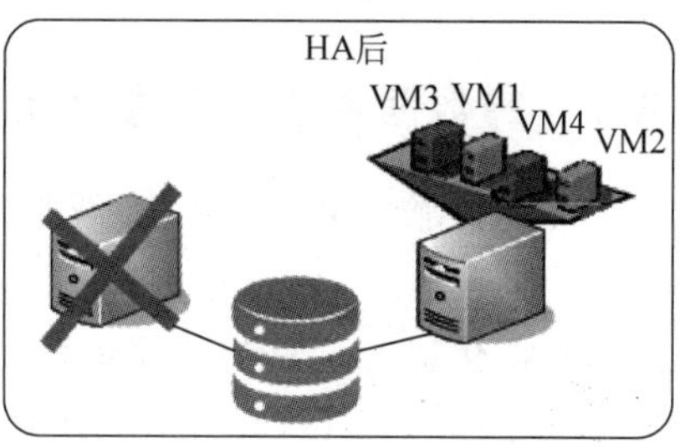

图 2-12 冷备份原理

2. FT(Fault Tolerance)热备份

其指令、内存、所有状态数据同步。该方式的优势是状态完全同步，完全保证一致性，且支持 SMP；劣势是性能开销大，会带来 40%左右的性能降低(见图 2-13)。

3. 轻量级 FT

其是基于 I/O 同步的 FT 热备机制。优势是 CPU/网络性能损耗 10%以内，支持单核和多核；劣势是只适合于网络 I/O 为主服务的场景(见图 2-14)。

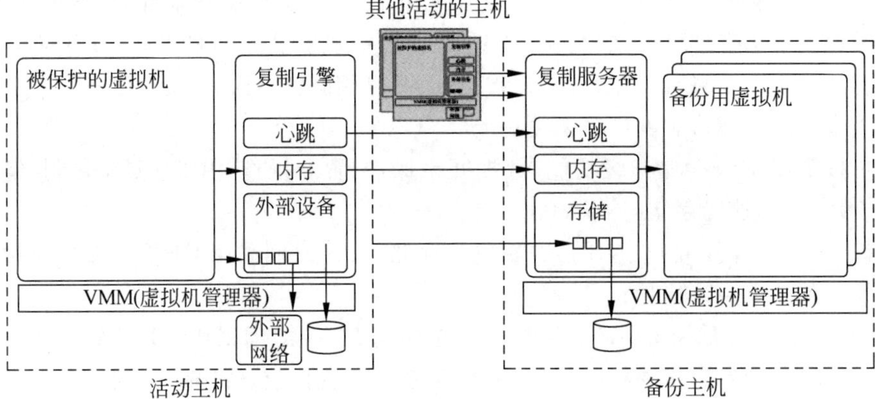

图 2-13 热备份原理

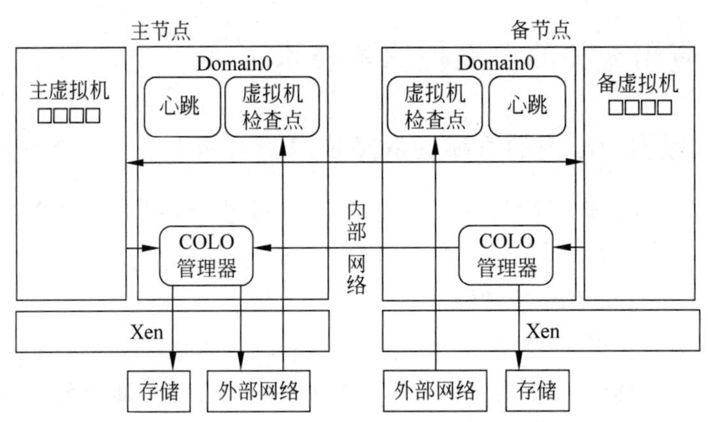

图 2-14 轻量级 FT 原理

2.2.2.2 跨数据中心的可靠性保障技术

跨数据中心的可靠性保障技术，主要是基于存储虚拟化层 I/O 复制的同步和异步容灾两种。

基于存储虚拟化层 I/O 复制的同步容灾，采用生产和容灾中心同城(<100km)部署，时延小于 5ms，DC 间带宽充裕，并且对 RPO(恢复点目标)要求较高，一般 RPO 接近或者等于 0s。分布式块存储提供更高效的 I/O 同步复制效率(见图 2-15)。

基于存储虚拟化层 I/O 复制的异步容灾采用生产和容灾中心异地(>100km)部署，带宽受限，时延大于 5ms，同时对 RPO 有一定的容忍度，如 RPO 大于 5 分钟。I/O 复制及快照对性能的影响趋近于零(见图 2-16)。

2.2.3 单 VM 及多 VM 的弹性伸缩技术

单 VM 及多 VM 的弹性伸缩技术包括基本资源部件级别、虚拟机级别、云系统级别 3 个层次的伸缩技术。基本资源部件级别：精细化的 Hypervisor 资源调度，对指定虚拟机实例的 CPU、内存及存储规格进行弹性伸缩，并可对伸缩上下限进行配额限制。

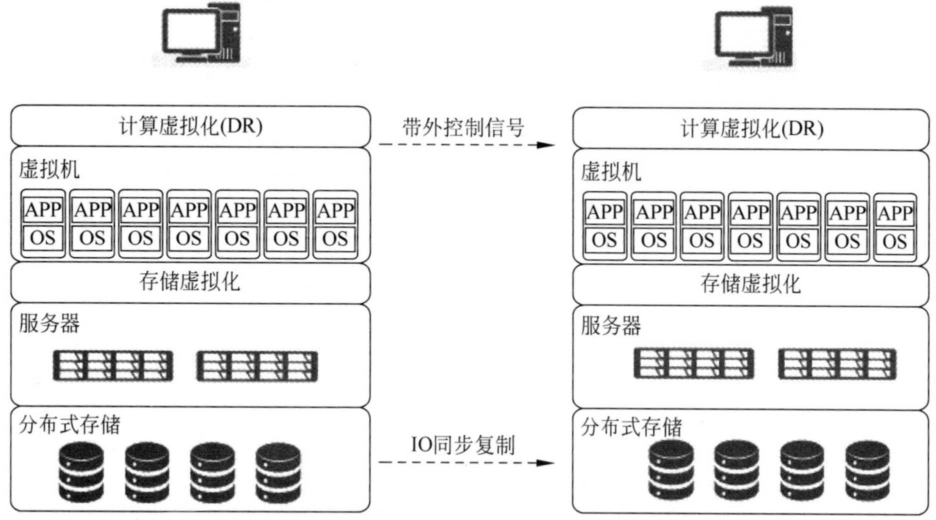

图 2-15　基于应用层的容灾复制原理

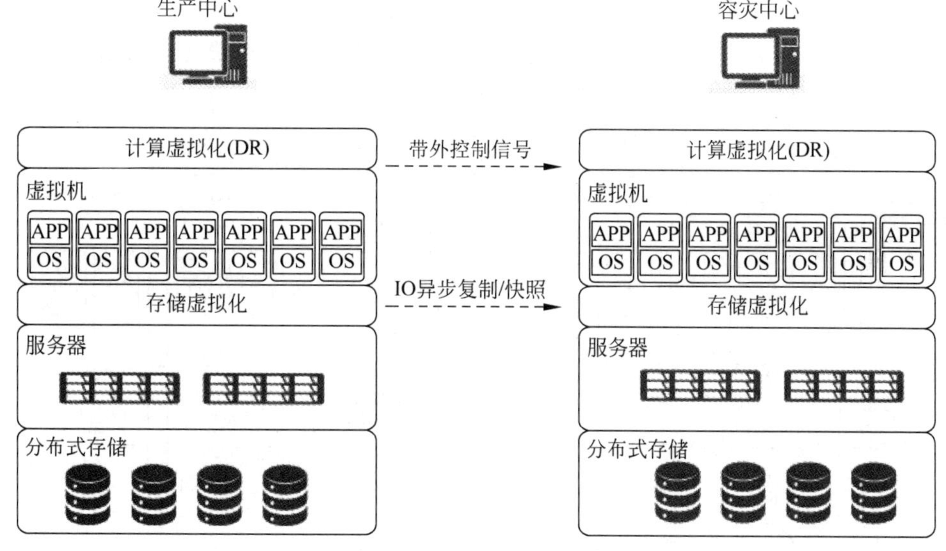

图 2-16　基于存储层的容灾复制原理

虚拟机级别：指虚拟机集群的自动扩展与收缩，基于 CloudWatch 机制对集群资源忙闲程度的监控，对业务集群进行集群伸缩与扩展的 AutoScaling 控制。

云系统级别：在内部私有云资源不足的情况下，自动向外部公有云或其他私有云(计算及存储资源池)“租借”及“释放”资源。

上述弹性伸缩机制使得在大规模共享资源池前提下，流控及因流控引发的业务损失被完全规避(见图 2-17)。

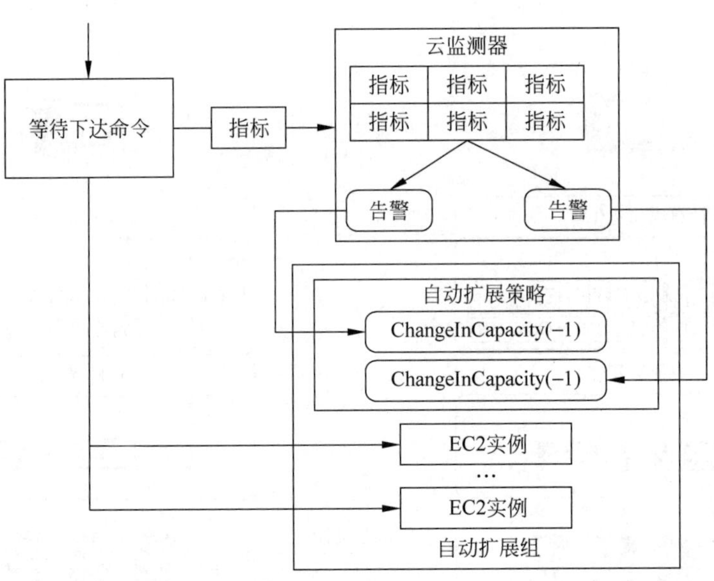

图 2-17　弹性伸缩

2.2.4　计算近端 I/O 性能加速技术

原则上，针对在线处理应用，I/O 加速应发生在最靠近计算的位置上，因此作为提高 I/O 性能的分布式 Cache 应该运行在计算侧(见图 2-18)。

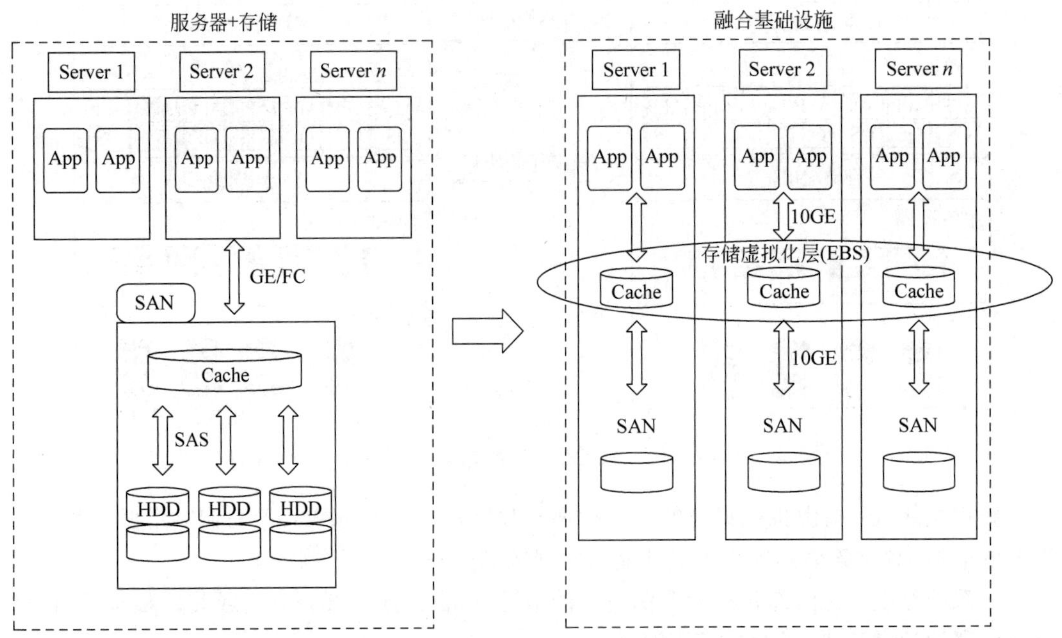

图 2-18　存储缓存加速功能

- 远端 Cache 的 I/O 效率高出本地 IOPS/MBPS 效率 1 个数量级；
- 通过分布式内存、SSD Cache 使内部和外部 HDD 硬盘介质资源的 I/O 性能提升

2～3 倍；

- NVDIMM/NVRAM 和 SSD Cache 保证在全局掉电(或多于 2 个节点故障情况下)情况下计算近端的写 Cache 数据无丢失；
- 分布式 Cache 可提供更大的单 VM(单应用)的磁盘并发 MBPS，效率可提升 3～5 倍。

2.2.5　网络虚拟化技术

2.2.5.1　业务应用驱动的边缘虚拟网络自动化

分散在交换机、防火墙、路由器的 L2 转发表及 L3 路由表集中到 SDN 控制器，使得跨多节点的集中拓扑管控及快速重定义成为可能。基于 x86 的软件交换机和 VxLAN 隧道封装的 Overlay 叠加网可以实现业务驱动且与物理网络彻底解耦的逻辑网络自动化，支持跨数据中心的大二层组网。基于业务模板驱动网络自动化配置，如图 2-19 所示。

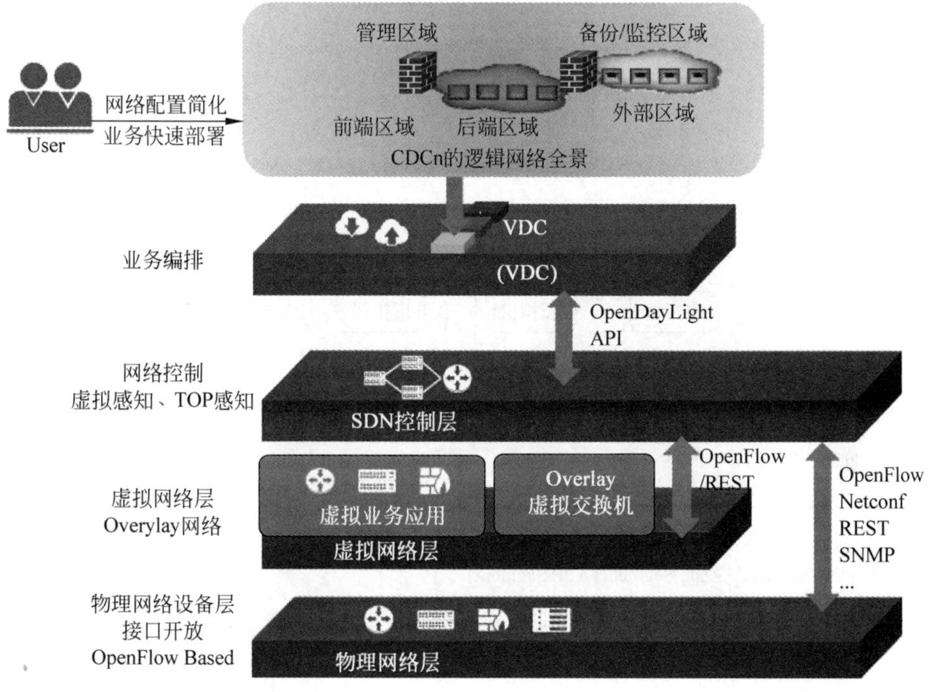

图 2-19　网络功能虚拟化层次结构

2.2.5.2　更强大、更灵活的网络安全智能策略

在云计算早期阶段，一般采用下面的方法进行网络安全的部署，但存在一些不足。

- 在公有云、多租户共享子网场景下，静态配置安全组规则仅在目的端进行过滤，无法规避 DoS 攻击(见图 2-20)。
- 采用外置防火墙方法控制子网间安全，但存在流量迂回(见图 2-21)。

为解决云计算早期阶段技术安全隐患，新阶段云计算架构通过软件定义网络的实施，解决这些问题(见图 2-22)。

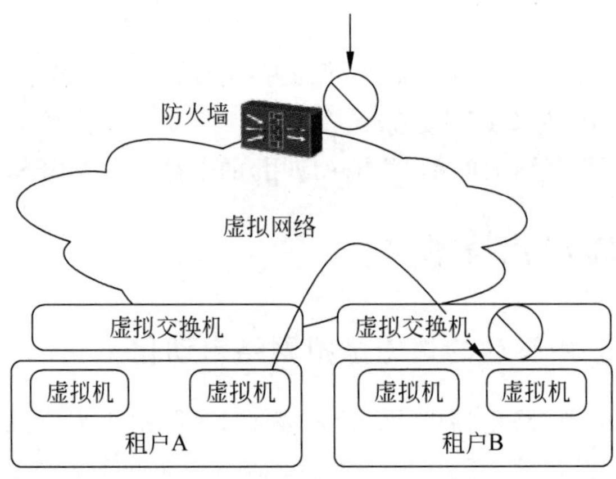

图 2-20 虚拟机网络安全管理

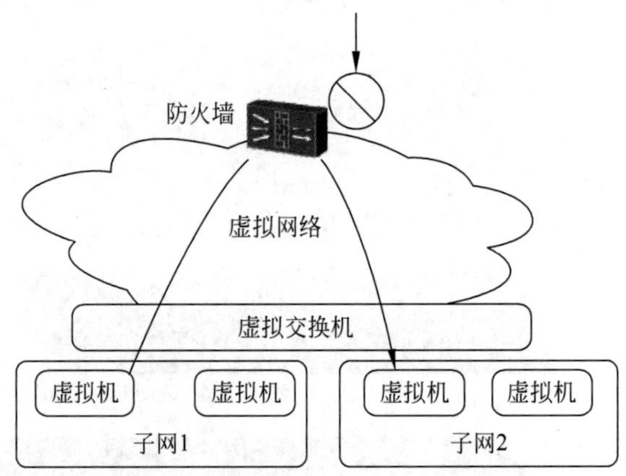

图 2-21 采用外置防火墙方法控制子网间安全

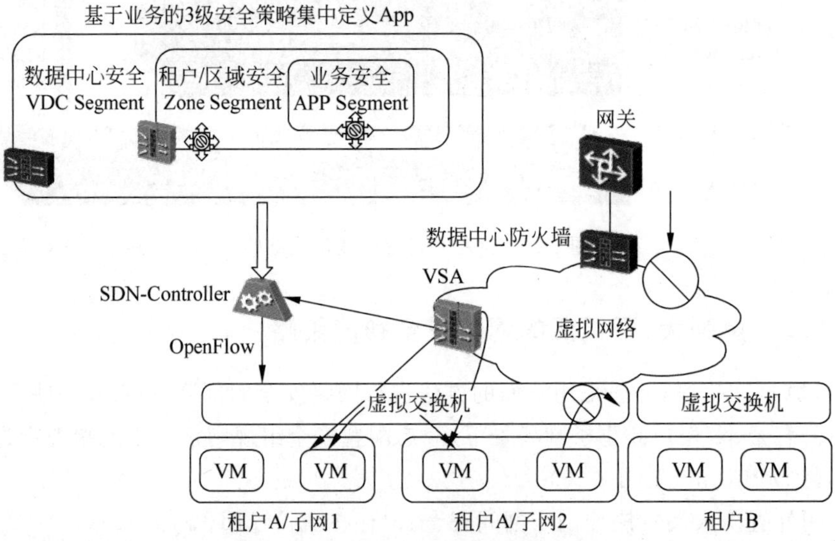

图 2-22 通过软件定义网络的实施解决问题

- 按业务需求统一定义任意目标——源组合的安全策略定义下发到 Controller；
- 子网内互访，首包上送到 Controller，动态下发安全过滤规则，从源头扼杀攻击；
- 子网间互访，动态下发路由表，避免迂回。

2.2.6　应用模块以及工作流技术

对于目标架构的基础设施层的管理功能定位，仅仅做好物理和虚拟机资源的调度是远远不够的，其应当涵盖独立于具体业务应用逻辑的普遍适用的弹性基础设施之上的应用的全生命周期管理功能，涵盖从应用模板、应用资源部署、配置变更、业务应用上线运行之后基于应用资源占用监控的动态弹性伸缩、故障自愈以及应用销毁的功能。整个应用的生命周期管理应遵循如图 2-23 所示的流程。

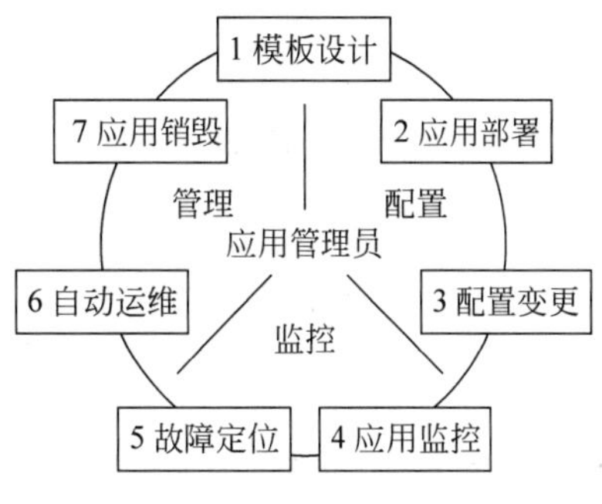

图 2-23　全生命周期管理流程

各部分包括以下内容。

1. 图形化的应用模板设计方式

采用基于图形的可嵌套式重用模板；采用拖曳和复制粘贴的方式来定义分布式应用模板，使得模板设计简单高效(见图 2-24 和图 2-25)。

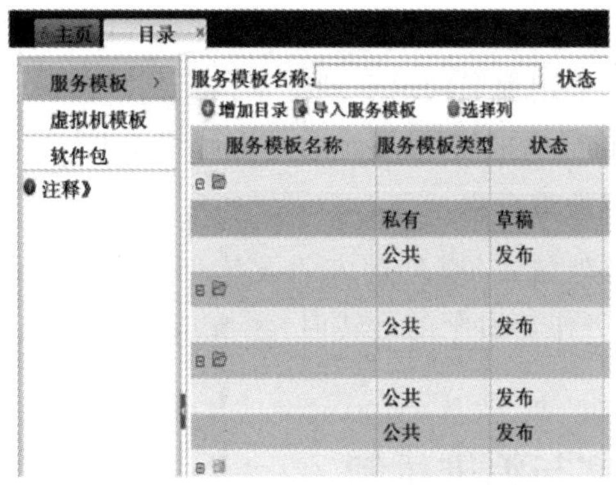

图 2-24　图形化的应用模板

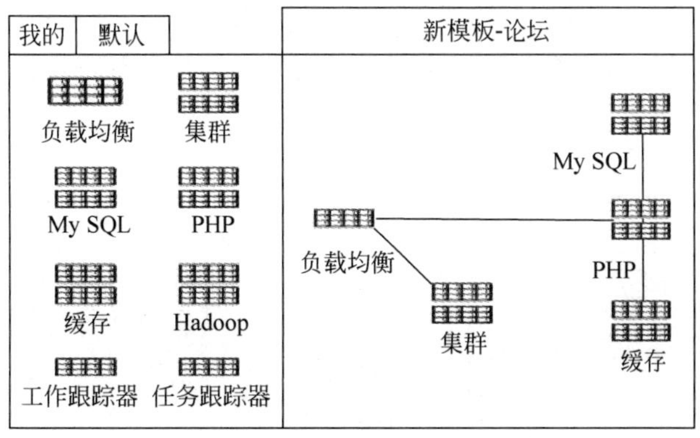

图 2-25　图形化的应用模板设计

2. 提前准备的丰富模板库和自动部署

为物理机、容灾、SDN、LB、防火墙等准备好应用模板；当有应用需求时，系统直接从模板库中选取相应的模板进行自动部署(见图 2-26)。

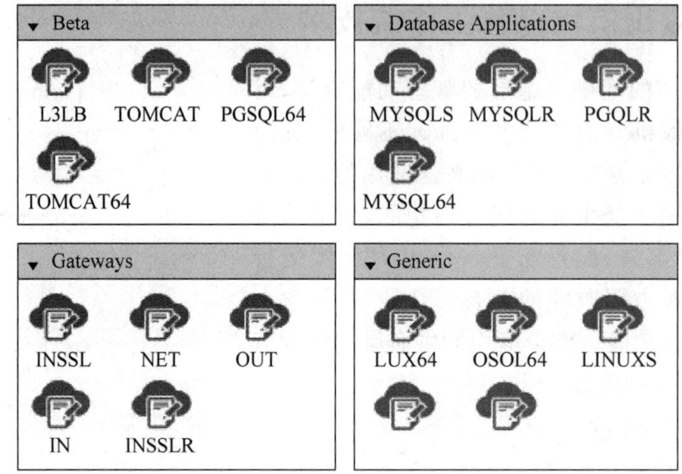

图 2-26 从模板库中选取相应的模板

3. 基于 SLA 的应用监控

面向不同的应用(数据库、HPC、基于 LAMP 的 Web 网站等)，定义不同的 SLA 指标集，对这些指标进行监控，采用静态阈值和动态基线相结合的方法进行故障告警和性能预警，使应用监控更自动化和精细化，满足客户业务运行的要求。

4. 基于工作流的应用故障自愈

采用基于工作流的管理方式，通过对应的设计工具来设计用户自定义事件，当监控到应用故障、事件触发和工作流引擎的运转时，系统支持应用的自动修复，达到故障自愈的目的。

2.2.7 容器调度与编排机制

Docker 2013 年发布正式开源版本后，容器技术成为云计算领域一个新的热点。进入容器的世界后，你会发现 Docker 生态系统十分庞大，Docker 公司发布的容器引擎只是单节点上管理容器的守护进程，而企业数据中心或者公有云管理的节点规模十分庞大，因而一个成熟的容器管理平台还需要至少下述两个层面的能力(见图 2-27)。

图 2-27 容器调度与编排机制

1. 容器集群资源管理和调度

收集被管理节点的资源状态，完成数以万计规模的节点的资源管理；同时根据特定的调度策略和算法，处理用户的容器资源申请请求。

2. 应用编排和管理

针对数据中心不同类型的应用，比如 Web 服务、批量任务处理等，抽象不同类型应用常用的应用管理的基础能力，并通过 API 暴露给用户使用，这样用户在开发和部署应用时可以利用容器管理平台的上述 API 能力实现对应用的自动化管理。用户通过应用编排和管理还可以实现应用模板定义以及一键式自动化部署。应用模板包括组成应用的各个组件的定义以及组件间逻辑关系定义，用户可以从应用模板一键部署应用，实现应用灰度升级等，大大简化了应用的管理和部署。

2.2.8 混合云适配连接机制

越来越多的企业使用混合云，将公有云资源作为企业侧的私有云的延伸进行统一管理。混合云适配连接机制需要提供的功能包括：

- 统一对象模型；
- 统一北向 API；
- 云间网络互联互通。

典型的混合云架构如图 2-28 所示。

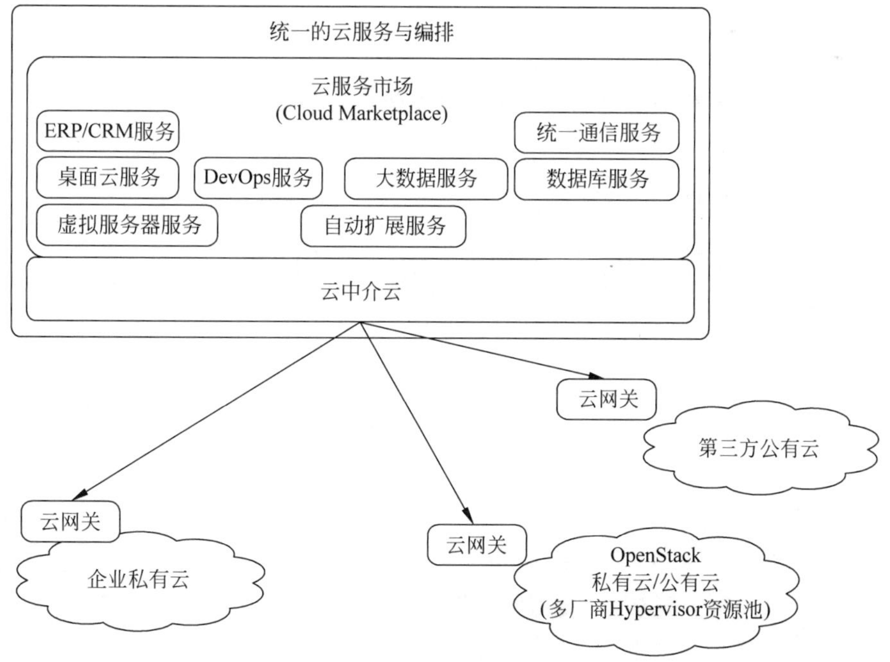

图 2-28 混合云架构

典型的混合云架构，分为如下3层。

1. Cloud Gateway

Cloud Gateway部署在最底层，对接异构云的资源管理服务。以AWS为例，Cloud Gateway对接适配AWS的弹性计算服务(EC2)、弹性块存储服务(EBS)和虚拟网络服务(VPC)，用于异构云对象模型的转换和API适配，屏蔽云间功能差异性。

2. Cloud Broker

Cloud Broker提供加云管理、加云配置(用于接入供应者云进行发放资源的账号、密码、Flavor映射关联等云配置)、统一租户管理、云间资源管理和云间互联互通功能。Cloud Broker通过Cloud Gateway将供应者云作为计算、存储资源池使用，在此之上提供统一的租户管理，实现云间资源的统一管理和资源跨云统一编排，对外提供统一的API接口；Cloud Broker通过Cloud Gateway使用VPN隧道或者云间专线互联的方式实现跨云网络的互联互通。

3. Cloud Market

Cloud Market在Cloud Broker提供的云间资源统一管理和云间网络互联互通的功能基础之上，通过调用Cloud Broker北向统一的云管理API实现服务的跨云统一部署和编排。

2.3 云计算典型应用架构

2.3.1 桌面云

基于云计算总体架构下的桌面云解决方案如图2-29所示。

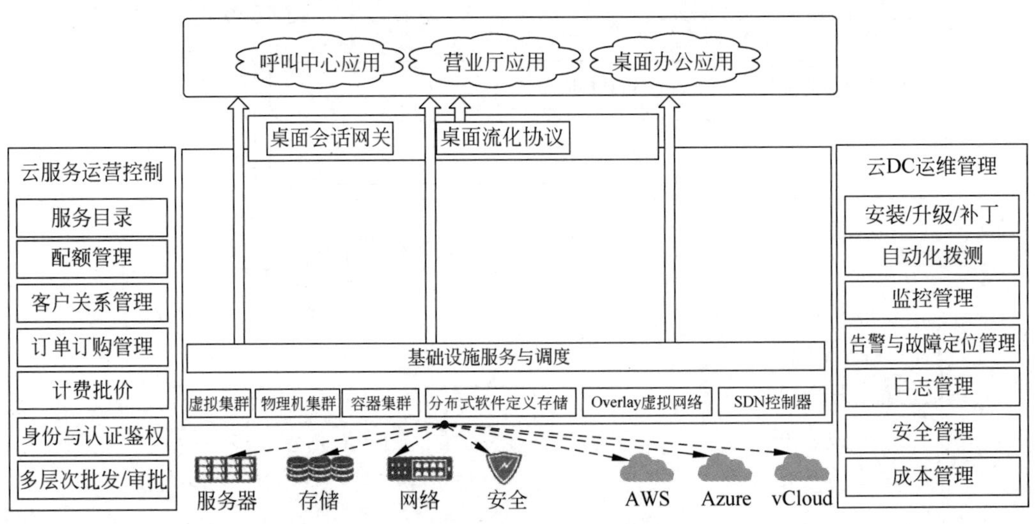

图2-29 桌面云解决方案架构子系统组合

桌面云解决方案主要基于云计算平台的弹性计算、弹性存储、操作运维及业务发放管理系统功能，通过集成桌面云会话控制管理及远程虚拟桌面控制代理等模块，提供针对企业内部应用的呼叫中心桌面云、营业厅终端桌面云、Office 办公桌面云解决方案，以及面向公众网用户的 VDI 出租业务。

其主要业务流程包括如下几点：

- 来自企业 IT 系统或运营商 BOSS 系统的桌面云发放命令，通过与云计算云管理平台之间的 SOAP、RESTful API 接口，交互包含标准桌面配置规格定义的 VDI 业务发放/撤销封装式命令。
- 云管理平台的 BSS 系统对 VDI 业务发放命令进行解析，将该命令分解为指向"桌面会话网关"的 VDI 账户发放命令，以及指向"弹性计算 API 及集群调度"的 VDI 虚拟机实例发放命令。
- "桌面会话网关"接收来自云管理平台的命令创建桌面账户。
- "弹性计算"服务部分接收来自云管理平台 BSS 部分通过的 EC2 兼容接口创建符合原始发放需求规格，包含虚拟桌面服务器端代理的虚拟机镜像；桌面服务端的 EC2 IP 地址还将反馈给"桌面会话网关"系统。
- "桌面会话网关"接收来自 VDI 瘦客户端的 HTTP/HTTPS 桌面会话登录请求，通过云计算 API 与 AAA 服务器交互，或者与企业 LDAP/AD 服务目录交互进行用户身份鉴权，随后进一步通过 EC2 API 通知弹性计算服务启动虚拟机的运行实例。
- "弹性计算"服务通过与"弹性存储"以 SOAP 消息交互，完成指定业务发放命令中指定的虚拟存储卷的挂载，其中包括了为该虚拟分配的系统卷及数据卷，虚拟机从其系统卷引导启动，完成系统的初始化启动。
- 用户认证通过后，将用户所用 VDI 瘦客户端通过远程桌面协议与数据中心服务器相连接，建立桌面会话。
- 来自瘦客户端的客户操作通过"桌面流化协议"实现与其后端服务的虚拟机进行交互，完成实际的操作动作。
- 构成桌面云解决方案的弹性计算管理服务器、块存储及对象存储设备，VDI 虚拟机、桌面云会话控制网关、数据中心各层交换机（接入/汇聚/骨干）、防火墙以及桌面云特有的负载平衡及 Cache 加速设备（LBS）相关的监控、告警、性能、配置、拓扑以及安全管理等，均通过符合 SOA 原则的 Web OM 对象化 API 接受云管理子系统的端到端管理。
- "弹性计算"的智能调度算法，可以为有效提升桌面云 VDI VM 在整体服务器集群内的资源利用效率，减少负载不均衡导致的资源浪费并提升节能减排效率，以及实现桌面云工作负载与其他非桌面类工作负载的动态调度能力提供支撑。
- 由于"弹性计算"内所有服务器及虚拟机共享相同的"弹性存储"实例，使得支持业界最大规模的虚拟机 HA 及在线热迁移的集群成为可能，在集群内的服务器故障可以快速恢复，从而实现了软硬件故障导致的 VDI 服务故障影响最小化。
- 由于"弹性存储"所提供的块存储跨服务器、跨机柜的数据可靠性冗余机制（2 份或 3 份副本），可以为桌面云功能提供超越 PC 本地存储的数据可靠性保障，同时基于对象存储的快照机制以及异地容灾机制，使得桌面云数据在更大灾难发生时也有机会还原为最近一次快照时刻的存储数据内容。

- 针对桌面办公类应用，采用软件预安装模式，除基本客户机操作系统外，进一步增加终端安全管理、Office 系列、UC 通信、Email、CRM、ERP 等预装软件，并可根据不同目标市场，制作不同的虚拟机模板，可以在云管理平台中指定不同虚拟机、存储及网络带宽规格，甚至不同的计费规则（针对公有云桌面出租的场景）。

2.3.2 存储云

基于云计算总体框架下的存储云解决方案，如图 2-30 所示。

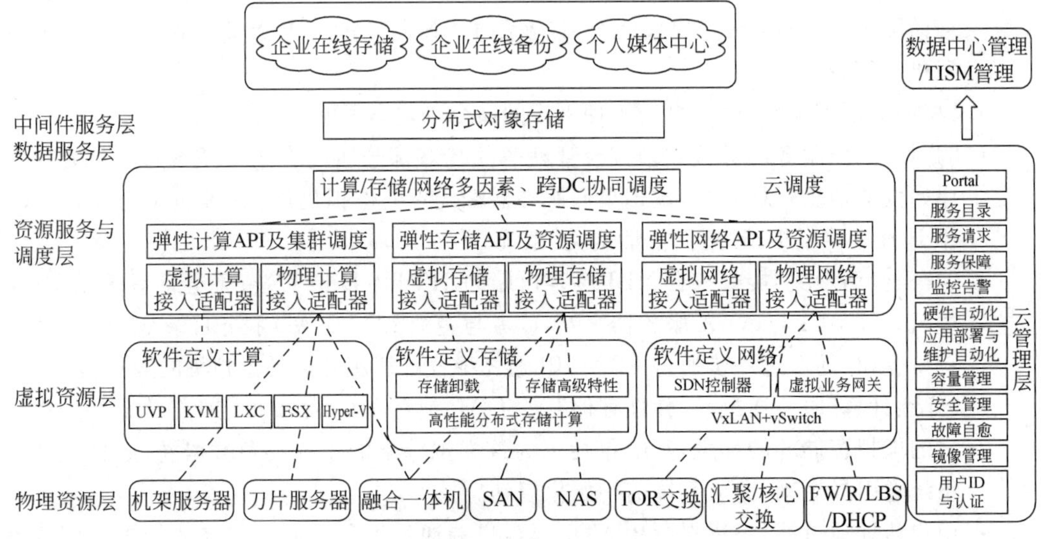

图 2-30 存储云解决方案架构子系统组合

云存储解决方案依托云计算平台的弹性存储、分布式对象存储，以及操作运维及业务发放管理系统等功能，通过集成第三方的企业在线备份软件、个人网盘、个人媒体上载及共享类软件，允许云存储运营商提供面向个人消费者用户的廉价/高性能网络存储服务，以及面向企业用户的在线备份及恢复类服务。

在云存储平台与企业备份/恢复类应用软件以及个人网盘、个人媒体上载/共享类软件绑定部署销售的场景下，与云存储应用用户的 Portal、UI 交互界面及其与应用相关的核心业务功能（如权限管理、断点续传等）由第三方合作的应用软件支撑，同时从服务器端或直接从客户端调用"弹性存储"服务的对象存储或分布式文件系统 API（OBS/POSIX），实现对云存储用户的高吞吐量、超大容量存储内容的读写及其元数据管理。在该模式下，用户的计费主要由第三方软件负责。

运营商的云存储平台以 IaaS 形式提供与第三方合作的企业备份/恢复类应用软件，以及个人网盘、个人媒体上载/共享类软件的后端支撑，此时"弹性存储"提供对第三方云存储应用软件的多租户隔离以及存储空间和 IOPS/MBPS 访问流量的精确计量，以便为云存储服务商与第三方增值服务提供商之间的计费结算与商业分成提供支撑。

"弹性存储"提供以通用服务器及其硬盘为基础的全分布式平台，具备水平无限拓展、超大容量等特点，并通过瘦分配、跨用户的重复数据删除、数据压缩等大幅降低云存储的设备及运维成本，实现超高性价比存储方案，提升云存储类业务的利润空间。

“弹性存储”所提供的块存储跨服务器、跨机柜的数据可靠性冗余机制（2 份或 3 份副本）可以为存储云功能提供超越 PC 本地存储的数据可靠性保障，同时基于对象存储的快照机制和异地容灾机制，使得存储云数据在更大灾难发生时也有机会还原为最近一次快照时刻的存储数据内容。

2.3.3　IDC 托管云

基于云计算总体架构下的 IDC 托管云解决方案，如图 2-31 所示。

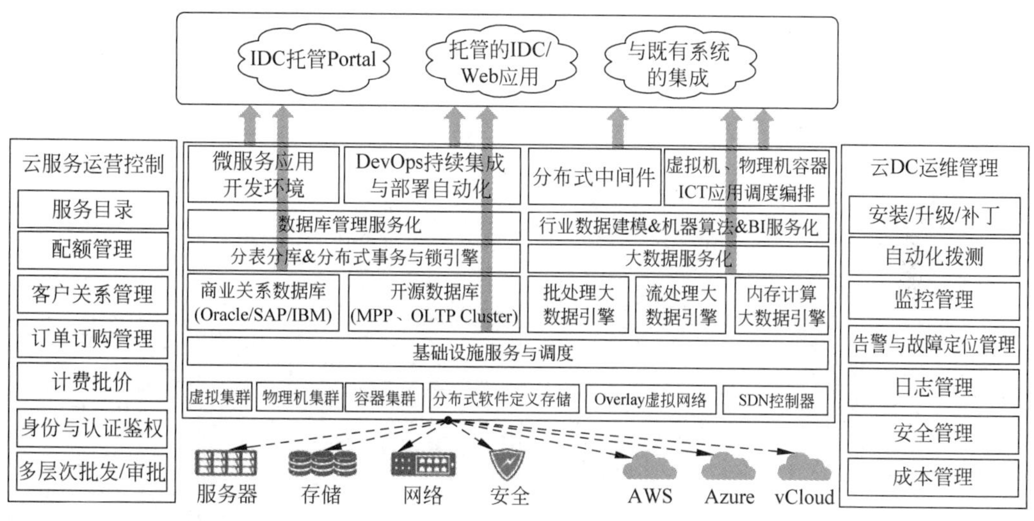

图 2-31　IDC 托管云解决方案架构子系统组合

IDC 托管云解决方案依托云计算平台的弹性计算集群、弹性存储集群、分布式结构化存储服务以及分布式消息队列服务，为 IDC（Internet 数据中心）运营商提供 ISP/ICP 多租户的计算与存储资源的托管服务。业务应用与 IT 子系统运行于 IDC 托管云中，隶属于不同的第三方 ISP/ICP 或企业。IDC 托管云依托于云平台的自动化、虚拟化基础能力，实现多租户的分权分域的安全隔离及资源共享，相比传统的物理服务器独占式的 IDC 解决方案，其可提供高出 3～5 倍的 IDC 出租资源利用效率，从而有效提升 IDC 托管类业务的利润率。

云计算中云管理平台的 BSS 子系统为 IDC 业务的运营发放、资费定价、后计费、实时付费（按资源规格、按时长、按流量，以及上述各类维度的综合）提供了强大的后台支撑。如果用户（运营商）已有 BSS 系统，可通过云计算 API（EC2/S3 等的兼容 API）与用户已有的后台 BSS 系统进行对接。

除虚拟化计算集群资源（含虚拟 CPU 与内存资源，以及挂载于该虚拟机实例之下的系统卷及数据卷块存储资源）之外，云计算平台还提供独立的分布式对象结构化存储，分布式消息队列等超越单机物理处理能力范畴的分布式中间件服务（针对运行于云平台之上的软件），以及远程接入的服务能力“虚拟桌面”（针对云平台业务的直接消费者）。

云计算平台对 IDC 托管的业务应用的管理是通过业务应用底层的操作系统来完成的。这些操作系统一般为 x86 架构，如 Windows、Linux 以及 UNIX。IDC 托管的业务应用也可以与操作系统一起打包作为一体化的虚拟机镜像使用。只要 IDC 托管应用本身的颗粒度不超过一个物理服务器的场景，则不存在软件兼容性问题，但需要 IDC 托管应用的软件管理系统实现与云计算平台 API 的集成，实现软件安装部署及监控维护从硬件平台到云平台的迁移，并可能依赖"运营维管"子系统的自动化应用部署引擎，实现跨越多个应用虚拟机镜像的复杂拓扑连接的默认模板化自动部署，从而有效提升大型分布软件的部署效率，这是目前云计算 IDC 托管的主流形态。

针对分布式对象存储、分布式消息队列、分布式列存储数据库等场景，则需要 IDC 托管应用针对其业务层 API 进行适配改造，相对难度较高，IDC 托管应用一般是云计算平台生态战略联盟内的云应用合作伙伴。

2.3.4 企业私有云

基于云计算总体架构下的企业私有云解决方案，如图 2-32 所示。

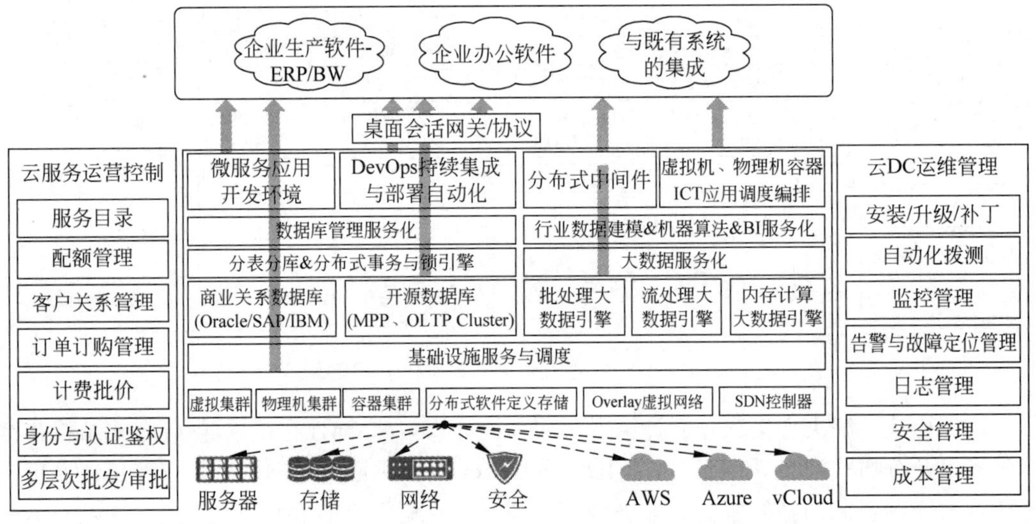

图 2-32 企业私有云解决方案架构子系统组合

伴随 IT 与网络技术的飞速发展，IT 信息系统对于企业运作效率、核心竞争力，以及企业透明化治理正在起着越来越重要和无可替代的作用，而企业信息集中化、企业核心信息资产与商业逻辑的规模越来越庞大，跨不同厂家 IT 软硬件产品的集成复杂度不断增加。企业 IT 系统的架构正在从传统的与特定厂家硬件平台及管理系统绑定的客户端/服务器(B/S、C/S)架构向更为集中化的统一整合平台架构的方向演进。云计算平台与企业 IT 应用层软件的结合，尤其是基于虚拟机的弹性计算服务、虚拟网络服务、虚拟桌面服务、分布式块存储、对象存储服务、文件系统服务以及与之配套的自动化运维管控的能力，使得企业 IT 系统可以更高效地支撑企业核心业务的敏捷运作，大幅提升 IT 及机房基础设施利用效率并实现节能减排。

在保障业务运行效率与性能不下降的前提下(计算、存储资源配额，业务访问时延等)，通过将原有直接运行在 x86 服务器硬件平台之上的企业 IT 软件迁移到虚拟化平台，将企业 IT 软件相关的存储数据(数据库/文件格式)迁移到分布式块存储或者传统 IP-SAN 存储，可以充分利用弹性计算平台的跨服务器边界的资源分配与热迁移能力，实现多个相对独立的IT软件应用在虚拟机资源池内动态共享，以及削峰错谷的负载平衡调度，并实现不同应用的分级QoS(硬件资源下限)策略保障，实现IT资源利用效率从平均20%～30%到60%～70%的提升。同时在系统轻载的情况下，通过将轻载虚拟机迁移到少数物理服务器，可实现更多空闲服务器硬件的自动休眠，来最大限度地提升数据中心及IT资源池的节能减排效率。

借助云计算平台的虚拟桌面(即桌面云)能力，可以实现企业员工PC办公的计算与存储能力向数据中心的集中化迁移，实现核心信息资产与用户接入访问终端的解耦和剥离。虚拟桌面具有绿色、节能、安全隔离及移动接入能力方面的优势。除了对办公PC的改造之外，虚拟桌面也是最终企业员工接入到后端IT应用业务的必由界面和通道。

借助面向大型分布式应用软件的云计算自动化、模板化部署，通过故障自动修复管理能力，运行态自动伸缩管理工具，弹性计算、虚拟网络、虚拟桌面与企业IT管理系统(含可选的ITIL子系统)的无缝集成，可以实现IT应用软件与底层IT硬件和网络基础设施的彻底解耦，利用标准化的虚拟应用部署模板(描述格式如OVF)大幅度(70%)提升IT软件应用的上线部署效率，以及降低业务在线运营的容量规划与故障维护的复杂度，有效提升IT服务支持企业核心业务的SLA水平和效率，从而促进企业生产率的同步提升。

云计算的分布式对象存储、半结构化存储(列存储数据库)以及消息队列能力，对于企业私有云来说，是可选的高层云平台能力。其适用于企业定制开发新型应用，比如：企业/行业搜索引擎，基于企业IT系统海量日志或统计类数据仓库的商业智能挖掘与分析，以便指导企业的业务规划策略的调整优化等以大数据集作为输入和输出的软件，是性价比最优的选择。但这部分云平台能力在企业私有云中一般无法适用于面向实时在线事务及交易类的应用形态。原因是这些云平台的API与单机通用操作系统(Windows、Linux、UNIX等)下的文件系统、进程间通信以及数据库访问API都是不兼容的，而业界大多数企业IT应用软件、商业操作系统以及数据库(如Oracle)软件是运行在通用操作系统之上的。

第3章

主流开源云平台软件

3.1 主流的开源云平台软件

云计算是一个很大的系统，它的设计实现涉及硬件的实现，涉及虚拟化内核的选择，涉及各种计算/存储/网络虚拟化技术的选择，涉及云资源的申请和管理；不同的公司可能采用不同的方法来实现。然而，云计算的理念就是要提供像水电一样的公共产品，那它必然就涉及标准和开放问题，否则各系统无法互通，就无法最后构建真正的一个大云。正是基于此，本章先来讨论在云计算领域的相关开源软件，讨论其历史和优缺点，使得后续大家选择实现云计算产品的时候能做到更好的通用性。

1. 云操作系统开源软件

在云计算领域，开源云计算的软件主要有 OpenStack、CloudStack、OpenNebula、Eucalyptus，参与人员的数量和活跃程度、贡献程度又以 OpenStack、CloudStack 为主。其中 OpenStack 开源社区由于其构架的开放性和灵活的可拓展性，呈现出后来居上的趋势，参与人员数量和公司都有一骑绝尘的态势。本书针对开源云计算软件的介绍，重点围绕 OpenNebula、CloudStack 展开，并特别强调作为开源软件，软件架构的开放性、可拓展性对生态系统构建的重要性。

2. Hypervisor 开源软件

Hypervisor 领域，既有闭源的 ESXi、HyperV，也有开源的 Xen、KVM。Xen 发展时间长，功能丰富，也得到了广泛的应用，KVM 作为 Linux 内核集成虚拟化技术，则得到了广泛的社区支持，快速发展，也是 OpenStack 社区最常用的 Hypervisor，不少企业和电信运营商更是指定云建设必须基于 KVM。

3.2 OpenStack 概述

3.2.1 OpenStack 与云计算

OpenStack 是美国国家航天局(NAAS)和 Rackspace 合作开发的旨在为公有云和私有云提供软件的开源项目。OpenStack 是一个 IaaS 层的软件,其目标在于提供可靠的云部署方案及良好的可扩展性,从而实现类似于 Amazon 的云基础架构服务(IaaS)。OpenStack 的最终目标是实现一个可以灵活定制的公有云 IaaS 软件。

OpenStack 作为开源云计算的佼佼者,除了有 Rackspace 和 NASA 的大力支持外,也得到了 Dell、Citrix、Cisco、Canonical、惠普、Intel 和 AMD 等公司的大力扶持,底层的虚拟机可以支持 KVM、XEN、VirtualBox、Qemu、LXC 和 VMWare 等。

3.2.2 OpenStack 发展与现状

OpenStack 有着众多的版本,但是 OpenStack 在标识版本的时候,并不采用其他软件采用的数字版本标识方法。OpenStack 采用了 A～Z 开头的不同的单词来表示各种不同的版本。OpenStack 在 2010 年发布了 Austin 版本,这是 OpenStack 的第一个版本。从 Austin 版本开始,经历了 Bexar、Cactus、Diabo、Essex、Folsom,然后是 Grizzly,本书将围绕 Grizzly 版本进行讲解。Austin 版本只有两个模块: Nova 和 Glance。在 Bexar 版本中,加入了云存储模块 Swift。至此,Bexar 版本已经拥有了云计算和云存储这两个最重要的模块。但是 Bexar 版本还存在着相当多的问题,安装、部署和使用都比较困难。发展至 Cactus 版本的时候,OpenStack 才真正具备了可用性,但是在易用性方面,还是只能通过命令行进行交互。此外,值得一提的是,到 Cactus 为止,OpenStack 一直都使用的是 Amazon 的 API 接口。

Diablo 版本的出现,可以认为是 OpenStack 的分水岭。因为在以前的版本中,OpenStack 只能算是一个强调如何模仿 Amazon 的云计算平台。从 Diablo 开始,OpenStack 的发展方向开始朝着自由的方向发展。Diablo 版本添加了更多可用的模块、更加灵活的 OpenStack API(Amazon 的 API 只是兼容),加入了基于 Python 语言和 Django 框架的 Horizon 模块,大大提高了可用性与易用性。

但是 Diablo 版本发行不久,由于 Bug 较多,OpenStack 在修改 Bug 的基础上做了大量的改动。不断提交的 Bug 修复,催生了 Essex 版本的快速出现。在 Essex 版本中,Nova、Horizon 和 Swift 都变得较为稳定。因此,如果是要基于 OpenStack 做二次开发,就不要选择 Diablo。此外,由于软件定义网络的出现,Essex 中还出现了网络管理模块的 Quantum。尽管 Quantum 还存在着各种各样的问题,但 Quantum 的出现,标志着 OpenStack 可以对虚拟网络加强定制与管理。

Folsom 版本的出现,标志着 OpenStack 开始真正走向正规。Folsom 版本将 OpenStack 分为三大组件: Nova、Swift 和 Quantum。这 3 个组件分别负责云计算、云存储和网络虚拟化。Folsom 也是 OpenStack 中较为稳定的版本。

截至本书编写时为止,OpenStack 目前最新的稳定版本为 mitaka,本书的安装及代码分析都是基于 mitaka 版本进行的。

3.2.3 OpenStack 优势

在云计算领域,从程序员角度,可以将云计算软件分为两部分：商业软件和开源软件。商业软件就意味着程序员并不能看到整个系统的所有代码。开源软件无论对于个人或是企业,都能够在其许可证(License)范围之内,阅读并修改其源码。

商业软件由于其价格及闭源性,阅读其源码几乎不可能(商业软件开发人员除外)。开源软件则相反,提供了云计算系统的源代码,并且由开源社区进行版本升级和维护。对于要涉足云计算领域的程序员而言,这些开源代码的阅读显得尤为重要。

不过开源的云计算系统也有很多,比较著名的有 Eucalyptus、OpenNebula 和 CloudStack。在开源云计算系统中,OpenStack 具备的优势如下：

(1) 模块松耦合。与其他 3 个开源软件相比,OpenStack 模块分明。添加独立功能的组件非常简单。有时候,不需要通读整个 OpenStack 的代码,只需要了解其接口规范及 API 使用,就可以轻松添加一个新的模块。

(2) 组件配置较为灵活。和其他 3 个开源软件一样,OpenStack 也需要不同的组件。但是 OpenStack 的组件安装异常灵活,可以全部安装在一台物理机上,也可以分散至多个物理机中,甚至可以把所有的节点都装在虚拟机中。

(3) 二次开发容易。OpenStack 发布的 OpenStack API 是 Rest-full API,其他所有组件也是采用这种统一的规范。因此,基于 OpenStack 做二次开发,较为简单。而其他 3 个开源软件则由于耦合性太强,导致添加功能较为困难。

3.2.4 OpenStack 学习建议

尽管本书会介绍很多关于云计算的内容,并且会介绍如何安装及分析 OpenStack。但是,对于云计算而言,阅读是远远不够的。OpenStack 需要很强的动手能力。因此在阅读本书的同时,最好能在支持虚拟化技术的物理机或服务器上进行实验。

动手是最重要的,此外,还需查阅各种关于 OpenStack 的资料。OpenStack 官网是不容错过的,在 OpenStack 官方网站上,发布了关于 OpenStack 各种最新的动态,还提供了极为详细的文档。在官方网址的博客中,提供了各种关于 OpenStack 的有趣的活动及技术沙龙。

学习好 OpenStack,首先需要顺利地安装 OpenStack 的各个组件；然后在安装成功的基础上,学会使用 OpenStack 系统创建和管理虚拟机、虚拟网络及存储资源。

如果需要再深入地研究,那么就需要阅读 OpenStack 的源代码了。代码的获得主要有两个来源。较为稳定的发行版本位于 https://launchpad.net/。比如 https://launchpad.net/openstack 就给出了整个 OpenStack 的概貌。在 Project 一栏列出了 OpenStack 所有相关的组件(如图 3-1 所示)。

图 3-1 OpenStack 组件图(局部)

OpenStack 最新的代码位于 GitHub(https://github.com/openstack)。在学习的时候,建议使用 launchpad 网站上的稳定版本的代码。在对 OpenStack 较为了解之后,若发现一些错误(Bug),则需要提交补丁程序,就需要用到 GitHub 上面最新的代码了。

熟悉 OpenStack 后,也可以基于 OpenStack 做一些有意思的二次开发,无论是开发公有云或者私有云,都是一件比较有意思的事情。了解 OpenStack 的内部机制后,添加一些自定义的模块或者驱动是很容易的。

3.2.5 OpenStack 部署概述

OpenStack 的部署分为以下 3 种方式:

- OpenStack 单节点部署——也称为 All-in-one 的部署方式。
- OpenStack 多节点部署——组件相互独立的部署方式,易于理解。
- OpenStack 实用部署——简单、易用、容易维护。

1. OpenStack 单节点部署

通过单节点部署的示意图,能够更好地理解 OpenStack 各组件之间的相互依赖关系。

在使用单节点部署之前,需要回答的问题是:什么是单节点部署?为什么要采用单节点部署?

1) 单节点部署

在介绍其他组件时,也会遇到单节点部署的示例。比如把 Swift 或 Cinder 存储系统只部署在一个节点上。这种把所有的相关服务都部署在同一个节点的部署方式,也同样适用于 OpenStack。图 3-2 显示了 OpenStack 单节点部署的框架。

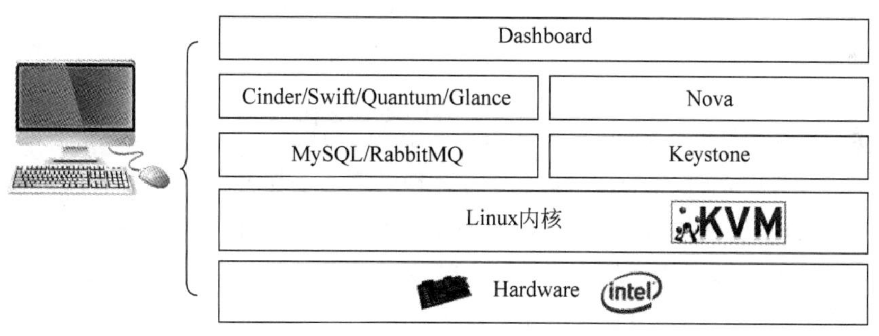

图 3-2 单节点部署示意图

2) 单节点部署的优点

由于单节点占用资源少,能够使用大部分 OpenStack 的功能,因此,当硬件资源有限时,可以采用这种安装部署方式。此外,单节点部署只涉及一台物理节点,具有如下优点:

- 管理、维护容易,只需要维护一台节点。
- 网络结构简单,不需要考虑复杂的网络拓扑结构。
- 调试、研究方便,所有的服务都位于同一台节点不需要跨节点进行调试。
- 占用资源少,可以很容易地搭建。

2. OpenStack 多节点部署

通过多节点部署,能够更加清晰地了解 OpenStack 各个组件之间的耦合关系。

1）单节点部署的缺点

单节点部署虽然具有各种各样的优点，但是也存在着以下缺点：

- 扩展较难。
- 只具有研究价值，不具备实用性。
- 不能更好地研究与理解 OpenStack 各组件之间的关系。

2）多节点部署的架构

本节的多节点部署如图 3-3 所示。

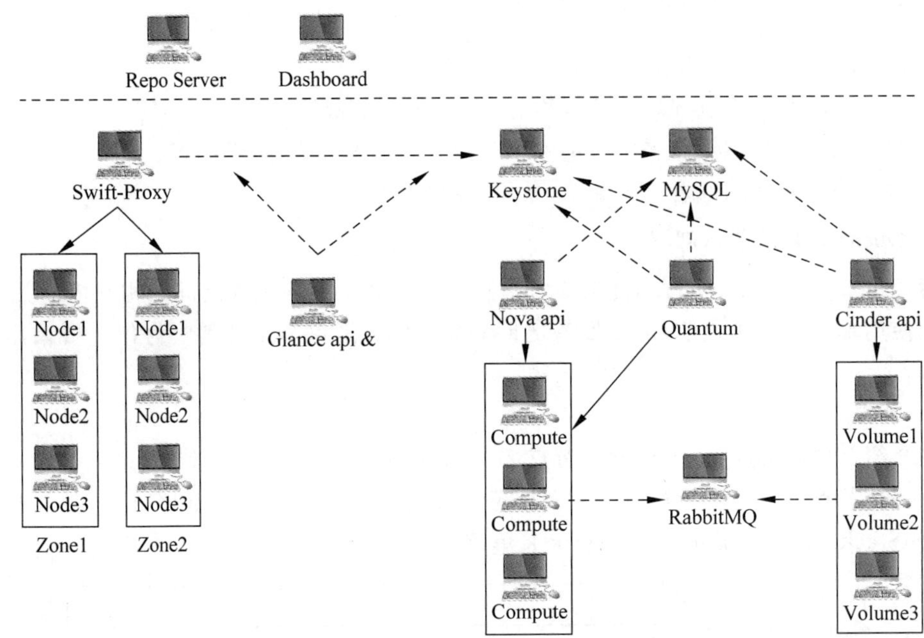

图 3-3　多节点部署示意图

在多节点部署中，实线表示主机之间的管理关系，而虚线表示主机之间的相互依赖关系。此外，为了与真实使用环境相接近，只有 Dashboard 是暴露在外部网络环境中的，其他所有的节点都处于内部网络环境中。在更加复杂一点的部署环境中，还可以将方框中的节点放置于一个独立的子网中（Volume 节点需要与 Compute 节点位于同一个网络中，Compute 节点的虚拟机能挂载块存储设备）。

注意：Repo Server 主要是为内部节点提供系统包和 Python 包的安装源，并不属于 OpenStack 组件。只是为了安装方便。此外，还可以通过 Repo Server 连接至内部节点。

3）多节点部署的优点

当硬件资源充足时，可以采用多节点部署的方式。多节点部署具有如下优点：

- 管理、维护较接近真实环境。
- 能够更加清楚地理解 OpenStack 各组件之间的相互依赖关系。
- 能够测试 OpenStack 各组件的功能与稳定性。

3. OpenStack 实用部署

通过单节点部署与多节点部署，可以清晰地了解 OpenStack 各个组件之间的相互关

系。本节将介绍更加实用的部署方式。

1）多节点部署的缺点

多节点部署非常有利于理解 OpenStack 各组件之间的关系，但是也存在着以下缺点。

- 部署麻烦：涉及众多节点，不容易理清各节点之间的相互关系。
- 维护困难：部署结构复杂，增加维护难度。
- 资源浪费：由于每个节点都单独运行某些服务，会出现资源的浪费。

由于这些原因，在实际生产环境中部署时，不会采用这种多节点的部署方式。因此，一些更加实用的部署方式就应运而生。

2）实用部署的特点

实用部署需要考虑到实际应用场景，一般需要满足以下 3 个目标。

- 扩张容易：实际应用可能由于业务的扩张而扩张，扩张性的部署架构会带来严重的后遗症。部署是否简单也影响着扩张的难度。
- 维护简单：当节点数据量级上升之后，维护的难度也需要考虑。
- 高稳定性：架构是否具有高可靠性，能够维持稳定地提供服务。

基于这样的考虑，一些更具实用性的部署方式应运而生。在这里将介绍一种简单易于理解的实用部署方式，以供参考。在实际环境中，应该根据具体环境考虑如何部署，不应纸上谈兵。

此外，本节介绍的部署方式并没有考虑到某些服务的特殊需求，如 Swift 及 Cinder 作为存储服务的特殊性，在实际应用时，应当考虑这些特性。

这种简单有效的部署方式（如图 3-4 所示）主要分为两种节点：主控节点和计算节点。

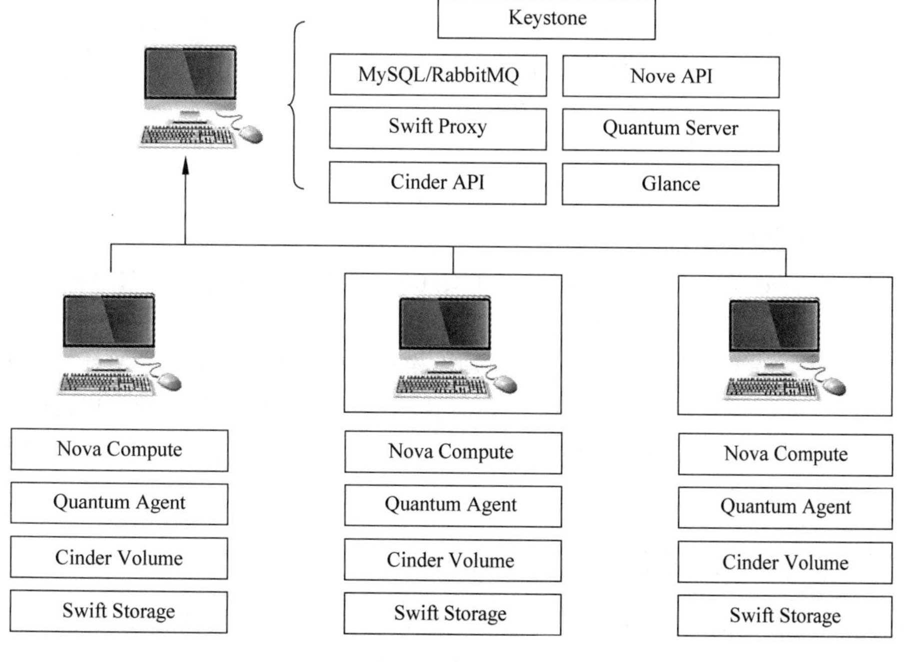

图 3-4　实用部署示意图

- 主控节点：运行着 Dashboard、Keystone、MySQL、RabbitMQ、Swift Proxy、Cinder API、Neutron、Server、Glance 和 Nova API。这些服务主要提供了 Web UI、Restful API 和安全认证等功能，并不参与实际操作（建立虚拟机、建立存储设备以及建立虚拟网络）。
- 计算节点：运行着 Nova Compute、Neutron Agent、Cinder Volume 和 Swift Storage Node。这些服务都提供实际操作的功能，比如创建虚拟机、存储数据以及建立虚拟网络。

4. 实用部署的优点

可以看出，实用部署有如下优点。

- 结构清晰：只有两种节点，每种节点固定运行着某些服务。
- 部署容易：新加入的计算节点只需要部署相应的服务即可。
- 维护简单：只需要知道节点类型，即可测试其相应服务是否正常。

3.2.6 OpenStack 各个组件及功能

在介绍 OpenStack 之前，可以先考虑这样一个问题：一个云计算系统应该具有哪些重要的模块，以及如何让这些模块相互协调工作？通过思考这些问题可以更加明白 OpenStack 的核心部件，更重要的是，明白为什么需要这些部件。

3.2.6.1 虚拟机管理系统 Nova

首先考虑一个问题：一个云计算系统，应该具有什么样的核心部件？比如设计 OpenStack，应该怎样设计？浮现在脑海中的，首先是一种粗略的景象，如图 3-5 所示。

Web UI
Nova
Hypervisor
操作系统

图 3-5 云计算系统粗略结构图

下面先简单介绍一下每个模块的作用。

(1) Web UI：主要是呈现给管理员使用。要求是：界面简洁，流程简单、稳定。

(2) Nova：主要负责用户、权限管理；数据库交互；还有最重要的虚拟机资源管理。

(3) Hypervisor：虚拟机管理软件，比如 Qemu、KVM/Libvirt、XEN 等开源软件。

(4) 操作系统：采用 Linux 发行版。

在如图 3-2 所示的模块里，Hypervisor 和操作系统层可以直接使用开源软件实现，只有 Web UI 和 Nova 层需要自己动手实现。Nova 这一层是最核心、最复杂的一层，这一层中整合了非常多的模块与功能。值得注意的是，当系统的某一模块变得臃肿，或者事务逻辑复杂的时候，说明这一个模块需要重新划分，使得系统设计变得更加清晰。

3.2.6.2 磁盘存储系统 Glance 与 Swift

如果学生安装虚拟机，每次都是从 ISO 安装，这将是一个烦琐的过程。在互联网应用中，往往需要大规模创建新的虚拟机，如果每台虚拟机都从 ISO 进行安装，无疑会浪费许多时间。尽管 PXE 网络自动化安装也是一个不错的选择，但是依然会把时间浪费在操作系统的安装上(只是节省了人力时间),并且 PXE 网络安装还面临一个棘手的问题:虚拟机所处的网络环境往往是比较复杂的。

有一种简单的虚拟机安装方法:复制 Image。做法也很简单,当安装好一台虚拟机之后,关闭这台虚拟机,保留 Image。当需要创建一台新的虚拟机时,直接复制 Image 作为新建虚拟机的 Image 就可以了。

采用这种方式,还有一个好处。用户在使用云计算系统的时候,可以定制一个自己的 Image,然后上传到云系统中,就可以创建自己定制的虚拟机系统。

虚拟机 Image 的传输常常需要占用大量的网络带宽。如果所有的 Image 的传输都通过 Nova 模块来进行,那么 Nova 接口的压力会变得相当大。所以,应该考虑把 Image 的管理独立出来,成为一个独立的 Image 管理系统,在 OpenStack 中命名为 Glance。无论是用户 Image 的传输以及管理,还是 Nova 内部对 Image 的请求,都转向 Glance。虚拟机 Image 的管理由 Glance 全权代理。

Glance 的主要功能是管理 Image。但是 Glance 只是一个代理,Image 的存储只是通过 Glance 这个接口得到了使用。Glance 本身并不实现存储功能,它只是提供了一系列的接口来调用底层的存储服务。为什么要采用这样的设计呢?最主要的原因是用户在 Image 的存储方案上,有着各式各样的复杂的需求。比如:

(1) 有的公司有独有的存储系统(包括硬件和软件)。

(2) 大型企业需要高可靠性、高稳定性的存储需求,但没有自己的存储系统。

(3) 小企业与开发人员需要简单易用的存储系统。

针对一系列不同的需求,把 Glance 设置成代理是一种比较好的解决方案。有的企业可能有自己的存储系统,那么只要接在 Glance 的后端,就可以提供给云计算系统作为 Image 存储服务了。但是,对于没有自己独有的存储系统的企业而言,Glance 后端可以使用开源免费的 Swift 存储系统。对小企业或开发者而言,有可能并不专注于如何实现一个存储系统,认为直接基于 Linux 文件系统上复制一下就可以了。这时,Glance 的后端存储就可以直接接入 Linux 文件系统。这时,Glance 的结构和功能就很清楚了,如图 3-6 所示。

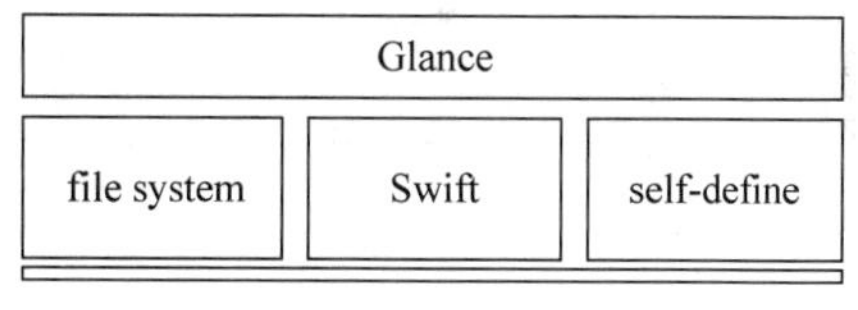

图 3-6 Glance 代理模式

值得一提的是,Swift 是 OpenStack 的三大部件之一,同时也是 Object Storage 及云存储的开源实现。在只需要云存储的环境中(比如只提供存储服务,各种云盘、网盘等等),也可以单独使用。

3.2.6.3 虚拟网络管理 Neutron

在大型互联网应用中,虚拟机一般不是单独使用的,而是需要组建局域网,甚至需要划分子网,以实现虚拟机与主机、虚拟机与虚拟机之间的通信。传统的组网方式都是直接采用硬件的,但是,在解决虚拟机的网络问题时,并不需要也不能采用硬件组网方式,而是需要用软件来定义虚拟机的网络(亦称为虚拟网),即 Software Defined Network(SDN)。SDN 在各个商业公司里面,都是重要的商业软件。此外,SDN 业界也没有明确统一的标准。因此,SDN 软件除去商业利益的争夺外,同时还存在着标准定义的争夺。

虚拟网络如此重要，实在没有任何理由将其放到 Nova 中。云计算的虚拟网络管理应该独立出来，在 OpenStack 中被命名为 Neutron。

虽然 Neutron 已经从 Nova 中独立出来了，并且已经成为重量级的部件，但是按照 Neutron 的设计原理与以往的应用经验，在这里我们还是从使用者的角度出发，分析一下 Neutron 的设计原理。使用者常见的网络需求如下：

(1) 有的企业可能使用私有的网络设备以及自定义的 SDN 软件。

(2) 有的企业有 SDN 软件的需求，但是并没有这样的软件。

(3) 小型环境或开发人员有时候只需要简单的网络环境(比如开发的重点并不在虚拟网络上)。

针对这些不同的需求，Neutron 采用代理模式是一个较好的选择。使用者可以根据自己的情况，在 Neutron 的后端选择接入自己的设备，或者采用 SDN 的开源实现 Open vSwitch，或者直接采用 Linux bridge 桥接网络。

3.2.6.4 OpenStack 三大组件

OpenStack 包含 3 个重量级组件：Nova、Neutron 和 Swift。三大组件如图 3-7 所示。

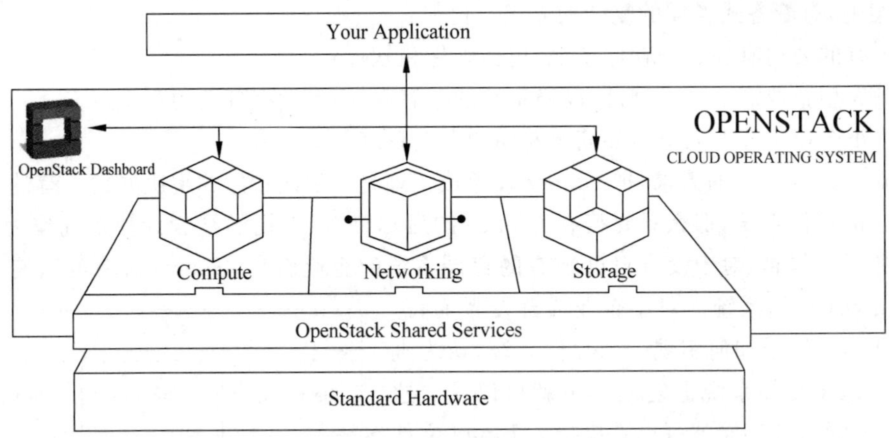

图 3-7 OpenStack 整体架构图

在三大组件中，Nova 负责 Comupute 模块，Neutron 负责虚拟网络，而 Swift 主要负责云存储。至此，OpenStack 的整体架构已大致了解，并且已经明白为什么要这样设计。

3.3 CloudStack 概述

CloudStack 是当前热门的一个话题。CloudStack 是一个开源的具有高可用性及扩展性的云计算平台。它可以帮助用户利用自己的硬件提供类似于 Amazon EC2 那样的公共云服务。可以通过组织和协调用户的虚拟化资源，构建一个和谐的环境。

CloudStack 具有许多强大的功能，可以让用户构建一个安全的多租户云计算环境，可以帮助用户更好地协调服务器、存储、网络资源，从而构建一个 IaaS 平台。

CloudStack 是基于 IaaS(Infrastructure as a Service)即基础设施即服务的一种开源的

解决方案，具有多种良好的功能，例如，部署简单、支持故障迁移、界面美观、支持众多的Hypervisor等。

3.3.1 CloudStack 的历史与发展

3.3.1.1 CloudStack 的历史

提到CloudStack，不得不提及一家公司——Cloud.com。其前身为VMOps，由梁胜博士于2008年创立。

经过一年多的封闭管理，VMOps的初始版本已经基本成熟。2010年5月，VMOps正式更名为Cloud.com，并且开放大部分开发的云管理平台的源码，其开发的云管理平台版本已经达到CloudStack 2.0。CloudStack逐渐除去了神秘的面纱，并开始积累了一些商业应用案例。CloudStack最初分为社区版和企业版，与社区版相比，企业版保留了5%左右的私有代码。

2011年初，CloudStack 2.2版本发布，Cloud.com在短短四个月内与非常多的重量级用户签署了合作协议，比较著名的有韩国电信、北海道大学等。CloudStack 2.2能够管理的Hypervisor包括KVM、XenServer、VMware、OVM。

由于CloudStack积累了大量的企业应用案例，以及其成熟的应用和管理扩展功能，最终被HP和Citrix两家公司竞购。2011年7月，Citrix收购Cloud.com。2012年2月，Citrix发布新版本CloudStack 3.0。

2012年4月16日，Citrix将CloudStack捐献给apache基金会进行孵化，并且完全采用Apache 2.0许可。

2013年初，CloudStack被确立为Apache基金会的顶级项目。越来越多的企业或个人开始加入到CloudStack的行列中，促进了CloudStack的进一步发展与完善。

3.3.1.2 CloudStack 生态圈

CloudStack被捐献给Apache后，越来越多的企业开始投身于CloudStack之中，共同为CloudStack的完善出谋划策，维系着CloudStack的发展，从而形成了比较完善的CloudStack生态圈。

CloudStack生态圈组织主要包括以下几类：

(1) 通过CloudStack构建自己的公有云和私有云的用户，其中包括电信运营商、云服务提供商、跨国大型企业、大学等重量级用户；

(2) 大量的云解决方案提供商，推动CloudStack项目的落地；

(3) 投身于CloudStack之中的企业，推动了CloudStack功能的完善，从而提供管理基于CloudStack的商业发行版本。

目前，使用CloudStack作为生产环境的公司有KT、Tata、SAP、迪士尼等。在Citrix的微博中有这样一个统计，如图3-8所示，CloudStack已经部署在至少250个大型的生产系统中，其中最大的一个云的规模超过了40 000台，已经运行了很多年，并且正在持续发展。

国内开始CloudStack的时间比较晚，相对较早的公司有天云趋势、中国电信。PPTV曾在国内CloudStack社区的技术活动中分享了其使用CloudStack的经验。目前国内使用

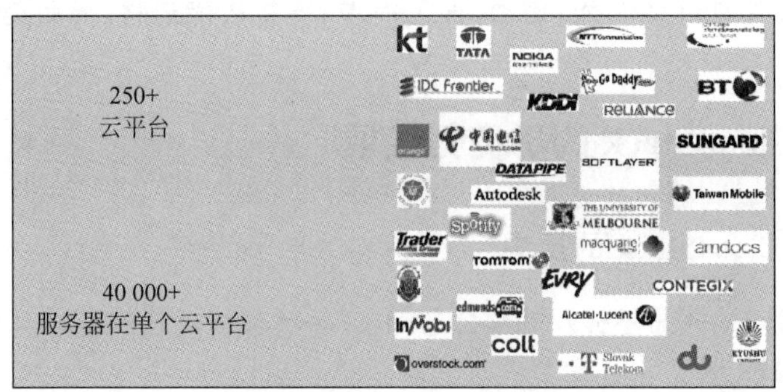

图 3-8 使用 CloudStack 的公司统计

CloudStack 的用户越来越多，CloudStack 生态圈中的各个公司并不完全是竞争关系，每个公司都有各自的优势和发展方向，集合在一起，可以更好地推动 CloudStack 项目的落地。

3.3.1.3 CloudStack 的路线规划

在讨论整个 CloudStack 的未来规划之前，我们先看一下 CloudStack 的设计目标。CloudStack 的设计目标在于：

（1）为了更加易于使用和开发；

（2）允许拥有不同技能的开发人员工作在 CloudStack 的不同功能模块上；

（3）给运营人员提供选择 CloudStack 的一部分功能来实现自己所需的机制；

（4）要支持使用 Java 以外的其他语言来编写功能模块，要具有较高的可用性和可维护性，并且要易于部署。

这些话看似毫无意义，但是很多是当前要完成的目标，而且都是不容易去完成的。CloudStack 4.0 版本后都是在为完成上述的目标而不断地调整，模块更加轻量化、耦合度逐步下降、功能架构越来越清晰，并且从之前的私有自定义模块转向用户熟知的框架，能够更好地组合资源以便于与第三方设备集成。

在 Apache 的 Jira 上有单独的一项叫作 Road Map，上面会列出未来一段时间将要发布的 CloudStack 版本，如图 3-9 所示，地址为：http://issues.apache.org/jira/browse/CLOUDSTACK?selectedTab=com.atlassian.jira.plugin.system.project%3Aroadmap-panel。

3.3.2 如何加入 CloudStack 社区

每一个开源的社区背后都有一个开源的项目，但不是每一个开源项目都会产生一个社区。社区由开发者、测试人员、使用者、用户等组成。开源社区是一个开源项目赖以生存的土壤，没有良好的社区，优秀的项目就会衰落。

3.3.2.1 CloudStack 社区有哪些资源

CloudStack 的官方网站是最具有权威的 CloudStack 资源中心，网址为 http://CloudStack.apache.org。

通过官方网站可以找到与 CloudStack 相关的大部分信息，例如软件源代码、软件开发文档等。

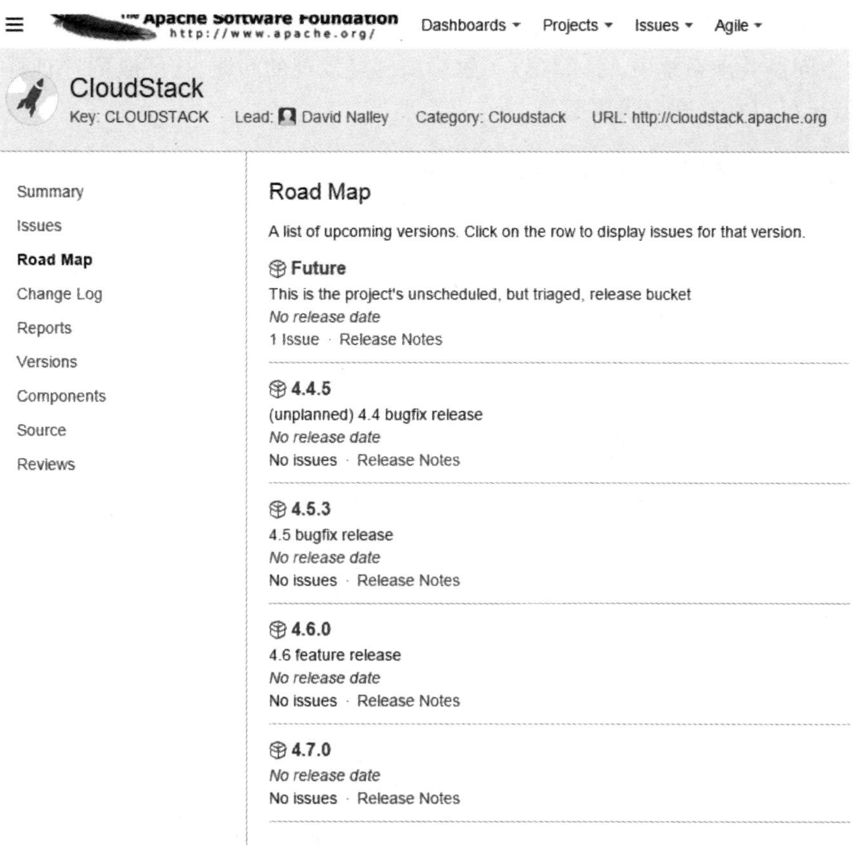

图 3-9　CloudStack 版本

CloudStack 的官方网站还提供了 CloudStack 的社区博客。CloudStack 的社区博客网址为 http://blogs.apache.org/CloudStack/。

该博客会不定期地发布目前的 bug 统计信息、最新社区的讨论话题、CloudStack 版本的开展进度、近期的开发计划等比较全面的社区活动介绍。通过该博客，可以对 CloudStack 的近期发展有一个总体的了解。如果需要跟踪 CloudStack 的发展，阅读社区周报是一个很好的方法。

CloudStack 的源码下载的地址为 http://CloudStack.apache.org/downloads.html。

对于需要进行二次开发的人员，可以使用源码的方式编译安装。由于本书是针对初学 CloudStack 的学生，因此选择下载已经编译好的二进制数据包进行 CloudStack 的安装。下载地址为：

(1) 基于 RHEL 或 CentOS 的 RPM 安装包：http://cloudstack.apt-get.eu/rhel/。

(2) 基于 Ubuntu 的 DEB 安装：http://cloudstack.apt-get.eu/ubuntu。

本书使用的操作系统为 CentOS 6.5，因此我们使用的安装包下载地址为 http://cloudstack.apt-get.eu/rhel/。

在使用 CloudStack 的过程，会遇到很多难以解决的问题，需要我们进行深入研究。当我们无法解决问题的时候，可以访问 CloudStack 的 bug 管理系统，通过搜索相关的问题从而获取帮助。CloudStack 的 bug 管理系统是通过 Jira 进行管理的，网址为 https://issues.apache.

org/jira/browse/CLOUDSTACK。

在这个问题管理系统中，除了可以了解目前已经发现的问题、社区成员对问题的讨论和处理状态，还可以查看开发线路图等。

3.3.2.2 如何使用邮件列表

在CloudStack社区中，用户与开发者之间的交流主要是通过邮件列表进行的。CloudStack的开发者和专家基本上都是通过邮件进行交流的。以往我们提问的方式是直接找一个专家提问，但一个人的精力总是有限的，不可能随时回答我们的问题，在邮件列表中会有很多热心的朋友帮助我们解决问题。除了提问，我们还可以了解他人遇到的问题，在别人的邮件往来中吸取经验，也是一种很好的学习方式。

CloudStack的邮件列表地址为http://cloudstack.apache.org/mailing-lists.html。

具体如表3-1所示。

表3-1 邮件列表地址

邮箱名称	邮箱地址
公告邮件列表	announce@CloudStack.apache.org
全球用户邮件列表	users@CloudStack.apache.org
中文用户邮件列表	users-cn@CloudStack.apache.org
开发者邮件列表	dev@CloudStack.apache.org
代码提交邮件列表	commits@CloudStack.apache.org
问题邮件列表	issues@CloudStack.apache.org
市场运作邮件列表	marketing@CloudStack.apache.org

建议加入全球用户、中文用户、开发者这3个邮件列表，因为它们是当前讨论比较集中的邮件列表。接下来将讲解如何加入邮件列表，以加入中文用户邮件列表为例进行说明。

注意：加入相应的邮件列表后才可以进行相应的邮件交互。

我们使用mengnan.shen@uicctech.com为发送邮件的邮箱地址。

(1) 首先打开邮箱，发送一封邮件到users-cn-subscribe@cloudstack.apache.org，主题和内容不限。

(2) 随后我们将会收到来自users-cn-help@cloudstack.apache.org的confirm subscribe to users-cn@cloudstack.apache.org确认邮件，邮件内容大致如图3-10所示。

(3) 对加入的邮件列表进行确认。根据邮件的叙述，直接使用邮件回复功能回复这封邮件即可，填写的主题和邮件内容不限。

(4) 检查收件箱，如果收到主题为"WELCOME to users-cn@cloudstack.apache.org"的邮件，则表示已经成功加入了邮件列表。一定要保存好这封邮件，里面有关于如何退订邮件组以及加入其他邮件组的方法。

成功加入邮件组后，当我们需要向邮件组中的专家提问时，直接向邮件地址users-cn@CloudStack.apache.org(我们加入的是中文用户邮件列表，邮件列表的地址在表3-1中已经给出)发送邮件即可。

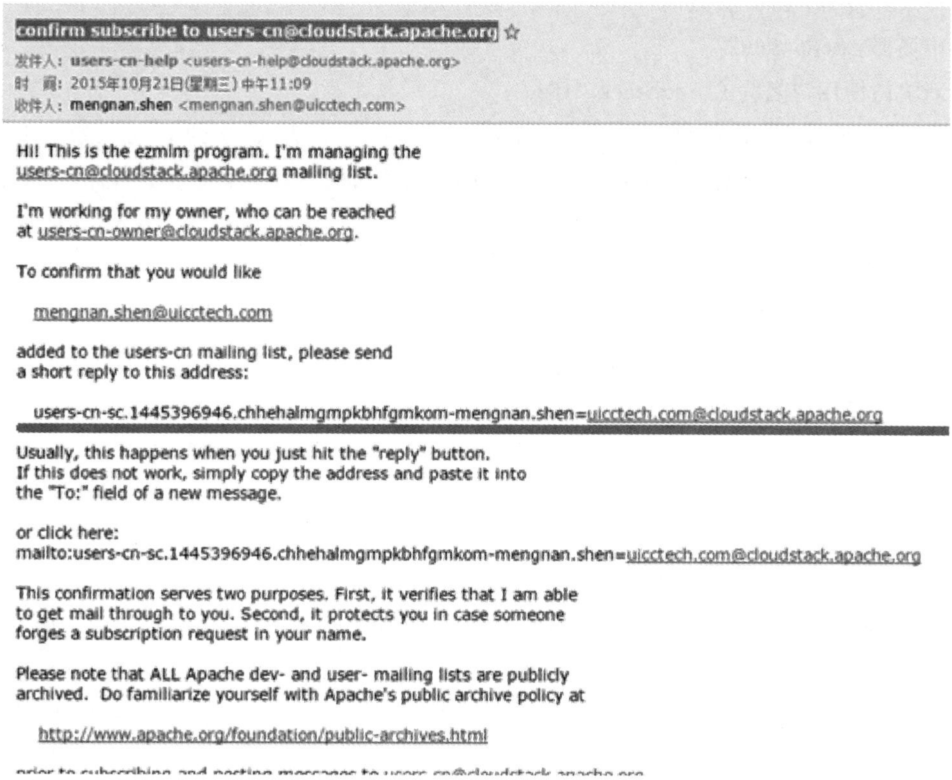

confirm subscribe to users-cn@cloudstack.apache.org ☆

发件人：users-cn-help <users-cn-help@cloudstack.apache.org>
时 间：2015年10月21日(星期三) 中午11:09
收件人：mengnan.shen <mengnan.shen@uicctech.com>

Hi! This is the ezmlm program. I'm managing the
users-cn@cloudstack.apache.org mailing list.

I'm working for my owner, who can be reached
at users-cn-owner@cloudstack.apache.org.

To confirm that you would like

mengnan.shen@uicctech.com

added to the users-cn mailing list, please send
a short reply to this address:

users-cn-sc.1445396946.chhehalmgmpkbhfgmkom-mengnan.shen=uicctech.com@cloudstack.apache.org

Usually, this happens when you just hit the "reply" button.
If this does not work, simply copy the address and paste it into
the "To:" field of a new message.

or click here:
mailto:users-cn-sc.1445396946.chhehalmgmpkbhfgmkom-mengnan.shen=uicctech.com@cloudstack.apache.org

This confirmation serves two purposes. First, it verifies that I am able
to get mail through to you. Second, it protects you in case someone
forges a subscription request in your name.

Please note that ALL Apache dev- and user- mailing lists are publicly
archived. Do familiarize yourself with Apache's public archive policy at

http://www.apache.org/foundation/public-archives.html

prior to subscribing and posting messages to users-cn@cloudstack.apache.org

图 3-10 邮件内容

3.3.2.3 CloudStack 中国用户组

2012 年 4 月 CloudStack 被 Citrix 公司捐献给 Apache 基金会，进入了开源项目的孵化阶段。2012 年 5 月，在云天趋势公司的支持下，由李学辉牵头，成立了 CloudStack 中国用户组，并创立了用于发布信息的网站，将爱好者集合起来，共同进行 CloudStack 的讨论和学习。

2012 年 5 月 22 日，社区举办了第一次技术分享活动，邀请相关专家介绍了 CloudStack 及其技术架构，并由李学辉分享了云天趋势在一年多时间里对 CloudStack 的研究经验。随后，社区在南京、上海、广州等多个城市举办了巡回活动，使得 CloudStack 在中国的发展迈出了第一步。从 2012 年至今，社区一直坚持每月举办一次技术沙龙，分享相关的技术和经验，主要集中在北京和上海两地。2013 年下半年，参考其他社区的活动方式，在北京组织两周一次的周四晚咖啡之夜活动，加强了社区用户之间的交流与互动。社区每个月的活动会在当月的第一周公布在官方网站上。

2014 年，CloudStack 中国用户组尝试开展培训及商务合作，希望能从更多方面推动 CloudStack 的发展。

下面列出参与 CloudStack 中国用户组的方式入口。

(1) 中国用户组的网站地址为 http://www.cloudstack-china.org/。

(2) QQ 群有如下几个。

用户群：236581725

技术开发群：276747327

市场群：368649692

新浪微博用户名为 CloudStack 中国。

CloudStack 中国用户组一直秉承为 CloudStack 爱好者服务的目标，致力于推动 CloudStack 在中国的发展，为 CloudStack 技术的普及、项目的实时落地提供了强有力的帮助。

3.3.3 CloudStack 的功能与特点

云计算最早进入大众的视野是在 2006 年亚马逊推出弹性计算云服务，Google 也在同年提出“云计算”概念的时候。但是对于云计算，一直没有给出一个准确的定义。后来，美国国家标准和技术研究院的云计算的定义中描述了云计算的部署模型，具体如下：

(1) 私有云——是为一个客户单独使用而构建的，因而提供对数据、安全性和服务质量的最有效控制。私有云中的数据和程序在组织内部进行管理，并且不会受到网络带宽、用户对安全性的疑虑、法规限制的影响。

(2) 公有云——通常指第三方提供商开发给用户使用的云。公有云一般可通过 Internet 使用，可能是免费或成本低廉的。这种云有许多实例，可在当今整个开放的公有网络中提供服务。其最大意义是能够以低廉的价格，提供有吸引力的服务给最终用户，创造新的业务价值。公有云作为一个支撑平台，还能够整合上游的服务(如增值业务、广告)提供者和下游最终用户，打造新的价值链和生态系统。公有云服务提供者会对其用户实施访问控制管理机制。

(3) 社区云——社区云由众多利益相仿的组织中控和使用，社区成员共同使用云数据和应用程序。

(4) 混合云——是公有云和私有云两种服务方式的结合，是目标架构中公有云、私有云的结合。由于安全和控制原因，并非所有的企业信息都能放置在公有云上，这样大部分已经应用云计算的企业将会使用混合云模式。很多将选择同时使用公有云和私有云，有一些也会同时建立社区云。

云计算的定义的服务模式中，主要明确了以下三种服务模式：

(1) 软件即服务(SaaS)——消费者使用应用程序，但不掌控操作系统、硬件或者网络基础架构。通过 Internet 提供软件的模式，厂商将应用软件统一部署在自己的服务器上，客户可以根据自己实际需求，通过互联网向厂商定购所需的应用软件服务，按定购的服务多少和时间长短向厂商支付费用，并通过互联网获得厂商提供的服务。

(2) 平台即服务(PaaS)——消费者是使用主机操作应用程序，但是消费者无须下载或安装相关服务，可通过因特网发送操作系统和相关服务的模式。

(3) 基础设施即服务(IaaS)——消费者使用基础计算资源(处理能力、存储空间等)，能够掌控操作系统、存储空间、已部署的应用程序以及网络组件，但是不掌控云基础架构。

在云计算中，以上三种服务模型之间存在相互的协调关系。IaaS 会对底层的硬件设施进行统一的管理，并向上层提供服务；PaaS 提供了用户可以访问的完整或部分的应用程序开发；SaaS 则提供了完整的可直接使用的应用程序，例如通过 Internet 管理企业资源。

CloudStack 设计的初衷，就是提供基础设施即服务(IaaS)的服务模型，形成一个硬件设备及虚拟化管理统一的平台，将计算资源、存储设备、网络资源进行整合，形成一个资源池，通过管理平台进行统一的管理，弹性地增减硬件设备。根据云平台的特点，CloudStack 进行了功能上的设计以及优化，未来适应云的多租户模式，设计了用户的分级管理机制，通过多种手段保护了用户数据的安全性，保护了用户的隐私。对于云系统的管理员来说，绝大部分的工作都可以通过浏览器来完成。CloudStack 既可以直接对用户提供虚拟机租借服务，也开放 API 接口为 PaaS 层提供服务。最终用户只需要在 CloudStack 的平台上直接申请和使用虚拟机就可以了，无须关注底层硬件是如何被设计和使用的，也不用关心自己使用的虚拟机到底在哪个计算服务器或者哪个存储上。

CloudStack 的管理是比较全面的，并且尽可能兼容，可以管理多种 Hypervisor 虚拟化程序，包括 KVM、XenServer、Vmware、OVM、裸设备。

CloudStack 使用的存储类型也十分广泛。虚拟机使用的主存储可以是计算服务器的本地磁盘，也可以挂载光纤、NFS；存放 ISO 镜像文件及模板文件的二级存储可以使用 NFS，也可以使用 Openstack 的 Swift 组件。

CloudStack 除了支持各种网络连接方式外，其自身也提供了多种网络服务，不需要硬件设备就可以实现网络隔离、负载平衡、防火墙、VPN 等功能。

CloudStack 中的多租户可以开放给任意的用户访问和使用，所以一个首要的问题是如何保证用户数据的安全性，然后需要考虑如何保证用户申请的资源不会被其他用户占用。对网络访问的限制，可以通过网络架构的设计以及防火墙和安全组的功能实现，这可以说是 CloudStack 的一大特点。对资源的限制也是 CloudStack 全面支持的功能：在管理界面中直接将资源指定给某个用户或者用户组，或者通过标签的方式标记某些资源，就可以根据用户和应用场景的需求分开使用了。管理上的灵活性，可以很方便地支持和兼容更多的用户需求和应用场景。

3.3.4 CloudStack 系统的主要组成部分

从物理设备相互连接的角度看，CloudStack 的结构其实很简单，可以抽象地理解为：一个 CloudStack 管理节点或者集群，管理多个可以提供虚拟化计算能力的服务器，服务器使用外接磁盘或者内置存储。

登录 CloudStack 的 Web 界面，在区域管理界面内可以找到如图 3-11 所示的架构图(需要首先创建相应的网络架构)。

通过图中描述，可以很好地理解 CloudStack 各个部件之间的关系，其中资源域(Zone)、提供点(Pod)、集群(Cluster)属于逻辑概念，既可以对照实际环境进行理解，也可以根据需求灵活配置使用，以下将详细介绍这几个概念。

1. 管理服务器(Management Server)

管理服务器是 CloudStack 云管理的核心，整个 IaaS 平台的工作统一汇总在管理服务节点中进行处理。管理服务节点接收用户和管理员的操作请求并进行处理，同时将其发送给相应的计算节点或者系统虚拟机进行执行。管理节点会在 MySQL 数据库中记录整个 CloudStack 系统的所有信息，并监控计算节点、存储及虚拟机的状态，以及网络资源的使用

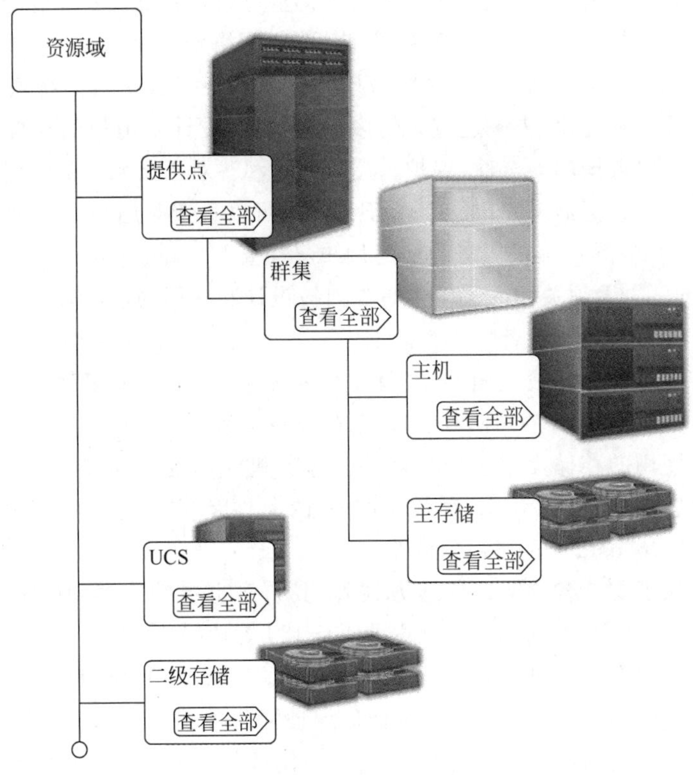

图 3-11　CloudStack 架构图

情况，从而帮助用户和管理员了解整个系统各个部分目前的运行情况。

CloudStack 的管理程序是用 Java 语言进行编写的，前端界面是使用 JavaScript 语言编写的，做成了 Web APP 的形式，通过 Tomcat 这个容器对外发布。由于 CloudStack 采用了集中式管理结构，所有的模块都封装在管理节点的程序中，便于安装和管理。在安装过程中，使用几条命令就可以完成管理程序的安装，所以在节点上只需要分别安装管理服务程序、MySQL 数据库和 Usage 服务程序(可选)即可。

- 管理服务程序：基于 Java 语言进行编写，包括 Tomcat 服务、API 服务、管理系统工作流程的 Server 服务、管理各类 Hypervisor 的核心服务等组件。
- MySQL 数据库：记录 CloudStack 系统中的所有信息。
- Usage 服务程序：主要负责记录用户使用各种资源的情况，为计费提供数据，所以当不需要计费功能时可以不安装此程序。

CloudStack 设计中还有一个优点，就是管理服务器本身并不记录 CloudStack 的系统数据信息，而是全部存储在数据库中。所以，当管理服务程序停止或者节点宕机，所有的计算节点、存储以及网络功能会在维持现状的情况下继续正常运行，只是可能无法接受新的请求，用户所使用的虚拟机仍然可以在计算服务器上保持正常的通信和运行。

CloudStack 管理服务器的停止并不影响平台的工作，但是数据库就不一样了。MySQL 数据库记录的是整个云平台的全部数据，因此，在使用过程中一定要注意保护数据库。最好的解决办法是为数据库搭建一个实现同步的从数据库，如果主数据库出现故障，只要手工进

行切换，在做好 MySQL 数据库备份的情况下，恢复整个系统的正常运行是可以实现的。因此，保护好数据库中的数据、维持数据库的稳定运行是非常重要的。

2. 区域(Zone)

区域是 CloudStack 配置中最大的组织单元。一个区域通常代表一个单独的数据中心。将基础架构设施加入到区域中的好处是提供物理隔离和冗余。例如，每个区域可以有它自己的电源和网络上行链路，区域还可以是分布在不同的物理位置上(虽然这不是必需的)。

一个区域中包含一个或多个提供点，每个提供点包括一个或多个集群主机或者一个或多个主存储服务器以及所有区域中的提供点所共享的二级存储。为了达到网络性能最优以及资源的合理使用，对于每一个区域，管理员必须合理分配提供点的个数以及每个提供点中放置多少个集群。

区域对终端用户是可见的。当用户启动一个客户虚拟机时，必须为它选择一个区域。用户必须复制其私有的模板到追加的区域中，以便在那些区域中可以利用其模板创建客户虚拟机。

区域可以是私有的也可以是公共的。公共的区域对所有用户都是可用的，因此任何用户都可以在公共区域中创建客户虚拟机。私有的区域是为一个指定的用户预留的，只有在那个域中或者子域中的用户才可以创建客户虚拟机。

位于同一个区域中的主机可以相互访问而不用通过防火墙，位于不同区域中的主机可以通过静态配置 VPN 通道相互访问。

3. Pod(提供点)

一个 Pod 代表一个单独的提供点，位于同一个 Pod 下的主机处于相同的子网中。

在 CloudStack 配置中，Pod 是第二大的组织单元。Zone 中的 Pod 是独立的，每个区域可以包含一个或多个 Pod。Pod 对终端用户是不可见的。

一个 Pod 包含一个或多个集群主机，包含一个或多个主存储服务器(primary storage server)。

4. 集群(Cluster)

集群为 CloudStack 提供一种高效方式来管理主机。集群中的所有主机拥有相同的硬件配置，运行相同的 Hypervisor 虚拟机管理程序，位于相同的子网，访问同一个共享的主存储。虚拟机实例可以动态地从一台主机迁移到集群中的另一台主机，不用中断对用户的服务。

集群是 CloudStack 配置中第三大的组织单元。集群被包括在提供点中，提供点被包括在区域(Zone)中。集群的大小受潜在的虚拟机管理程序限制，虽然大部分情况下 CloudStack 建议数目要小一些。CloudStack 中不限制集群的数量，但由于提供点所划分的子网范围有限，所以提供点内的集群和主机的数量是不会完全无限制的。

一个集群包括一个或多个主机、一个或多个主存储服务器。

5. 主机(Host)

主机是一台单独的计算机，主机提供计算资源运行客户虚拟机。每个主机配置有虚拟机管理软件来管理客户虚拟机。

主机是 CloudStack 配置中最小的组织单元。区域包含提供点，提供点包含集群，集群包含主机。

CloudStack 环境中的主机主要提供以下的功能：

- 提供虚拟机需要的 CPU、内存、存储和网络资源；
- 用高带宽的网络互联同时连接到 Internet。

CloudStack 环境中的主机主要具有以下特点：

- 可能驻留在位于不同地理位置的多个数据中心；
- 可能拥有不同的容量(不同的 CPU 速度、不同数量的内存等)；
- 添加的主机可以在任何时候被添加用来为客户虚拟机提供更高的能力；
- CloudStack 自动地发现主机提供的 CPU 数量和内存资源；
- 主机对终端用户是不可见的，终端用户不能决定哪些主机可以分配给客户虚拟机。

在 CloudStack 中运行一个主机，必须在主机上配置虚拟机管理软件，同时分配 IP 地址给主机并且要确保主机已经链接到 CloudStack 管理服务器。

CloudStack 可以兼容绝大多数的硬件设备，其实就是指所使用的绝大多数硬件设备都能被 Hypervisor 虚拟机管理程序兼容。在安装 Hypervisor 虚拟机管理程序之前需要确保该服务器所使用的 CPU 能够支持虚拟化技术，并且在 BIOS 中开启了 CPU 对虚拟化技术的支持功能(由于在我们的实验平台中已经实现了二次虚拟化技术，因此可以直接在平台分配的虚拟机中进行相应的实验，不需要额外的配置)。

6. 主存储(Primary Storage)

主存储和一个集群联系在一起，而且它存储了位于那个集群宿主机中的所有虚拟机的磁盘卷。你可以为一个集群添加多个主存储服务器，但是至少要保证有一个。通常情况下，主存储服务器越靠近宿主机，其效能将会越好。主存储分为两种，分别是共享存储和本地存储。

共享存储一般是指独立的存储设备，它允许对所属集群中的所有计算节点进行访问，集中存储该集群中的所有虚拟机数据。使用共享存储可以实现虚拟机的在线迁移和高可用性。

本地存储是指使用计算节点内置的磁盘存储虚拟机的运行数据，可以使虚拟机磁盘拥有很高的读写性，但是无法解决因为主机或磁盘故障导致的虚拟机无法启动以及数据丢失等问题。

7. 二级存储(Secondary Storage)

二级存储是和区域关联的，它主要用来存储模板、ISO 镜像以及磁盘卷快照。

- 模板：可以用来启动虚拟机和包括附加配置信息(比如已经安装的应用程序)的操作系统镜像。
- ISO 镜像：包含数据或可引导操作系统媒介的磁盘镜像。
- 磁盘卷快照：可用来进行数据恢复或创建新模板的虚拟机数据的副本。

基于区域的 NFS 二级存储中的元素可以被区域中的所有主机使用。CloudStack 管理将客户虚拟机磁盘分配到特定的主存储设备上存储(所有虚拟机磁盘都是存在主存储上的)。

我们将占用空间大、读写频率低的数据文件称为冷数据，这些数据对于整个系统而言并不是关键数据，所以使用配置不高、最简单的 NFS 来存储就足够了，因此设立了二级存储，负责存储冷数据，只需要很低的开销就能满足相应的需求。

3.3.5 CloudStack 的架构

3.3.4 节介绍了 CloudStack 中所有的关键组件，本节将会介绍 CloudStack 管理平台是如何将这些组件进行统一管理，并使它们相互协作进行工作的。

用户通过 Web 界面进行登录，CloudStack 的前端界面和后端管理程序使用了目前最流行的做法：以 RESTful 风格的 API 来实现。用户所使用的 Web 界面上的任意功能都由 Web 转移为 API 命令发送给 API 服务，API 服务接收请求后交由管理服务进行处理，然后根据不同的功能将命令发送给计算节点或者系统虚拟机去执行，并在数据库中进行记录，处理完成后将结果返回前台界面。

在 CloudStack 中，管理服务通过调用设备所开放的 API 命令来管理物理基础设施，如 XenServer 的 XAPI、vCenter 的 API。而对于不方便直接调用 API 的设备(如 KVM)，则会采取安装代理的方式进行管理。

对于存储设备，CloudStack 并不直接对其进行管理，3.3.4 节曾经介绍过存储，存储有两种角色，它们分别提供了不同的功能：

- 主存储通过调用计算节点所使用的 Hypervisor 程序进行管理，如在存储上创建磁盘或者执行快照等功能(创建磁盘、执行快照等功能将在第 3 章进行深入的讲解)，其实都是通过调用 Hypervisor 程序的 API 来进行的。这样做的优点是，Hypervisor 程序支持什么类型的存储，CloudStack 就能直接进行配置和使用而不需要进行更多的兼容性开发；缺点是，最新的存储技术(如分布式存储)将无法在已经成型的商业产品中得到支持。虽然使用 KVM 在理论上可以使用各种新的分布式存储技术，但是使用效果是否满足虚拟化生产的需求，还无法定论。
- 二级存储是一个独立的存在，它不在某一个计算节点或集群的管理下，在 CloudStack 架构中有二级存储虚拟机挂载此存储进行管理的设计，具体方式会在下面具体讲解。

在 CloudStack 中，系统虚拟机是一个重要的组成部分，会承担很多重要的功能。CloudStack 的系统虚拟机有三种，分别是二级存储虚拟机(Secondary Storage VM)、控制台虚拟机(Console Proxy VM)和虚拟路由器(Virtual Router VM)。

系统虚拟机有特别制作的模板，只安装必备的程序以减少系统虚拟机所消耗的资源，安装较新的补丁以防止可能存在的漏洞，针对不同的 Hypervisor 程序有不同格式的模板文件，并安装支持此 Hypervisor 的驱动和支持工具来提高运行性能。CloudStack 使用同一个模板来创建虚拟机，它会根据不同角色的系统虚拟机进行特殊配置，当系统虚拟机创建完成后，每种系统虚拟机会安装不同的程序，使用不同的配置信息。

为了保证系统的正常运行，CloudStack 所有的系统虚拟机都是无状态的，不会独立保存系统中的数据，所有的相关信息都保存在数据库中，系统虚拟机内存储的临时数据也都是从数据库中读取的。所有的系统虚拟机都带有高可用性(HA)的功能。当 CloudStack 管理节点检测到系统虚拟机出现问题时，将自动重启或者自动重新创建虚拟机。管理员也可以随时手动删除系统虚拟机，系统将自动重建虚拟机。系统虚拟机对于普通用户是透明的，不可以直接管理，只有系统管理员可以检查及访问系统虚拟机。

二级存储虚拟机用于管理二级存储，每个区域内有一个二级存储虚拟机。二级存储虚拟机通过存储网络连接和挂载二级存储，直接对其进行读写操作，如果不配置存储网络，则使用管理网络进行连接。通过公共网络实现 ISO 和模板文件的上传和下载、多区域间 ISO 和模板文件的复制等重要功能。

控制台虚拟机支持用户使用浏览器在 CloudStack 的 Web 界面上打开虚拟机的图形界面。每个区域默认会生成一个控制台虚拟机，当平台上有较多用户打开虚拟机的 Web 界面时，系统会自动创建多个控制台虚拟机，以承担大量的访问，对应的配置可以在全局变量中找到。

虚拟路由器可以为用户提供虚拟机的多种功能，它在用户第一次创建虚拟机的时候自动创建。在基本网络中只有 DHCP 和 DNS 转发功能；在高级网络中除了 DHCP 和 DNS 功能以外，还可以实现类似防火墙的功能，包括网络地址转换、端口转发、虚拟专用网络、负载平衡、网络流量控制。以保证用户虚拟机在隔离网络中与外界通信的安全。

3.3.6 CloudStack 网络

3.3.6.1 网络即服务

说起 CloudStack，就不得不提及它的网络功能。在 CloudStack 没有完全开源之前，网络功能一直是它的一大卖点。接下来将详细介绍 CloudStack 的网络功能。

首先来分析一个现实中的场景。

一位项目经理为了部署新的业务系统而需要配置一套 IT 基础设施资源。在传统的模式下，它需要向系统管理员提出申请，除了需要相应的服务器和存储资源，还需要一部分网络资源。系统管理员拿到需求后，首先会分析现有的网络资源能否满足需求，如果能满足需求，管理员会选择一个合适的时机进行网络结构与配置的变更；如果不能满足需求，管理员将会申请采购，这个过程将会是很漫长的。显然这种模式是很难满足业务上的需求的。

如果这位经理为了快速获取 IT 基础设施资源，而选择了使用公有云服务，接下来所经历的将会完全不同。他只需登录服务页面进行一些简单的配置，例如，先申请一个安全组，对安全组进行访问策略配置，申请负载平衡服务，配置公共网络 IP 等，只需要几分钟的时间便可以实现网络方面的所有需求。

此处在传统的网络物理设备上增加了一个经过抽象的虚拟网络资源层，原来基于网络基础设施的烦琐工作变成了基于虚拟网络服务的简单配置，我们称这种云平台上的新的服务模式为网络即服务。CloudStack 的网络架构与功能完全依照网络即服务思想进行设计，因此最终用户可以减少很多工作量，也无须关心物理网络的所有技术细节。但是如果想部署、管理 CloudStack 云平台，依然需了解这些细节。

3.3.6.2 网络类型

在 CloudStack 中，物理网络的设计与拓扑是以区域为边界的，同一个区域共享一套物理网络(同一套物理网络可以让多个区域共享)。创建某一种网络类型的区域时，首先需要创建物理网络。所谓物理网络，其实是 CloudStack 中的一个基本的逻辑概念，一个物理网络将包括一种或多种类型的网络流量。

CloudStack 中的物理网络包括 4 种网络流量，分别是公共网络(Public)、来宾网络(Guest)、管理网络(Management)和存储网络(Storage)。公共网络是高级区域所独有的，在基本区域中没有公共网络的概念，可以认为来宾网络就是公共网络。CloudStack 中还有一种网络是本地链路网络(Link-Local)，这种网络只提供给系统虚拟机使用，只负责主机与系统虚拟机之间的通信。

下面将对以上介绍的几种网络类型进行具体介绍。

1. 公共网络

公共网络是在高级模式下使用的一种网络流量类型，是经过隔离的私有来宾网络之间进行通信以及对外通信的共享网络空间。所有隔离的私有来宾网络均需要经过公共网络与其他私有来宾网络进行通信(同一个来宾网络下的客户虚拟机之间的通信不需要经过公共网络)，或者经过公共网络与外部网络通信。当然，在某些网络环境下，也可以直接将 Internet 网络作为公共网络使用。

2. 来宾网络

来宾网络是客户虚拟机直接使用的网络，一般属于用户的私有网络空间。每个客户创建的虚拟机都将首先接入来宾网络。在基础网络模式下，多个用户将共用一个来宾网络，彼此之间通过安全组进行隔离；在高级网络模式下，每个用户将拥有专属的来宾网络，这些来宾网络属于不同的 VLAN，彼此之间通过 VLAN 进行隔离，通过虚拟路由器的设置进行访问。

3. 管理网络

CloudStack 内部资源之间的通信需要借助管理网络进行，这些内部资源包括管理服务器发出的管理流量、服务器主机节点 IP 地址与管理服务器通信的流量、系统虚拟机的管理 IP 地址与管理服务器以及服务器主机节点 IP 地址之间的通信流量。

4. 存储网络

CloudStack 中二级存储虚拟机(SSVM)与二级存储设备(Secondary Storage)之间的通信需要借助存储网络。如果没有存储网络，默认将会使用管理网络。由于这个网络主要承担模板、快照以及 ISO 文件的复制和迁移工作，因此对于带宽的要求很高，如果条件允许可以单独设置。

5. 本地链路网络

本地链路网络只供系统虚拟机使用，默认使用 IP 地址段 169.254.0.0/24，在 CloudStack 环境搭建完成后，每个计算节点的物理机上会自动建立本地链路网络。

在系统虚拟机的创建过程中，多数的配置是无法得到的，所以设计了本地链路网络，让管理节点将配置信息传入系统虚拟机。根据安全策略，虚拟路由器无法通过管理网络或公共网络的 IP 地址对其进行直接访问，而是通过主机的这个链路来传输配置信息。

3.3.6.3 虚拟路由器

无论在基础网络还是高级网络中，虚拟路由器(Virtual Router)都是不可或缺的系统组件。在基本网络中，虚拟路由器负责提供来宾网络的 DHCP 和 DNS 转发功能；在高级网络中虚拟路由器除了负责 DHCP 和 DNS 功能以外，还可以实现类似防火墙的功能，包括网络地址转换、端口转发、虚拟专用网络、负载平衡、网络流量控制。虚拟路由器可以保证用户虚拟机在隔离网络中与外界通信的安全。

在默认情况下，应该为每个租户的来宾网络配置一个虚拟路由器。当租户的来宾网络创建完成后，将从来宾网络的 VLAN 资源池中获取一个预分配的 VLAN ID。当租户创建属于该来宾网络的第一个虚拟机实例时，CloudStack 将会首先创建该来宾网络的虚拟路由器。当虚拟路由器创建完成并正常运行后，虚拟机实例才会被创建。如果需要，租户可以创建多个属于自己的私有来宾网络，每个来宾网络会对应生成一个新的虚拟路由器。

虚拟路由器有三个网络，分别是外网、来宾网络和本地链路网络。外网的作用是提供一个外网访问 CloudStack 内部环境的门户；来宾网络保证外部访问通过虚拟路由器中转后能够到达内部的虚拟机，也为客户虚拟机提供了 DHCP 和 DNS 功能；链路本地网络用于内部的一些通信。

一个好的虚拟路由器是高度定制的系统虚拟机，默认情况下只分配 256MB 内存，CPU 核心也会精简到只安装必要的服务，整个虚拟机磁盘的大小只有几百兆字节，因此单个虚拟机所占的资源很少。以下是系统虚拟机的一些信息(CloudStack 的所有系统虚拟机来自同一个模板)：

- 使用了 Debian 6.0 操作系统；
- 根据不同的模板选择安装 xen、vmware 或者 kvm，从而实现更好的性能；
- 为了节省开销，仅安装系统所需的程序包，如 haproxy、iptables、ipsec 等网络包，使用最新版本的 jre，以保证安全和速度。

3.3.6.4 基础网络

下面将介绍 CloudStack 基本区域(Basic Zone)的网络模式，即基础网络模式，以帮助读者了解其架构以及基本原理。

1. 基础网络概述

部署 CloudStack 并创建区域的时候，会有两种类型的区域供选择，分别是基础网络和高级网络模式。对于一个 IaaS 云基础架构来说，网络结构及功能是其中极为重要的部分。

基础网络是 CloudStack 中基本区域所使用的网络模式，其最主要的特点是类似于亚马逊 AWS 的扁平式网络结构。这种结构可以充分利用 IP 资源，十分适合进行大规模扩展。基础网络中所有不同的租户虚拟机将被分配到同一个网络中，并获得连续的 IP 地址，彼此之间通过安全组的方式进行隔离。

相对于高级网络模式，基础网络提供的虚拟网络服务功能较少，只能提供 DHCP 和 DNS 以及 User Data 功能，而其他的网络功能(如路由转发、负载平衡等)则需要通过外部物理网络设备实现。

2. 安全组(Security Group)

安全组是一组具有相同网络访问策略的虚拟机的集合。

在基础网络模式下，不同租户之间的安全隔离是通过安全组的方式实现的，每一个用户都拥有一个默认的安全组，当用户申请创建虚拟机后，虚拟机会被添加到默认的安全组中。

同时，用户也可以根据需要创建新的安全组，并将虚拟机添加到新的安全组中。

用户可以通过配置安全组策略来控制虚拟机网络的访问。默认情况下，安全组会拒绝所有来自外部的网络流量，同时会允许所有的对外的访问流量通过。

注意：如果配置了入站策略，那么相应的外部访问就会被允许；而配置了出站策略，那么除了被允许的网络访问，所有其他的对外访问都会被拒绝。

举个例子，进一步介绍安全组的配置以及网络访问规则。用户创建了虚拟机 A，其 IP 地址为 192.168.30.34，并将其添加到默认的安全组 S1 中。然后，用户又创建了新的安全组 S2，并将新建的虚拟机 B 添加到其中，其 IP 地址为 192.168.30.45，那么由于安全组会拒绝所有来自外部的网络流量，此时的虚拟机 A 和虚拟机 B 之间是无法进行通信的。如果对安全组进行一些配置，那么情况将会完全不同。

在此对安全组 S2 进行如表 3-2 所示的配置。

表 3-2　安全组 S2 配置项

配　置　项	配 置 参 数
协议	ICMP
ICMP 类型	−1
ICMP 代码	−1
CIDR	192.168.30.0/24

按照表 3-2 对安全组 S2 进行配置后，虚拟机 A 可以通过 ping 命令访问虚拟机 B（反之不可以）。

接着对安全组 S1 进行配置，如表 3-3 所示。

表 3-3　安全组 S1 配置项

配　置　项	配 置 参 数
协议	TCP
起始端口	22
结束端口	22
CIDR	192.168.30.0/24

此时，虚拟机 B 可以通过 SSH 工具登录并访问虚拟机 A。

3. 参考架构

下面通过讨论一个典型的 CloudStack 基础网络参考架构（如图 3-12 所示）进一步加深对基础网络结构的认识和理解。

在结构方面，所有的资源都部署在一个区域中；每个区域由若干个提供点组成，由于每一个提供点的来宾网络属于一个独立的广播域，所以我们为每一个提供点的来宾网络分配一个子网；在提供点之下是集群，同一个提供点下的集群的来宾网络位于同一个子网内，来自不同租户的虚拟机被放置在该来宾网络内；对于每一个虚拟机，通过安全组的方式进行安全隔离。

在网络物理设备方面，为每一个提供点配置一台交换机作为接入设备使用；为整个区域配置一个组交换机作为核心交换与转发设备使用；在 Internet 与内网的边界部署防火墙

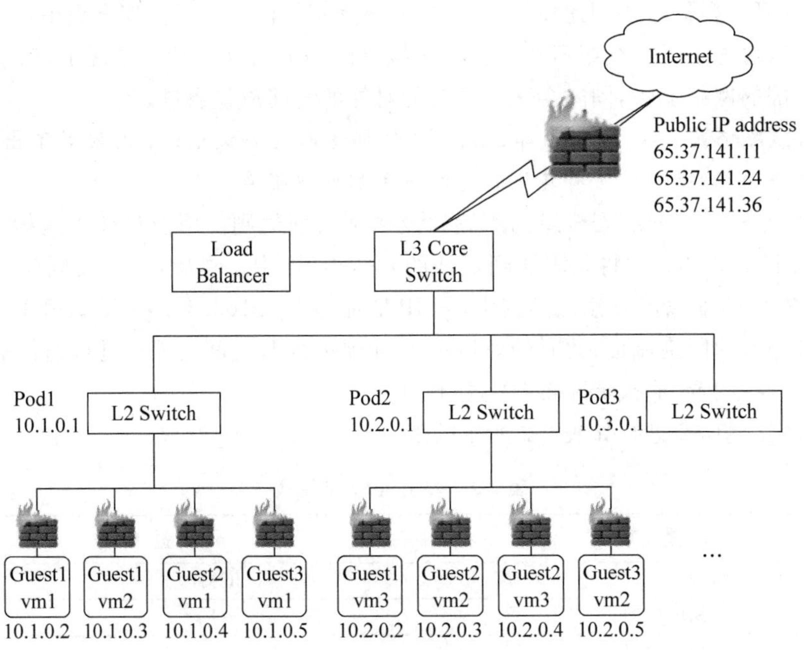

图 3-12 基础网络拓扑架构

设备，提供内外网之间的 NAT 转换以及网络保护；在核心交换机上可以接入负载平衡设备，为来自外部的访问请求提供负载分发服务。

3.3.6.5 高级网络

本节将讲解 CloudStack 的高级网络的基本概念及其具体功能。

1. 高级网络概述

通过前面的知识，我们了解到，在 CloudStack 的基础网络模式具有以下的特点：

- 不同租户将虚拟机部署在同一个来宾网络的子网中；
- 虚拟机彼此之间通过安全组的方式进行访问隔离；
- 同一个虚拟机只能被接入一个来宾网络之内。

基础网络模式的优点是结构简单，便于应对大规模的部署和扩展，但其无法应对更加复杂的网络拓扑，同时无法提供丰富的网络服务，而高级网络模式可以弥补这些不足。高级网络架构如图 3-13 所示。

在高级网络模式下，每个租户都会获得一个或多个私有来宾网络，每个来宾网络都属于一个单独的 VLAN，由虚拟路由器为这些来宾网络提供网关服务。来宾网络内虚拟机的网络流量通过相应的虚拟路由器进行控制，租户可以通过控制虚拟路由器的防火墙服务来保证内部虚拟机只接受经过授权的访问，从而保证了来宾网络内虚拟机的安全性。

除了来宾网络，公共网络也是高级网络模式的重要组成部分。我们可以将来宾网络比喻为“房间”，那么高级网络则可以看作是连接“房间”的“楼道”。很多进出来宾网络的流量都要经过公共网络进行传输。

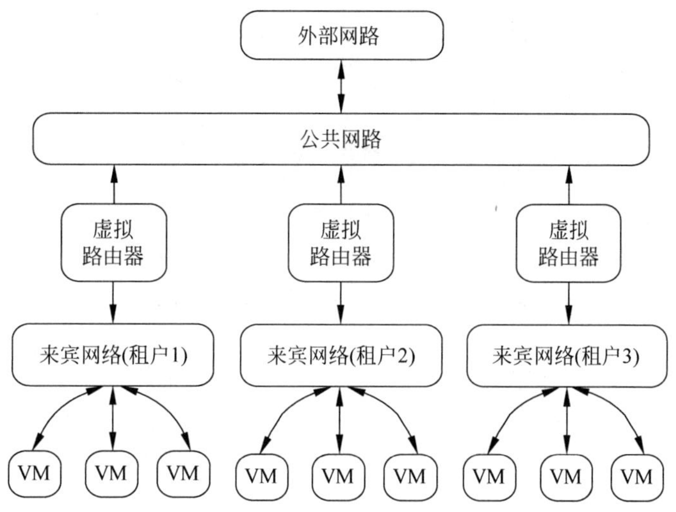

图 3-13 高级网络 VM 访问架构

2. 高级网络服务

高级网络可以通过虚拟路由器为来宾网络内的虚拟机提供各种高级网络服务。

当高级网络创建完成后,虚拟路由器会成为租户来宾网络的网关。而不同租户获得属于自己的私有来宾网络,之间相互隔离,无法相互访问。租户私有网络内的虚拟机通过虚拟路由器的 DHCP 以及 DNS 功能在创建时自动获取 IP 地址和主机名;当需要访问公共网络时,虚拟机通过虚拟路由器的 NAT 功能获得私有地址到公共网络地址的映射。

我们知道,NAT 地址映射只能提供内部对外部的访问,而当外部请求进入时,是无法访问私网内部的虚拟机的。那么当需要外部请求访问时该如何做呢?虚拟路由器除了提供 NAT 功能外,还会提供源 NAT、静态 NAT、负载平衡、端口转发、防火墙以及 VPN 功能。

源 NAT:指公共网络的 IP 地址。虚拟路由器会将来宾网络内的所有实例发起的对公共网络目标地址的请求映射到基于该公共网络 IP 地址的请求,所有虚拟机实例的对外请求都会使用该公共网络的 IP 地址(如图 3-14 所示)。虚拟路由器默认会将获得的第一个公共网络 IP 地址作为源 NAT 地址(不需要额外配置)。

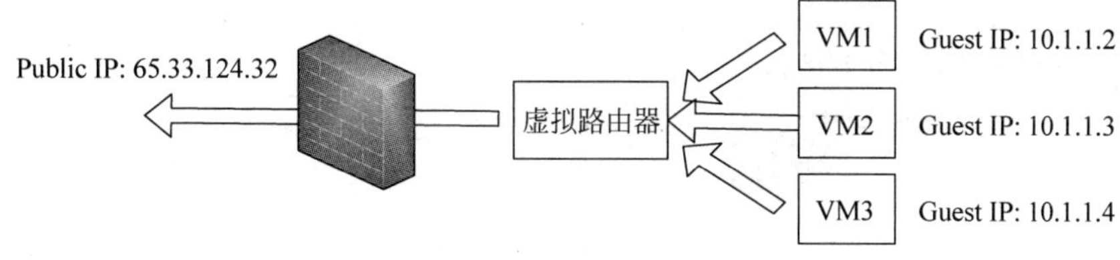

图 3-14 源 NAT 示意图

静态 NAT:用于指定公共网络的 IP 地址,同时指定目标虚拟机实例的 IP 地址(如图 3-15 所示)。可以将一个公共网络 IP 地址与一台虚拟机实例进行绑定,这台虚拟机的所有网络请求和访问都会使用该绑定的公共网络 IP 地址,同时该公共网络 IP 地址不能再被其他虚拟机实例使用(源 NAT 地址不能配置静态 NAT 功能)。

负载平衡:用于指定虚拟路由器公共网络端 IP 地址及相应端口,以及负载分发的虚拟

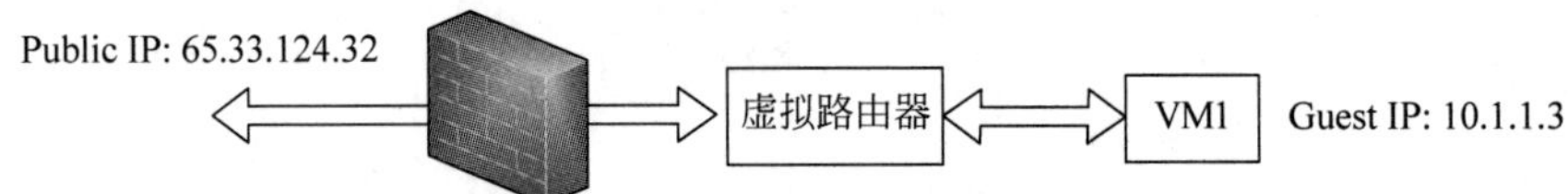

图 3-15　静态 NAT 示意图

机及端口。虚拟路由器会将公共网络访问中对指定目标地址和端口的请求分发到对应的虚拟机实例的端口上(如图 3-16 所示)。CloudStack 的负载平衡服务可以配置负载平衡的分发模式,支持的分发模式有轮询、基于最少连接数和基于源地址。

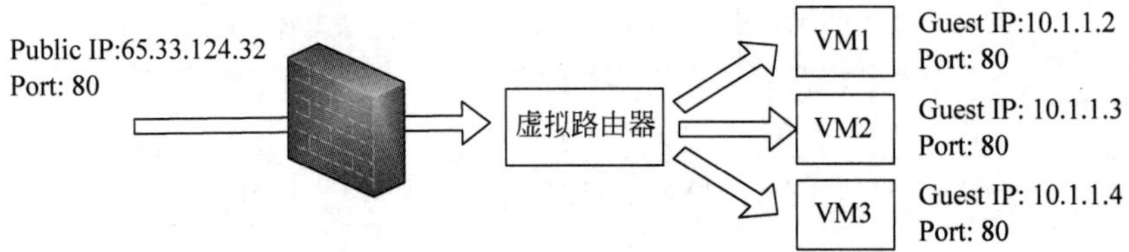

图 3-16　负载平衡示意图

端口转发:指定虚拟路由器端公共网络 IP 地址及相应端口,以及被转发到的虚拟机及相应端口,进入的网络请求就会被转发到相应的虚拟机端口上(如图 3-17 所示)。使用端口转发功能可以将访问同一公共网络 IP 地址但被分发至不同网络端口的请求分别转发到不同的虚拟机实例上。

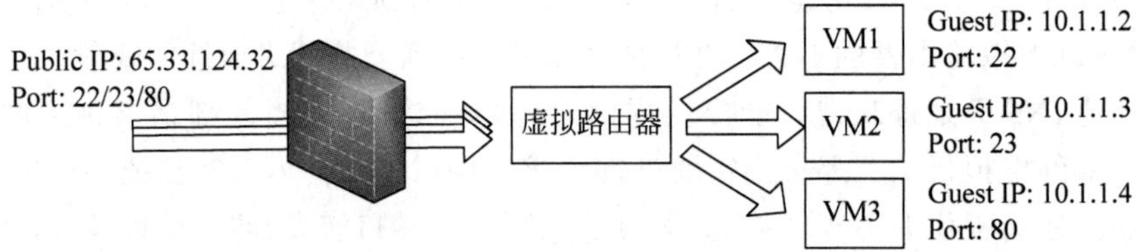

图 3-17　端口转发示意图

防火墙:出于网络安全的考虑,虚拟路由器会默认屏蔽所有对内的访问请求,同时允许所有的对外访问请求。可以通过配置防火墙策略开启需要被访问的协议及端口来进行控制(如图 3-18 所示)。

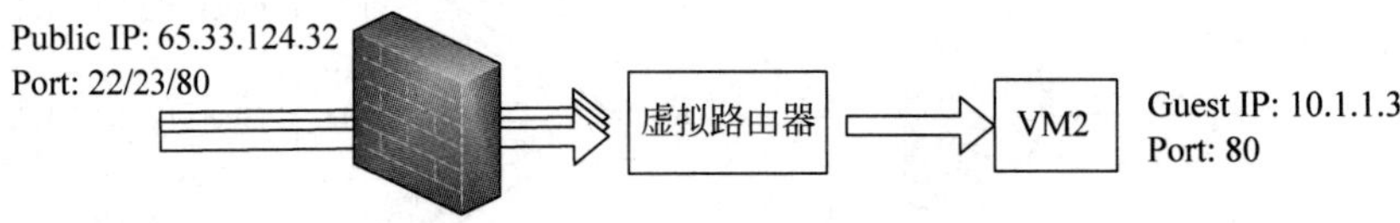

图 3-18　防火墙示意图

VPN:CloudStack 允许用户创建虚拟私有网络(VPN)访问自己位于来宾网络内的虚拟机实例。用户只要在自己的客户端设备上创建一个新的 VPN 连接,访问启用了 VPN 服务的虚拟路由器上的公共网络 IP 地址,经过身份验证后便可以建立网络加密隧道。此时用户的客户端设备将会被分配一个 CloudStack 的 VPN 客户端 IP 地址,并可以访问来宾网络内的虚拟机实例(如图 3-19 所示)。

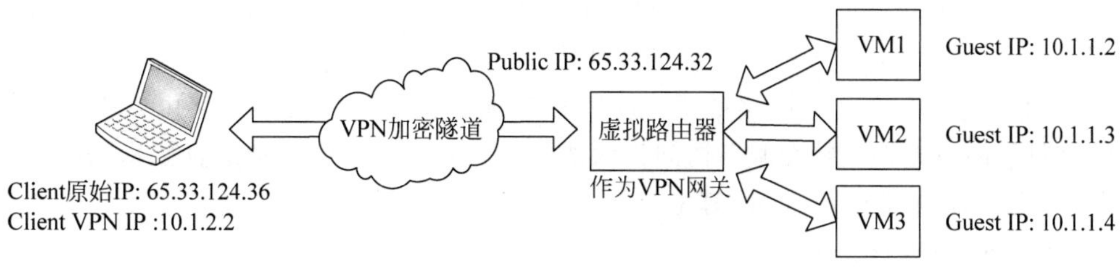

图 3-19　VPN 示意图

3. 参考架构

下面通过探讨一个 CloudStack 高级网络的参考架构，帮助读者加深对高级网络结构的认识和理解，如图 3-20 所示。

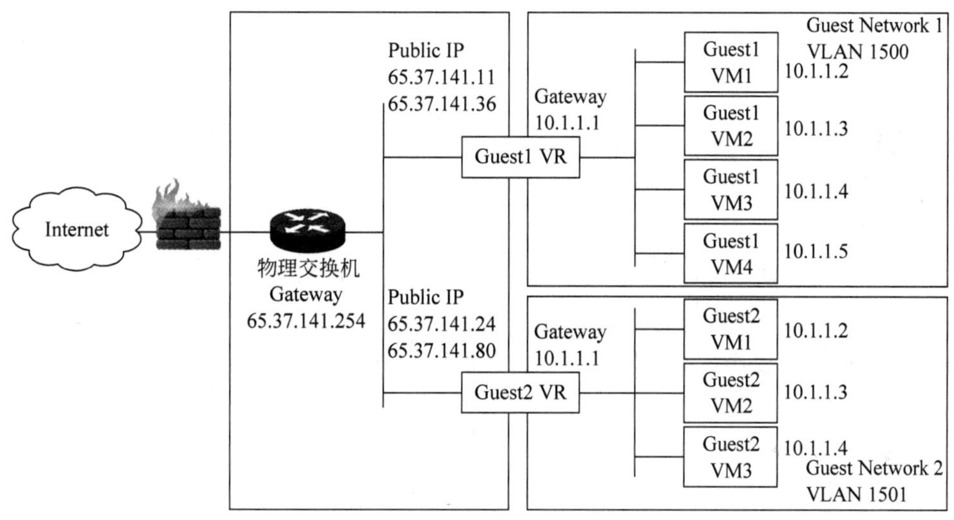

图 3-20　网络结构

图 3-20 是 CloudStack 高级网络的参考架构。在区域中有两个租户，分别是 Guest1 和 Guest2，每个租户分别配置了一个来宾网络：Guest1 的来宾网络叫作 Guest Network1，VLAN ID 是 1500；Guest2 的来宾网络叫作 Guest Network2，VLAN ID 是 1501；区域的公共网络 VLAN ID 是 150。

创建来宾网络 Guest Network1，并在其上创建第一个虚拟机实例 Guest1 VM1，系统会为该来宾网络创建虚拟路由器 Guest1 VR，根据区域的 CIDR 参数的配置，这里会为虚拟路由器的内部接口分配 IP 地址 10.1.1.1，并将其作为该来宾网络内所有虚拟机实例的网关地址，同时虚拟路由器会通过 DHCP 服务为虚拟机实例 Guest1 VM1 分配 IP 地址 10.1.1.2，随后创建 Guest1 的虚拟机实例的 IP 地址会依次分配；接着创建 Guest2 的虚拟机实例 Guest2 VM1，系统会为该来宾网络创建虚拟路由器 Guest2 VR，根据区域的 CIDR 参数的配置，这里会为虚拟路由器的内部接口分配 IP 地址 10.1.1.1，并将其作为该来宾网络内所有虚拟机实例的网关地址，同时虚拟路由器会通过 DHCP 服务为虚拟机实例 Guest2 VM1 分配 IP 地址 10.1.1.2。

到这里其实已经完成了租户 Guest1 和 Guest2 的私有网络的创建，并配置了虚拟路由器作为私有网络的网关。当租户虚拟机实例互访的时候，将在租户的来宾网络内部进行通信；当租户实例需要访问其他租户系统的 IP 地址时，流量会经过虚拟路由器的 NAT 服务将私有地址映射为一个公共网络的 IP 地址，然后通过其他租户的虚拟路由器提供的静态 NAT、负载平衡或者端口转发服务访问目的地址。公共网络的网关地址直接指向物理交换机，并可以通过防火墙与 Internet 建立连接。

4. 共享型来宾网络

在一般的情况下交换机只能支持 4096 个 VLAN，如果为每个用户的私有来宾网络都分配一个 VLAN，那么整个网络所能容纳的租户数将会受到极大的限制；而且对于某些业务来说，并不需要将不同租户的虚拟机实例分配到不同的 VLAN 中。CloudStack 通过共享型来宾网络解决了这个问题。

在 CloudStack 中，按照特性将来宾网络分成了两种类型，分别是隔离(Isolate)和共享(Shared)。可以通过创建不同的网络服务方案来生成不同类型的网络，如图 3-21 所示。

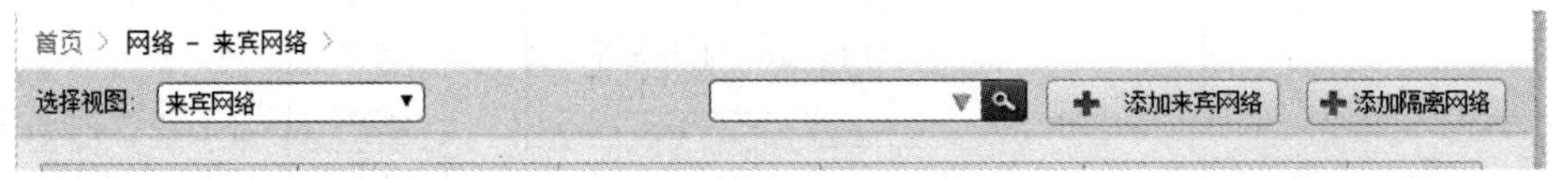

图 3-21 创建网络

图中“添加来宾网络”就是指默认的共享型来宾网络(见图 3-13)。

图 3-22 展示了一个典型的隔离(Isolate)型来宾网络架构，每个租户的来宾网络都属于单独的 VLAN，并需要经过虚拟路由器和公共网络与外界进行通信。

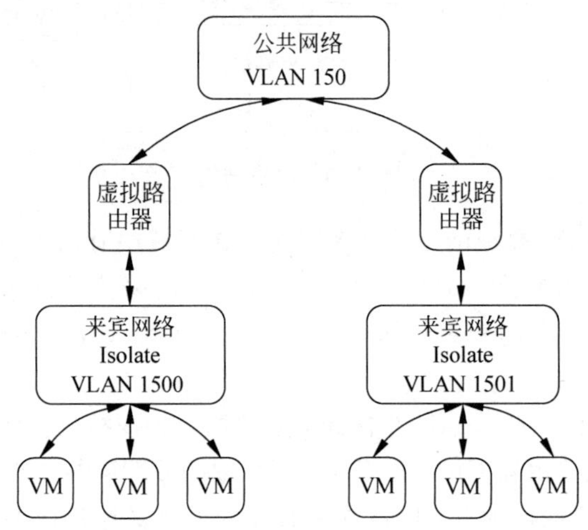

图 3-22 隔离型网络架构

图 3-23 展示了一个典型的共享(Shared)型来宾网络架构，不同租户的虚拟机实例可以部署在同一个来宾网络中并属于相同的 VLAN。虚拟路由器将不再是来宾网络的出口，而是作为 DHCP、DNS 服务的提供者。所有属于共享(Shared)型来宾网络的虚拟机实例的网关将直接指向物理交换机。使用共享(Shared)型的来宾网络不但可以极大地节省 VLAN 资源，还可以与现有物理网络设备更好地结合，以实现更加复杂的网络拓扑。

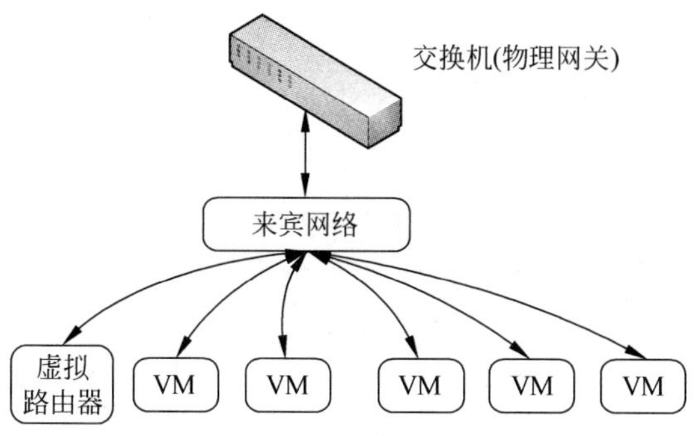

图 3-23 共享型网络架构

5. VPC 简介

虚拟私有云(Virtual Private Cloud, VPC)是存在于共享或公用云中的私有云(Private Cloud)。

我们知道,对于中小型用户来说,如果想搭建一套位于云上的生产系统,只需直接租用AWS的EC2计算服务,并申请创建自己的私有网络、EIP及安全组;但对于规模比较大的企业用户来说,在租用AWS的云计算服务的同时,还希望能对位于云上的资源及自己数据中心内部的资源进行统一的访问和管理。但是基本的EC2和网络服务无法满足这些需求。于是AWS推出了VPC服务。使用VPC服务后,用户可以在自己的数据中心与亚马逊服务器中的VPC云资源池之间通过Site-to-Site VPN的方式建立加密网络隧道,使自己的数据中心直接通过Internet访问亚马逊的VPC云资源池。

在CloudStack网络架构出现之前,如果租户创建了多个不用的来宾网络,并且在每个来宾网络都部署了虚拟机资源,那么属于不同来宾网络中的虚拟机实例之间的相互访问将会是比较曲折的,网络流量需要经过公共网络(如图3-24所示),这对用户来说,并不是最好的解决方案。

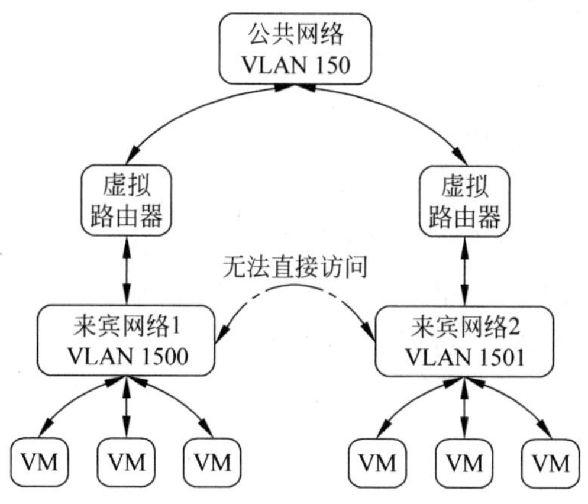

图 3-24 隔离型网络的访问方式

当CloudStack中增加了VPC特性之后,在VPC中由租户创建的来宾网络会同时连接到同一个VPC虚拟路由器,该VPC虚拟路由器会负责与不同“层”之间的路由器进行通信,因此租户内部的网络流量不需要再经过公共网络(如图3-25所示),这无疑是一种更加合理的网络方案。

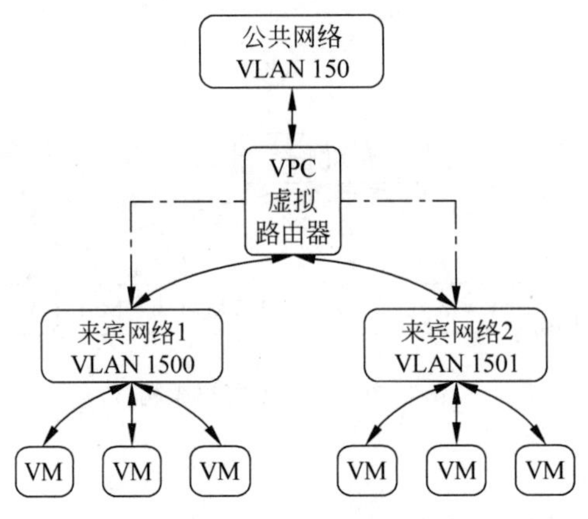

图 3-25 VPC 架构

一个 VPC 由以下八个部分组成：

- VPC——VPC 扮演了容器的角色，其中包含租户的多个相互隔离的来宾网络。虚拟路由器让这些来宾网络之间可以相互通信。
- 网络层——代表租户的一个来宾网络，每一个网络层作为一个隔离的网络都有自己的 VLAN ID 和 CIDR。
- 虚拟路由器——在 VPC 创建完成后，虚拟路由器会被自动创建。在 VPC 中，虚拟路由器是访问网络的中枢，它连接着不用的网络层、专有网关、VPN 网关和公共网络。对于每一个网络层，虚拟路由器都有与其相对应的接口和 IP 地址，并作为该网络层的默认网关。虚拟路由器还为网络层的虚拟机实例提供 DNS 和 DHCP 服务。
- 公共网关——VPC 中的虚拟机实例需要通过 CloudStack 的公共网络访问外部网络。这里的公共网关地址就是 CloudStack 公共网络的网关地址，该地址将在 VPC 创建的时候被自动创建，无须用户配置。
- 专有网关——VPC 通过添加专有网关与数据中心内部的其他网络区域进行通信。
- VPN 网关——VPC 通过 Site-to-Site VPN 的方式与远程用户数据中心网络建立连接。在 CloudStack 中配置一个指向用户数据中心的 VPN 网关设备的 VPN 客户网关，之后就可以在 VPC 中建立并配置 VPN 网关了。
- 访问控制列表——可以在虚拟路由器上定义访问列表，以控制不同网络层之间及网络层与外部网络之间的网络流量。访问控制列表可以对所有进出网络层的 IP 地址范围、网络端口范围、网络协议进行限制。
- 负载平衡——VPC 可以对网络层中的虚拟机实例提供负载平衡服务。

第 2 部分　OpenStack

第4章

OpenStack安装部署

4.1 Keystone 安全认证服务

在早期的 OpenStack 版本中，并没有 Keystone 安全认证模块。用户、消息、API 调用的认证，都是放在 Nova 模块中。

在后来的开发中，由于各种各样的模块加入到 OpenStack 中，安全认证所涉及的面也变得更加广泛，如用户登录、用户消息传递、模块消息通信、服务注册等多种各不相同的认证。处理这些不同的安全认证变得越来越复杂，于是需要一个模块来处理这些不同的安全认证，Keystone 也就应运而生。本节主要介绍 MySQL 的安装与使用，以及 Keystone 服务的安装及测试。

本节主要涉及的知识点如下：

- MySQL——数据库的介绍与安装；
- RabbitMQ——消息通信服务的介绍与安装；
- Keystone——安全认证服务的介绍与安装。

4.1.1 Keystone 简介

OpenStack 管理了众多的软硬件资源，并且利用这些资源提供给云服务。任何资源的管理都会涉及安全的管理。就 OpenStack 而言，安全的管理分为以下几个方面：用户认证、服务认证和口令认证。

无论是私有云还是公有云，都会向众多的用户开放接口。KeyStone 在对用户进行认证的同时，也对用户的权限进行了限制。KeyStone 还会保证 OpenStack 的服务可以正常注册。除此之外，各服务组件之间的消息传递还需要口令，当口令过期时则不再使用此口令。

如果把 OpenStack 比作一个别墅，OpenStack 内部的各种服务好比各种房间，用户比作住在别墅里面的人，那么 KeyStone 就相当于别墅的安全机制。首先，进入别墅的人需要进行身份认证。除此之外，当用户进入到别墅之后，只能进入属于自己可以访问的房间，并不是所有的房间都可以进去(类似于 KeyStone 的用户权限管理)。别墅里面的房间都需要进行安全机制的管理(如上锁、刷卡)，此外还需要使用口令。

由于 OpenStack 所有的服务都需要在 KeyStone 上进行注册，所以 OpenStack 的安装需要从 KeyStone 入手。

4.1.2 配置网络环境

(1) 设置主机名，例如 controller，如图 4-1 所示。

```
vi /etc/hostname
```

图 4-1 设置主机名

(2) 配置主机文件，添加 IP 地址与主机名的映射关系，如图 4-2 所示。

```
vi /etc/hosts
```

```
127.0.0.1    localhost localhost.localdomain localhost4 localhost4.localdomain4
::1          localhost localhost.localdomain localhost6 localhost6.localdomain6
10.1.3.148   controller controller.com
```

图 4-2 配置主机文件

注意：图 4-2 中的 IP 地址(例如图中的 10.1.3.148)需要改为学生虚拟机实例所对应的 IP 地址。

(3) 安装 chrony 服务，并设置开机自启动。

```
yum install chrony
systemctl enable chronyd.service
systemctl start chronyd.service
```

(4) 更新系统，安装 centos7 下的 mitaka 依赖文件。

```
yum install centos-release-openstack-mitaka
yum install https://rdoproject.org/repos/rdo-release.rpm
yum upgrade
```

（5）安装 openstack 客户端。

```
yum install python-openstackclient
```

（6）安装 openstack-selinux 安全服务。

由于 centos 默认是开启 SeLinux 安全控制的，因此需要安装 openstack-selinux，使系统自动管理 openstack 各个服务的安全策略。

```
yum install openstack-selinux
```

4.1.3 安装 mariadb 数据库

Mariadb 主要功能是为 OpenStack 提供数据库服务。

（1）安装 mariadb 软件包。

```
yum install mariadb mariadb-server python2-PyMySQL
```

（2）创建并编辑/etc/my.cnf.d/openstack.cnf 配置文件，增加以下内容，如图 4-3 所示。

```
[mysqld]
bind-address = 0.0.0.0
default-storage-engine = innodb
innodb_file_per_table
collation-server = utf8_general_ci
character-set-server = utf8
```

```
[mysqld]
bind-address =0.0.0.0
default-storage-engine = innodb
innodb_file_per_table
collation-server = utf8_general_ci
character-set-server = utf8
```

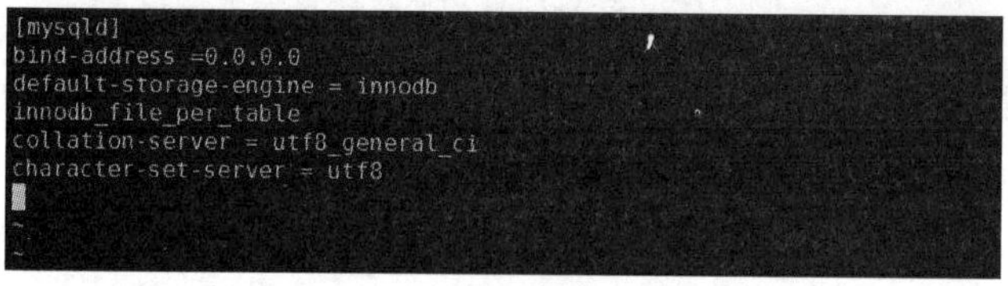

图 4-3 创建并编辑配置文件

其中 bind-address 需要设置为管理节点的 IP 地址，这里由于是单机部署，因此设置为允许任意 IP 访问，因此将其修改为 bind-address = 0.0.0.0。

（3）设置 mariadb 开机自启动，如图 4-4 所示。

```
systemctl enable mariadb.service
systemctl start mariadb.service
```

```
[root@controller ~]# systemctl enable mariadb.service
Created symlink from /etc/systemd/system/multi-user.target.wants/mariadb.service to /usr/lib/systemd/system/mariadb.service.
[root@controller ~]# systemctl start mariadb.service

[root@controller ~]#
```

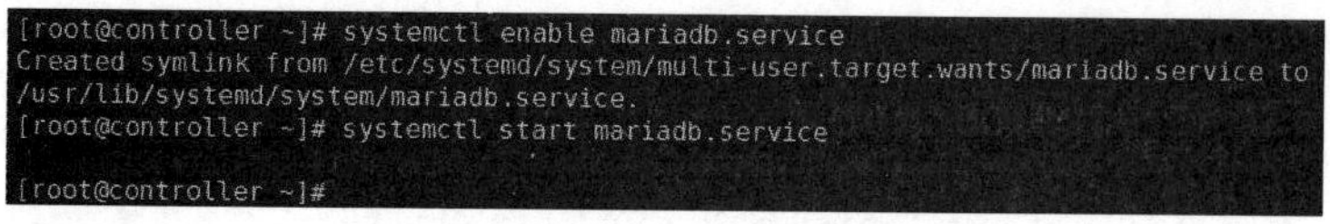

图 4-4 设置 mariadb 开机自启动

(4) 运行向导初始化数据库,如图 4-5 所示。

```
mysql_secure_installation
```

```
[root@controller ~]# mysql_secure_installation

NOTE: RUNNING ALL PARTS OF THIS SCRIPT IS RECOMMENDED FOR ALL MariaDB
      SERVERS IN PRODUCTION USE!  PLEASE READ EACH STEP CAREFULLY!

In order to log into MariaDB to secure it, we'll need the current
password for the root user.  If you've just installed MariaDB, and
you haven't set the root password yet, the password will be blank,
so you should just press enter here.

Enter current password for root (enter for none):
OK, successfully used password, moving on...

Setting the root password ensures that nobody can log into the MariaDB
root user without the proper authorisation.

Set root password? [Y/n] y
New password:
Re-enter new password:
Password updated successfully!
Reloading privilege tables..
 ... Success!


By default, a MariaDB installation has an anonymous user, allowing anyone
to log into MariaDB without having to have a user account created for
them.  This is intended only for testing, and to make the installation
go a bit smoother.  You should remove them before moving into a
production environment.

Remove anonymous users? [Y/n] y
 ... Success!

Normally, root should only be allowed to connect from 'localhost'.  This
ensures that someone cannot guess at the root password from the network.

Disallow root login remotely? [Y/n] y
 ... Success!

By default, MariaDB comes with a database named 'test' that anyone can
access.  This is also intended only for testing, and should be removed
before moving into a production environment.

Remove test database and access to it? [Y/n] y
 - Dropping test database...
```

图 4-5 运行向导初始化数据库

默认的数据库是没有密码的,因此在提示"Enter current password for root (enter for none):"时直接输入回车即可,然后会提示设置密码,设置密码为 111111,然后一直按 Y 键即可。

4.1.4 安装消息服务 RabbitMQ

Mariadb 安装成功之后,接下来安装 RabbitMQ 消息通信服务。Mariadb 为 OpenStack 提供了数据库服务,而 RabbitMQ 则提供了基于消息的通信服务和远程函数调用功能。

与传统的远程函数调用不同,RabbitMQ 的远程函数调用也是基于消息传递的。这种灵活的方式为函数调用提供了极大的便利,开发者在写远程函数调用的时候,不需要写服务端和客户端的代码。因此,服务端函数的修改有时候并不会影响客户端的修改。RabbitMQ 的安装相对简单。

(1) 安装 rabbitmq-server。

```
yum install rabbitmq-server
```

(2) 启动 rabbitmq-server 并设置为开机自启动，如图 4-6 所示。

```
systemctl enable rabbitmq - server. service
systemctl start rabbitmq - server. service
```

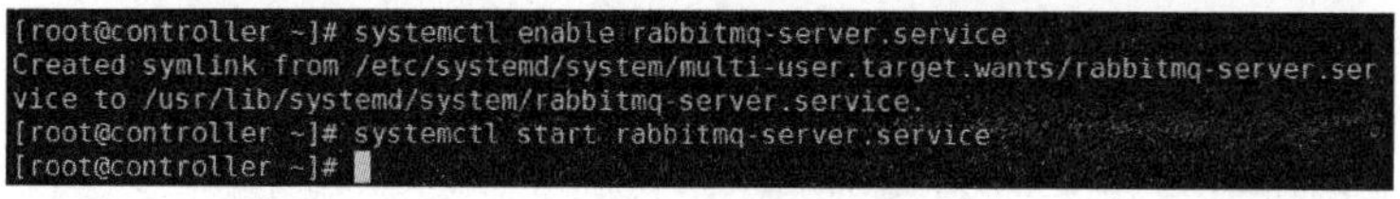

```
[root@controller ~]# systemctl enable rabbitmq-server.service
Created symlink from /etc/systemd/system/multi-user.target.wants/rabbitmq-server.ser
vice to /usr/lib/systemd/system/rabbitmq-server.service.
[root@controller ~]# systemctl start rabbitmq-server.service
[root@controller ~]#
```

图 4-6　启动 rabbitmq-server 并设置为开机自启动

(3) 增加 OpenStack 用户，如图 4-7 所示。

```
rabbitmqctl add_user openstack 111111                    //此处的密码需要自己设定
```

```
[root@controller ~]# rabbitmqctl add_user openstack 111111
Creating user "openstack" ...
[root@controller ~]#
```

图 4-7　增加 OpenStack 用户

其中密码部分需要替换为自己的密码，本书所使用的密码统一为 111111。

(4) 为用户赋予消息的读写权限，如图 4-8 所示。

```
rabbitmqctl set_permissions openstack ". * " ". * " ". * "
```

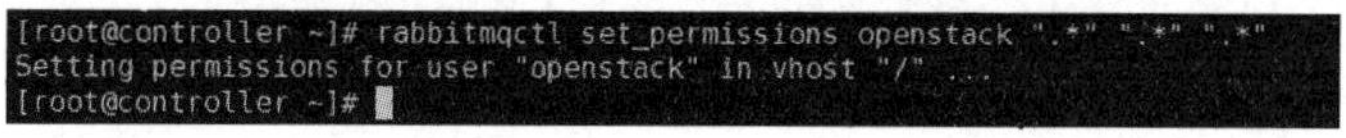

```
[root@controller ~]# rabbitmqctl set_permissions openstack ".*" ".*" ".*"
Setting permissions for user "openstack" in vhost "/" ...
[root@controller ~]#
```

图 4-8　为用户赋予消息的读写权限

安装成功之后，运行以下命令来检查 RabbitMQ 服务是否正常运行，如图 4-9 所示。

```
ps aux | grep rabbit
```

```
[root@controller ~]# ps aux | grep rabbit
rabbitmq   323  2.5  1.2 747424 48460 ?        Ssl  13:54   0:01 /usr/lib64/erlang/e
rts-7.3.1/bin/beam -W w -A 64 -P 1048576 -K true -- -root /usr/lib64/erlang -prognam
e erl -- -home /var/lib/rabbitmq -- -pa /usr/lib/rabbitmq/lib/rabbitmq_server-3.6.2/
ebin -noshell -noinput -s rabbit boot -sname rabbit@controller -boot start_sasl -con
fig /etc/rabbitmq/rabbitmq -kernel inet_default_connect_options [{nodelay,true}] -sa
sl errlog_type error -sasl sasl_error_logger false -rabbit error_logger {file,"/var/
log/rabbitmq/rabbit@controller.log"} -rabbit sasl_error_logger {file,"/var/log/rabbi
tmq/rabbit@controller-sasl.log"} -rabbit enabled_plugins_file "/etc/rabbitmq/enabled
_plugins" -rabbit plugins_dir "/usr/lib/rabbitmq/lib/rabbitmq_server-3.6.2/plugins"
-rabbit plugins_expand_dir "/var/lib/rabbitmq/mnesia/rabbit@controller-plugins-expan
d" -os_mon start_cpu_sup false -os_mon start_disksup false -os_mon start_memsup fals
e -mnesia dir "/var/lib/rabbitmq/mnesia/rabbit@controller" -kernel inet_dist_listen_
min 25672 -kernel inet_dist_listen_max 25672
rabbitmq   597  0.0  0.0  11544   456 ?        Ss   13:54   0:00 inet_gethost 4
rabbitmq   598  0.0  0.0  13668   660 ?        S    13:54   0:00 inet_gethost 4
root       994  0.0  0.0 112664   984 pts/2    R+   13:55   0:00 grep --color=auto r
abbit
[root@controller ~]#
```

图 4-9　检查 RabbitMQ 服务是否正常运行

注意：具体输出可能不相同。

可以通过 service rabbitmq-server restart 重新启动 RabbitMQ 服务。

RabbitMQ 服务会在启动时解析主机名的地址是否可通。如果 rabbitmq-server 安装后运行失败，很有可能是由于主机名与地址配置错误，此时需要检查/etc/hosts 文件的配置。

4.1.5 安装 Memcached

OpenStack 的服务身份验证机制使用 Memcached 缓存服务的令牌，因此需要安装 Memcached。通常将 Memcached 安装在控制节点上，由于本书是单机部署，所以在虚拟机中直接安装即可。

(1) 安装 Memcached。

```
yum install memcached python-memcached
```

(2) 启动 Memcached，并设置为开机自启动，如图 4-10 所示。

```
systemctl enable memcached.service
systemctl start memcached.service
```

```
[root@controller ~]# systemctl enable memcached.service
Created symlink from /etc/systemd/system/multi-user.target.wants/memcached.service t
o /usr/lib/systemd/system/memcached.service.
[root@controller ~]# systemctl start memcached.service
[root@controller ~]#
```

图 4-10 启动 Memcached，并设置为开机自启动

4.1.6 安装 Keystone

做完前面的准备工作，就要开始 OpenStack 的安装了。首先要安装的是 OpenStack 最关键的组件 Keystone。Keystone 主要为整个 OpenStack 提供安全认证服务。OpenStack 用户登录、服务注册以及消息通信都会用到这个关键组件。掌握安全组件的安装，直接关系到整个 OpenStack 的安装是否顺利。

(1) 创建我们需要的 Keystone 对应的数据库。

运行如下命令进入数据库，如图 4-11 所示。

```
mysql -u root -p111111
```

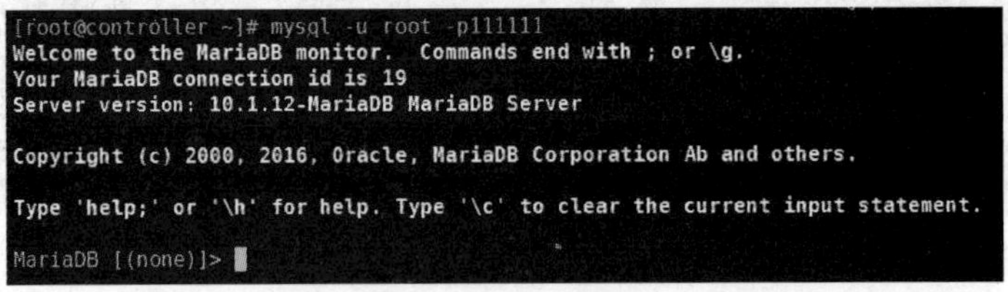

```
[root@controller ~]# mysql -u root -p111111
Welcome to the MariaDB monitor.  Commands end with ; or \g.
Your MariaDB connection id is 19
Server version: 10.1.12-MariaDB MariaDB Server

Copyright (c) 2000, 2016, Oracle, MariaDB Corporation Ab and others.

Type 'help;' or '\h' for help. Type '\c' to clear the current input statement.

MariaDB [(none)]>
```

图 4-11 进入数据库

创建 Keystone 数据库，如图 4-12 所示。

```
CREATE DATABASE keystone;
```

```
MariaDB [(none)]> CREATE DATABASE keystone;
Query OK, 1 row affected (0.00 sec)

MariaDB [(none)]>
```

图 4-12 创建数据库

为 Keystone 数据库赋予访问权限(其中密码应写成自己的密码)，如图 4-13 所示。

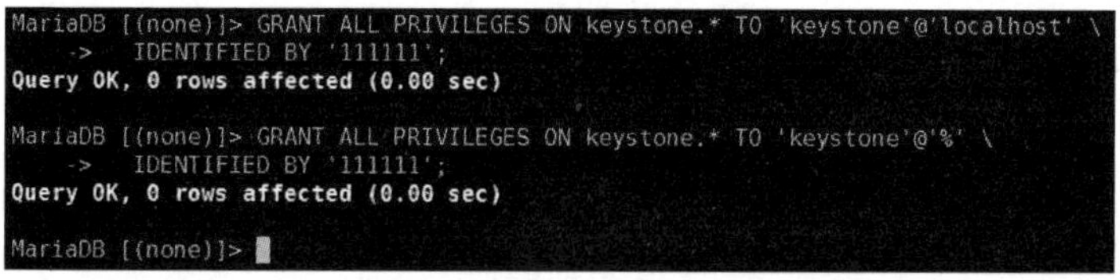

```
MariaDB [(none)]> GRANT ALL PRIVILEGES ON keystone.* TO 'keystone'@'localhost' \
    ->  IDENTIFIED BY '111111';
Query OK, 0 rows affected (0.00 sec)

MariaDB [(none)]> GRANT ALL PRIVILEGES ON keystone.* TO 'keystone'@'%' \
    ->  IDENTIFIED BY '111111';
Query OK, 0 rows affected (0.00 sec)

MariaDB [(none)]>
```

图 4-13 为数据库赋予访问权限

```
GRANT ALL PRIVILEGES ON keystone. * TO 'keystone'@'localhost' \
  IDENTIFIED BY '111111';
GRANT ALL PRIVILEGES ON keystone. * TO 'keystone'@' % '\
  IDENTIFIED BY '111111';
```

退出数据库：

```
quit;
```

(2) 生成一个随机字符串作为管理员的初始化令牌(一定要记住这个字符串，因为在后面还会用到)，如图 4-14 所示，最好将这个字符串存放到一个文件中，防止以后丢失，我们在运行过程中，将字符串保存到了/ token. txt 中。

```
openssl rand - hex 10
```

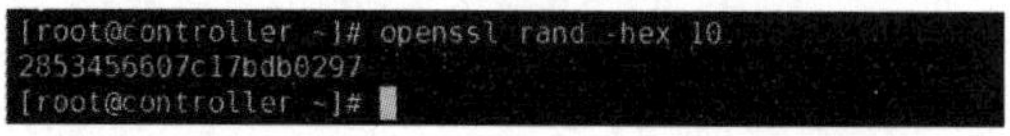

```
[root@controller ~]# openssl rand -hex 10
2853456607c17bdb0297
[root@controller ~]#
```

图 4-14 生成一个随机字符串作为管理员的初始化令牌

(3) 安装 keystone。

```
yum install openstack - keystone httpd mod_wsgi
```

(4) 编辑/etc/keystone/keystone. conf 配置文件，进行如下设置：

```
[DEFAULT]
admin_token = 2853456607c17bdb0297            //这个字符串填写我们之前生成的管理员令牌
```

```
[database]
connection = mysql+pymysql://keystone:111111@controller/keystone

[token]
provider = fernet
```

(5) 初始化 keystone 数据库。

```
su -s /bin/sh -c "keystone-manage db_sync" keystone
```

(6) 初始化 fernet。

```
keystone-manage fernet_setup --keystone-user keystone --keystone-group keystone
```

(7) 配置 HTTP 服务,如图 4-15 所示。

编辑/etc/httpd/conf/httpd.conf 文件:

```
ServerName controller
```

图 4-15 配置 HTTP 服务

创建/etc/httpd/conf.d/wsgi-keystone.conf 文件,增加以下内容:

```
Listen 5000
Listen 35357
<VirtualHost *:5000>
    WSGIDaemonProcess keystone-public processes=5 threads=1 user=keystone group=keystone display-name=%{GROUP}
    WSGIProcessGroup keystone-public
    WSGIScriptAlias / /usr/bin/keystone-wsgi-public
    WSGIApplicationGroup %{GLOBAL}
    WSGIPassAuthorization On
    ErrorLogFormat "%{cu}t %M"
    ErrorLog /var/log/httpd/keystone-error.log
    CustomLog /var/log/httpd/keystone-access.log combined
    <Directory /usr/bin>
        Require all granted
    </Directory>
</VirtualHost>
<VirtualHost *:35357>
    WSGIDaemonProcess keystone-admin processes=5 threads=1 user=keystone group=keystone display-name=%{GROUP}
    WSGIProcessGroup keystone-admin
```

```
    WSGIScriptAlias / /usr/bin/keystone-wsgi-admin
    WSGIApplicationGroup %{GLOBAL}
    WSGIPassAuthorization On
    ErrorLogFormat "%{cu}t %M"
    ErrorLog /var/log/httpd/keystone-error.log
    CustomLog /var/log/httpd/keystone-access.log combined
    <Directory /usr/bin>
        Require all granted
    </Directory>
</VirtualHost>
```

启动 HTTP 服务并设置为开机自启动,如图 4-16 所示。

```
systemctl enable httpd.service
systemctl start httpd.service
```

```
[root@controller ~]# systemctl enable httpd.service
Created symlink from /etc/systemd/system/multi-user.target.wants/httpd.service to /u
sr/lib/systemd/system/httpd.service.
[root@controller ~]# systemctl start httpd.service
[root@controller ~]#
```

图 4-16 启动 HTTP 服务并设置为开机自启动

4.1.7 Keystone 认证

(1) 导入环境变量(如果没有正确导入,在进行下面的操作时可能会报错:

```
The request you have made requires authentication. (HTTP 401) (Request-ID: req-b69c8d8e-
c2f2-48ca-9c5a-3306bbfc3a7b 错误)
export OS_TOKEN=2853456607c17bdb0297        //这个字符串应填写之前生成的管理员令牌
export OS_URL=http://controller:35357/v3
export OS_IDENTITY_API_VERSION=3
```

(2) 创建服务以及 API endpoint。

创建服务,如图 4-17 所示。

```
openstack service create --name keystone --description "OpenStack Identity" identity
```

```
[root@controller ~]# openstack service create --name keystone --description "OpenSta
ck Identity" identity
+-------------+----------------------------------+
| Field       | Value                            |
+-------------+----------------------------------+
| description | OpenStack Identity               |
| enabled     | True                             |
| id          | 9a632ad4c86a4e9d9e9925228157409b |
| name        | keystone                         |
| type        | identity                         |
+-------------+----------------------------------+
[root@controller ~]#
```

图 4-17 创建服务

创建服务的 API endpoint，如图 4-18～图 4-20 所示。

```
openstack endpoint create -- region RegionOne identity public http://controller:5000/v3
```

```
[root@controller ~]# openstack endpoint create --region RegionOne identity public ht
tp://controller:5000/v3
+--------------+----------------------------------+
| Field        | Value                            |
+--------------+----------------------------------+
| enabled      | True                             |
| id           | 5c9bb2732cb1400ca0e4ab6c4c6522ee |
| interface    | public                           |
| region       | RegionOne                        |
| region_id    | RegionOne                        |
| service_id   | 9a632ad4c86a4e9d9e9925228157409b |
| service_name | keystone                         |
| service_type | identity                         |
| url          | http://controller:5000/v3        |
+--------------+----------------------------------+
[root@controller ~]#
```

图 4-18　创建第一个 API endpoint

```
openstack endpoint create -- region RegionOne identity internal http://controller:5000/v3
```

```
[root@controller ~]# openstack endpoint create --region RegionOne identity internal
http://controller:5000/v3
+--------------+----------------------------------+
| Field        | Value                            |
+--------------+----------------------------------+
| enabled      | True                             |
| id           | 553b64a2a76145cbbeadd562c9654248 |
| interface    | internal                         |
| region       | RegionOne                        |
| region_id    | RegionOne                        |
| service_id   | 9a632ad4c86a4e9d9e9925228157409b |
| service_name | keystone                         |
| service_type | identity                         |
| url          | http://controller:5000/v3        |
+--------------+----------------------------------+
[root@controller ~]#
```

图 4-19　创建第二个 API endpoint

```
openstack endpoint create -- region RegionOne identity admin http://controller:35357/v3
```

```
[root@controller ~]# openstack endpoint create --region RegionOne identity admin htt
p://controller:35357/v3
+--------------+----------------------------------+
| Field        | Value                            |
+--------------+----------------------------------+
| enabled      | True                             |
| id           | ef4e3872b6014e09a995acab7e2c0add |
| interface    | admin                            |
| region       | RegionOne                        |
| region_id    | RegionOne                        |
| service_id   | 9a632ad4c86a4e9d9e9925228157409b |
| service_name | keystone                         |
| service_type | identity                         |
| url          | http://controller:35357/v3       |
+--------------+----------------------------------+
[root@controller ~]#
```

图 4-20　创建第三个 API endpoint

由于在 keystone 认证过程中，一个服务需要对应三个 API 提供点，因此在此创建了三个。

(3) 创建域、项目、用户以及规则。

创建默认域，如图 4-21 所示。

```
openstack domain create --description "Default Domain" default
```

```
[root@controller ~]# openstack domain create --description "Default Domain" default
+-------------+----------------------------------+
| Field       | Value                            |
+-------------+----------------------------------+
| description | Default Domain                   |
| enabled     | True                             |
| id          | ceee22f7a67043f2b6cdd7a91bcfd849 |
| name        | default                          |
+-------------+----------------------------------+
[root@controller ~]#
```

图 4-21　创建默认域

创建 admin 项目，如图 4-22 所示。

```
openstack project create --domain default --description "Admin Project" admin
```

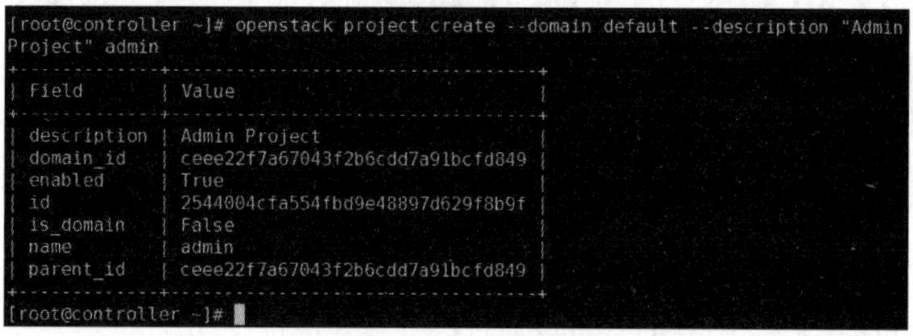

```
[root@controller ~]# openstack project create --domain default --description "Admin
Project" admin
+-------------+----------------------------------+
| Field       | Value                            |
+-------------+----------------------------------+
| description | Admin Project                    |
| domain_id   | ceee22f7a67043f2b6cdd7a91bcfd849 |
| enabled     | True                             |
| id          | 2544004cfa554fbd9e48897d629f8b9f |
| is_domain   | False                            |
| name        | admin                            |
| parent_id   | ceee22f7a67043f2b6cdd7a91bcfd849 |
+-------------+----------------------------------+
[root@controller ~]#
```

图 4-22　创建 admin 项目

创建 admin 用户（此过程需要输入 admin 用户的密码，这里使用 111111），如图 4-23 所示。

```
openstack user create --domain default --password-prompt admin
```

```
[root@controller ~]# openstack user create --domain default --password-prompt admin
User Password:
Repeat User Password:
+-----------+----------------------------------+
| Field     | Value                            |
+-----------+----------------------------------+
| domain_id | ceee22f7a67043f2b6cdd7a91bcfd849 |
| enabled   | True                             |
| id        | f711b96b360a41b8bd30448cef6a8b0c |
| name      | admin                            |
+-----------+----------------------------------+
[root@controller ~]#
```

图 4-23　创建 admin 用户

创建 admin 规则，如图 4-24 所示。

```
openstack role create admin
```

为 admin 项目以及用户添加 admin 规则（此操作不会有输出）：

```
openstack role add --project admin --user admin admin
```

```
[root@controller ~]# openstack role create admin
+-----------+----------------------------------+
| Field     | Value                            |
+-----------+----------------------------------+
| domain_id | None                             |
| id        | c1c693f512924acd819c298093490d58 |
| name      | admin                            |
+-----------+----------------------------------+
[root@controller ~]#
```

图 4-24　创建 admin 规则

创建 service 项目，如图 4-25 所示。

```
openstack project create -- domain default -- description "Service Project" service
```

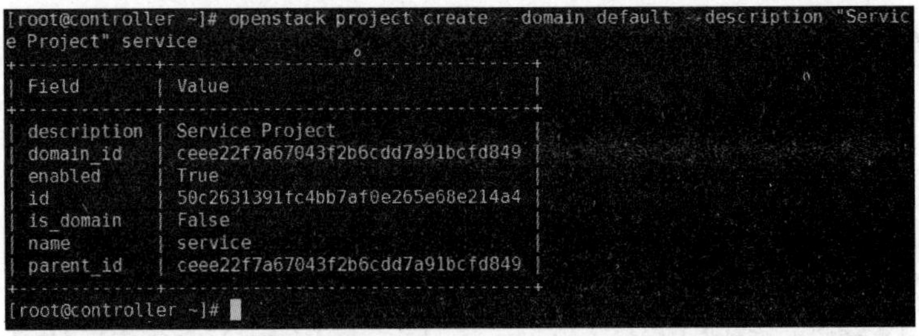

```
[root@controller ~]# openstack project create --domain default --description "Servic
e Project" service
+-------------+----------------------------------+
| Field       | Value                            |
+-------------+----------------------------------+
| description | Service Project                  |
| domain_id   | ceee22f7a67043f2b6cdd7a91bcfd849 |
| enabled     | True                             |
| id          | 50c2631391fc4bb7af0e265e68e214a4 |
| is_domain   | False                            |
| name        | service                          |
| parent_id   | ceee22f7a67043f2b6cdd7a91bcfd849 |
+-------------+----------------------------------+
[root@controller ~]#
```

图 4-25　创建 service 项目

当然也可以设置非管理员用户，可以通过以下步骤进行设置。

创建一个 demo 用户（在此需要设置用户的密码，这里设置为 111111），如图 4-26 所示。

```
openstack user create -- domain default -- password - prompt demo
```

```
[root@controller ~]# openstack user create --domain default --password-prompt demo
User Password:
Repeat User Password:
+-----------+----------------------------------+
| Field     | Value                            |
+-----------+----------------------------------+
| domain_id | ceee22f7a67043f2b6cdd7a91bcfd849 |
| enabled   | True                             |
| id        | f10beeb222394842b12f0e8ead98d257 |
| name      | demo                             |
+-----------+----------------------------------+
[root@controller ~]#
```

图 4-26　创建 demo 用户

创建一个规则 user：

```
openstack role create user
```

将 user 规则添加到 service 项目以及 demo 用户（此过程没有输出）：

```
openstack role add -- project service -- user demo user
```

（4）出于安全考虑，禁用临时令牌认证机制，编辑/etc/keystone/keystone-paste.ini 文件，将[pipeline:public_api]、[pipeline:admin_api]、[pipeline:api_v3]三部分中 pipeline 字

```
[root@controller ~]# openstack role create user
+-----------+----------------------------------+
| Field     | Value                            |
+-----------+----------------------------------+
| domain_id | None                             |
| id        | b89cf76c89f04fb4b4fd80bd7e6b1d1d |
| name      | user                             |
+-----------+----------------------------------+
[root@controller ~]#
```

图 4-27 创建一个规则 user

段的 admin_token_auth 去掉，如图 4-28 所示。

```
[pipeline:public_api]
# The last item in this pipeline must be public_service or an equivalent
# application. It cannot be a filter.
pipeline = cors sizelimit url_normalize request_id admin_token_auth build_auth_conte
xt token_auth json_body ec2_extension public_service

[pipeline:admin_api]
# The last item in this pipeline must be admin_service or an equivalent
# application. It cannot be a filter.
pipeline = cors sizelimit url_normalize request_id admin_token_auth build_auth_conte
xt token_auth json_body ec2_extension s3_extension admin_service

[pipeline:api_v3]
# The last item in this pipeline must be service_v3 or an equivalent
# application. It cannot be a filter.
pipeline = cors sizelimit url_normalize request_id admin_token_auth build_auth_conte
xt token_auth json_body ec2_extension_v3 s3_extension service_v3
```

图 4-28 禁用临时令牌认证机制

解除 OS_TOKEN 和 OS_URL 环境变量：

```
unset OS_TOKEN OS_URL
```

使用 admin 用户请求一个自动认证令牌(输入密码 111111)：

```
openstack --os-auth-url http://controller:35357/v3 \
--os-project-domain-name default --os-user-domain-name default \
  --os-project-name admin --os-username admin token issue
```

如果有类似于以下的输出，则说明 keystone 配置成功，如图 4-29 所示。

```
[root@controller ~]# openstack --os-auth-url http://controller:35357/v3 \
> --os-project-domain-name default --os-user-domain-name default \
>   --os-project-name admin --os-username admin token issue

Password:
+------------+-----------------------------------------------------------------+
| Field      | Value                                                           |
+------------+-----------------------------------------------------------------+
| expires    | 2016-06-29T08:29:46.081256Z                                     |
| id         | gAAAAABXc3jqzM4QeIGX5Ip39BWAQPnLrnRnC-                          |
|            | KmlZgnikRhd_0zq_CtI6WRxeOrRdSY-                                 |
|            | 0JvfcCee_A8ijuwWNm3DUaEaKRyklorAEHd69qTOhjYLn-                  |
|            | DIVY5Y694TBIywFI0zudV3_WDf4KdvmQRuKZc-gqLzcoGvSuzXRTLWnOkJs-    |
|            | PF2ZATTM                                                        |
| project_id | 2544004cfa554fbd9e48897d629f8b9f                                |
| user_id    | f711b96b360a41b8bd30448cef6a8b0c                                |
+------------+-----------------------------------------------------------------+
[root@controller ~]#
```

图 4-29 keystone 配置成功

由于在使用过程中，手动指定请求的项目名、url、用户名等一系列参数会显得比较烦琐，因此可以针对不同的 keystone 用户创建一个客户端脚本。

前面创建了 admin 和 demo 两个用户,可以为相应用户创建一个执行脚本。

为 admin 用户创建脚本 admin-openrc

```
vi /admin-openrc
```

增加以下内容:

```
export OS_PROJECT_DOMAIN_NAME=default
export OS_USER_DOMAIN_NAME=default
export OS_PROJECT_NAME=admin
export OS_USERNAME=admin
export OS_PASSWORD=111111
export OS_AUTH_URL=http://controller:35357/v3
export OS_IDENTITY_API_VERSION=3
export OS_IMAGE_API_VERSION=2
```

为 demo 用户创建脚本 demo-openrc:

```
vi /demo-openrc
```

增加以下内容:

```
export OS_PROJECT_DOMAIN_NAME=default
export OS_USER_DOMAIN_NAME=default
export OS_PROJECT_NAME=demo
export OS_USERNAME=demo
export OS_PASSWORD=111111
export OS_AUTH_URL=http://controller:5000/v3
export OS_IDENTITY_API_VERSION=3
export OS_IMAGE_API_VERSION=2
```

对于管理员用户,可以使用以下命令加载脚本:

```
. /admin-openrc
```

接下来使用 admin 用户请求自动令牌的时候,将不再需要使用上面的烦琐语句,只需执行以下命令即可完成 admin 用户的自动认证令牌的请求(如图 4-30 所示):

```
openstack token issue
```

```
[root@controller /]# openstack token issue
+------------+-----------------------------------------------------------------+
| Field      | Value                                                           |
+------------+-----------------------------------------------------------------+
| expires    | 2016-06-29T08:42:42.616776Z                                     |
| id         | gAAAAABXc3vy8-Fv3AFYZQg7uCCDhFtN1aCcR_Qk-                       |
|            | uhGzemDcIGVnxFaWs8YUponAxSaFo-                                  |
|            | rweAruwUJJjowzkGz5x9xl0w3YefxTG5I3VtTDT0zm7nRshTc2_-            |
|            | 0VWBNS6qxbh5_taDrJFexrKDKdts0_aXWTraAa4XKUblIMnG4iCNp9TrOEEY    |
| project_id | 2544004cfa554fbd9e48897d629f8b9f                                |
| user_id    | f711b96b360a41b8bd30448cef6a8b0c                                |
+------------+-----------------------------------------------------------------+
[root@controller /]#
```

图 4-30 完成用户自动认证令牌的请求

4.2 安装 Glance 镜像服务

虚拟机的创建是 OpenStack 平台的一项最基本的功能。如果想创建虚拟机，首先需要准备虚拟机的磁盘镜像。一个 OpenStack 平台可能需要运行成百上千台虚拟机。如果这些虚拟机的磁盘镜像都需要人工来管理，那将是一件非常麻烦的事情。因此，需要一个 OpenStack 服务专门管理虚拟机的镜像，而 Glance 正是 OpenStack 的镜像服务。

4.2.1 Glance 简介

Glance 是 OpenStack 的镜像服务。它提供了虚拟机镜像的查询、注册和传输等服务。值得注意的是，Glance 本身并不实现对镜像的存储功能。Glance 只是一个代理，它充当了镜像存储服务与 OpenStack 的其他组件(特别是 Nova)之间的纽带。Glance 共支持两种镜像存储机制：简单文件系统和 Swift 服务存储机制。

- 所谓简单文件系统，是指将镜像保存在 Glance 节点的文件系统中。这种机制相对比较简单，但是也存在明显的不足。例如，由于没有备份机制，当文件系统损坏时，将导致所有的镜像不可用。
- 所谓 Swift 服务镜像机制，是指将镜像以对象的形式保存在 Swift 对象存储服务器中。由于 Swift 具有非常健壮的备份还原机制，因此可以降低因为文件系统损坏而造成的镜像不可用的风险。

Glance 服务支持多种风格的虚拟磁盘镜像，其中包括 raw/qcow2、VHD、VDI、VMDK、OVF、kernal 和 ramdisk。另外，也可以不把 Glance 当作镜像服务，而简单地把它当作一个对象存储代理服务，可以通过 Glance 存储任何其他格式的文件。

4.2.2 Glance 服务的安装与配置

(1) 创建我们需要的 Glance 对应的数据库。

运行如下命令进入数据库：

```
mysql -u root -p111111
```

创建 glance 数据库：

```
CREATE DATABASE glance;
```

为 glance 数据库设置访问权限(其中密码应写成自己的密码)，如图 4-31 所示。

```
GRANT ALL PRIVILEGES ON glance.* TO 'glance'@'localhost' \
  IDENTIFIED BY '111111';
GRANT ALL PRIVILEGES ON glance.* TO 'glance'@'%' \
  IDENTIFIED BY '111111';
```

完成后退出数据库。

```
MariaDB [(none)]> CREATE DATABASE glance;
Query OK, 1 row affected (0.00 sec)

MariaDB [(none)]> GRANT ALL PRIVILEGES ON glance.* TO 'glance'@'localhost' \
    ->   IDENTIFIED BY '111111';
Query OK, 0 rows affected (0.00 sec)

MariaDB [(none)]> GRANT ALL PRIVILEGES ON glance.* TO 'glance'@'%' \
    ->   IDENTIFIED BY '111111';
Query OK, 0 rows affected (0.00 sec)

MariaDB [(none)]>
```

图 4-31 为 glance 数据库设置访问权限

(2) 加载/admin-openrc 文件,使 admin 用户获取访问权限。

```
. /admin - openrc
```

(3) 创建 glance 用户(此过程需要输入密码,此处设置为 111111),如图 4-32 所示。

```
openstack user create --domain default --password-prompt glance
```

```
[root@controller /]# openstack user create --domain default --password-prompt glance
User Password:
Repeat User Password:
+-----------+----------------------------------+
| Field     | Value                            |
+-----------+----------------------------------+
| domain_id | ceee22f7a67043f2b6cdd7a91bcfd849 |
| enabled   | True                             |
| id        | 0251f93e12ba4efaab34f402dbff9aee |
| name      | glance                           |
+-----------+----------------------------------+
[root@controller /]#
```

图 4-32 创建 glance 用户

(4) 为 glance 用户和 service 项目增添 admin 规则(此过程没有输出):

```
openstack role add --project service --user glance admin
```

(5) 创建 glance 服务,如图 4-33 所示。

```
openstack service create --name glance --description "OpenStack Image" image
```

```
[root@controller /]# openstack service create --name glance --description "OpenStack
 Image" image
+-------------+----------------------------------+
| Field       | Value                            |
+-------------+----------------------------------+
| description | OpenStack Image                  |
| enabled     | True                             |
| id          | 35ec1c74418d4e38963c283ad6bfd7b3 |
| name        | glance                           |
| type        | image                            |
+-------------+----------------------------------+
[root@controller /]#
```

图 4-33 创建 glance 服务

(6) 创建镜像服务的 API endpoint,如图 4-34～图 4-36 所示。

```
openstack endpoint create --region RegionOne image public http://controller:9292
```

```
[root@controller /]# openstack endpoint create --region RegionOne image public http:
//controller:9292
+--------------+----------------------------------+
| Field        | Value                            |
+--------------+----------------------------------+
| enabled      | True                             |
| id           | b49f7f0ac32c4a0d83181f6d03386fdc |
| interface    | public                           |
| region       | RegionOne                        |
| region_id    | RegionOne                        |
| service_id   | 35ec1c74418d4e38963c283ad6bfd7b3 |
| service_name | glance                           |
| service_type | image                            |
| url          | http://controller:9292           |
+--------------+----------------------------------+
[root@controller /]#
```

图 4-34 创建第一个 API endpoint

```
openstack endpoint create --region RegionOne image internal http://controller:9292
```

```
[root@controller /]# openstack endpoint create --region RegionOne image internal htt
p://controller:9292
+--------------+----------------------------------+
| Field        | Value                            |
+--------------+----------------------------------+
| enabled      | True                             |
| id           | 5027c697d80c433fa2a9c8986c3ac47f |
| interface    | internal                         |
| region       | RegionOne                        |
| region_id    | RegionOne                        |
| service_id   | 35ec1c74418d4e38963c283ad6bfd7b3 |
| service_name | glance                           |
| service_type | image                            |
| url          | http://controller:9292           |
+--------------+----------------------------------+
[root@controller /]#
```

图 4-35 创建第二个 API endpoint

```
openstack endpoint create --region RegionOne image admin http://controller:9292
```

```
[root@controller /]# openstack endpoint create --region RegionOne image admin http:/
/controller:9292
+--------------+----------------------------------+
| Field        | Value                            |
+--------------+----------------------------------+
| enabled      | True                             |
| id           | 4287cc3d97d04c3bb5833a48aa11d3bd |
| interface    | admin                            |
| region       | RegionOne                        |
| region_id    | RegionOne                        |
| service_id   | 35ec1c74418d4e38963c283ad6bfd7b3 |
| service_name | glance                           |
| service_type | image                            |
| url          | http://controller:9292           |
+--------------+----------------------------------+
[root@controller /]#
```

图 4-36 创建第三个 API endpoint

(7) Glance 安装和配置。

① 安装 Glance。

```
yum install openstack-glance
```

② Glance 配置。

编辑/etc/glance/glance-api.conf 文件,进行如下配置修改:

```
[database]
connection = mysql + pymysql://glance:111111@controller/glance   //此处密码需要写为自己定
                                                                 //义的 glance 的密码

[keystone_authtoken]
auth_uri = http://controller:5000
auth_url = http://controller:35357
memcached_servers = controller:11211
auth_type = password
project_domain_name = default
user_domain_name = default
project_name = service
username = glance
password = 111111                                                //此处密码需要写为自己定
                                                                 //义的 glance 的密码

[paste_deploy]
flavor = keystone

[glance_store]
stores = file,http
default_store = file
filesystem_store_datadir = /var/lib/glance/images/
```

编辑/etc/glance/glance-registry.conf 文件，进行如下配置修改：

```
[database]
connection = mysql + pymysql://glance:111111@controller/glance   //此处密码需要写为自己定
                                                                 //义的 glance 的密码

[keystone_authtoken]
auth_uri = http://controller:5000
auth_url = http://controller:35357
memcached_servers = controller:11211
auth_type = password
project_domain_name = default
user_domain_name = default
project_name = service
username = glance
password = 111111                                                //此处密码需要写为自己定
                                                                 //义的 glance 的密码

[paste_deploy]
flavor = keystone
```

(8) 初始化镜像服务数据库，如图 4-37 所示。

```
su - s /bin/sh - c "glance - manage db_sync" glance
```

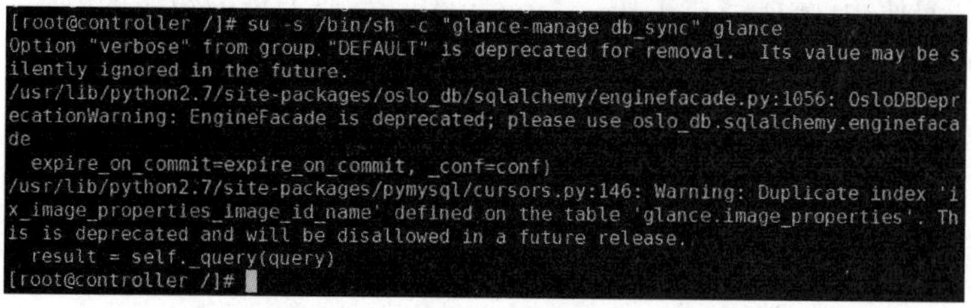

```
[root@controller /]# su -s /bin/sh -c "glance-manage db_sync" glance
Option "verbose" from group "DEFAULT" is deprecated for removal.  Its value may be s
ilently ignored in the future.
/usr/lib/python2.7/site-packages/oslo_db/sqlalchemy/enginefacade.py:1056: OsloDBDepr
ecationWarning: EngineFacade is deprecated; please use oslo_db.sqlalchemy.enginefaca
de
  expire_on_commit=expire_on_commit, _conf=conf)
/usr/lib/python2.7/site-packages/pymysql/cursors.py:146: Warning: Duplicate index 'i
x_image_properties_image_id_name' defined on the table 'glance.image_properties'. Th
is is deprecated and will be disallowed in a future release.
  result = self._query(query)
[root@controller /]#
```

图 4-37　初始化镜像服务数据库

(9) 启动 Glance 服务并设置为开机自启动,如图 4-38 所示。

```
systemctl enable openstack-glance-api.service \
  openstack-glance-registry.service
systemctl start openstack-glance-api.service \
  openstack-glance-registry.service
```

```
[root@controller /]# systemctl enable openstack-glance-api.service \
>   openstack-glance-registry.service
Created symlink from /etc/systemd/system/multi-user.target.wants/openstack-glance-ap
i.service to /usr/lib/systemd/system/openstack-glance-api.service.
Created symlink from /etc/systemd/system/multi-user.target.wants/openstack-glance-re
gistry.service to /usr/lib/systemd/system/openstack-glance-registry.service.
[root@controller /]# systemctl start openstack-glance-api.service \
>   openstack-glance-registry.service
[root@controller /]#
```

图 4-38　启动 Glance 服务并设置为开机自启动

4.2.3　Glance 安装验证

可以通过以下操作来验证 Glance 是否安装成功。

(1) 加载/admin-openrc 文件,使 admin 用户获取访问权限。

```
. /admin-openrc
```

(2) 下载测试镜像文件。

```
wget http://download.cirros-cloud.net/0.3.4/cirros-0.3.4-x86_64-disk.img
```

(3) 将 cirros-0.3.4-x86_64-disk.img 镜像文件使用 QCOW2 格式注册到镜像服务中,如图 4-39 所示。

上传磁盘镜像,其语法是:

```
    glance image-create --name <img-name> --public --container-format <container-
format> --disk-format <disk-format> <img-path>
```

<img-name>是镜像名,可自行指定。<container-format>和<disk-format>是容器格式和镜像格式,常见的格式有 ami、aki 和 ari 等。其中 ami 是普通的磁盘镜像,aki 是内核镜像,ari 是 ramdisk 镜像。在 OpenStack 中,有的镜像不能单独工作,必须同内核镜像和

ramdisk 镜像一起使用，才能完成工作。<img-path>是要上传的镜像的路径，可以是本地路径，也可以是外部 URL。

```
cd /
openstack image create "cirros" \
  --file cirros-0.3.4-x86_64-disk.img \
  --disk-format qcow2 --container-format bare \
  --public
```

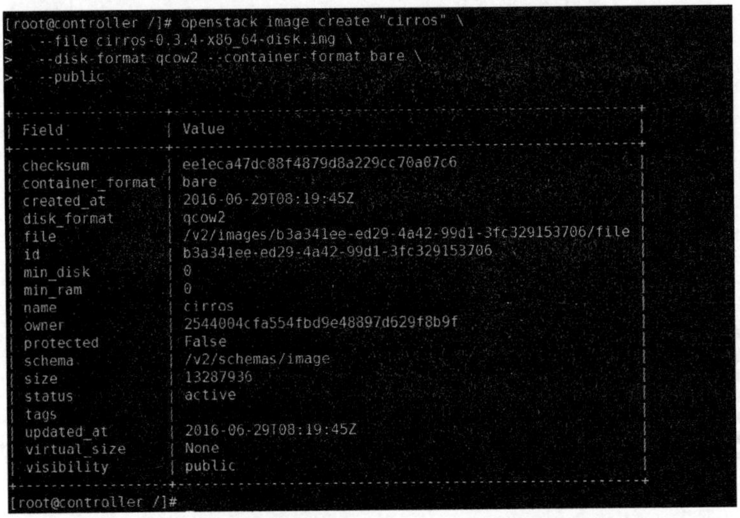

```
[root@controller /]# openstack image create "cirros" \
>   --file cirros-0.3.4-x86_64-disk.img \
>   --disk-format qcow2 --container-format bare \
>   --public

+------------------+------------------------------------------------------+
| Field            | Value                                                |
+------------------+------------------------------------------------------+
| checksum         | ee1eca47dc88f4879d8a229cc70a07c6                     |
| container_format | bare                                                 |
| created_at       | 2016-06-29T08:19:45Z                                 |
| disk_format      | qcow2                                                |
| file             | /v2/images/b3a341ee-ed29-4a42-99d1-3fc329153706/file |
| id               | b3a341ee-ed29-4a42-99d1-3fc329153706                 |
| min_disk         | 0                                                    |
| min_ram          | 0                                                    |
| name             | cirros                                               |
| owner            | 2544004cfa554fbd9e48897d629f8b9f                     |
| protected        | False                                                |
| schema           | /v2/schemas/image                                    |
| size             | 13287936                                             |
| status           | active                                               |
| tags             |                                                      |
| updated_at       | 2016-06-29T08:19:45Z                                 |
| virtual_size     | None                                                 |
| visibility       | public                                               |
+------------------+------------------------------------------------------+
[root@controller /]#
```

图 4-39　将镜像文件注册到镜像服务中

(4) 验证上传的镜像文件是否有效，如图 4-40 所示。

```
openstack image list
```

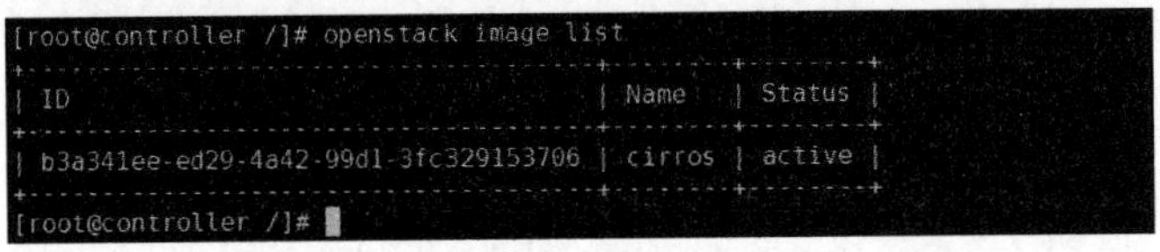

```
[root@controller /]# openstack image list
+--------------------------------------+--------+--------+
| ID                                   | Name   | Status |
+--------------------------------------+--------+--------+
| b3a341ee-ed29-4a42-99d1-3fc329153706 | cirros | active |
+--------------------------------------+--------+--------+
[root@controller /]#
```

图 4-40　验证上传的镜像文件是否有效

此时系统中已经存在我们手动上传的文件，因此可以验证 Glance 配置成功。

4.3　安装 Nova 虚拟机管理系统

Nova 是 OpenStack 所有组件中最重要的一个模块，负责云中虚拟机的管理。云计算的主要特点是资源(CPU、内存、磁盘)的分配使用，而完成分配使用的工具就是虚拟化。Nova 模块在云计算管理系统中，直接与底层虚拟化软件交互，管理着大量的虚拟机，以供上层服务使用。

本节首先介绍Nova组件的基本概念，理解这些概念，将有助于安装和维护Nova虚拟机管理系统。同时，对Nova源码的阅读，也大有益处。

4.3.1 Nova的特性

安装Nova之前，需要回答几个问题：Nova在OpenStack中的作用是什么？Nova与其他组件的关系是什么？Nova组件的内部结构是什么？Nova究竟是一个什么样的虚拟机管理系统？

1. Nova在OpenStack中的作用

前面讲到的所有组件，都没有涉及云计算中最核心的模块：云计算。而Swift和Cinder只能算作是云存储的一部分。真正涉及云计算核心的部分，就是在Nova组件中，那么Nova在OpenStack中起到的作用是什么呢？

回顾一下，云计算资源能够流通的关键是虚拟机。那么云计算管理系统，必然是虚拟机的管理系统。而Nova正是这样的一个虚拟机管理系统。打个比方，对于自来水公司而言，主要提供的资源是水，而水的运输是通过水管。因此，自来水公司除了对水资源进行净化处理之外，非常需要的是一个水管铺设及管理系统。对于云计算而言，各种物理资源(CPU、内存、硬盘)就类似于水，而虚拟机相当于水管，Nova组件相当于水管管理系统。

Nova组件对于OpenStack而言是相当重要的。当仁不让地成为OpenStack的三大核心组件之一。实际上，在早期的OpenStack版本中，核心组件就只有Nova。无论是结构复杂度、代码数量和安装部署难度，Nova远远超过其他组件。因此，读懂了Nova，也就抓住了OpenStack的心脏。

2. Nova与其他组件

云计算的核心是利用虚拟机，将资源灵活地进行分配。回顾前面所介绍的章节，都是为虚拟机的创建做了相应的准备，并未介绍OpenStack是如何管理虚拟机的。实际上，OpenStack最核心的组件就是Nova，正是Nova完成了虚拟机管理的所有工作。从某种程度上来说，其他所有的模块都是为Nova配置资源而存在。

- MySQL：为Nova提供数据库服务。当然MySQL也为其他模块提供了数据库服务。
- Keystone：为Nova提供安全认证服务。
- Swift：作为Glance的后端，存储了Nova中的虚拟机的映像。
- Glance：为Nova提供虚拟机映像存储服务。
- Cinder：为Nova中的虚拟机提供块存储服务。
- Neutron：为Nova中的虚拟机提供虚拟网络服务。
- Dashboard：为Nova提供了Web UI管理功能。

虚拟机的创建与管理，都会涉及非常众多的资源：磁盘、存储、用户、安全及网络。正是由于OpenStack的其他组件的鼎力支持，Nova模块才得以不断完善，功能不断扩展。此外，由图4-41可以看出Nova作为计算服务，是如何与其他服务交互的。

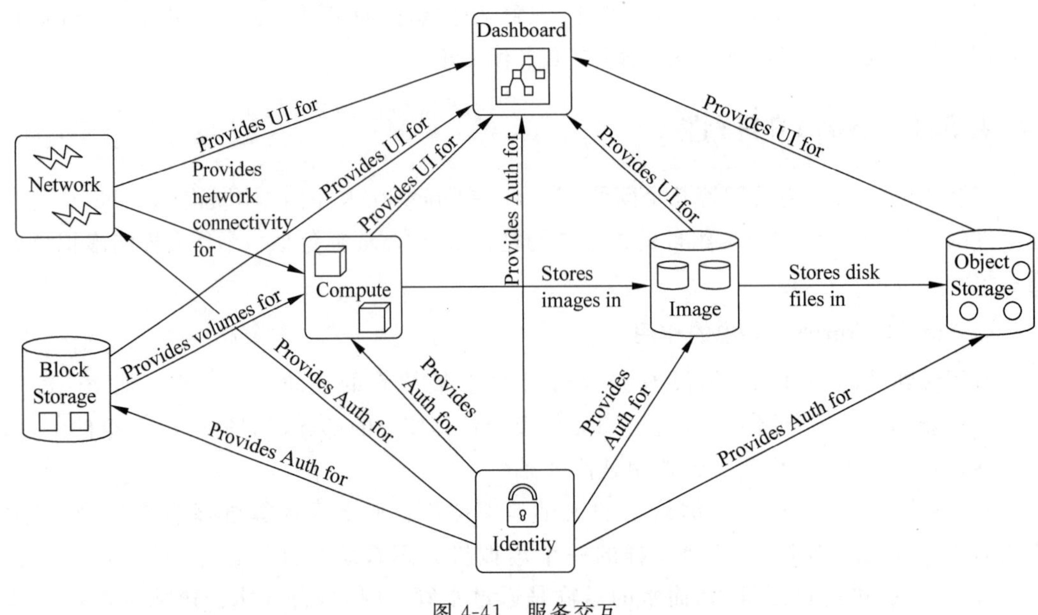

图 4-41 服务交互

4.3.2 Nova 架构

1. Nova 内部的小型服务

尽管 OpenStack 已经有了非常多的组件，但是在 Nova 内部，仍然有着许许多多各种各样的小型服务（仅向 Nova 内部进程提供服务）。由于这些小型服务众多，主要分为以下几种。

虚拟机管理：

- nova-api——为 Nova 模块提供了 Result API。
- nova-compute——虚拟机管理模块。
- nova-scheduler——调度模块，主要是选什么样的主机来创建虚拟机。

虚拟机 VNC 及日志管理：

- nova-novncproxy——NoVNC 代理服务。
- nova-consoleauth——虚拟机开机日志服务。
- nova-xvpvncproxy——xvpvnc 代理服务。

数据库服务：

- nova-conductor——数据库操作服务。

安全管理：

- nova-consoleauth——VNC 及日志安全认证服务。
- nova-cat——密钥文件管理服务。

网络、块存储服务：

- nova-network——为虚拟机提供网络服务。大部分功能已被 Quantum 替代。
- nova-volume——为虚拟机提供块设备，大部分功能已被 Cinder 替代。

出现这么多小型服务的主要原因是由于 Nova 要管理的资源太多,各式各样的资源划分的结果导致 Nova 内部出现了各种各样的服务。这些服务之间的相互关系如图 4-42 所示。

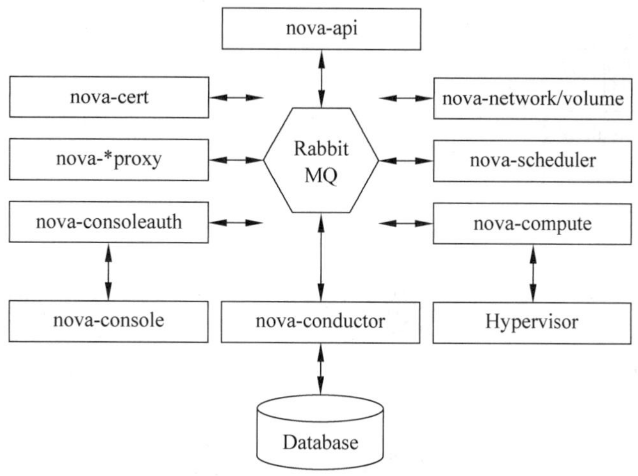

图 4-42 各个服务之间的关系

也正是由于 Nova 的小型服务涉及众多的资源,使得 Nova 资源非常复杂。在 OpenStack 的设计蓝图上,存在着把这些资源分散化的趋势。比如,nova-network 正在被 Quantum 代替,nova-volume 正在被 cinder 替代。可以想象,Nova 以后将会成为一个单纯的虚拟机管理系统。

尽管存在这么多的小型服务,在部署时,可以将 Nova 服务划分为两种节点。

- API 节点:主要运行 nova-api、nova-cert、nova-conductor、nova-scheduler 和 nova-consoleauth 这些小型服务。
- Compute 节点:主要运行 nova-novncproxy、nova-xvpvncproxy 和 nova-compute 和小型服务。

需要注意的是,这种划分仍然是非常粗糙的,在实际部署中,不应该拘泥于这种划分。

2. Nova 与虚拟机管理

Nova 内部各种小型服务可以非常多,怎样才能抓住 Nova 系统的关键呢?答案就在虚拟机管理。实际上,无论是 OpenStack 各种大组件还是 Nova 内部的各种小型服务,其最终服务的目标都是为了虚拟机。抓住了虚拟机管理的流程,不仅可以了解 Nova 组件,还可以理解 OpenStack 各个组件之间的关系。

Nova 虚拟机管理看似复杂,实际简单。单从主线上看来,只涉及 nova-api、nova-scheduler 和 nova-compute 三个服务,如图 4-43 所示;但是,支线却涉及了所有小型服务(甚至会涉及 OpenStack 各种大组件)。

由图 4-43 可以看出,虚拟机的管理主线清晰明了。下面将以创建虚拟机为例,讲解虚拟机管理的流程。

(1) nova-api:接收来自客户端、Dashboard 创建虚拟机的请求。收到请求之后,验证请求是否合法。通过验证后的请求,将会被转交给 nova-scheduler。

(2) nova-schedulers:顾名思义,scheduler 表示调度器。nova-scheduler 的主要工作是

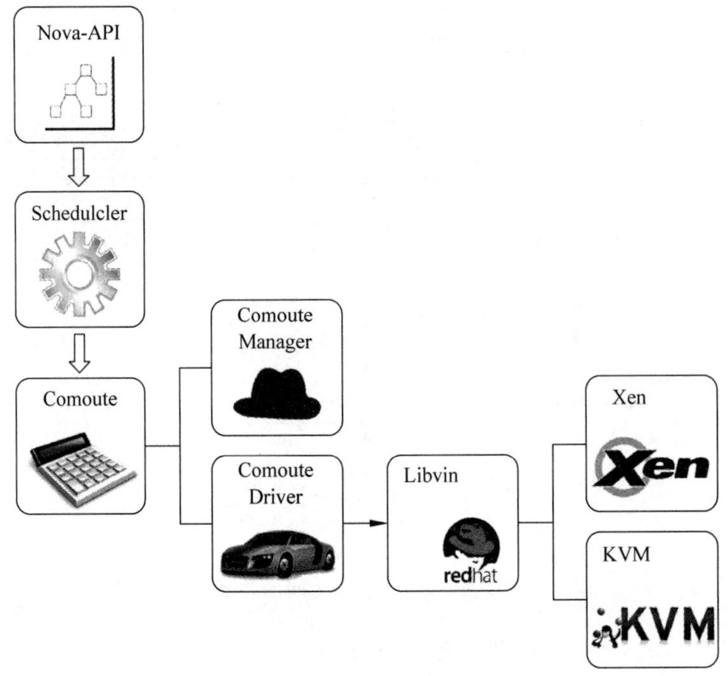

图 4-43　Nova 虚拟机管理线路

选择主机。当接收到 nova-api 的请求之后，nova-scheduler 会查看集群中所有服务正常的计算节点，并从这些节点中选择一个节点启动虚拟机。选择节点的算法有很多，一种最简单的算法就是随机算法，即从服务正常的计算节点中随机选择一台即可。选择结束之后，nova-scheduler 将创建虚拟机的请求转发至被选中节点的 nova-compute 服务。

(3) nova-compute：nova-compute 服务运行在计算节点上，专门负责创建虚拟机。在 nova-compute 服务中，Compute Manager 负责接收消息，而真正负责“干活”的就是 Hyper-V、vmvare、XenServer、KVM 和 Xen 等等。其中 KVM 和 Xen 主要是通过 libvirt 进行管理。OpenStack 默认采用的是 libvirt 作为底层来管理虚拟机。因此，nova-compute 把消息转交给 libvirt 的时候，nova-compute 的工作就算完成了。接下来的事，从代码上看，和 OpenStack 就没有关系了，主要由更底层的 libvirt 负责。

(4) libvirt、KVM 和 Xen：首先 libvirt 接收到消息，再将具体的任务交给 KVM 和 Xen。

4.3.3　Nova 架构的优缺点

可以看出，Nova 的架构与 Cinder 非常相似：都是依赖于消息通信服务。这种结构会带来如下优点：

- 部署灵活多变。
- 代码耦合性非常低。
- 添加新的小型服务非常简单。

但是，这种结构的缺点也非常明显——严重依赖 RabbitMQ 服务：

- RabbitMQ 服务的失效会导致整个 Nova 服务不可用。
- 部署异常灵活,可提供的选择太多,反而让使用者无法选择,不知道使用哪种部署方式更好。

尽管 Nova 架构存在这些缺点,也并非不可克服。克服的方法就是正确地部署 Nova 及 RabbitMQ 服务。

4.3.4 Nova 安装与配置

Nova 分为管理节点和计算节点的安装和配置,由于我们使用的是单机部署,因此下面针对管理节点和计算节点安装进行讲解,但实际操作都在同一个节点上进行,管理节点和计算节点安装所涉及的步骤都要操作。

1. 管理节点端安装

(1) 创建我们需要的 Nova 对应的数据库。

运行如下命令进入数据库:

```
mysql -u root -p111111
```

创建 nova_api 和 nova 数据库:

```
CREATE DATABASE nova_api;
CREATE DATABASE nova;
```

为数据库设置访问权限(其中密码应写成自己的密码),如图 4-44 所示。

```
GRANT ALL PRIVILEGES ON nova_api.* TO 'nova'@'localhost' \
  IDENTIFIED BY '111111';
GRANT ALL PRIVILEGES ON nova_api.* TO 'nova'@'%' \
  IDENTIFIED BY '111111';
GRANT ALL PRIVILEGES ON nova.* TO 'nova'@'localhost' \
  IDENTIFIED BY '111111';
GRANT ALL PRIVILEGES ON nova.* TO 'nova'@'%' \
  IDENTIFIED BY '111111';
```

完成后退出数据库。

(2) 加载/admin-openrc 文件,使 admin 用户获取访问权限。

```
. /admin-openrc
```

(3) 创建 Nova 用户(此过程需要输入密码,此处设置为 111111),如图 4-45 所示。

```
openstack user create --domain default --password-prompt nova
```

(4) 为 Nova 用户增添 admin 规则(此过程没有输出):

```
openstack role add --project service --user nova admin
```

```
[root@controller /]# mysql -u root -p111111
Welcome to the MariaDB monitor.  Commands end with ; or \g.
Your MariaDB connection id is 41
Server version: 10.1.12-MariaDB MariaDB Server

Copyright (c) 2000, 2016, Oracle, MariaDB Corporation Ab and others.

Type 'help;' or '\h' for help. Type '\c' to clear the current input statement.

MariaDB [(none)]> CREATE DATABASE nova_api;
Query OK, 1 row affected (0.01 sec)

MariaDB [(none)]> CREATE DATABASE nova;
Query OK, 1 row affected (0.00 sec)

MariaDB [(none)]> GRANT ALL PRIVILEGES ON nova_api.* TO 'nova'@'localhost' \
    ->   IDENTIFIED BY '111111';
VILEGES ON nova.* TO 'nova'@'%' \
  IDENTIFIED BY '111111';
Query OK, 0 rows affected (0.00 sec)

MariaDB [(none)]> GRANT ALL PRIVILEGES ON nova_api.* TO 'nova'@'%' \
    ->   IDENTIFIED BY '111111';
Query OK, 0 rows affected (0.00 sec)

MariaDB [(none)]> GRANT ALL PRIVILEGES ON nova.* TO 'nova'@'localhost' \
    ->   IDENTIFIED BY '111111';
Query OK, 0 rows affected (0.01 sec)
```

图 4-44　为数据库设置访问权限

```
[root@controller /]# openstack user create --domain default \
>   --password-prompt nova
User Password:
Repeat User Password:
+-----------+----------------------------------+
| Field     | Value                            |
+-----------+----------------------------------+
| domain_id | ceee22f7a67043f2b6cdd7a91bcfd849 |
| enabled   | True                             |
| id        | 0bd92df01aec4b44a6ae29859331ea17 |
| name      | nova                             |
+-----------+----------------------------------+
[root@controller /]#
```

图 4-45　创建 Nova 用户

(5) 创建 Nova 服务,如图 4-46 所示。

```
openstack service create -- name nova -- description "OpenStack Compute" compute
```

```
[root@controller /]# openstack service create --name nova --description "OpenStack Compute" c
ompute
+-------------+----------------------------------+
| Field       | Value                            |
+-------------+----------------------------------+
| description | OpenStack Compute                |
| enabled     | True                             |
| id          | 4c186bd085e24b8094b92ed5f313aba7 |
| name        | nova                             |
| type        | compute                          |
+-------------+----------------------------------+
[root@controller /]#
```

图 4-46　创建 nova 服务

(6) 创建计算服务 API endpoint,如图 4-47～图 4-49 所示。

```
openstack endpoint create -- region RegionOne compute public http://controller:8774/v2.1/%\
(tenant_id\)s
```

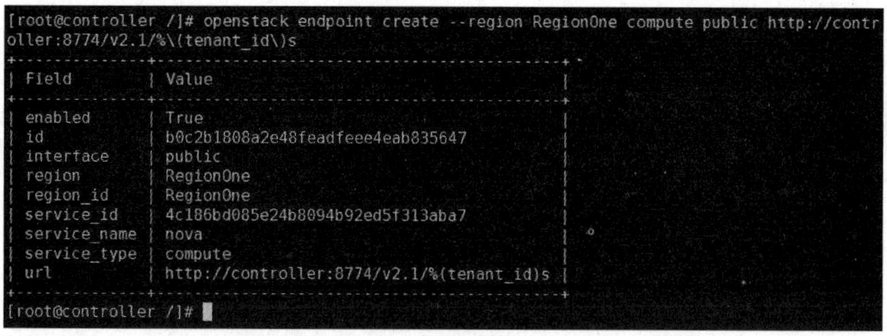

```
[root@controller /]# openstack endpoint create --region RegionOne compute public http://contr
oller:8774/v2.1/%\(tenant_id\)s
+--------------+-------------------------------------------+
| Field        | Value                                     |
+--------------+-------------------------------------------+
| enabled      | True                                      |
| id           | b0c2b1808a2e48feadfeee4eab835647          |
| interface    | public                                    |
| region       | RegionOne                                 |
| region_id    | RegionOne                                 |
| service_id   | 4c186bd085e24b8094b92ed5f313aba7          |
| service_name | nova                                      |
| service_type | compute                                   |
| url          | http://controller:8774/v2.1/%(tenant_id)s |
+--------------+-------------------------------------------+
[root@controller /]#
```

图 4-47 创建第一个 API endpoint

```
openstack endpoint create --region RegionOne compute internal http://controller:8774/v2.
1/%\(tenant_id\)s
```

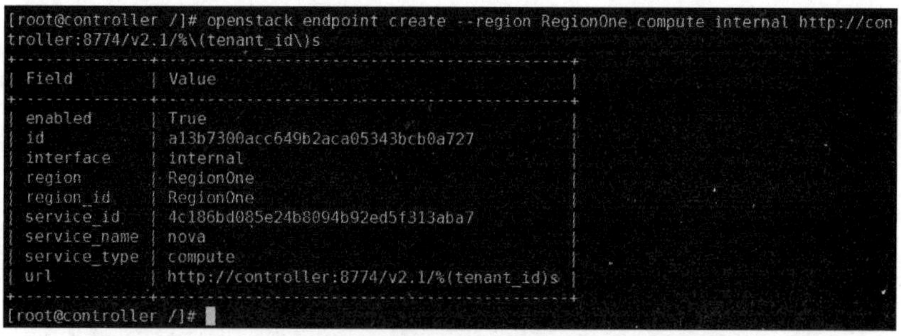

```
[root@controller /]# openstack endpoint create --region RegionOne compute internal http://con
troller:8774/v2.1/%\(tenant_id\)s
+--------------+-------------------------------------------+
| Field        | Value                                     |
+--------------+-------------------------------------------+
| enabled      | True                                      |
| id           | a13b7300acc649b2aca05343bcb0a727          |
| interface    | internal                                  |
| region       | RegionOne                                 |
| region_id    | RegionOne                                 |
| service_id   | 4c186bd085e24b8094b92ed5f313aba7          |
| service_name | nova                                      |
| service_type | compute                                   |
| url          | http://controller:8774/v2.1/%(tenant_id)s |
+--------------+-------------------------------------------+
[root@controller /]#
```

图 4-48 创建第二个 API endpoint

```
openstack endpoint create --region RegionOne compute admin http://controller:8774/v2.1/%\
(tenant_id\)s
```

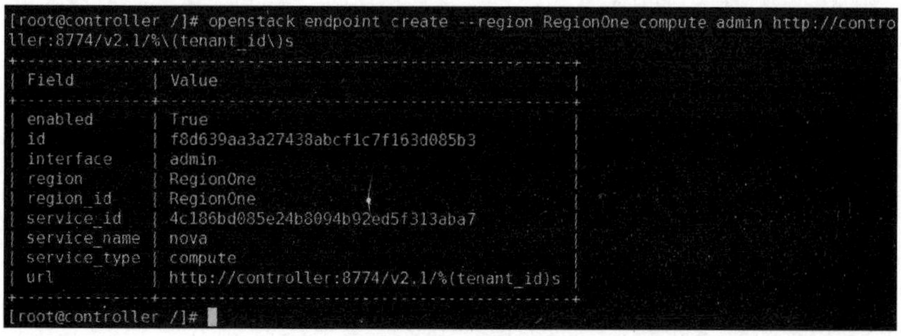

```
[root@controller /]# openstack endpoint create --region RegionOne compute admin http://contro
ller:8774/v2.1/%\(tenant_id\)s
+--------------+-------------------------------------------+
| Field        | Value                                     |
+--------------+-------------------------------------------+
| enabled      | True                                      |
| id           | f8d639aa3a27438abcf1c7f163d085b3          |
| interface    | admin                                     |
| region       | RegionOne                                 |
| region_id    | RegionOne                                 |
| service_id   | 4c186bd085e24b8094b92ed5f313aba7          |
| service_name | nova                                      |
| service_type | compute                                   |
| url          | http://controller:8774/v2.1/%(tenant_id)s |
+--------------+-------------------------------------------+
[root@controller /]#
```

图 4-49 创建第三个 API endpoint

(7) 安装 Nova 软件包。

```
yum install openstack-nova-api openstack-nova-conductor \
  openstack-nova-console openstack-nova-novncproxy \
  openstack-nova-scheduler
```

（8）编辑/etc/nova/nova.conf 文件，进行以下配置修改：

```
[DEFAULT]
enabled_apis = osapi_compute,metadata
rpc_backend = rabbit
auth_strategy = keystone
my_ip = 10.1.3.148                              //修改为学生虚拟机的实际 IP
use_neutron = True
firewall_driver = nova.virt.firewall.NoopFirewallDriver

[api_database]
connection = mysql+pymysql://nova:111111@controller/nova_api
                                                //密码部分修改为 nova 数据库的密码

[database]
connection = mysql+pymysql://nova:111111@controller/nova
                                                //密码部分修改为 nova 数据库的密码

[oslo_messaging_rabbit]
rabbit_host = controller
rabbit_userid = openstack
rabbit_password = 111111                        //密码部分修改为 rabbit 主机的密码

[keystone_authtoken]
auth_uri = http://controller:5000
auth_url = http://controller:35357
memcached_servers = controller:11211
auth_type = password
project_domain_name = default
user_domain_name = default
project_name = service
username = nova
password = 111111                               //密码部分修改为 nova 的密码

[vnc]
vncserver_listen = $my_ip
vncserver_proxyclient_address = $my_ip

[glance]
api_servers = http://controller:9292

[oslo_concurrency]
lock_path = /var/lib/nova/tmp
```

(9) 同步数据库,如图 4-50 所示。

```
su - s /bin/sh - c "nova - manage api_db sync" nova
su - s /bin/sh - c "nova - manage db sync" nova
```

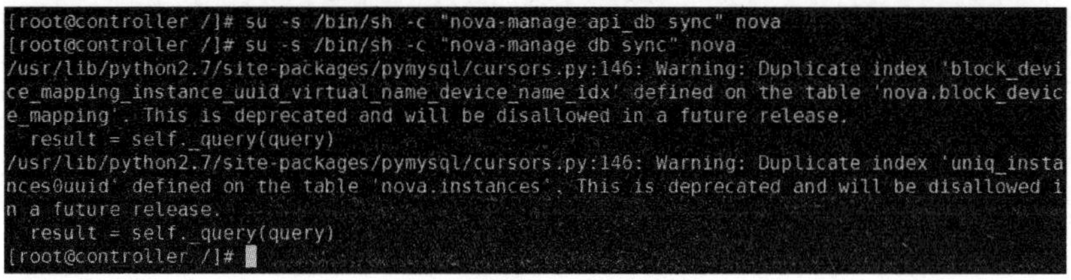

```
[root@controller /]# su -s /bin/sh -c "nova-manage api_db sync" nova
[root@controller /]# su -s /bin/sh -c "nova-manage db sync" nova
/usr/lib/python2.7/site-packages/pymysql/cursors.py:146: Warning: Duplicate index 'block_devi
ce_mapping_instance_uuid_virtual_name_device_name_idx' defined on the table 'nova.block_devic
e_mapping'. This is deprecated and will be disallowed in a future release.
  result = self._query(query)
/usr/lib/python2.7/site-packages/pymysql/cursors.py:146: Warning: Duplicate index 'uniq_insta
nces0uuid' defined on the table 'nova.instances'. This is deprecated and will be disallowed i
n a future release.
  result = self._query(query)
[root@controller /]#
```

图 4-50 同步数据库

(10) 启动相关服务并设置为开机自启动,如图 4-51 所示。

```
systemctl enable openstack - nova - api. service \
  openstack - nova - consoleauth. service openstack - nova - scheduler. service \
  openstack - nova - conductor. service openstack - nova - novncproxy. service
,systemctl start openstack - nova - api. service \
  openstack - nova - consoleauth. service openstack - nova - scheduler. service \
  openstack - nova - conductor. service openstack - nova - novncproxy. service
```

```
[root@controller /]# systemctl enable openstack-nova-api.service \
>   openstack-nova-consoleauth.service openstack-nova-scheduler.service \
>   openstack-nova-conductor.service openstack-nova-novncproxy.service
Created symlink from /etc/systemd/system/multi-user.target.wants/openstack-nova-api.service t
o /usr/lib/systemd/system/openstack-nova-api.service.
Created symlink from /etc/systemd/system/multi-user.target.wants/openstack-nova-consoleauth.s
ervice to /usr/lib/systemd/system/openstack-nova-consoleauth.service.
Created symlink from /etc/systemd/system/multi-user.target.wants/openstack-nova-scheduler.ser
vice to /usr/lib/systemd/system/openstack-nova-scheduler.service.
Created symlink from /etc/systemd/system/multi-user.target.wants/openstack-nova-conductor.ser
vice to /usr/lib/systemd/system/openstack-nova-conductor.service.
Created symlink from /etc/systemd/system/multi-user.target.wants/openstack-nova-novncproxy.se
rvice to /usr/lib/systemd/system/openstack-nova-novncproxy.service.
[root@controller /]# systemctl start openstack-nova-api.service \
>   openstack-nova-consoleauth.service openstack-nova-scheduler.service \
>   openstack-nova-conductor.service openstack-nova-novncproxy.service
[root@controller /]#
```

图 4-51 启动相关服务并设置为开机自启动

至此,管理节点的 Nova 服务已经配置完成,接下来将进行计算节点 Nova 服务的安装配置。

2. 计算节点端安装

(1) 安装软件包。

```
yum install openstack - nova - compute
```

(2) 编辑/etc/nova/nova. conf 文件,进行如下配置修改:

```
[DEFAULT]
rpc_backend = rabbit
auth_strategy = keystone
```

```
my_ip = 10.1.3.148                        //此处 ip 地址需要修改为管理节点 ip 地址
use_neutron = True
firewall_driver = nova.virt.firewall.NoopFirewallDriver

[oslo_messaging_rabbit]
rabbit_host = controller
rabbit_userid = openstack
rabbit_password = 111111                  //密码部分修改为管理节点的密码

[keystone_authtoken]
auth_uri = http://controller:5000
auth_url = http://controller:35357
memcached_servers = controller:11211
auth_type = password
project_domain_name = default
user_domain_name = default
project_name = service
username = nova
password = 111111                         //密码部分修改为 nova 的密码

[vnc]
enabled = True
vncserver_listen = 0.0.0.0
vncserver_proxyclient_address = $my_ip
novncproxy_base_url = http://controller:6080/vnc_auto.html

[glance]
api_servers = http://controller:9292

[oslo_concurrency]
lock_path = /var/lib/nova/tmp
```

(3) 编辑/etc/nova/nova.conf 文件,进行如下修改:

```
[libvirt]
virt_type = qemu
```

(4) 启动相关服务并设置为开机自启动,如图 4-52 所示。

```
systemctl enable libvirtd.service openstack-nova-compute.service
systemctl start libvirtd.service openstack-nova-compute.service
```

```
[root@controller /]# systemctl enable libvirtd.service openstack-nova-compute.service
Created symlink from /etc/systemd/system/multi-user.target.wants/openstack-nova-compute.servi
ce to /usr/lib/systemd/system/openstack-nova-compute.service.
[root@controller /]# systemctl start libvirtd.service openstack-nova-compute.service
[root@controller /]#
```

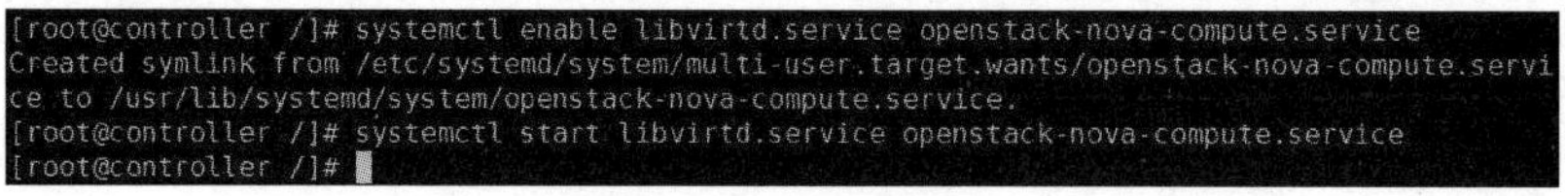

图 4-52 启动相关服务并设置为开机自启动

(5) 加载/admin-openrc 文件,使 admin 用户获取访问权限,验证 Nova 配置是否正确,如图 4-53 所示。

```
. /admin-openrc
openstack compute service list
```

```
[root@controller /]# openstack compute service list
+----+--------------------+------------+----------+---------+-------+----------------------------+
| Id | Binary             | Host       | Zone     | Status  | State | Updated At                 |
+----+--------------------+------------+----------+---------+-------+----------------------------+
|  1 | nova-scheduler     | controller | internal | enabled | up    | 2016-06-29T09:10:55.       |
|    |                    |            |          |         |       | 000000                     |
|  2 | nova-conductor     | controller | internal | enabled | up    | 2016-06-29T09:10:54.       |
|    |                    |            |          |         |       | 000000                     |
|  3 | nova-consoleauth   | controller | internal | enabled | up    | 2016-06-29T09:10:55.       |
|    |                    |            |          |         |       | 000000                     |
|  6 | nova-compute       | controller | nova     | enabled | up    | 2016-06-29T09:10:54.       |
|    |                    |            |          |         |       | 000000                     |
+----+--------------------+------------+----------+---------+-------+----------------------------+
[root@controller /]#
```

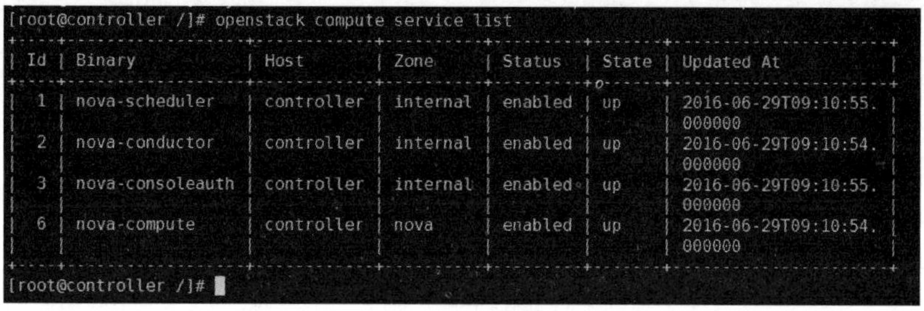

图 4-53 验证 Nova 配置是否正确

至此，Nova 已经配置成功，接下来将进行 OpenStack 网络方面的配置。

4.4 安装 Neutron 虚拟网络服务

在第 1 章介绍过，Neutron 是 OpenStack 的三大组件之一。它主要负责为虚拟机提供虚拟网络，以实现虚拟机之间和虚拟机与物理机之间的通信。需要指出的是，Neutron 只是一个代理，它本身并不直接提供虚拟网络资源。真正的虚拟网络资源是由 plugin 提供的，而 Neutron 是连接 OpenStack 与 plugin 的纽带。目前，Neutron 支持的 plugin 有 Open vSwicth、Cisco、Linux Bridge、Nicira NVP、Ryn 和 NEC OpenFlow 等。

注意：安装 Neutron 前，须先保证数据库、RabbitMQ 和 Keystone 已经正确安装。

在安装 Neutron 之前，有必要对 Neutron 的整体框架有个大致的了解。表 4-1 列出了 Neutron 的重要部件及其作用。

表 4-1 Neutron 的重要部件及其作用

名　称	描　述
Neutron Server	是一个守护进程，暴露了一系列 API 供 OpenStack 的其他组件调用
plugin agent	运行在每个计算节点上，为虚拟机提供虚拟交换服务
Dhcp agent	为虚拟机提供 DHCP 服务
agent	为虚拟机提供三层交换/NAT 服务，以使得虚拟机能够访问外网

每个服务并不需要在每个节点中都启动，不同节点需要启动的服务如图 4-54 所示。

Neutron 分为管理节点和计算节点的安装和配置，由于我们使用的是单机部署，因此下面针对管理节点和计算节点安装进行讲解，但实际操作都在同一台节点上进行，管理节点和计算节点安装所涉及的步骤都要操作。

4.4.1 管理节点端安装

(1) 创建我们需要的 neutron 对应的数据库。

运行如下命令进入数据库：

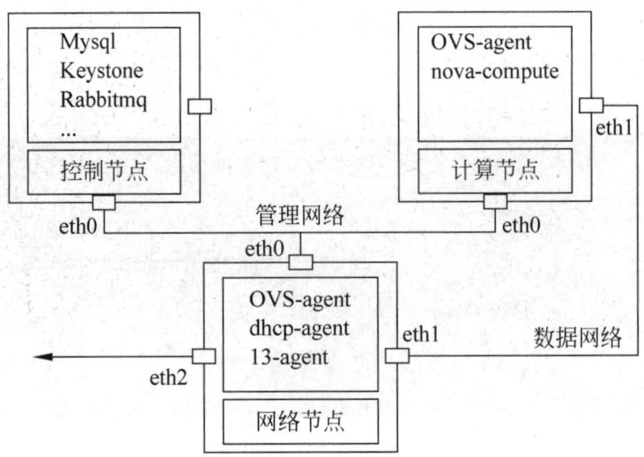

图 4-54　不同节点所启动的不同服务

```
mysql -u root -p111111
```

创建 neutron 数据库：

```
CREATE DATABASE neutron;
```

为数据库设置访问权限(其中密码部写成自己的密码)，如图 4-55 所示。

```
GRANT ALL PRIVILEGES ON neutron.* TO 'neutron'@'localhost' \
  IDENTIFIED BY '111111';
GRANT ALL PRIVILEGES ON neutron.* TO 'neutron'@'%' \
  IDENTIFIED BY '111111';
```

```
[root@controller /]# mysql -u root -p111111
Welcome to the MariaDB monitor.  Commands end with ; or \g.
Your MariaDB connection id is 53
Server version: 10.1.12-MariaDB MariaDB Server

Copyright (c) 2000, 2016, Oracle, MariaDB Corporation Ab and others.

Type 'help;' or '\h' for help. Type '\c' to clear the current input statement.

MariaDB [(none)]> CREATE DATABASE neutron;
Query OK, 1 row affected (0.00 sec)

MariaDB [(none)]> GRANT ALL PRIVILEGES ON neutron.* TO 'neutron'@'localhost' \
    ->   IDENTIFIED BY '111111';
Query OK, 0 rows affected (0.00 sec)

MariaDB [(none)]> GRANT ALL PRIVILEGES ON neutron.* TO 'neutron'@'%' \
    ->   IDENTIFIED BY '111111';
Query OK, 0 rows affected (0.00 sec)

MariaDB [(none)]>
```

图 4-55　为数据库设置访问权限

(2) 加载/admin-openrc 文件，使 admin 用户获取访问权限。

```
. /admin-openrc
```

(3) 创建 neutron 用户(需要设置密码，此处设置为 111111)，如图 4-56 所示。

```
openstack user create --domain default --password-prompt neutron
```

```
[root@controller /]# openstack user create --domain default --password-prompt neutron
User Password:
Repeat User Password:
+-----------+----------------------------------+
| Field     | Value                            |
+-----------+----------------------------------+
| domain_id | ceee22f7a67043f2b6cdd7a91bcfd849 |
| enabled   | True                             |
| id        | f374615eef1e4d78aef9d35a1d1b6304 |
| name      | neutron                          |
+-----------+----------------------------------+
[root@controller /]#
```

图 4-56　创建 Neutron 用户

(4) 为 Neutron 用户添加 admin 规则(此过程没有输出):

```
openstack role add --project service --user neutron admin
```

(5) 创建 Neutron 服务,如图 4-57 所示。

```
openstack service create --name neutron \
  --description "OpenStack Networking" network
```

```
[root@controller /]# openstack service create --name neutron \
>   --description "OpenStack Networking" network

+-------------+----------------------------------+
| Field       | Value                            |
+-------------+----------------------------------+
| description | OpenStack Networking             |
| enabled     | True                             |
| id          | 93bd081c32e946729ae77d0222062456 |
| name        | neutron                          |
| type        | network                          |
+-------------+----------------------------------+
[root@controller /]#
```

图 4-57　创建 Neutron 服务

(6) 创建网络服务 API endpoint,如图 4-58～图 4-60 所示。

```
openstack endpoint create --region RegionOne \
  network public http://controller:9696
```

```
[root@controller /]# openstack endpoint create --region RegionOne \
>   network public http://controller:9696

+--------------+----------------------------------+
| Field        | Value                            |
+--------------+----------------------------------+
| enabled      | True                             |
| id           | 25023f4e86584c3ea0539b1ca2367026 |
| interface    | public                           |
| region       | RegionOne                        |
| region_id    | RegionOne                        |
| service_id   | 93bd081c32e946729ae77d0222062456 |
| service_name | neutron                          |
| service_type | network                          |
| url          | http://controller:9696           |
+--------------+----------------------------------+
[root@controller /]#
```

图 4-58　创建第一个 API endpoint

```
openstack endpoint create -- region RegionOne \
  network internal http://controller:9696
```

```
[root@controller /]# openstack endpoint create --region RegionOne \
>   network internal http://controller:9696
+--------------+----------------------------------+
| Field        | Value                            |
+--------------+----------------------------------+
| enabled      | True                             |
| id           | d3137270b48a4eba9302f6d9d50df006 |
| interface    | internal                         |
| region       | RegionOne                        |
| region_id    | RegionOne                        |
| service_id   | 93bd081c32e946729ae77d0222062456 |
| service_name | neutron                          |
| service_type | network                          |
| url          | http://controller:9696           |
+--------------+----------------------------------+
[root@controller /]#
```

图 4-59 创建第二个 API endpoint

```
openstack endpoint create -- region RegionOne \
  network admin http://controller:9696
```

```
[root@controller /]# openstack endpoint create --region RegionOne \
>   network admin http://controller:9696
+--------------+----------------------------------+
| Field        | Value                            |
+--------------+----------------------------------+
| enabled      | True                             |
| id           | c5f1958a5b26436f82a106a3a9f418c8 |
| interface    | admin                            |
| region       | RegionOne                        |
| region_id    | RegionOne                        |
| service_id   | 93bd081c32e946729ae77d0222062456 |
| service_name | neutron                          |
| service_type | network                          |
| url          | http://controller:9696           |
+--------------+----------------------------------+
[root@controller /]#
```

图 4-60 创建第三个 API endpoint

(7) 安装 provider 网络组件。

```
yum install openstack - neutron openstack - neutron - ml2 openstack - neutron -
linuxbridge ebtables
```

(8) 编辑/etc/neutron/neutron.conf 文件,进行如下配置修改:

```
[DEFAULT]
core_plugin = ml2
service_plugins =
rpc_backend = rabbit
auth_strategy = keystone
notify_nova_on_port_status_changes = True
notify_nova_on_port_data_changes = True

[database]
connection = mysql + pymysql://neutron:111111@controller/neutron   //此处密码需要修改为
                                                                   //neutron 数据库的密码
```

```
[oslo_messaging_rabbit]
rabbit_host = controller
rabbit_userid = openstack
rabbit_password = 111111                //此处密码需要修改为管理节点的密码

[keystone_authtoken]
auth_uri = http://controller:5000
auth_url = http://controller:35357
memcached_servers = controller:11211
auth_type = password
project_domain_name = default
user_domain_name = default
project_name = service
username = neutron
password = 111111                       //此处密码需要修改为 neutron 的密码

[nova]
auth_url = http://controller:35357
auth_type = password
project_domain_name = default
user_domain_name = default
region_name = RegionOne
project_name = service
username = nova
password = 111111                       //此处密码需要修改为 nova 的密码

[oslo_concurrency]
lock_path = /var/lib/neutron/tmp
```

(9) 编辑/etc/neutron/plugins/ml2/ml2_conf.ini 文件,进行如下配置修改:

```
[ml2]
type_drivers = flat,vlan
tenant_network_types =
mechanism_drivers = linuxbridge
extension_drivers = port_security
flat_networks = provider
enable_ipset = True
```

(10) 编辑/etc/neutron/plugins/ml2/linuxbridge_agent.ini 文件,配置 linux 桥接代理。

```
[linux_bridge]
physical_interface_mappings = provider:ens3     //ens3 是虚拟机网卡设备的名字,应更换为实
                                                //际的网卡设备的名字

[vxlan]
enable_vxlan = False

[securitygroup]
enable_security_group = True
firewall_driver = neutron.agent.linux.iptables_firewall.IptablesFirewallDriver
```

(11) 配置 DHCP 代理。

编辑/etc/neutron/dhcp_agent.ini 文件,进行如下配置修改:

```
[DEFAULT]
interface_driver = neutron.agent.linux.interface.BridgeInterfaceDriver
dhcp_driver = neutron.agent.linux.dhcp.Dnsmasq
enable_isolated_metadata = True
```

(12) 配置元数据代理。

编辑/etc/neutron/metadata_agent.ini 文件,进行如下配置修改:

```
[DEFAULT]
nova_metadata_ip = controller
metadata_proxy_shared_secret = 111111   //此处的密码可以随意设定,我们设置为节点的密码
```

(13) 编辑/etc/nova/nova.conf 文件,进行如下配置修改:

```
[neutron]
url = http://controller:9696
auth_url = http://controller:35357
auth_type = password
project_domain_name = default
user_domain_name = default
region_name = RegionOne
project_name = service
username = neutron
password = 111111                        //此处密码需要修改为 neutron 的密码

service_metadata_proxy = True
metadata_proxy_shared_secret = 111111    //此处密码需要修改和/etc/neutron/metadata_agent
                                         //.ini 文件中的密码一致
```

(14) 创建文件链接,同步数据库,如图 4-61 所示。

```
ln -s /etc/neutron/plugins/ml2/ml2_conf.ini /etc/neutron/plugin.ini
su -s /bin/sh -c "neutron-db-manage --config-file /etc/neutron/neutron.conf --config
-file /etc/neutron/plugins/ml2/ml2_conf.ini upgrade head" neutron
```

(15) 重启计算服务(此过程时间比较久),启动网络服务并设置为开机自启动,如图 4-62 所示。

```
systemctl restart openstack-nova-api.service

systemctl enable neutron-server.service \
  neutron-linuxbridge-agent.service neutron-dhcp-agent.service \
  neutron-metadata-agent.service
systemctl start neutron-server.service \
  neutron-linuxbridge-agent.service neutron-dhcp-agent.service \
  neutron-metadata-agent.service
```

```
INFO  [alembic.runtime.migration] Running upgrade 4ffceebfada -> 5498d17be016, Drop legacy OV
S and LB plugin tables
INFO  [alembic.runtime.migration] Running upgrade 5498d17be016 -> 2a16083502f3, Metaplugin re
moval
INFO  [alembic.runtime.migration] Running upgrade 2a16083502f3 -> 2e5352a0ad4d, Add missing f
oreign keys
INFO  [alembic.runtime.migration] Running upgrade 2e5352a0ad4d -> 11926bcfe72d, add geneve ml
2 type driver
INFO  [alembic.runtime.migration] Running upgrade 11926bcfe72d -> 4af11ca47297, Drop cisco mo
nolithic tables
INFO  [alembic.runtime.migration] Running upgrade 4af11ca47297 -> 1b294093239c, Drop embrane
plugin table
INFO  [alembic.runtime.migration] Running upgrade 1b294093239c, 32e5974ada25 -> 8a6d8bdae39,
standardattributes migration
INFO  [alembic.runtime.migration] Running upgrade 8a6d8bdae39 -> 2b4c2465d44b, DVR sheduling
refactoring
INFO  [alembic.runtime.migration] Running upgrade 2b4c2465d44b -> e3278ee65050, Drop NEC plug
in tables
INFO  [alembic.runtime.migration] Running upgrade e3278ee65050, 15e43b934f81 -> c6c112992c9,
rbac_qos_policy
INFO  [alembic.runtime.migration] Running upgrade c6c112992c9 -> 5ffceebfada, network_rbac_ex
ternal
INFO  [alembic.runtime.migration] Running upgrade 5ffceebfada, 0e66c5227a8a -> 4ffceebfcdc, s
tandard_desc
  OK
[root@controller /]# 
```

图 4-61　创建文件链接,同步数据库

```
[root@controller /]# systemctl enable neutron-server.service \
>  neutron-linuxbridge-agent.service neutron-dhcp-agent.service \
>  neutron-metadata-agent.service
Created symlink from /etc/systemd/system/multi-user.target.wants/neutron-server.service to /u
sr/lib/systemd/system/neutron-server.service.
Created symlink from /etc/systemd/system/multi-user.target.wants/neutron-linuxbridge-agent.se
rvice to /usr/lib/systemd/system/neutron-linuxbridge-agent.service.
Created symlink from /etc/systemd/system/multi-user.target.wants/neutron-dhcp-agent.service t
o /usr/lib/systemd/system/neutron-dhcp-agent.service.
Created symlink from /etc/systemd/system/multi-user.target.wants/neutron-metadata-agent.servi
ce to /usr/lib/systemd/system/neutron-metadata-agent.service.
[root@controller /]# systemctl start neutron-server.service \
>  neutron-linuxbridge-agent.service neutron-dhcp-agent.service \
>  neutron-metadata-agent.service
[root@controller /]# 
```

图 4-62　启动网络服务并设置为开机自启动

至此,管理节点端网络服务安装完毕,接下来将进行计算节点端网络服务的安装。

4.4.2　计算节点端安装

(1) 安装计算节点端网络组件。

```
yum install openstack-neutron-linuxbridge ebtables ipset
```

(2) 编辑/etc/neutron/neutron.conf 文件,进行如下配置更改:

```
[DEFAULT]
rpc_backend = rabbit
auth_strategy = keystone

[oslo_messaging_rabbit]
rabbit_host = controller
rabbit_userid = openstack
rabbit_password = 111111                    //此处密码需要修改为节点的密码

[keystone_authtoken]
auth_uri = http://controller:5000
```

```
auth_url = http://controller:35357
memcached_servers = controller:11211
auth_type = password
project_domain_name = default
user_domain_name = default
project_name = service
username = neutron
password = 111111                          //此处密码需要修改为 neutron 的密码

[oslo_concurrency]
lock_path = /var/lib/neutron/tmp
```

(3) 配置 Linux 桥接代理。

编辑/etc/neutron/plugins/ml2/linuxbridge_agent.ini 文件，进行如下配置更改：

```
[linux_bridge]
physical_interface_mappings = provider:ens3  //ens3 是虚拟机网卡设备的名字,应更换为实际
                                             //的网卡设备的名字

[vxlan]
enable_vxlan = False

[securitygroup]
enable_security_group = True
firewall_driver
neutron.agent.linux.iptables_firewall.IptablesFirewallDriver
```

(4) 编辑/etc/nova/nova.conf 文件，进行如下配置更改：

```
[neutron]
url = http://controller:9696
auth_url = http://controller:35357
auth_type = password
project_domain_name = default
user_domain_name = default
region_name = RegionOne
project_name = service
username = neutron
password = 111111                //此处密码需要修改为 neutron 的密码
```

(5) 重启计算服务。

```
systemctl restart openstack-nova-compute.service
```

(6) 启动 Linux 桥接代理并设置为开机自启动，如图 4-63 所示。

```
systemctl enable neutron-linuxbridge-agent.service
systemctl start neutron-linuxbridge-agent.service
```

(7) 通过以下命令可以验证 Neutron 是否安装成功，如图 4-64 所示。

```
[root@controller ~]# systemctl restart openstack-nova-compute.service
[root@controller ~]# systemctl enable neutron-linuxbridge-agent.service
[root@controller ~]# systemctl start neutron-linuxbridge-agent.service
[root@controller ~]#
```

图 4-63 启动 Linux 桥接代理并设置为开机自启动

```
neutron ext - list
```

```
[root@controller ~]# neutron ext-list
+---------------------------+-----------------------------------------------+
| alias                     | name                                          |
+---------------------------+-----------------------------------------------+
| default-subnetpools       | Default Subnetpools                           |
| availability_zone         | Availability Zone                             |
| network_availability_zone | Network Availability Zone                     |
| auto-allocated-topology   | Auto Allocated Topology Services              |
| binding                   | Port Binding                                  |
| agent                     | agent                                         |
| subnet_allocation         | Subnet Allocation                             |
| dhcp_agent_scheduler      | DHCP Agent Scheduler                          |
| tag                       | Tag support                                   |
| external-net              | Neutron external network                      |
| net-mtu                   | Network MTU                                   |
| network-ip-availability   | Network IP Availability                       |
| quotas                    | Quota management support                      |
| provider                  | Provider Network                              |
| multi-provider            | Multi Provider Network                        |
| address-scope             | Address scope                                 |
| timestamp_core            | Time Stamp Fields addition for core resources |
| extra_dhcp_opt            | Neutron Extra DHCP opts                       |
| security-group            | security-group                                |
| rbac-policies             | RBAC Policies                                 |
| standard-attr-description | standard-attr-description                     |
| port-security             | Port Security                                 |
| allowed-address-pairs     | Allowed Address Pairs                         |
+---------------------------+-----------------------------------------------+
[root@controller ~]#
```

图 4-64 验证 Neutron 是否安装成功

至此，已经安装完了 OpenStack 的核心组件，下面将进行 Dashboard 的安装讲解。安装完 Dashboard 后，便可以使用 Dashboard 进行实例的基本操作了。

4.5 安装 Dashboard Web 界面

前面介绍了 Nova 的安装和使用。通过 Nova 命令，已经可以很方便地创建和管理虚拟机了。但是，对于大多数非开发人员来说，使用命令来管理虚拟机以及 OpenStack 的其他资源，是一件很头疼的事情。为此，需要一个图形化界面，来实现对 OpenStack 资源的一些简单便捷的操作。而 Dashboard 就是 OpenStack 提供的一个方便用户的图形化操作的 Web 界面。

4.5.1 Dashboard 简介

Dashboard 为管理员和普通用户提供了一套访问和自动化管理 OpenStack 各种资源的图形化界面。它的页面是使用 Django 编写的，Web 服务器部署在 Apache 上。

前面已经说过，Dashboard 为各种 OpenStack 资源的管理提供图形化界面。因此，Dashboard 不可避免地需要和 OpenStack 的其他组件通信。在 OpenStack 中，不同组件之间(例如 Nova 与 KeyStone、Glance、Neutron 之间)，都是通过 RESTful API。Dashboard 也

不例外。所谓 RESTful API,其底层是通过 HTTP 协议进行通信的。

值得一提的是,Dashboard 具有很高的可扩展性。用户可以在 OpenStack 提供的权威版本 Horizon 的基础上,进行二次开发。添加自定义模块,或者是修改 Horizon 中的标准模块。

4.5.2 Dashboard 的安装

(1) 安装 Dashboard。

```
yum install openstack - dashboard
```

(2) 编辑/etc/openstack-dashboard/local_settings 文件,进行如下配置更改:

```
OPENSTACK_HOST = "controller"                //设置 dashboard 使用管理节点的 openstack 服务
ALLOWED_HOSTS = ['*', ]                      //允许所有的主机访问 dashboard
SESSION_ENGINE = 'django.contrib.sessions.backends.cache'

CACHES = {
    'default': {
         'BACKEND': 'django.core.cache.backends.memcached.MemcachedCache',
         'LOCATION': 'controller:11211',
    }
}
OPENSTACK_KEYSTONE_URL = "http://%s:5000/v3" % OPENSTACK_HOST
OPENSTACK_KEYSTONE_MULTIDOMAIN_SUPPORT = False
                                             //设置登录 dashboard 时是否指定域
OPENSTACK_API_VERSIONS = {                   //设置 API 的版本号
    "identity": 3,
    "image": 2,
    "volume": 2,
}
OPENSTACK_KEYSTONE_DEFAULT_DOMAIN = "default"
                                             //设置登录 dashboard 时的默认域
OPENSTACK_KEYSTONE_DEFAULT_ROLE = "user"  //设置登录 dashboard 时的默认用户
OPENSTACK_NEUTRON_NETWORK = {
    'enable_router': False,
    'enable_quotas': False,
    'enable_distributed_router': False,
    'enable_ha_router': False,
    'enable_lb': False,
    'enable_firewall': False,
    'enable_vpn': False,
    'enable_fip_topology_check': False,
}
TIME_ZONE = "Asia/Shanghai"                  //设置时区
```

(3) 重新启动 Web 服务(此过程时间比较久)

```
systemctl restart httpd.service memcached.service
```

4.5.3 Dashboard 界面访问

在浏览器中输入 http://controller/dashboard 就可以访问 Dashboard 界面了。用户名为 admin 或者 demo,密码是之前设置的密码,此处为 111111,如图 4-65所示。

图 4-65 登录界面

登录后的界面如图 4-66 所示。

展开 Project 项,可以看到如图 4-67 所示的内容。

关于 Dashboard 的使用,将在后面详细介绍。

到目前为止,我们已经安装了 OpenStack 的核心组件,可以进行相关虚拟机的使用操作了。当然 OpenStack 还有许多额外的组件,安装这些额外的组件,可以使系统功能更加完善。在后面的章节将对 OpenStack 的 cinder 和 swift 组件进行详细的讲解。关于其他组件,如果有兴趣,读者可以进行额外的研究。

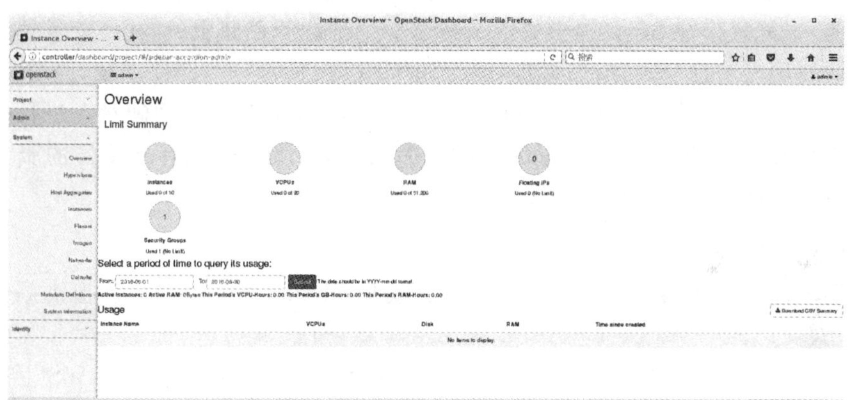

图 4-66 登录后的界面

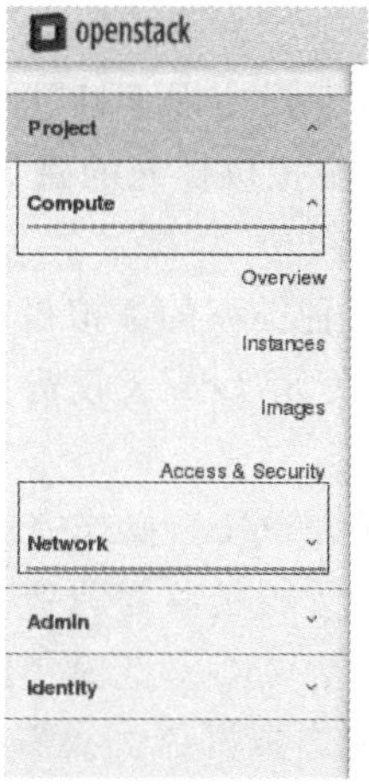

图 4-67 项目内容

4.6 安装 Cinder 块存储服务

Cinder 是 OpenStack 对块存储服务的实现。块存储服务在 AWS 中称为 EBS(Elastic Block Store)。块存储服务主要是为虚拟机提供弹性存储服务。

4.6.1 Cinder 基本概述

本节首先介绍 Cinder 组件的基本概念。理解这些概念,将有助于安装和维护 Cinder 对象存储服务。同时,对 Cinder 源码的阅读也大有益处。

4.6.1.1 Cinder 的特性

决定安装 Cinder 之前,需要回答的一个问题:什么是块存储服务? Cinder 又在 OpenStack 中有什么样的作用?

1. 块存储服务

Swift 存储服务只是提供了简单的上传与下载功能。Swift 存储服务并没有提供实时的读写功能,也就意味着 Swift 提供的不是高速 I/O 功能的存储服务,并不能像使用一般文件系统那样使用它。打个比方,如果要对云盘中的文件进行修改,需要下载,修改完成之后,再上传。而不能像在计算机上接入的可移动硬盘一样,直接在可移动硬盘上进行编辑与操作。Swift 存储服务提供的就是云盘的功能。那么在云环境下,又有什么样的服务可以提供类似于可移动硬盘的功能呢? 这就是块存储服务。

2. Cinder 的作用

如果用一句话来形容 Cinder 的作用,那么就是 Cinder 服务可以向虚拟机提供临时移动硬盘的功能。

假设在 OpenStack 上申请了一个磁盘存储空间为 8GB 的虚拟机 A(AWS 上提供了很多这种虚拟机)。系统空间已经占了 4GB,还余下 4GB 可供使用。接下来需要比对两个 8GB 的视频文件的帧误差,还需要额外添加 12GB 的空间才够用。此时的需求是对虚拟机 A 进行扩容。

此外,当任务结束之后,只需返回不同的视频帧就可以了。原来的两个 8GB 的视频文件可以不用保留。此时的需求是释放虚拟机扩充的磁盘容量 12GB。

此时的需求是两个:扩容和释放空间。

条件:计算任务需要运行 1 天,这种类型的虚拟机在云端的价格为 2.5 美元/小时。大于 8GB 的存储空间需要额外按 0.05 美元/GB/天收费。

那么应该怎么办? 有三种方法。

(1) 申请一个新的虚拟机 B,空间为 2GB。操作完成之后,返回计算结果,并将虚拟机 B 销毁。此时虚拟机 A 闲置。租用两台虚拟机共需花费 120 美元。

(2) 申请一个新的虚拟机 B,空间为 25GB,此时销毁虚拟机 A。计算完成之后,返回计算结果,并且销毁虚拟机 B。重新搭建虚拟机 A。共需花费 60.85 美元。

(3) 向 Cinder 申请 17GB 的块存储空间。将此空间挂载至虚拟机 A,计算完成之后,释放块存储资源。值得一提的块存储服务的价格：磁盘存储为 15 美分/GB/月，SSD 价格为 70 美分/GB/月。

可以看出，第三种方法非常便宜且简单易操作。也就是说，Cinder 主要是向虚拟机提供了临时扩容的服务。当虚拟机使用完存储空间之后，可以直接释放这些资源。

4.6.1.2　Cinder 的架构

Cinder 的架构是怎样的？Cinder 又是如何工作的？

1. 三种节点

Cinder 系统中的服务器主要分为三种。

1）API 节点

API 节点的主要功能是向外部服务提供 Restful API。API 节点只是接收请求，而并不执行相应的操作。当要执行某些操作的时候，API 节点会通过 RabbitMQ，将消息转发至相应的节点上，完成具体的操作。

需要注意的是，只有在 API 节点上才提供了 Restful API，除此之外的其他节点都是通过 RabbitMQ 进行通信。

2）Scheduler 节点

顾名思义，Scheduler 节点就是提供了调度服务。如果把客户端发送的各种请求比作车辆，通信链路比作道路，那么调度节点的作用好比站在十字路口的交警，车辆的行走要听从交警的指挥。调度节点的存在，使得各个模块之间的耦合度更加下降。

如果把 API 节点比作经理，那么 Scheduler 节点的作用则像一个助理。助理接收到请求，会分析出出差的地点、出差工作量和语言交流，从众多技术人员选择一个合适的技术人员出差。

当然，针对庞大的公司，一个经理下面可能需要多个助理。与此类似，Cinder 块存储系统中，也可以存在多个 Scheduler 节点。

3）Volume 节点

Volume 节点主要是提供了真正的块存储服务。也就意味着，Cinder 服务提供给虚拟机的“移动硬盘”所占用的磁盘存储空间是位于 Volume 节点的。

2. 创建 Volume 的工作流程

通过创建 Volume 的例子，可以明白 Cinder 服务器内部是如何协调工作的。也可以明白三种节点是如何交互的。创建 Volume 的工作流程如图 4-68 所示。

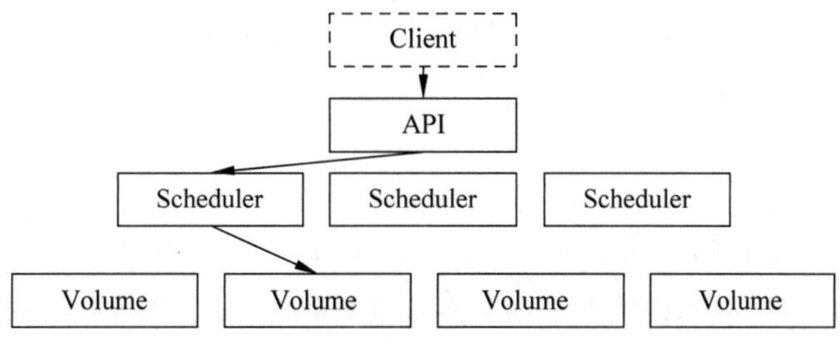

图 4-68　创建 Volume 工作流程图

创建一个 Volume 需要经过如下步骤：

(1) Client 向 API 节点发送创建 Volume 的请求(此处是通过 Restful API 进行通信)。

(2) API 节点接收到此请求之后，检查并验证此请求是否合法。

(3) API 节点将合法的请求转给 Scheduler 节点，随机地从这些 Scheduler 节点中选择一个 Scheduler 节点，并将此消息转发至此 Scheduler 节点。

(4) 接收到消息的 Scheduler 节点，会查看正常运行的 Volume 节点，然后会选择一个合适的 Volume 节点。将创建 Volume 的消息转发至此 Volume 节点。

(5) 被 Scheduler 节点选中的 Volume 节点将会准备资源并创建 Volume，然后返回创建的结果。

(6) 之前的 Scheduler 节点接收到创建结果之后，返回给 API 节点，API 节点再将此结果反馈给 Client 端。

4.6.1.3 Cinder 架构的优缺点

Cinder 的架构设计其实挺像一个高效率的小型公司：如果经理是 API 节点，那么经理助理(简称助理)是 Scheduler 节点，技术员工是 Volume 节点。

初步了解了 Cinder 的架构，那么有一个问题是：为什么 Cinder 会采用这种设计？当 API 节点接收到请求之后，为什么不直接把请求转给 Volume 节点？

首先用生活中的例子打个比方：如果经理接收到客户项目之后，直接将请求转给技术员工。在这里面实际上还需要考虑：

- 哪些技术员工在正常上班？
- 哪些技术员工与这个业务比较配合？
- 哪些技术人员没有忙于别的项目？
- 哪些技术人员对此客户项目非常感兴趣？

上述种种问题，可能还没有等经理将这些问题想清楚，其他客户的其他项目又来了(经理还需要和客户开会讨论是否接下这个项目)。这会导致经理一直忙碌，效率严重下降。

如果这时候能够引进一个助理，便可以改善这些状态。经理便可以主要负责与客户进行沟通(项目是否合法、是否会盈利)；而助理主要是协助经理完成任务，以及做好相应的决策。助理还需要负责与技术员工进行沟通。

当经理的请求变得特别多的时候，一个助理可能处理不了如此之多的事务。此时，就需要添加助理了，经理在接到客户端请求的时候，一种简单的处理方法就是随机选择一个助理，并且把相应的事务转交给此助理。在这种情况下，这个公司就可以高效地运转了。

当客户特别多的时候，就需要增加经理的数目，来处理各种不同的客户。比如有很多公司都设有华东地区负责人、华北地区负责人、华南地区负责人。实际上就是增加了经理的数目，从而更加快捷地处理客户的请求。

说到这里，应该明白了 Cinder 采取这种设计架构的原因。由于模块之间可以灵活地相互协调工作，使得架构很容易扩展。那么这种架构是否有缺点呢？仔细了解会发现：Cinder 的整个架构中，所有的模块都严重依赖于 RabbitMQ 消息通信机制。

图 4-69 示意了多个 Scheduler、多个 Volume 节点的情况。在这种情况下，节点与节点之间的通信会严重依赖于 RabbitMQ 消息通信服务。如果在请求非常繁忙的时候，

RabbitMQ 出现问题，那么会导致所有的模块都不可用。在这种情况下，有以下解决办法：

- 问题出现的主要原因是由于规模导致。在一个私有云或者公有云中，尽量不要添加太多的节点，一个较大的云服务，可以由无数个小云组成。而在每个小云中，节点的数目是受限的。
- 既然 RabbitMQ 消息通信服务是最容易出问题的服务，那么可以加强 RabbitMQ 消息通信服务的处理能力。比如采用集群部署、增加 RabbitMQ 服务的配置等措施。
- RabbitMQ 主要是为了提供远程函数调用，并不是为了传递数据使用，如果需要传递大量的数据(或者高频率定时更新的小规模数据)，应尽量采用独立的数据传输通道，不要占用 RabbitMQ 的通信资源。

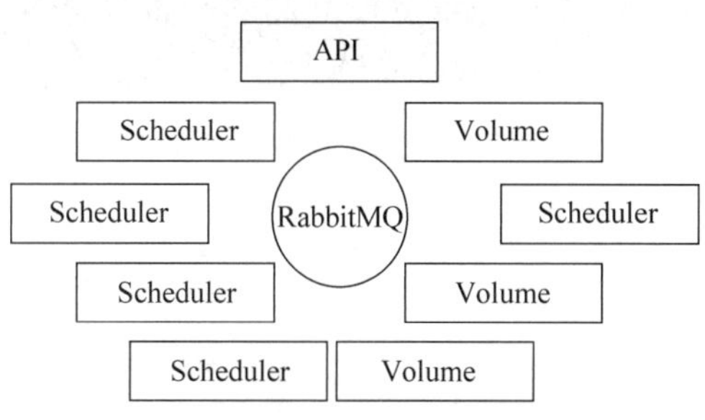

图 4-69 Cinder 整体架构

4.6.2 搭建环境

本节主要介绍部署 Cinder 的准备工作，以及如何快速地安装 Cinder 服务。Cinder 服务与 Swift 服务类似，会涉及磁盘分区及格式化操作。

Cinder 分为管理节点和存储节点的安装和配置，由于我们使用的是单机部署，因此下面针对管理节点和存储节点安装进行讲解，但实际操作都在同一台节点上进行，管理节点和存储节点安装所涉及的步骤都要操作。

1. 管理节点端安装

(1) 创建我们需要的 Cinder 对应的数据库。

运行如下命令进入数据库：

```
mysql -u root -p111111
```

创建 neutron 数据库：

```
CREATE DATABASE cinder;
```

为数据库设置访问权限(其中密码应写成自己的密码)，如图 4-70 所示。

```
GRANT ALL PRIVILEGES ON cinder.* TO 'cinder'@'localhost' \
  IDENTIFIED BY '111111';
GRANT ALL PRIVILEGES ON cinder.* TO 'cinder'@'%' \
  IDENTIFIED BY '111111';
```

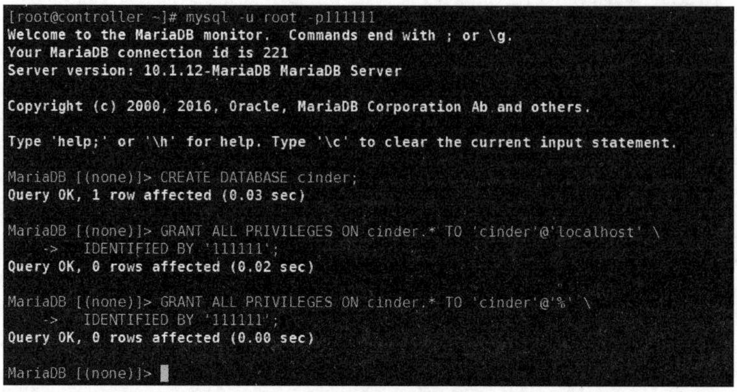

```
[root@controller ~]# mysql -u root -p111111
Welcome to the MariaDB monitor.  Commands end with ; or \g.
Your MariaDB connection id is 221
Server version: 10.1.12-MariaDB MariaDB Server

Copyright (c) 2000, 2016, Oracle, MariaDB Corporation Ab and others.

Type 'help;' or '\h' for help. Type '\c' to clear the current input statement.

MariaDB [(none)]> CREATE DATABASE cinder;
Query OK, 1 row affected (0.03 sec)

MariaDB [(none)]> GRANT ALL PRIVILEGES ON cinder.* TO 'cinder'@'localhost' \
    ->   IDENTIFIED BY '111111';
Query OK, 0 rows affected (0.02 sec)

MariaDB [(none)]> GRANT ALL PRIVILEGES ON cinder.* TO 'cinder'@'%' \
    ->   IDENTIFIED BY '111111';
Query OK, 0 rows affected (0.00 sec)

MariaDB [(none)]>
```

图 4-70　为数据库设置访问权限

创建完成后退出数据库。

(2) 加载/admin-openrc 文件,使 admin 用户获取访问权限。

```
. /admin-openrc
```

(3) 创建 Cinder 用户(需要设置密码,此处设置为 111111),如图 4-71 所示。

```
openstack user create --domain default --password-prompt cinder
```

```
[root@controller ~]# openstack user create --domain default --password-prompt cinder
User Password:
Repeat User Password:
+-----------+----------------------------------+
| Field     | Value                            |
+-----------+----------------------------------+
| domain_id | ceee22f7a67043f2b6cdd7a91bcfd849 |
| enabled   | True                             |
| id        | 287f4b571f0147f188ed200c25d0da91 |
| name      | cinder                           |
+-----------+----------------------------------+
[root@controller ~]#
```

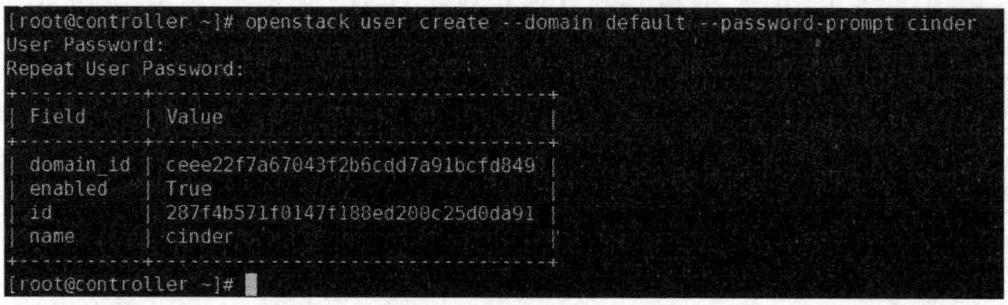

图 4-71　创建 Cinder 用户

(4) 为 Cinder 用户添加 admin 规则(此过程没有输出):

```
openstack role add --project service --user cinder admin
```

(5) 创建 cinder 以及 cinderv2 服务,如图 4-72 所示。

```
openstack service create --name cinder --description "OpenStack Block Storage" volume
openstack service create --name cinderv2 --description "OpenStack Block Storage" volumev2
```

(6) 创建块存储服务 API endpoint,如图 4-73～图 4-78 所示。

```
openstack endpoint create --region RegionOne volume public http://controller:8776/v1/%\
(tenant_id\)s
```

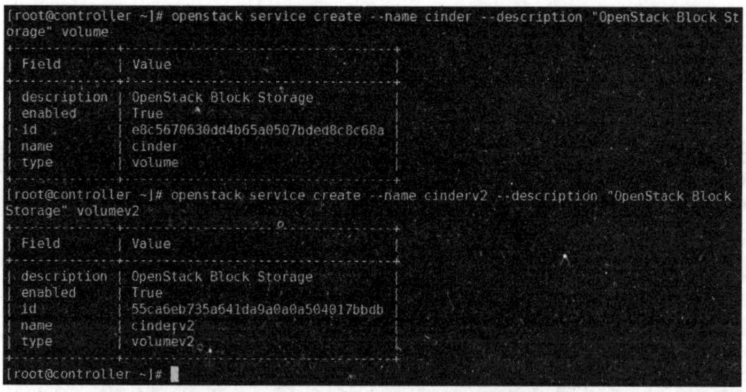

```
[root@controller ~]# openstack service create --name cinder --description "OpenStack Block St
orage" volume
+-------------+----------------------------------+
| Field       | Value                            |
+-------------+----------------------------------+
| description | OpenStack Block Storage          |
| enabled     | True                             |
| id          | e8c5670630dd4b65a0507bded8c8c68a |
| name        | cinder                           |
| type        | volume                           |
+-------------+----------------------------------+
[root@controller ~]# openstack service create --name cinderv2 --description "OpenStack Block
Storage" volumev2
+-------------+----------------------------------+
| Field       | Value                            |
+-------------+----------------------------------+
| description | OpenStack Block Storage          |
| enabled     | True                             |
| id          | 55ca6eb735a641da9a0a0a504017bbdb |
| name        | cinderv2                         |
| type        | volumev2                         |
+-------------+----------------------------------+
[root@controller ~]#
```

图 4-72 创建 cinder 以及 cinderv2 服务

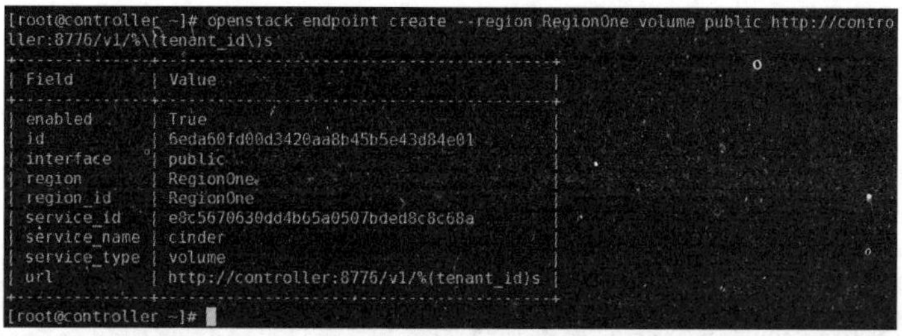

```
[root@controller ~]# openstack endpoint create --region RegionOne volume public http://contro
ller:8776/v1/%\(tenant_id\)s
+--------------+-----------------------------------------+
| Field        | Value                                   |
+--------------+-----------------------------------------+
| enabled      | True                                    |
| id           | 6eda60fd00d3420aa8b45b5e43d84e01        |
| interface    | public                                  |
| region       | RegionOne                               |
| region_id    | RegionOne                               |
| service_id   | e8c5670630dd4b65a0507bded8c8c68a        |
| service_name | cinder                                  |
| service_type | volume                                  |
| url          | http://controller:8776/v1/%(tenant_id)s |
+--------------+-----------------------------------------+
[root@controller ~]#
```

图 4-73 创建 cinder 服务的第一个 API endpoint

```
openstack endpoint create -- region RegionOne volume internal http://controller:8776/v1/%\
(tenant_id\)s
```

```
[root@controller ~]# openstack endpoint create --region RegionOne volume internal http://cont
roller:8776/v1/%\(tenant_id\)s
+--------------+-----------------------------------------+
| Field        | Value                                   |
+--------------+-----------------------------------------+
| enabled      | True                                    |
| id           | 0b73c8c0e95a4e81821c4aba5fde05bd        |
| interface    | internal                                |
| region       | RegionOne                               |
| region_id    | RegionOne                               |
| service_id   | e8c5670630dd4b65a0507bded8c8c68a        |
| service_name | cinder                                  |
| service_type | volume                                  |
| url          | http://controller:8776/v1/%(tenant_id)s |
+--------------+-----------------------------------------+
[root@controller ~]#
```

图 4-74 创建 cinder 服务的第二个 API endpoint

```
openstack endpoint create -- region RegionOne volume admin http://controller: 8776/v1/%\
(tenant_id\)s
```

```
[root@controller ~]# openstack endpoint create --region RegionOne volume admin http://control
ler:8776/v1/%\(tenant_id\)s
+--------------+-----------------------------------------+
| Field        | Value                                   |
+--------------+-----------------------------------------+
| enabled      | True                                    |
| id           | 4ac258e6ff6545cbbbc06e67b50cd7ee        |
| interface    | admin                                   |
| region       | RegionOne                               |
| region_id    | RegionOne                               |
| service_id   | e8c5670630dd4b65a0507bded8c8c68a        |
| service_name | cinder                                  |
| service_type | volume                                  |
| url          | http://controller:8776/v1/%(tenant_id)s |
+--------------+-----------------------------------------+
[root@controller ~]#
```

图 4-75 创建 cinder 服务的第三个 API endpoint

```
openstack endpoint create -- region RegionOne volumev2 public http://controller:8776/v2/%\
(tenant_id\)s
```

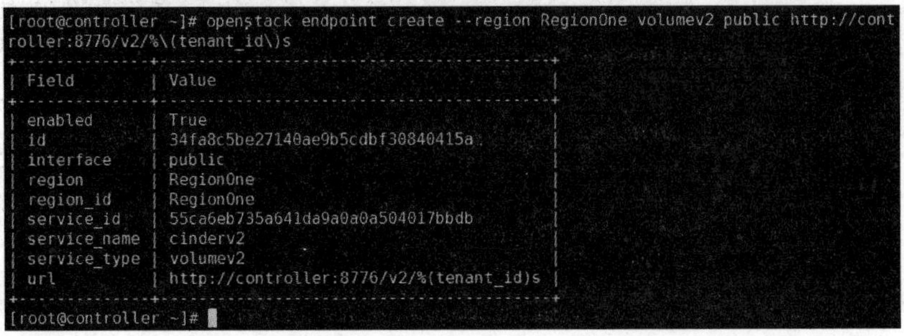

```
[root@controller ~]# openstack endpoint create --region RegionOne volumev2 public http://cont
roller:8776/v2/%\(tenant_id\)s
+--------------+-------------------------------------------+
| Field        | Value                                     |
+--------------+-------------------------------------------+
| enabled      | True                                      |
| id           | 34fa8c5be27140ae9b5cdbf30840415a          |
| interface    | public                                    |
| region       | RegionOne                                 |
| region_id    | RegionOne                                 |
| service_id   | 55ca6eb735a641da9a0a0a504017bbdb          |
| service_name | cinderv2                                  |
| service_type | volumev2                                  |
| url          | http://controller:8776/v2/%(tenant_id)s   |
+--------------+-------------------------------------------+
[root@controller ~]#
```

图 4-76　创建 cinderv2 服务的第一个 API endpoint

```
openstack endpoint create -- region RegionOne volumev2 internal http://controller:8776/v2/%
\(tenant_id\)s
```

```
[root@controller ~]# openstack endpoint create --region RegionOne volumev2 internal http://co
ntroller:8776/v2/%\(tenant_id\)s
+--------------+-------------------------------------------+
| Field        | Value                                     |
+--------------+-------------------------------------------+
| enabled      | True                                      |
| id           | 3e9d71ab688a4d7a817d77aee297732b          |
| interface    | internal                                  |
| region       | RegionOne                                 |
| region_id    | RegionOne                                 |
| service_id   | 55ca6eb735a641da9a0a0a504017bbdb          |
| service_name | cinderv2                                  |
| service_type | volumev2                                  |
| url          | http://controller:8776/v2/%(tenant_id)s   |
+--------------+-------------------------------------------+
[root@controller ~]#
```

图 4-77　创建 cinderv2 服务的第二个 API endpoint

```
openstack endpoint create -- region RegionOne volumev2 admin http://controller:8776/v2/%\
(tenant_id\)s
```

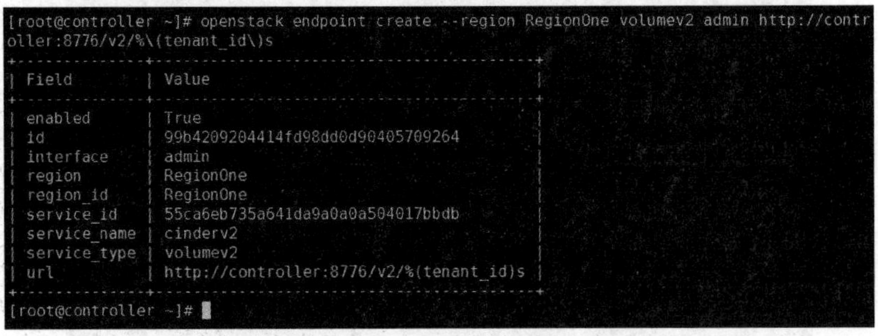

```
[root@controller ~]# openstack endpoint create --region RegionOne volumev2 admin http://contr
oller:8776/v2/%\(tenant_id\)s
+--------------+-------------------------------------------+
| Field        | Value                                     |
+--------------+-------------------------------------------+
| enabled      | True                                      |
| id           | 99b4209204414fd98dd0d90405709264          |
| interface    | admin                                     |
| region       | RegionOne                                 |
| region_id    | RegionOne                                 |
| service_id   | 55ca6eb735a641da9a0a0a504017bbdb          |
| service_name | cinderv2                                  |
| service_type | volumev2                                  |
| url          | http://controller:8776/v2/%(tenant_id)s   |
+--------------+-------------------------------------------+
[root@controller ~]#
```

图 4-78　创建 cinderv2 服务的第三个 API endpoint

（7）安装服务组件。

```
yum install openstack-cinder
```

（8）编辑/etc/cinder/cinder.conf 文件，进行如下配置更改：

```
[database]
connection = mysql+pymysql://cinder:111111@controller/cinder
                                              //密码需要修改为 cinder 数据库的密码

[DEFAULT]
rpc_backend = rabbit
auth_strategy = keystone
my_ip = 10.1.3.148                            //此处 IP 需要修改为虚拟机的实际 IP 地址

[oslo_messaging_rabbit]
rabbit_host = controller
rabbit_userid = openstack
rabbit_password = 111111                      //密码需要修改为节点的密码

[keystone_authtoken]
auth_uri = http://controller:5000
auth_url = http://controller:35357
memcached_servers = controller:11211
auth_type = password
project_domain_name = default
user_domain_name = default
project_name = service
username = cinder
password = 111111                             //密码需要修改为 cinder 的密码

[oslo_concurrency]
lock_path = /var/lib/cinder/tmp
```

（9）同步数据库，如图 4-79 所示。

```
su -s /bin/sh -c "cinder-manage db sync" cinder
```

```
2016-06-30 10:11:19.557 21656 INFO migrate.versioning.api [-] done
2016-06-30 10:11:19.557 21656 INFO migrate.versioning.api [-] 63 -> 64...
2016-06-30 10:11:19.616 21656 INFO migrate.versioning.api [-] done
2016-06-30 10:11:19.616 21656 INFO migrate.versioning.api [-] 64 -> 65...
2016-06-30 10:11:19.965 21656 INFO migrate.versioning.api [-] done
2016-06-30 10:11:19.966 21656 INFO migrate.versioning.api [-] 65 -> 66...
2016-06-30 10:11:21.058 21656 INFO migrate.versioning.api [-] done
2016-06-30 10:11:21.058 21656 INFO migrate.versioning.api [-] 66 -> 67...
2016-06-30 10:11:21.100 21656 INFO migrate.versioning.api [-] done
2016-06-30 10:11:21.101 21656 INFO migrate.versioning.api [-] 67 -> 68...
2016-06-30 10:11:21.108 21656 INFO migrate.versioning.api [-] done
2016-06-30 10:11:21.108 21656 INFO migrate.versioning.api [-] 68 -> 69...
2016-06-30 10:11:21.116 21656 INFO migrate.versioning.api [-] done
2016-06-30 10:11:21.116 21656 INFO migrate.versioning.api [-] 69 -> 70...
2016-06-30 10:11:21.123 21656 INFO migrate.versioning.api [-] done
2016-06-30 10:11:21.124 21656 INFO migrate.versioning.api [-] 70 -> 71...
2016-06-30 10:11:21.131 21656 INFO migrate.versioning.api [-] done
2016-06-30 10:11:21.131 21656 INFO migrate.versioning.api [-] 71 -> 72...
2016-06-30 10:11:21.141 21656 INFO migrate.versioning.api [-] done
[root@controller ~]#
```

图 4-79 同步数据库

（10）编辑/etc/nova/nova.conf 配置文件，进行如下配置更改：

```
[cinder]
os_region_name = RegionOne
```

(11) 重启计算服务。

```
systemctl restart openstack - nova - api. service
```

(12) 启动块存储服务并设置为开机自启动,如图 4-80 所示。

```
systemctl        enable        openstack - cinder - api. service openstack - cinder -
scheduler. service
systemctl        start         openstack - cinder - api. service openstack - cinder -
scheduler. service
```

```
[root@controller ~]# systemctl restart openstack-nova-api.service
[root@controller ~]# systemctl enable openstack-cinder-api.service openstack-cinder-scheduler
.service
Created symlink from /etc/systemd/system/multi-user.target.wants/openstack-cinder-api.service
 to /usr/lib/systemd/system/openstack-cinder-api.service.
Created symlink from /etc/systemd/system/multi-user.target.wants/openstack-cinder-scheduler.s
ervice to /usr/lib/systemd/system/openstack-cinder-scheduler.service.
[root@controller ~]# systemctl start openstack-cinder-api.service openstack-cinder-scheduler.
service
[root@controller ~]#
```

图 4-80 启动块存储服务并设置为开机自启动

2. 存储节点端安装

(1) 安装 LVM 软件包以及相关软件包。

```
yum install lvm2
yum installopenstack - cinder targetcli
```

设置为开机自启动,如图 4-81 所示。

```
systemctl enable lvm2 - lvmetad. service
systemctl start lvm2 - lvmetad. service
```

```
[root@controller ~]# systemctl enable lvm2-lvmetad.service
Created symlink from /etc/systemd/system/sysinit.target.wants/lvm2-lvmetad.service to /usr/li
b/systemd/system/lvm2-lvmetad.service.
[root@controller ~]# systemctl start lvm2-lvmetad.service
[root@controller ~]#
```

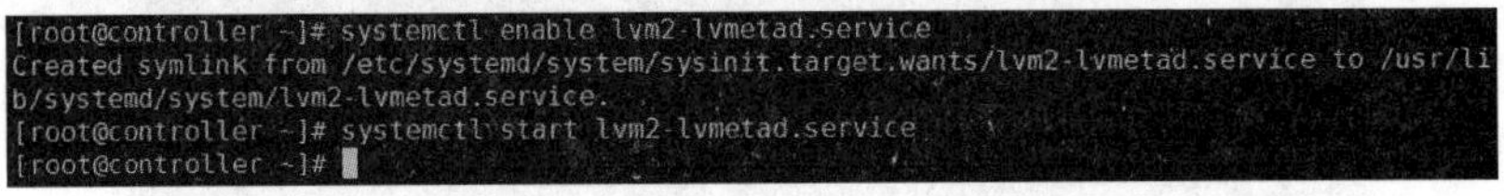

图 4-81 设置为开机自启动

(2) 创建一个 Cinder Volume 的卷。

使用以下命令查看当前系统的磁盘分区,如图 4-82 所示。

```
fdisk - l
```

由于在分配虚拟机的时候额外分配了一块 10GB 大小的磁盘,可以看到/dev/vda 处于空闲状态,为/dev/vda 设备创建两块分区:一块为 Cinder 使用,另一块为后面的 Swift 使用。

通过以下命令创建第一块分区,如图 4-83 所示。

```
[root@controller ~]# fdisk -l

磁盘 /dev/vda: 10.7 GB, 10737418240 字节, 20971520 个扇区
Units = 扇区 of 1 * 512 = 512 bytes
扇区大小(逻辑/物理): 512 字节 / 512 字节
I/O 大小(最小/最佳): 512 字节 / 512 字节


磁盘 /dev/sda: 21.5 GB, 21474836480 字节, 41943040 个扇区
Units = 扇区 of 1 * 512 = 512 bytes
扇区大小(逻辑/物理): 512 字节 / 512 字节
I/O 大小(最小/最佳): 512 字节 / 512 字节
磁盘标签类型: dos
磁盘标识符: 0x0006496c

   设备 Boot      Start         End      Blocks   Id  System
/dev/sda1   *        2048     1026047      512000   83  Linux
/dev/sda2         1026048    41943039    20458496   8e  Linux LVM

磁盘 /dev/mapper/centos-root: 18.8 GB, 18756927488 字节, 36634624 个扇区
Units = 扇区 of 1 * 512 = 512 bytes
扇区大小(逻辑/物理): 512 字节 / 512 字节
I/O 大小(最小/最佳): 512 字节 / 512 字节


磁盘 /dev/mapper/centos-swap: 2147 MB, 2147483648 字节, 4194304 个扇区
```

图 4-82　查看当前系统的磁盘分区

```
fdisk /dev/vda
```

依次选择 n、p、1、ENTER、10400000、w。

```
[root@controller ~]# fdisk /dev/vda
欢迎使用 fdisk (util-linux 2.23.2)。

更改将停留在内存中，直到您决定将更改写入磁盘。
使用写入命令前请三思。

Device does not contain a recognized partition table
使用磁盘标识符 0x8f67929c 创建新的 DOS 磁盘标签。

命令(输入 m 获取帮助): n
Partition type:
   p   primary (0 primary, 0 extended, 4 free)
   e   extended
Select (default p): p
分区号 (1-4，默认 1): 1
起始 扇区 (2048-20971519，默认为 2048):
将使用默认值 2048
Last 扇区, +扇区 or +size{K,M,G} (2048-20971519，默认为 20971519): 10400000
分区 1 已设置为 Linux 类型，大小设为 5 GiB

命令(输入 m 获取帮助): w
The partition table has been altered!

Calling ioctl() to re-read partition table.
正在同步磁盘。
[root@controller ~]#
```

图 4-83　创建第一块分区

运行 fdisk -l，再次查看磁盘情况，可以看到新增加了一个设备/dev/vda1，如图 4-84 所示。

通过以下命令创建第二块分区，如图 4-85 所示。

```
fdisk /dev/vda
```

依次选择 n、p、2、ENTER、ENTER、w。

运行 fdisk -l，再次查看磁盘情况，可以看到新增加了一个设备/dev/vda2，如图 4-86 所示。

```
I/O 大小(最小/最佳): 512 字节 / 512 字节
磁盘标签类型: dos
磁盘标识符: 0x8f67929c

   设备 Boot      Start         End      Blocks   Id  System
/dev/vda1            2048    10400000     5198976+  83  Linux

磁盘 /dev/sda: 21.5 GB, 21474836480 字节, 41943040 个扇区
Units = 扇区 of 1 * 512 = 512 bytes
扇区大小(逻辑/物理): 512 字节 / 512 字节
I/O 大小(最小/最佳): 512 字节 / 512 字节
磁盘标签类型: dos
磁盘标识符: 0x0006496c

   设备 Boot      Start         End      Blocks   Id  System
/dev/sda1   *        2048     1026047      512000   83  Linux
/dev/sda2         1026048    41943039    20458496   8e  Linux LVM
```

图 4-84 查看磁盘情况

```
[root@controller ~]# fdisk /dev/vda
欢迎使用 fdisk (util-linux 2.23.2)。

更改将停留在内存中,直到您决定将更改写入磁盘。
使用写入命令前请三思。


命令(输入 m 获取帮助): n
Partition type:
   p   primary (1 primary, 0 extended, 3 free)
   e   extended
Select (default p): p
分区号 (2-4, 默认 2): 2
起始 扇区 (10400001-20971519, 默认为 10401792):
将使用默认值 10401792
Last 扇区, +扇区 or +size{K,M,G} (10401792-20971519, 默认为 20971519):
将使用默认值 20971519
分区 2 已设置为 Linux 类型, 大小设为 5 GiB

命令(输入 m 获取帮助): w
The partition table has been altered!

Calling ioctl() to re-read partition table.
正在同步磁盘。
[root@controller ~]#
```

图 4-85 创建第二块分区

```
磁盘标签类型: dos
磁盘标识符: 0x8f67929c

   设备 Boot      Start         End      Blocks   Id  System
/dev/vda1            2048    10400000     5198976+  83  Linux
/dev/vda2        10401792    20971519     5284864   83  Linux

磁盘 /dev/sda: 21.5 GB, 21474836480 字节, 41943040 个扇区
Units = 扇区 of 1 * 512 = 512 bytes
扇区大小(逻辑/物理): 512 字节 / 512 字节
I/O 大小(最小/最佳): 512 字节 / 512 字节
磁盘标签类型: dos
磁盘标识符: 0x0006496c

   设备 Boot      Start         End      Blocks   Id  System
/dev/sda1   *        2048     1026047      512000   83  Linux
/dev/sda2         1026048    41943039    20458496   8e  Linux LVM
```

图 4-86 查看磁盘情况

进行如下操作将/dev/vda1 分区分配给 cinder-volume 使用,如图 4-87 所示。

```
pvcreate /dev/vda1
vgcreate cinder - volumes /dev/vda1
```

(3) 编辑/etc/lvm/lvm.conf 文件,进行如下配置更改,将 cinder-volumes 加入操作系统卷扫描列表。

```
[root@controller ~]# pvcreate /dev/vda1
  Physical volume "/dev/vda1" successfully created
[root@controller ~]# vgcreate cinder-volumes /dev/vda1
  Volume group "cinder-volumes" successfully created
[root@controller ~]#
```

图 4-87 将/dev/vda1 分区分配给 cinder-volume 使用

```
devices {
filter = [ "a/vda1/", "r/. * /"]
```

(4) 编辑/etc/cinder/cinder. conf 文件，进行如下配置更改：

```
[database]
connection = mysql + pymysql://cinder:111111@controller/cinder
                                                    //密码需要修改为 cinder 数据库的密码

[DEFAULT]
rpc_backend = rabbit
auth_strategy = keystone
my_ip = 10.1.3.148                     //ip 需要修改为控制节点的 ip 地址
enabled_backends = lvm
glance_api_servers = http://controller:9292

[oslo_messaging_rabbit]
rabbit_host = controller
rabbit_userid = openstack
rabbit_password = 111111               //密码需要修改为控制节点的密码

[keystone_authtoken]
auth_uri = http://controller:5000
auth_url = http://controller:35357
memcached_servers = controller:11211
auth_type = password
project_domain_name = default
user_domain_name = default
project_name = service
username = cinder
password = 111111                      //密码需要修改为 cinder 的密码

[lvm]                                  //这部分需要手动加入，配置文件中不存在
volume_driver = cinder. volume. drivers. lvm. LVMVolumeDriver
volume_group = cinder - volumes
iscsi_protocol = iscsi
iscsi_helper = lioadm

[oslo_concurrency]
lock_path = /var/lib/cinder/tmp
```

(5) 启动相应存储服务并设置为开机自启动，如图 4-88 所示。

```
systemctl enable openstack - cinder - volume. service target. service
systemctl start openstack - cinder - volume. service target. service
```

```
[root@controller ~]# systemctl enable openstack-cinder-volume.service target.service
Created symlink from /etc/systemd/system/multi-user.target.wants/openstack-cinder-volume.serv
ice to /usr/lib/systemd/system/openstack-cinder-volume.service.
Created symlink from /etc/systemd/system/multi-user.target.wants/target.service to /usr/lib/s
ystemd/system/target.service.
[root@controller ~]# systemctl start openstack-cinder-volume.service target.service
[root@controller ~]#
```

图 4-88 启动相应存储服务并设置为开机自启动

(6) 可以通过以下命令验证 Cinder 是否安装成功,如图 4-89 所示。

```
./admin-openrc
cinder service-list
```

```
[root@controller ~]# . /admin-openrc
[root@controller ~]# cinder service-list
+------------------+----------------+------+---------+-------+----------------------------+--
---------------+
|      Binary      |      Host      | Zone |  Status | State |         Updated_at         | D
isabled Reason |
+------------------+----------------+------+---------+-------+----------------------------+--
---------------+
| cinder-scheduler |   controller   | nova | enabled |   up  | 2016-06-30T02:42:03.000000 |
       -       |
|  cinder-volume   | controller@lvm | nova | enabled |   up  | 2016-06-30T02:42:07.000000 |
       -       |
+------------------+----------------+------+---------+-------+----------------------------+--
---------------+
[root@controller ~]#
```

图 4-89 验证 Cinder 是否安装成功

安装完 Cinder 后再次登录 Dashboard 界面,可以发现在 Project 选项卡中,增加了一个 Volumes 选项,如图 4-90 所示。

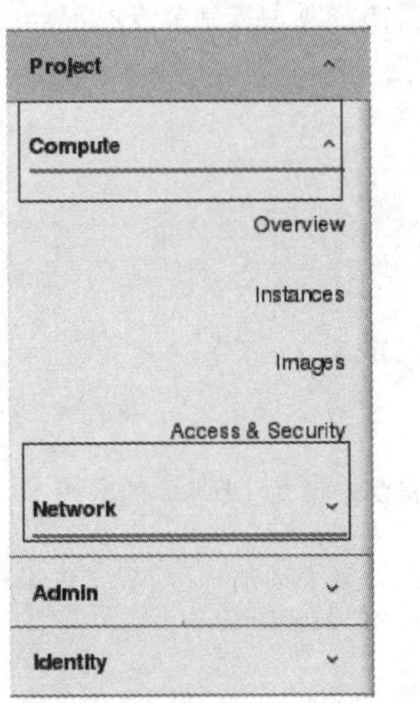

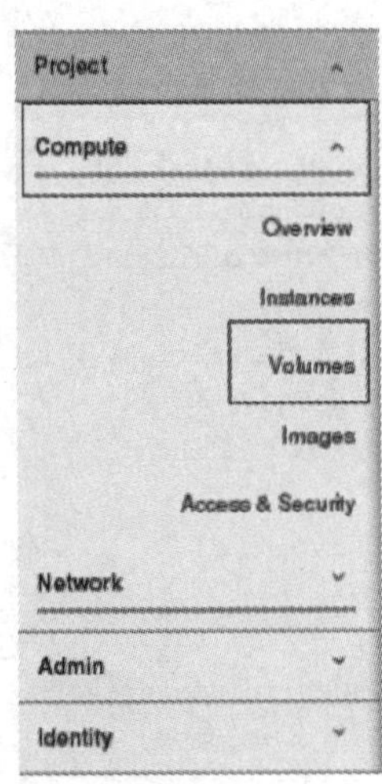

图 4-90 Project 选项卡内容展示

至此,Cinder 已经安装完成,接下来将进行 Swift 的安装讲解。

4.7 安装 Swift 存储服务

Swift 是 OpenStack 云存储服务的重要组件,提供了高可用、分布式、持久性、大文件对象存储服务。此外,Swift 还可以利用一系列价格便宜的硬件存储设备,提供安全、高效又可靠的存储服务。本节将重点介绍如何安装及使用 Swift 存储服务。

本节主要涉及的知识点如下。

- Swift 基本概念：了解这些基本概念，有助于搭建 Swift 系统，维护系统也更加容易，并且为阅读源码做好准备。
- 注册服务：学会把服务注册到 Keystone 中。
- 安装 Proxy 服务：学会如何安装 Proxy 服务。Proxy 服务节点是 Swft 存储服务最关键的部分，Proxy 服务处理了以往 Swift 的每个请求。此外，Proxy 服务还提供了公共的 API。
- 安装存储节点：学会安装存储节点，并且了解存储节点如何与 Proxy 服务进行交互。存储节点提供了存储空间，用于存储用户的数据。
- 管理 Swift：学会如何使用存储服务。并且学习添加、删除存储节点。了解安装及运行中可能出现的各种问题。

4.7.1 Swift 概述

本章介绍 Swift 组件的基本概念，理解这些概念，将有助于安装和维护 Swift 对象存储服务。同时，对 Swift 源码的阅读也大有益处。

4.7.1.1 Swift 基本概念

在决定使用 Swift 之前，需要回答一个问题：为什么采用 Swift？Swift 有什么优点？从 Swift 的特性着手，就能够知道 Swift 能够解决什么样的问题。

1. 数据持久性

数据持久性(Durability)是衡量存储系统的重要指标。数据持久性描述的是用户数据存储到系统中丢失的可能性。从理论上讲，针对较小部署的环境，Swift 也能够提供极高的数据持久性。为了防止数据丢失，Swift 采用了冗余 Relica(副本)的处理方法。Relica 的默认值是 3。

2. 架构对称性

对称性是指 Swift 架构设计上，并没有采用类似 HDFS(Hadoop Distributed File System)的主从架构。如果采用 HDFS 的主从架构，容易导致主节点的压力过大，运营维护困难会相对增加。对称性带来的便利之处就是整个系统的稳定性，不会因为某个主控节点的失效而变得不可用。

3. 无节点故障

Swift 采用对称性设计，每个节点的地位完全平等，没有一个角色是单点的。因此系统的性能并不会因为某个节点的失效而导致整个系统的不可用。此外，Swift 对元数据处理与对象文件存储方式并没有什么不同。元数据也和对象文件一样，完全均匀多份随机分布。

4. 可扩展性

从理论上讲，当加入新节点到 Swift 集群中的时候，会给扩展性带来两方面的影响：容量的增加；系统性能的提升。由于采用了对称性设计，每个节点所起的作用相当，因此，只需要将新的节点加入到 Swift 系统中就可以了。

值得注意的是，Swift 系统采用的是完全对称的系统架构。新节点的地位如果想要与旧有的节点地位保持一致，就需要将 Swift 系统中已存储的数据进行迁移。对称性设计带来的数据迁移也制约着 Swift 系统的推广与使用。

5. 简单可靠性

Swift 采用的原理简单，架构设计、代码和算法都较易读懂，但是却提供了较高的可靠性。系统结构简单带来的好处是部署以及维护都较容易，出现问题较容易解决。

4.7.1.2 Swift 的架构

Swift 系统中的服务器，主要分为三种。

1. Authentication Node

Authentication Node(认证节点)提供身份验证功能。值得一提的是，对于只想使用 Swift 作为存储系统的用户而言，可以使用 Swift 内置的认证服务，并将此认证服务运行于 Authentication node 上。如果把 Swift 放到 OpenStack 中，则会采用 Keystone 的认证服务，此时 Authentication Node 就不属于 Swift。本书中搭建的 Swift 存储系统，即采用了 Keystone 提供的认证服务，有利于与其他 OpenStack 组件进行交互。

2. Proxy Node

Proxy Node(代理节点)提供 Swift API 的服务进程，负责把客户端的请求进行转发。Proxy Server 提供了 Rest-full API，使得开发者可以基于 Swift API 构建自己的应用程序。

3. Storage Node

Storage Node(存储节点)将磁盘存储服务转化成为 Swift 中的存储服务。由于存储目标的类型不同，Storage Node 上运行的存储服务也分为三类。

- Object Server：对象存储提供了二进制大对象存储服务。对象数据本身直接利用文件系统的存储功能。但是，对象的元数据却是存放在文件系统的扩展属性中的。因此，Object Server 需要底层文件系统提供扩展属性。
- Container Server：容器服务主要是处理对象列表。容器服务管理的是从容器到对象的单一映射关系。也就是说，容器服务并不知道对象存放在哪个容器，但是却知道容器中存放了哪些对象。这部分信息以文件的形式与对象数据一样，采用完全均匀随机多份存储。唯一不同的是，文件采用的是 SQLite 格式进行存储。容器服务也会统计对象的总数以及节点存储空间的使用情况等信息。
- Account Server：账户服务处理的对象主要是容器列表。除此之外，账户服务与容器服务处理方式并没有什么不同。

如图 4-91 所示为一个简单的 Swift 部署实例。在实际应用中，为了部署与维护的方便，经常将 Object Server、Container Server 以及 Account Server 这三种服务运行在存储节点上。采用这种部署方式，如果硬件配置相同，那么 Storage Node 之间的地位是平等的。

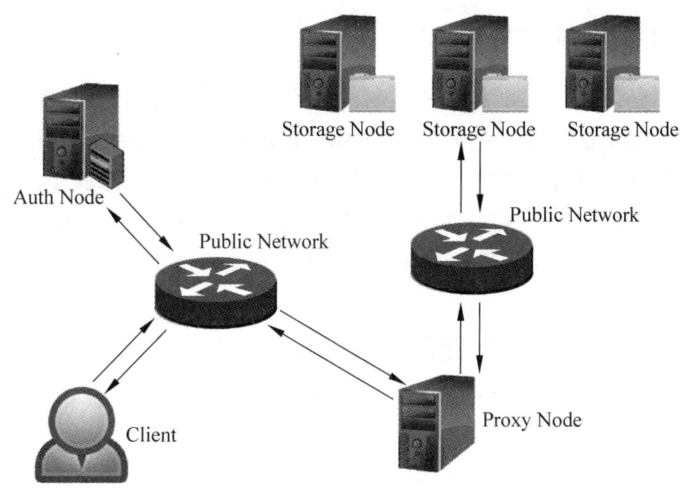

图 4-91 Swift 部署实例

4.7.1.3 Swift 的故障处理

存储系统的实际应用中，利用文件系统提供存储服务，以及提供 Rest-full API 并不困难。存储系统真正的难点在于：由于数据损坏或硬件故障导致的数据不一致。存储系统一般都采用了多个备份随机均匀存储的处理方式来避免数据丢失。不过也因此带来了多个备份之间可能不一致的问题。比如一个文件有三个备份，分别存放于 A、B、C 三台服务器上。当 A 服务器把文件写入到磁盘过程中，由于种种原因(如突然断电)，系统重启之后，获得的数据，肯定与 A、B、C 服务器上的备份不一致。

Swift 存储系统在设计时，就设计了故障处理机制来保证数据的一致性。主要有三个服务来进行故障处理：审计器(Auditor)、更新器(Updator)和复制器(Relicator)。

(1) 审计器：审计器会在本地服务器反复地检测容器、账户和对象的一致性。一旦发现某个文件的数据不完整，该文件就会被隔离。然后，审计器会通知复制器，从其他一致的副本复制并替换此文件。如果其他错误出现，比如所有的副本都坏了，那么把此类错误记录到日志文件中。

(2) 更新器：更新器的主要作用是延迟更新。延迟更新产生的原因，主要是为了应对用户数据上传过程中的故障与异常。先来了解一下正常情况下的更新顺序。当用户的数据上传成功之后，Object Server 会向 Container Server 发送通知，通知 Container Server 某个 Container 中新加入了一个 Object。当 Container Server 接收到该通知，更新好 Object 列表之后，再向 Account Server 发送通知。Account Server 接收到此通知并更新 Container 列表。这是在理想情况下的更新顺序。在实际应用中，由于各种原因的干扰，比如网络断开、系统高度负荷、磁盘写等待都有可能导致更新失败。当某个更新失败之后，此次更新操作会被加入到更新队列中，由更新器来处理这些失败了的更新工作。

(3) 复制器：复制器负责以完好的副本替换损坏的数据。通常情况下是每隔一定时间会扫描一下本地文件的 Hash 值，并且与远端的其他副本的 Hash 值进行比较，如果不相同，则会进行相应的复制替换操作。

4.7.1.4 Swift的集群部署

图4-91提供了一个Swift简单的部署模型。在存储节点较少的时候，这个简单的模型就可以工作了，不过，还是存在一些问题。例如，处于系统稳定性和收益的考虑，一般需要"不把所有鸡蛋都放在一个篮子中"。如果把所有的Storage节点都放于同一个网段或同一个机房中，一旦发生网络故障、机房断电，那么导致的结果就是整个Swift系统都不可用。此外，Storage节点的地理位置也有可能不同，可能分别位于北京和上海。这时候，系统的扩展也会遇到一些问题。

Swift出于安全、地理位置和隔离的考虑，引入了区域(Zone)的概念。可以根据不同的需要，比如地理位置、安全、网络等因素，把不同的Storage节点划分到不同的区域中。区域的划分是人为操作的，可以是一个Storage节点、一个机房或者一个数据中心。图4-92是多个区域划分示意图，并且一个Storage节点就是一个区域。

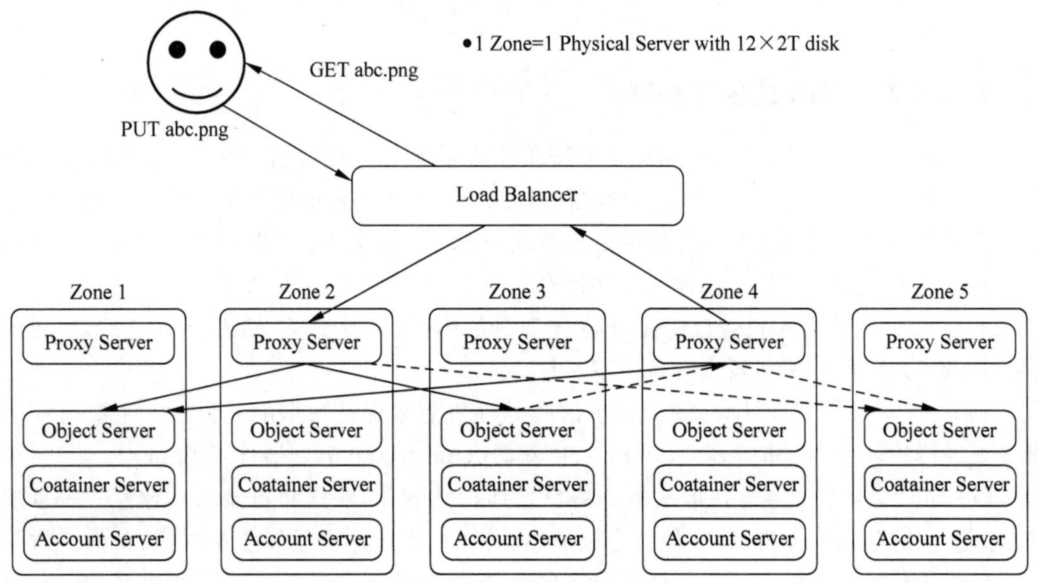

图4-92 多个区域划分示意图

当存在多个Storage区域或者多个区域的时候，同一个存储对象的多个副本不能只存放在某个Storage节点或某个区域中。此策略保证，当某个Storage节点或者某个区域失效的时候，仍然能够取得有效数据。

当硬件配置相同的时候，Swift的每个节点的作用是对等的，满足对称性的要求。在实际应用中，并不能够完全保证每个节点的硬件配置都是完全相同。比如，现有的两个Storage节点，就存储容量而言，一台是2TB，一台是1TB。那么存储容量更大的节点，在存储系统中应该显得更重要。为了处理这种情况，Swift引入了Weight(权重)的概念。当添加更大容量的Storage节点时，可以得到更大的权重。比如2TB的Storage节点分得的Weight值是200，而1TB的Storage节点分得的Weight值为100。如果每个Storage节点的硬件配置完全相同，则其Weight值都是相同的。

4.7.2 Swift 安装与配置

Swift 分为管理节点和存储节点的安装和配置，由于我们使用的是单机部署，因此下面针对管理节点和存储节点安装进行讲解，但实际操作都在同一台节点上进行，管理节点和存储节点安装所涉及的步骤都要操作。

1. 管理节点安装

（1）加载/admin-openrc 文件，使 admin 用户获取访问权限。

```
. /admin - openrc
```

（2）创建 swift 用户（需要设置密码，此处设置为 111111），如图 4-93 所示。

```
openstack user create -- domain default -- password - prompt swift
```

```
[root@controller ~]# openstack user create --domain default --password-prompt swift
User Password:
Repeat User Password:
+-----------+----------------------------------+
| Field     | Value                            |
+-----------+----------------------------------+
| domain_id | ceee22f7a67043f2b6cdd7a91bcfd849 |
| enabled   | True                             |
| id        | b556163e57984d208a06943d69da7c68 |
| name      | swift                            |
+-----------+----------------------------------+
[root@controller ~]#
```

图 4-93 创建 swift 用户

（3）为 swift 用户添加 admin 规则（此过程没有输出）：

```
openstack role add -- project service -- user swift admin
```

（4）创建 swift 服务，如图 4-94 所示。

```
openstack service create -- name swift -- description "OpenStack Object Storage" object
- store
```

```
[root@controller ~]# openstack service create --name swift --description "OpenStack Object St
orage" object-store
+-------------+----------------------------------+
| Field       | Value                            |
+-------------+----------------------------------+
| description | OpenStack Object Storage         |
| enabled     | True                             |
| id          | dea4a104611d447da8172479e276400c |
| name        | swift                            |
| type        | object-store                     |
+-------------+----------------------------------+
[root@controller ~]#
```

图 4-94 创建 swift 服务

（5）创建对象存储服务 API endpoint，如图 4-95～图 4-97 所示。

```
openstack endpoint create -- region RegionOne object - store public http://controller:8080/
v1/AUTH_ % \(tenant_id\)s
```

```
[root@controller ~]# openstack endpoint create --region RegionOne object-store public http://
controller:8080/v1/AUTH_%\(tenant_id\)s
+--------------+----------------------------------------------+
| Field        | Value                                        |
+--------------+----------------------------------------------+
| enabled      | True                                         |
| id           | 4108113875c74ccda2d74afaac78e891             |
| interface    | public                                       |
| region       | RegionOne                                    |
| region_id    | RegionOne                                    |
| service_id   | dea4a104611d447da8172479e276400c             |
| service_name | swift                                        |
| service_type | object-store                                 |
| url          | http://controller:8080/v1/AUTH_%(tenant_id)s |
+--------------+----------------------------------------------+
[root@controller ~]#
```

图 4-95　创建第一个 API endpoint

```
openstack endpoint create --region RegionOne object-store internal http://controller:8080/
v1/AUTH_%\(tenant_id\)s
```

```
[root@controller ~]# openstack endpoint create --region RegionOne object-store internal http:
//controller:8080/v1/AUTH_%\(tenant_id\)s
+--------------+----------------------------------------------+
| Field        | Value                                        |
+--------------+----------------------------------------------+
| enabled      | True                                         |
| id           | 7456b59434a14b0fa9800848369f9a91             |
| interface    | internal                                     |
| region       | RegionOne                                    |
| region_id    | RegionOne                                    |
| service_id   | dea4a104611d447da8172479e276400c             |
| service_name | swift                                        |
| service_type | object-store                                 |
| url          | http://controller:8080/v1/AUTH_%(tenant_id)s |
+--------------+----------------------------------------------+
[root@controller ~]#
```

图 4-96　创建第二个 API endpoint

```
openstack endpoint create --region RegionOne object-store admin http://controller:8080/v1
```

```
[root@controller ~]# openstack endpoint create --region RegionOne object-store admin http://c
ontroller:8080/v1
+--------------+----------------------------------+
| Field        | Value                            |
+--------------+----------------------------------+
| enabled      | True                             |
| id           | 2161eb5a44474b56821816f3fcbfa2f0 |
| interface    | admin                            |
| region       | RegionOne                        |
| region_id    | RegionOne                        |
| service_id   | dea4a104611d447da8172479e276400c |
| service_name | swift                            |
| service_type | object-store                     |
| url          | http://controller:8080/v1        |
+--------------+----------------------------------+
[root@controller ~]#
```

图 4-97　创建第三个 API endpoint

(6) 安装相关软件包。

```
yum install openstack-swift-proxy python-swiftclient python-keystoneclient python-
keystonemiddleware memcached
```

(7) 获取 proxy 服务的配置文件。

```
curl -o /etc/swift/proxy-server.conf https://git.openstack.org/cgit/openstack/swift/
plain/etc/proxy-server.conf-sample?h=stable/mitaka
```

(8) 编辑/etc/swift/proxy-server.conf 文件，进行如下配置更改：

```
[DEFAULT]
bind_port = 8080
user = swift
swift_dir = /etc/swift

[pipeline:main]
pipeline = catch_errors gatekeeper healthcheck proxy-logging cache container_sync bulk
ratelimit authtoken keystoneauth container-quotas account-quotas slo dlo versioned_writes
proxy-logging proxy-server

[app:proxy-server]
use = egg:swift#proxy
account_autocreate = True

[filter:keystoneauth]
use = egg:swift#keystoneauth
operator_roles = admin,user

[filter:authtoken]
paste.filter_factory = keystonemiddleware.auth_token:filter_factory
auth_uri = http://controller:5000
auth_url = http://controller:35357
memcached_servers = controller:11211
auth_type = password
project_domain_name = default
user_domain_name = default
project_name = service
username = swift
password = 111111                              //密码修改为 swift 的密码
delay_auth_decision = True

[filter:cache]
use = egg:swift#memcache
memcache_servers = controller:11211
```

2. 存储节点安装

(1) 安装相关软件包。

```
yum install xfsprogs rsync
yum install openstack-swift-account openstack-swift-container openstack-swift-object
```

(2) 格式化/dev/vda2，并创建挂载点(在前面的 Cinder 安装中将/dev/vda 划分为了两个分区，其中/dev/vda1 作为 cinder-volumes 使用，在此使用/dev/vda2 作为 Swift 存储使用)，如图 4-98 所示。

```
mkfs.xfs /dev/vda2
mkdir -p /srv/node/vda2
```

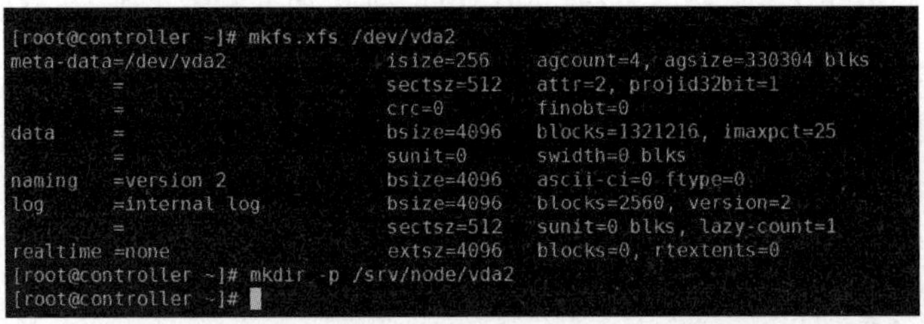

```
[root@controller ~]# mkfs.xfs /dev/vda2
meta-data=/dev/vda2              isize=256    agcount=4, agsize=330304 blks
         =                       sectsz=512   attr=2, projid32bit=1
         =                       crc=0        finobt=0
data     =                       bsize=4096   blocks=1321216, imaxpct=25
         =                       sunit=0      swidth=0 blks
naming   =version 2              bsize=4096   ascii-ci=0 ftype=0
log      =internal log           bsize=4096   blocks=2560, version=2
         =                       sectsz=512   sunit=0 blks, lazy-count=1
realtime =none                   extsz=4096   blocks=0, rtextents=0
[root@controller ~]# mkdir -p /srv/node/vda2
[root@controller ~]#
```

图 4-98 格式化/dev/vda2 并创建挂载点

(3) 编辑/etc/fstab 文件,增加开机挂载,并挂载设备,如图 4-99 所示。

```
/dev/vda2 /srv/node/vda2 xfs noatime,nodiratime,nobarrier,logbufs = 8 0 2
```

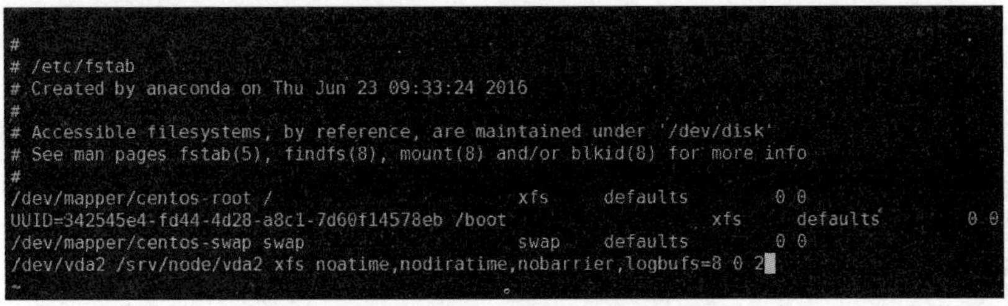

```
#
# /etc/fstab
# Created by anaconda on Thu Jun 23 09:33:24 2016
#
# Accessible filesystems, by reference, are maintained under '/dev/disk'
# See man pages fstab(5), findfs(8), mount(8) and/or blkid(8) for more info
#
/dev/mapper/centos-root /                       xfs     defaults        0 0
UUID=342545e4-fd44-4d28-a8c1-7d60f14578eb /boot                   xfs     defaults        0 0
/dev/mapper/centos-swap swap                    swap    defaults        0 0
/dev/vda2 /srv/node/vda2 xfs noatime,nodiratime,nobarrier,logbufs=8 0 2
~
```

图 4-99 增加开机挂载并挂载设备

```
mount /srv/node/vda2
```

(4) 编辑/etc/rsyncd.conf 文件,增加如下内容:

```
uid = swift
gid = swift
log file = /var/log/rsyncd.log
pid file = /var/run/rsyncd.pid
address = 10.1.3.148                //IP 地址填写为管理节点 IP 地址

[account]
max connections = 2
path = /srv/node/
read only = False
lock file = /var/lock/account.lock

[container]
max connections = 2
path = /srv/node/
read only = False
lock file = /var/lock/container.lock

[object]
max connections = 2
path = /srv/node/
read only = False
lock file = /var/lock/object.lock
```

（5）启动 rsyncd 服务并设置为开机自启动，如图 4-100 所示。

```
systemctl enable rsyncd.service
systemctl start rsyncd.service
```

```
[root@controller ~]# systemctl enable rsyncd.service
Created symlink from /etc/systemd/system/multi-user.target.wants/rsyncd.service to /usr/lib/systemd/system/rsyncd.service.
[root@controller ~]# systemctl start rsyncd.service
[root@controller ~]#
```

图 4-100　启动 rsyncd 服务并设置为开机自启动

（6）获取 account、object、container 配置文件。

```
curl -o /etc/swift/account-server.conf https://git.openstack.org/cgit/openstack/swift/plain/etc/account-server.conf-sample?h=stable/mitaka
curl -o /etc/swift/container-server.conf https://git.openstack.org/cgit/openstack/swift/plain/etc/container-server.conf-sample?h=stable/mitaka
curl -o /etc/swift/object-server.conf https://git.openstack.org/cgit/openstack/swift/plain/etc/object-server.conf-sample?h=stable/mitaka
```

（7）编辑/etc/swift/account-server.conf 文件，进行如下配置更改：

```
[DEFAULT]
bind_ip = 10.1.3.148                    //IP 地址填写为管理节点 IP 地址
bind_port = 6022
user = swift
swift_dir = /etc/swift
devices = /srv/node
mount_check = True

[pipeline:main]
pipeline = healthcheck recon account-server

[filter:recon]
use = egg:swift#recon
recon_cache_path = /var/cache/swift
```

（8）编辑/etc/swift/container-server.conf 文件，进行如下配置更改：

```
[DEFAULT]
bind_ip = 10.1.3.148                    //IP 地址填写为管理节点 IP 地址
bind_port = 6021
user = swift
swift_dir = /etc/swift
devices = /srv/node
mount_check = True

[pipeline:main]
pipeline = healthcheck recon container-server

[filter:recon]
use = egg:swift#recon
recon_cache_path = /var/cache/swift
```

(9) 编辑/etc/swift/object-server.conf 文件，进行如下配置更改：

```
[DEFAULT]
bind_ip = 10.1.3.148                    //IP 地址填写为管理节点 IP 地址
bind_port = 6020
user = swift
swift_dir = /etc/swift
devices = /srv/node
mount_check = True

[pipeline:main]
pipeline = healthcheck recon object-server

[filter:recon]
use = egg:swift#recon
recon_cache_path = /var/cache/swift
recon_lock_path = /var/lock
```

(10) 设置所属用户组。

```
chown -R swift:swift /srv/node
```

(11) 创建 recon 目录并设置所属用户组。

```
mkdir -p /var/cache/swift
chown -R root:swift /var/cache/swift
chmod -R 775 /var/cache/swift
```

3. 配置 Ring

Ring 是 Swift 的一个极为重要的组件，它维护着对象的真实物理位置信息、对象的副本及多种设备。

(1) 创建账户服务相对应的 ring-builder 文件。

```
cd /etc/swift
swift-ring-builder account.builder create 18 1 1
```

注意：18 表示一个 Ring 被分割为 2^{18} 个分区，1 表示一个存储数据会被 1 个备份同时存储，最后的 1 表示 Ring 中的一个分区在 1 个小时之后，才可以被移动。

(2) 将存储节点添加到 Ring(如果有多块存储，可以进行多次添加)，如图 4-101 所示。

```
swift-ring-builder account.builder add --region 1 --zone 1 --ip 10.1.3.148 --port 6022
--device vda2 --weight 100
//IP 地址需要更改为实际的 IP 地址
```

(3) 均衡 Ring 存储，如图 4-102 所示。

```
swift-ring-builder account.builder rebalance
```

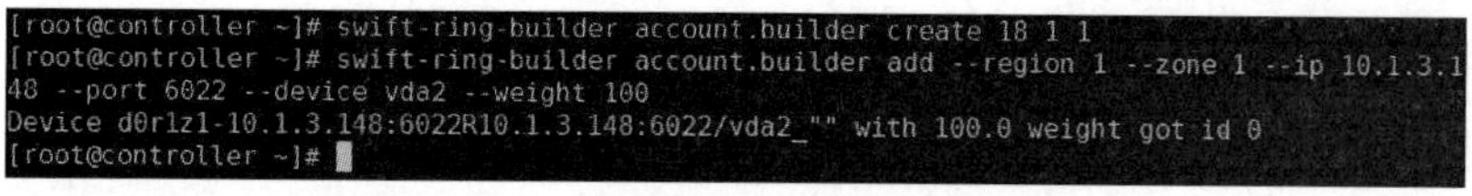

```
[root@controller ~]# swift-ring-builder account.builder create 18 1 1
[root@controller ~]# swift-ring-builder account.builder add --region 1 --zone 1 --ip 10.1.3.1
48 --port 6022 --device vda2 --weight 100
Device d0r1z1-10.1.3.148:6022R10.1.3.148:6022/vda2_"" with 100.0 weight got id 0
[root@controller ~]#
```

图 4-101 将存储节点添加到 Ring(一)

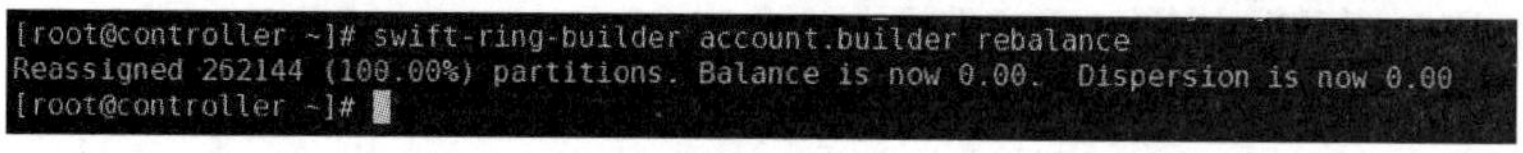

```
[root@controller ~]# swift-ring-builder account.builder rebalance
Reassigned 262144 (100.00%) partitions. Balance is now 0.00.  Dispersion is now 0.00
[root@controller ~]#
```

图 4-102 均衡 Ring 存储(一)

(4) 创建容器服务相对应的 ring-builder 文件。

```
cd /etc/swift
swift - ring - builder container. builder create 18 1 1
```

注意：18 表示一个 Ring 被分割为 2^{18} 个分区，1 表示一个存储数据会被 1 个备份同时存储，最后的 1 表示 Ring 中的一个分区在 1 个小时之后，才可以被移动。

(5) 将存储节点添加到 Ring(如果有多块存储，可以进行多次添加)，如图 4-103 所示。

```
swift - ring - builder container. builder add -- region 1 -- zone 1 -- ip 10.1.3.148 -- port
6021 -- device vda2 -- weight 100
//IP 地址需要更改为实际的 IP 地址
```

```
[root@controller swift]# swift-ring-builder container.builder add --region 1 --zone 1 --ip 10
.1.3.148 --port 6021 --device vda2 --weight 100
Device d0r1z1-10.1.3.148:6021R10.1.3.148:6021/vda2_"" with 100.0 weight got id 0
[root@controller swift]#
```

图 4-103 将存储节点添加到 Ring(二)

(6) 均衡 Ring 存储，如图 4-104 所示。

```
swift - ring - builder container. builder rebalance
```

```
[root@controller swift]# swift-ring-builder container.builder rebalance
Reassigned 262144 (100.00%) partitions. Balance is now 0.00.  Dispersion is now 0.00
[root@controller swift]#
```

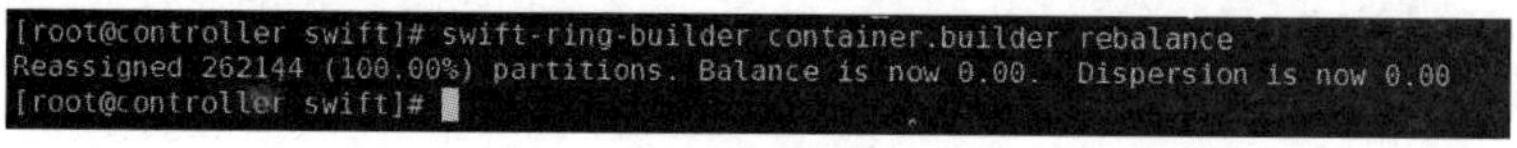

图 4-104 均衡 Ring 存储(二)

(7) 创建对象服务相对应的 ring-builder 文件。

```
cd /etc/swift
swift - ring - builder object. builder create 18 1 1
```

注意：18 表示一个 Ring 被分割为 2^{18} 个分区，1 表示一个存储数据会被 1 个备份同时存储，最后的 1 表示 Ring 中的一个分区在 1 个小时之后，才可以被移动。

(8) 将存储节点添加到 Ring(如果有多块存储，可以进行多次添加)，如图 4-105 所示。

```
swift - ring - builder object. builder add -- region 1 -- zone 1 -- ip 10.1.3.148 -- port 6020
-- device vda2 -- weight 100
//IP 地址需要更改为实际的 IP 地址
```

```
[root@controller swift]# swift-ring-builder object.builder add --region 1 --zone 1 --ip 10.1.
3.148 --port 6020 --device vda2 --weight 100
Device d0r1z1-10.1.3.148:6020R10.1.3.148:6020/vda2_"" with 100.0 weight got id 0
[root@controller swift]#
```

图 4-105 将存储节点添加到 Ring(三)

(9) 均衡 Ring 存储,如图 4-106 所示。

```
swift-ring-builder object.builder rebalance
```

```
[root@controller swift]# swift-ring-builder object.builder rebalance
Reassigned 262144 (100.00%) partitions. Balance is now 0.00.  Dispersion is now 0.00
[root@controller swift]#
```

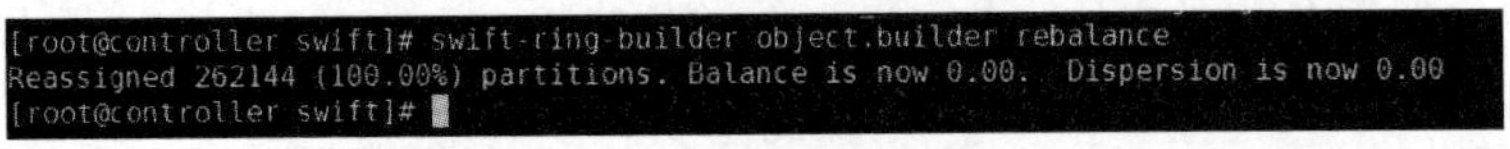

图 4-106 均衡 Ring 存储(三)

此时查看/etc/swift 目录,会发现生成了 account. ring. gz、container. ring. gz、object. ring. gz,说明 Ring 已经生成成功,如图 4-107 所示。

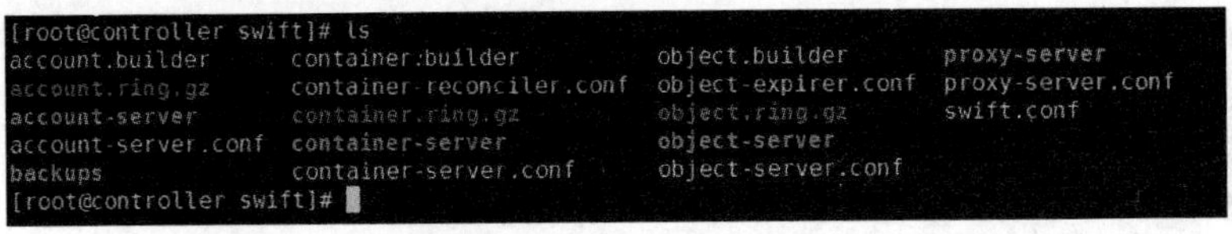

```
[root@controller swift]# ls
account.builder       container.builder           object.builder          proxy-server
account.ring.gz       container-reconciler.conf   object-expirer.conf     proxy-server.conf
account-server        container.ring.gz           object.ring.gz          swift.conf
account-server.conf   container-server            object-server
backups               container-server.conf       object-server.conf
[root@controller swift]#
```

图 4-107 成功生成 Ring

(10) 获取/etc/swift/swift. conf 配置文件。

```
curl -o /etc/swift/swift.conf https://git.openstack.org/cgit/openstack/swift/plain/etc/
swift.conf-sample?h=stable/mitaka
```

(11) 编辑/etc/swift/swift. conf 文件,进行如下更改:

```
[swift-hash]
swift_hash_path_suffix = 0424b1321a76e38e61b8 //此处配置为/etc/keystone/keystone.conf 文
                                              //件下的 admin_token 字符串
swift_hash_path_prefix = 0424b1321a76e38e61b8 //此处配置为/etc/keystone/keystone.conf 文
                                              //件下的 admin_token 字符串

[storage-policy:0]
name = Policy-0
default = yes
```

(12) 设置/etc/swift 所属用户组。

```
chown -R root:swift /etc/swift
```

(13) 在管理节点启动对象存储 proxy 服务并设置为开机自启动(如果想看到启动信息,也可以通过 swift-init main restart 启动),如图 4-108 所示。

```
systemctl enable openstack-swift-proxy.service memcached.service
systemctl start openstack-swift-proxy.service memcached.service
```

```
[root@controller swift]# systemctl enable openstack-swift-proxy.service memcached.service
Created symlink from /etc/systemd/system/multi-user.target.wants/openstack-swift-proxy.servic
e to /usr/lib/systemd/system/openstack-swift-proxy.service.
[root@controller swift]# systemctl start openstack-swift-proxy.service memcached.service
[root@controller swift]#
```

图 4-108 存储 proxy 服务并设置为开机自启动

(14) 在存储节点启动对象存储服务并设置为开机自启动(如果想看到启动信息,也可以通过 swift-init rest restart 启动)。

```
systemctl enable openstack - swift - account. service openstack - swift - account - auditor.
service openstack - swift - account - reaper. service openstack - swift - account -
replicator. service
systemctl start openstack - swift - account. service openstack - swift - account - auditor.
service openstack - swift - account - reaper. service openstack - swift - account -
replicator. service
systemctl enable openstack - swift - container. service openstack - swift - container - auditor.
service openstack - swift - container - replicator. service openstack - swift - container -
updater. service
systemctl start openstack - swift - container. service openstack - swift - container - auditor.
service openstack - swift - container - replicator. service openstack - swift - container -
updater. service
systemctl enable openstack - swift - object. service openstack - swift - object - auditor.
service openstack - swift - object - replicator. service openstack - swift - object -
updater. service
systemctl start openstack - swift - object. service openstack - swift - object - auditor. service
openstack - swift - object - replicator. service openstack - swift - object - updater. service
```

(15) 验证 Swift 安装是否成功,如图 4-109 所示。

```
swift stat
```

```
[root@controller swift]# swift stat
        Account: AUTH_2544004cfa554fbd9e48897d629f8b9f
     Containers: 0
        Objects: 0
          Bytes: 0
X-Put-Timestamp: 1467262004.80266
    X-Timestamp: 1467262004.80266
     X-Trans-Id: tx7fedc6f73f8c4c1290a41-005774a434
   Content-Type: text/plain; charset=utf-8
[root@controller swift]#
```

图 4-109 验证 Swift 安装是否成功

如果出现错误,则很有可能是相关服务没有正常启动,可以通过以下命令重新启动:

```
swift - init main restart
swift - init rest restart
```

至此,Swift 已经安装完成。

安装过 Swift 后，登录 Dashboard 将会发现，在左侧菜单中多出了一个 Object Store 菜单，如图 4-110 所示。

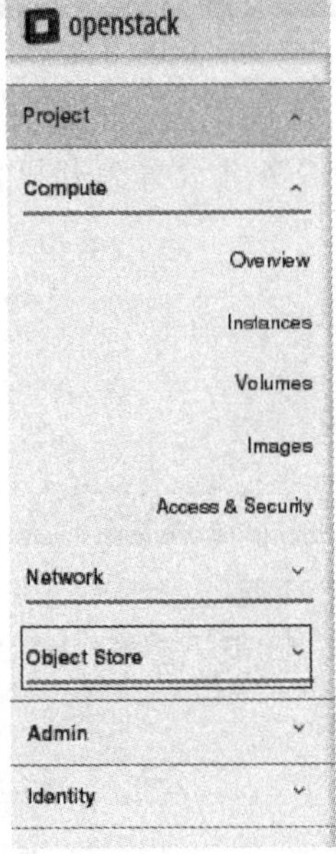

图 4-110　project 选项内容展示

第 5 章

OpenStack管理工具的使用

Dashboard 安装好之后，便可以很方便地对 OpenStack 的各种虚拟机资源实现图形化管理了。本书主要介绍如何在 Dashboard 上管理虚拟机、虚拟网络和虚拟磁盘镜像等资源。

5.1 用户管理

Dashboard 安装好之后，在浏览器中输入 http:// Dashboard 节点的地址/horizon，便会出现如图 5-1 所示的登录界面。

图 5-1　登录界面

输入用户名和密码，这里使用的是管理员账户，用户名为 admin，密码是 111111，登录成功后进入主页面，如图 5-2 所示。

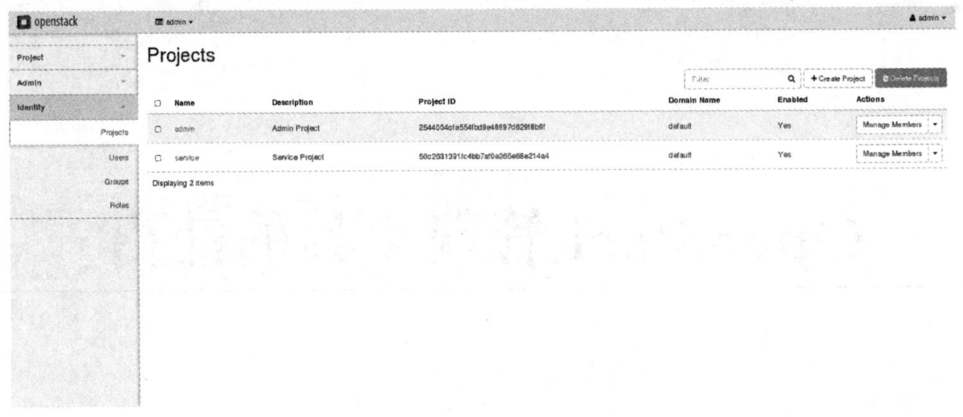

图 5-2　登录成功后的界面

Dashboard 页面主要由系统面板、设置面板和主面板 3 部分组成。其中设置面板是设置 Dashboard 的语言和时区的，系统面板是 Dashboard 功能的索引，而主面板负责管理各种虚拟资源。

可以通过单击右上角的 Settings 按钮进入设置面板(见图 5-3)，设置 Dashboard 显示的语言以及时区信息。

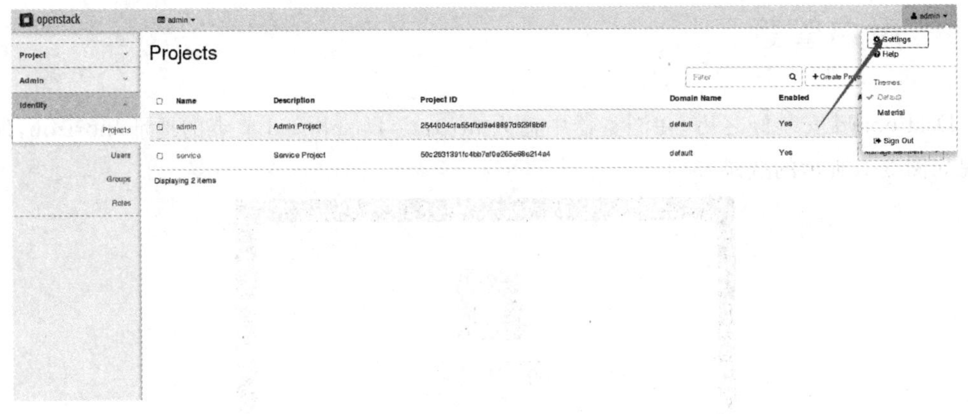

图 5-3　设置面板

可以将显示语言设置为简体中文，从而更加方便对 Dashboard 的操作，如图 5-4 所示。

在系统面板中共有 4 个选项卡：管理员选项卡、项目选项卡、身份选项卡和设置选项卡。这里的项目其实就是租户。OpenStack 所有的虚拟资源都必须属于某个租户。项目选项卡主要完成对某个租户下虚拟资源的管理。管理员选项卡则是实现对所有租户虚拟资源的统一管理。身份选项卡主要完成用户角色、用户所属项目等管理问题。值得注意的是，由于很多虚拟资源都必须属于某个租户，因此它们的创建不能在管理员选项卡下进行。图 5-5 列出了项目和管理员选项卡下的功能列表。

因为 admin 具有管理员权限，所以登录成功后会进入“管理员”管理界面，如果是普通

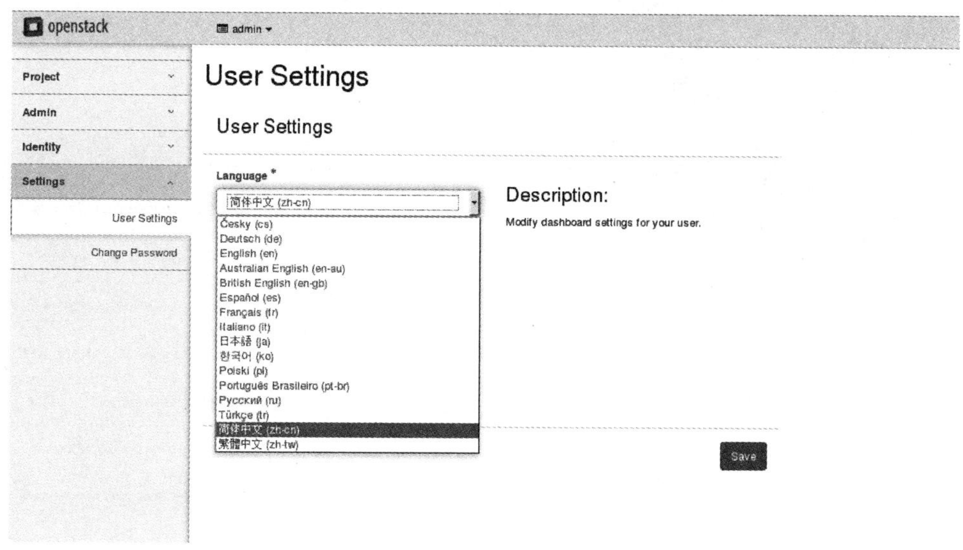

图 5-4　设置显示语言

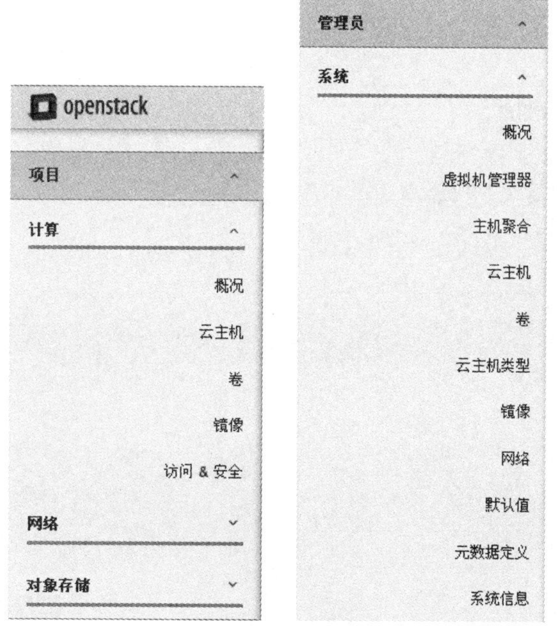

图 5-5　项目和管理员选项卡下的功能列表

用户，则会直接进入“项目”界面。如果进入的是“管理员”管理界面，那么单击“项目”即可进入项目界面。

进入管理员管理界面，单击左列的“身份管理”选项卡，选择“用户”，即可进入用户管理界面，可看到之前创建的用户已经全部显示在了用户管理界面，如图 5-6 所示。

可以通过单击相应用户右边的“编辑”按钮，编辑用户的信息，如图 5-7 所示。

填写完用户名、邮箱、所属项目信息后，单击右下方的“更新用户”按钮，就完成了用户的信息更改。

图 5-6　用户管理界面

图 5-7　编辑用户信息

也可以通过单击相应用户右侧的下三角按钮，来更改用户的密码、禁用用户或者删除用户，如图 5-8 所示。

可以通过单击用户管理界面右上方的“创建用户”按钮来进行新用户的添加，界面如图 5-9 所示。

在弹出的添加用户信息界面中，填写完用户名、邮箱、密码信息，选择好项目组及角色，然后单击右下方的“创建用户”按钮，便完成了用户的创建，如图 5-10 所示。

图 5-8　更改用户信息

图 5-9　用户管理界面

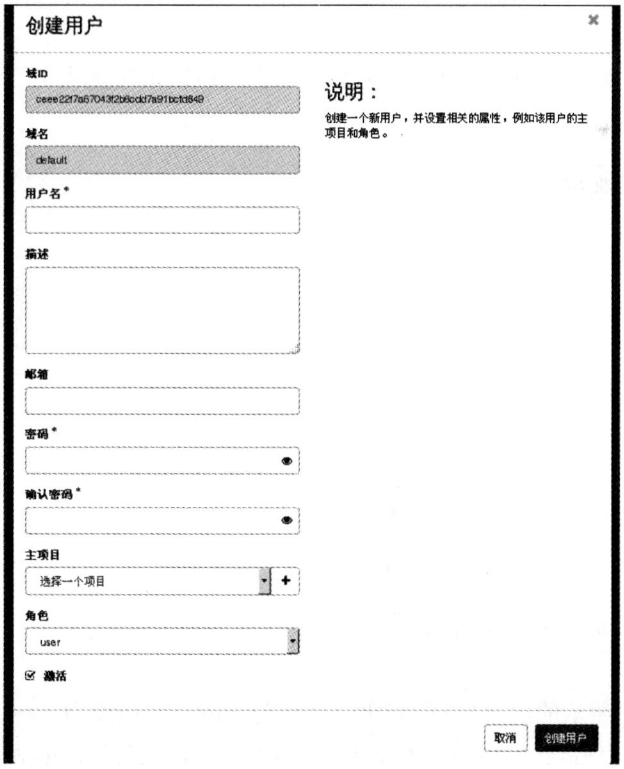

图 5-10　创建用户界面

可以选中每个用户左侧的复选框，然后再单击右上方的“删除用户”按钮，即可批量删除用户，如图 5-11 所示。

图 5-11　删除用户界面

5.2　资源配置(Flavor)管理

当创建虚拟机实例的时候，需要选择实例所用的 CPU、内存、网络、磁盘大小等资源，可以通过定义 Flavor 来为实例创建资源方案，当创建实例的时候直接选择使用已经定义好的资源方案即可。

进入管理员管理界面，单击左列的“云主机类型”选项，即可进入云主机类型资源配置的管理界面，如图 5-12 所示。

云主机类型

云主机类型名称	VCPU数量	内存	根磁盘	临时磁盘	Swap磁盘	RX/TX 因子	ID	公有	元数据	操作
m1.large	4	8GB	80 GB	0 GB	0 MB	1.0	4	True	{}	编辑云主机类型
m1.medium	2	4GB	40 GB	0 GB	0 MB	1.0	3	True	{}	编辑云主机类型
m1.small	1	2GB	20 GB	0 GB	0 MB	1.0	2	True	{}	编辑云主机类型
m1.tiny	1	512MB	1 GB	0 GB	0 MB	1.0	1	True	{}	编辑云主机类型
m1.xlarge	8	16GB	160 GB	0 GB	0 MB	1.0	5	True	{}	编辑云主机类型

正在显示 5 项

图 5-12　管理员管理界面

单击右上方的“创建云主机类型”按钮，可以添加新的云主机类型资源配置方案，界面如图 5-13 所示。

进行如图 5-14 所示的信息填写，创建一个自定义的云主机类型 flavor1。

填写完相关内容后，就可以单击右下方的“创建云主机类型”按钮，便完成了云主机类型的创建。

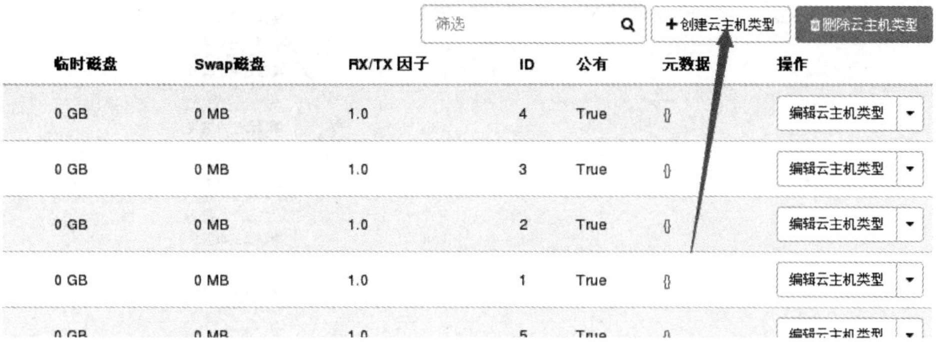

图 5-13 管理员管理界面

图 5-14 创建云主机类型界面

在云主机类型的管理界面，单击某个配置后面的“编辑云主机类型”按钮，即可进入云主机类型的更改界面，如图 5-15 所示。

ID	公有	元数据	操作
856a27a5-3d6f-42f0-866f-471091f72b19	True	{}	编辑云主机类型
4	True	{}	编辑云主机类型
3	True	{}	编辑云主机类型
2	True	{}	编辑云主机类型
1	True	{}	编辑云主机类型
5	True	{}	编辑云主机类型

图 5-15 云主机类型管理界面

填写完资料后，单击右下方的“保存”按钮，即可更改云主机类型的配置方案，如图 5-16 所示。

图 5-16 编辑云主机类型界面

在云主机类型的管理界面，单击某个配置后面的下三角按钮，即可进行“云主机类型”的删除操作，如图 5-17 所示。

Flavors

Flavor Name	VCPUs	RAM	Root Disk	Ephemeral Disk	Swap Disk	ID	动作
m1.tiny	1	512MB	0	0	0MB	1	Edit Flavor More
m1.small	1	2048MB	20	0	0MB	2	View Extra Specs 删除 Flavor
m1.medium	2	4096MB	40	0	0MB	3	Edit Flavor More

图 5-17 云主机类型管理界面

或者可以勾选类型左侧的复选框，然后再单击右上方的 Delete Flavors 按钮，即可批量地删除云主机类型，如图 5-18 所示。

图 5-18 云主机类型管理界面

5.3 网络与安全组管理

5.3.1 网络管理

(1) 在“管理员”选项卡下选择“网络”选项，在主面板单击“创建网络”按钮，如图 5-19 所示。

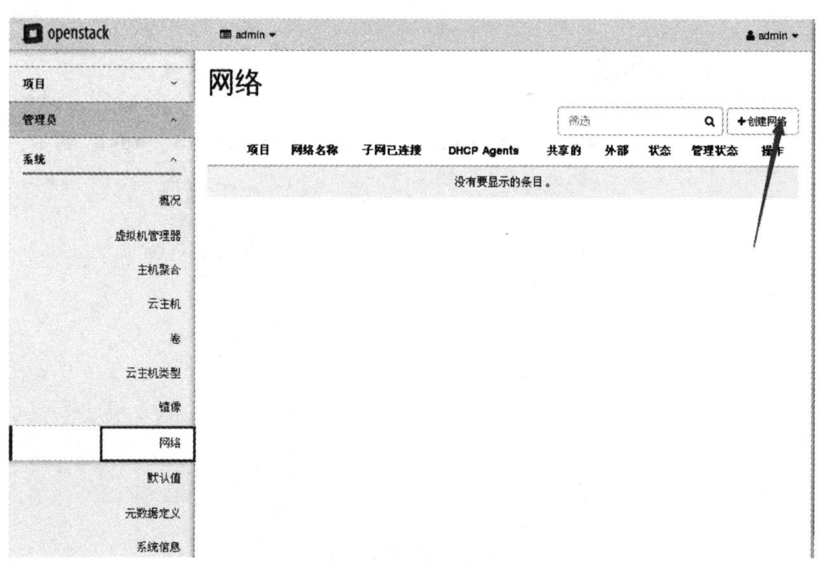

图 5-19 网络管理界面

(2) 单击“创建网络”按钮后，会弹出“创建网络”对话框，如图 5-20 所示。

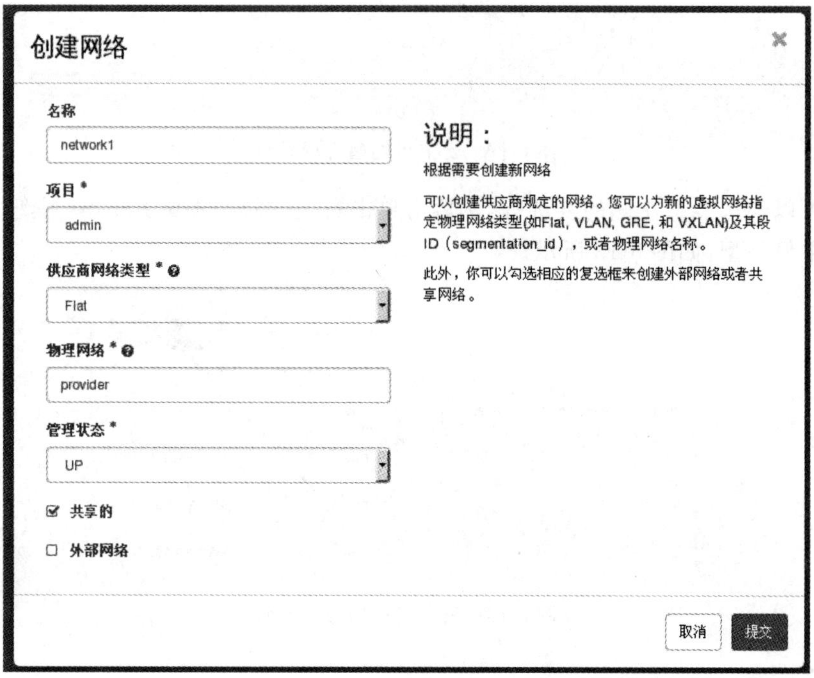

创建网络

名称

network1

项目 *

admin

供应商网络类型 *

Flat

物理网络 *

provider

管理状态 *

UP

共享的

外部网络

说明：

根据需要创建新网络

可以创建供应商规定的网络。您可以为新的虚拟网络指定物理网络类型(如Flat, VLAN, GRE, 和 VXLAN)及其段 ID (segmentation_id)，或者物理网络名称。

此外，你可以勾选相应的复选框来创建外部网络或者共享网络。

取消 提交

图 5-20 创建网络界面

项目：可以设置创建的网络所属于的项目。

网络类型：可以根据自己的需求进行选择，在此选择 Flat。

物理网络：填写实现虚拟网络的物理网络名称，需要和 4.4 节所配置的名称一致，这里配置的名称为 provider。

(3) 填写完相应的信息，单击“提交”按钮，将会完成网络的创建，如图 5-21 所示。

图 5-21 创建网络成功

(4) 进入“项目”选项卡，选择“网络”选项，可以看到刚刚创建的网络；单击右侧的“增加子网”按钮，向网络中增加子网，如图 5-22 所示。

图 5-22　增加子网

将会弹出如图 5-23 所示的对话框。

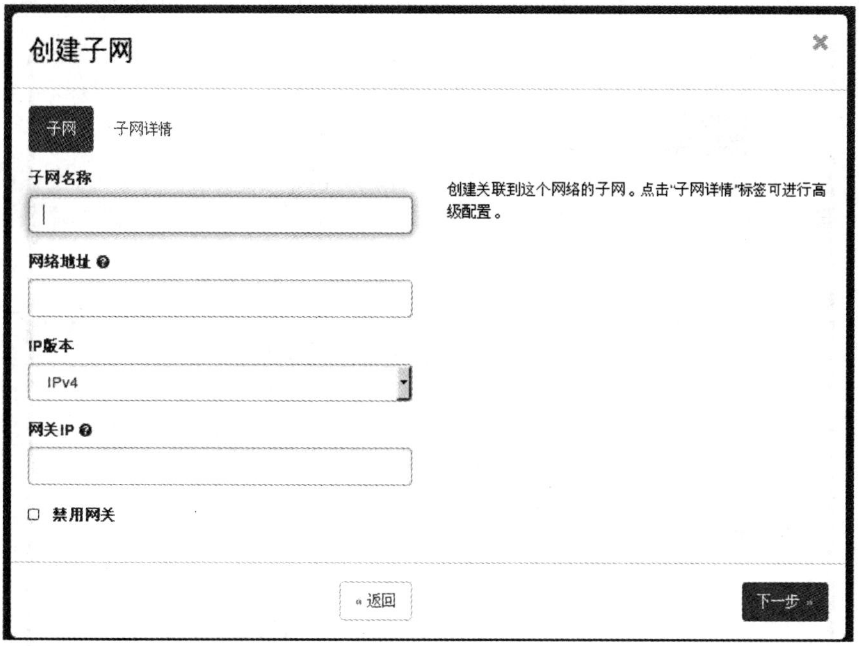

创建子网

子网　子网详情

子网名称

网络地址

IP版本

IPv4

网关IP

禁用网关

创建关联到这个网络的子网。点击“子网详情”标签可进行高级配置。

« 返回　下一步 »

图 5-23　创建子网

“子网”选项用于定义子网的网段相关信息：

网络地址表示为 CIDR 的形式，只需填写与主机相同的网段即可，本书主机 IP 地址是

10.1.3.148，因此此处填写10.1.3.0/24，如图5-24所示。

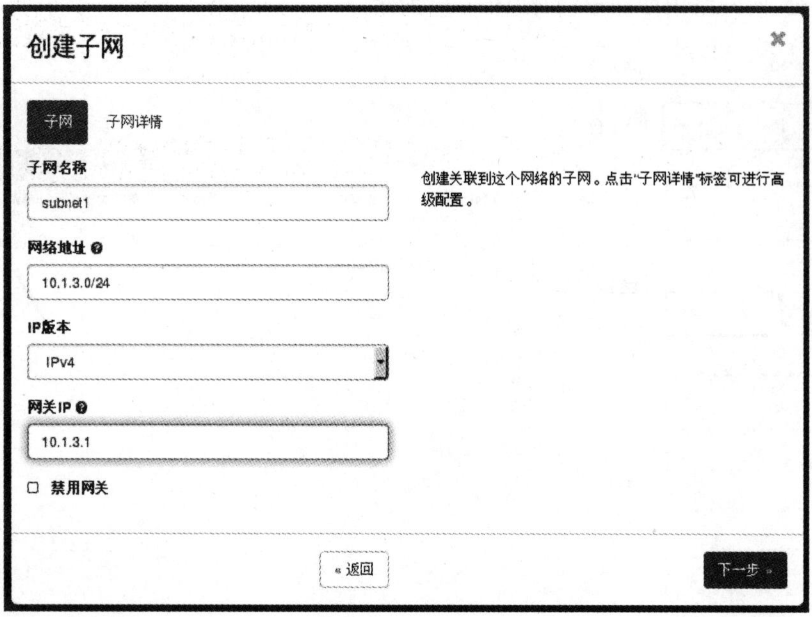

图5-24　创建子网

网关需要填写为本地网络的实际网关IP。

"子网详情"选项用于定义DHCP服务、DNS服务等相关信息，如图5-25所示。

图5-25　创建子网

激活 DHCP，将允许虚拟机实例自动通过 DHCP 服务获取“分配地址池”中所指定的 IP 地址。

DNS 服务器需指定为本地的 DNS 服务器 IP 地址。

单击“已创建”按钮，将会完成子网的添加，如图 5-26 所示。

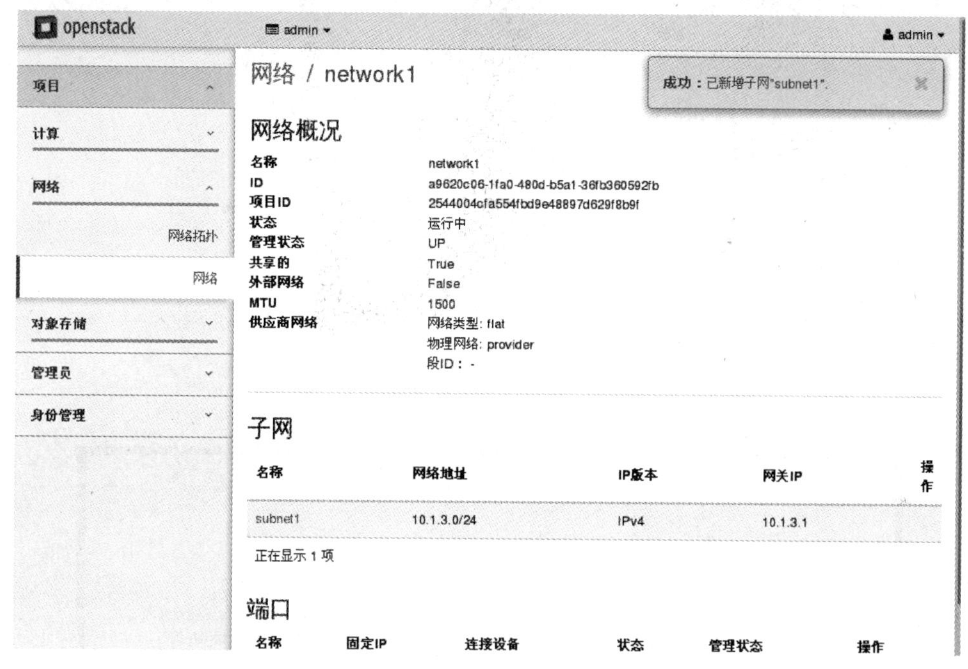

图 5-26　子网添加成功

5.3.2　安全组的使用

为了对虚拟机实例的网络数据的进出进行访问控制，提出了安全组的概念。安全组相当于在虚拟机实例的操作系统之外部署了一道防火墙，保证虚拟机的安全隔离。每个安全组可以设定一定的安全规则，即安全组网络的进入规则和流出规则。可以通过对安全组的设置，设置相应的实例访问规则。默认的安全组规则是拒绝所有的外来访问。

我们可以自定义安全组，即在安全组中增加自定义的规则。

选择“项目”选项卡，单击“计算”选项下的“访问 & 安全”选项，可以看到系统会创建默认的安全组策略 default，可以单击“创建安全组”按钮增加自定义的安全组，同时也可以单击“管理规则”按钮为安全组添加自定义的规则，如图 5-27 所示。

单击右上角的“创建安全组”按钮，增加一个新的安全组 newsel，如图 5-28 所示。

单击“创建安全组”按钮完成安全组的创建，创建成功后如图 5-29 所示。

下面为 default 安全组添加新规则。单击 default 安全组的“管理规则”按钮（如图 5-30 所示），进入其安全组规则页面，可见此时安全组中已经有 4 个规则（如图 5-31 所示）。

单击右上角的“添加规则”按钮，添加自定义的规则。

在弹出的“添加规则”页面（如图 5-32 所示），添加以下两条规则：

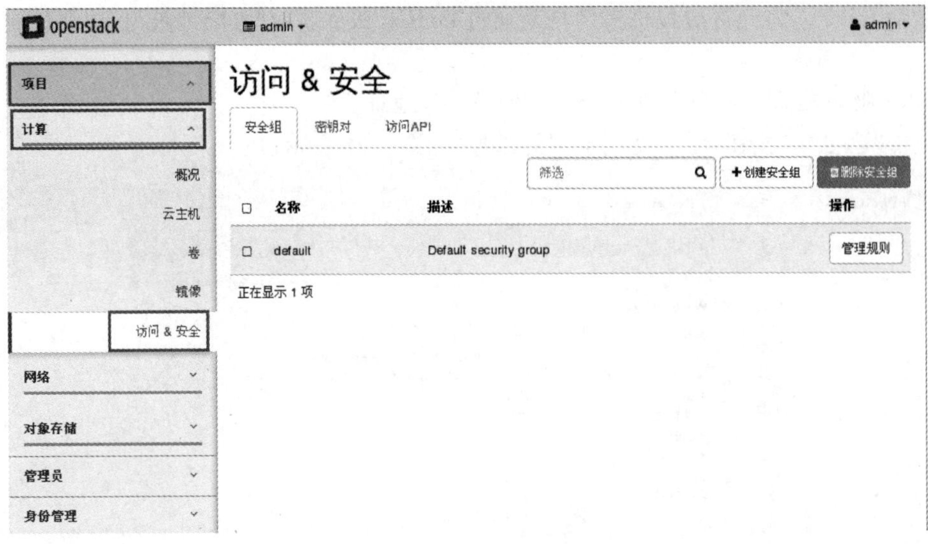

图 5-27 访问与安全界面

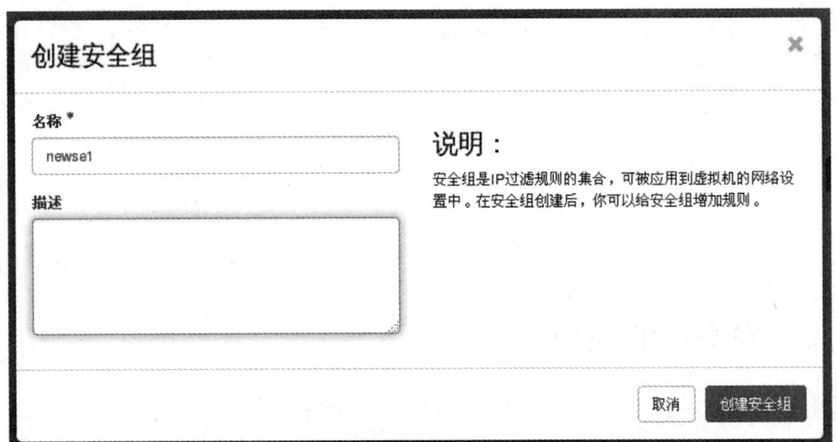

图 5-28 创建安全组

图 5-29 访问与安全界面

图 5-30　访问与安全界面

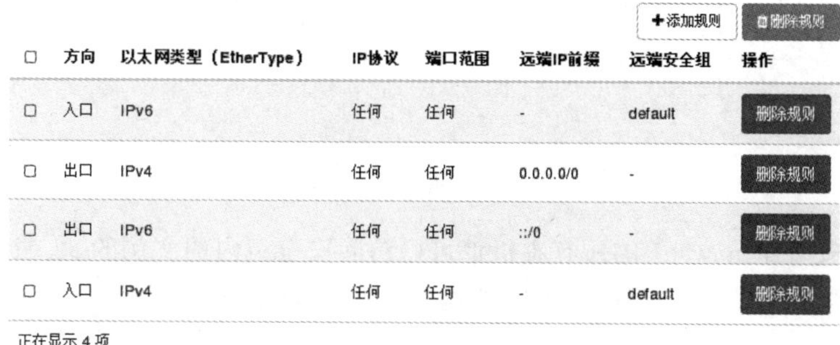

图 5-31　管理规则

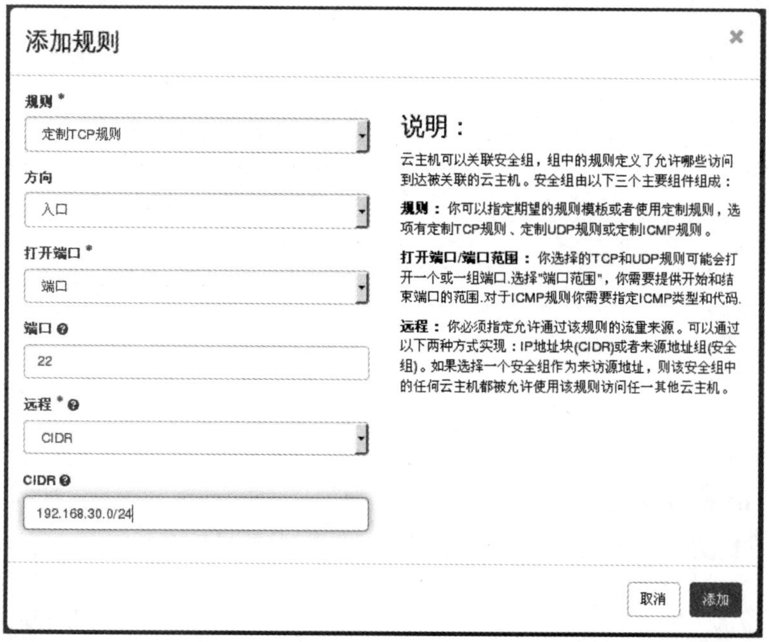

添加规则

规则 *
定制TCP规则
方向
入口
打开端口 *
端口
端口
22
远程 *
CIDR
CIDR
192.168.30.0/24

说明：

云主机可以关联安全组，组中的规则定义了允许哪些访问到达被关联的云主机。安全组由以下三个主要组件组成：

规则：你可以指定期望的规则模板或者使用定制规则，选项有定制TCP规则、定制UDP规则或定制ICMP规则。

打开端口/端口范围：你选择的TCP和UDP规则可能会打开一个或一组端口.选择"端口范围"，你需要提供开始和结束端口的范围.对于ICMP规则你需要指定ICMP类型和代码.

远程：你必须指定允许通过该规则的流量来源。可以通过以下两种方式实现：IP地址块(CIDR)或者来源地址组(安全组)。如果选择一个安全组作为来访源地址，则该安全组中的任何云主机都被允许使用该规则访问任一其他云主机。

取消　添加

图 5-32　添加规则

(1) 来自 192.168.30.0/24 网段的所有主机都可以访问安全组内实例的 22 端口，由于是向内访问，所以设置的“方向”选择“入口”。

单击“添加”按钮，即可完成规则的添加，如图 5-33 所示。

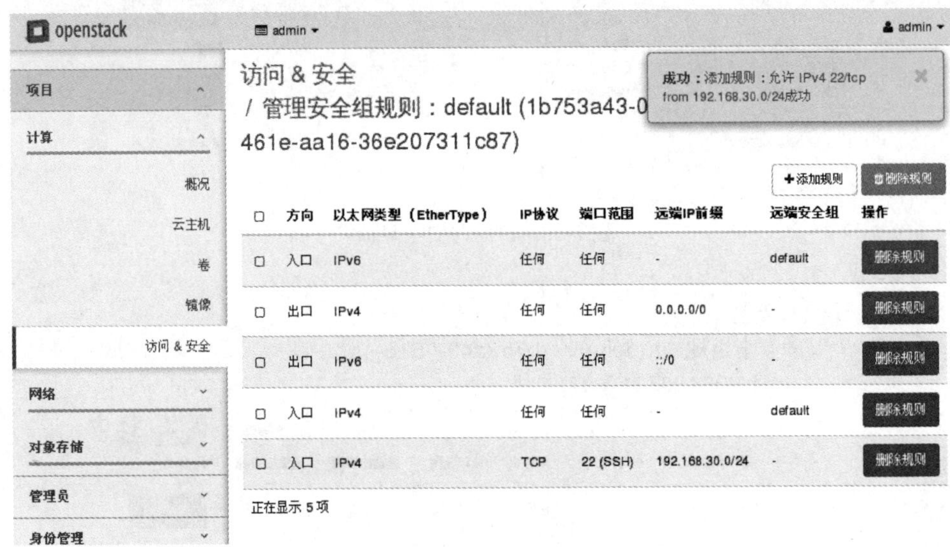

图 5-33 添加规则成功

(2) 来自安全组 newse1 的所有主机都可以访问安全组内的实例的 22 端口，此时在“远程”选项中不再选择 CIDR，而是选择“安全组”，如图 5-34 所示。

图 5-34 添加规则

单击“添加”按钮，完成规则的添加，如图 5-35 所示。

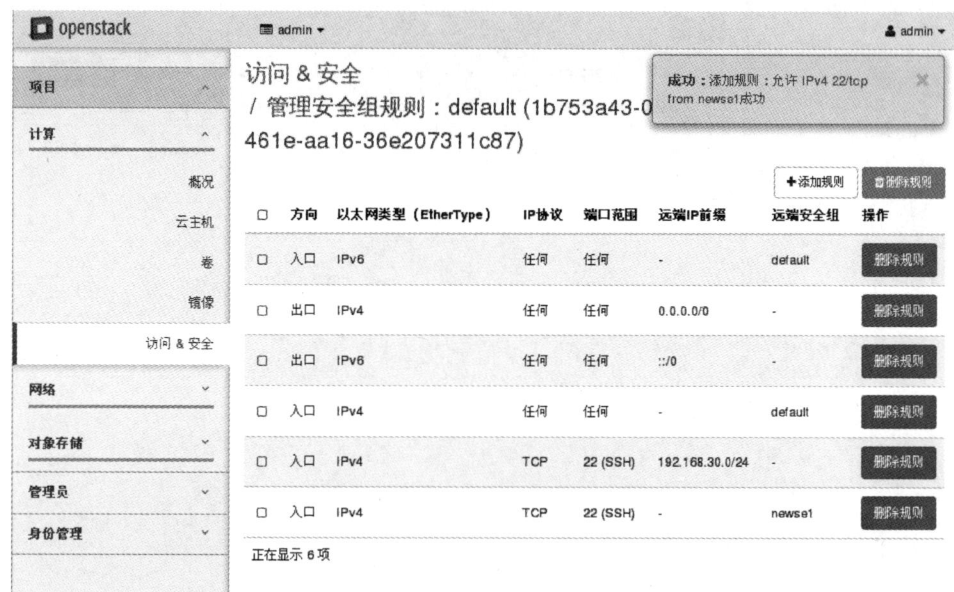

图 5-35　添加规则成功

此时，查看 default 安全组规则，可以看到已经增加了两条规则。

通过以上的配置，来自 192.168.30.0/24 网段以及安全组 newse1 的所有主机都可以访问安全组内实例的 22 端口。

5.4　镜像与虚拟机的管理

在 Dashboard 的使用过程中，如果想创建虚拟机，首要的问题就是从哪里获得安装虚拟机操作系统所需的 ISO 文件。要解决这个问题，可以将创建虚拟机所需的 ISO 文件上传到 Dashboard 中进行注册。

5.4.1　创建镜像

进入“管理员”选项卡，单击左列的“镜像”选项，即可进入镜像的管理界面，如图 5-36 所示，由于之前上传过一个镜像文件，因此在管理界面中存在一个镜像文件。

单击右上方的“创建镜像”按钮，就可以进行镜像的注册，界面如图 5-37 所示。

镜像文件可以通过网络上传，也支持直接从本地文件上传，可以选择两种注册镜像的方式：镜像地址注册和本地文件注册。镜像地址注册需要指定镜像文件的网络地址，本地文件注册只需选择本地磁盘中的文件即可。

设置相应的选项，并单击“创建镜像”按钮，便可完成镜像的创建。

在镜像的管理界面，单击某个镜像后面的“编辑镜像”按钮，即可进入镜像的更改界面，如图 5-38 和图 5-39 所示。

填写完相关信息后，单击右下方的“编辑镜像”按钮，即可更新镜像信息。

openstack
admin
admin
项目
管理员
系统
概况
虚拟机管理器
主机聚合
云主机
卷
云主机类型
镜像
网络
默认值
镜像
镜像名称 =
筛选
+创建镜像
删除镜像
项目
镜像名称
类型
状态
公有
受保护的
镜像格式
大小
操作
admin
cirros
镜像
运行中
True
False
QCOW2
12.7 MB
编辑镜像
正在显示 1 项

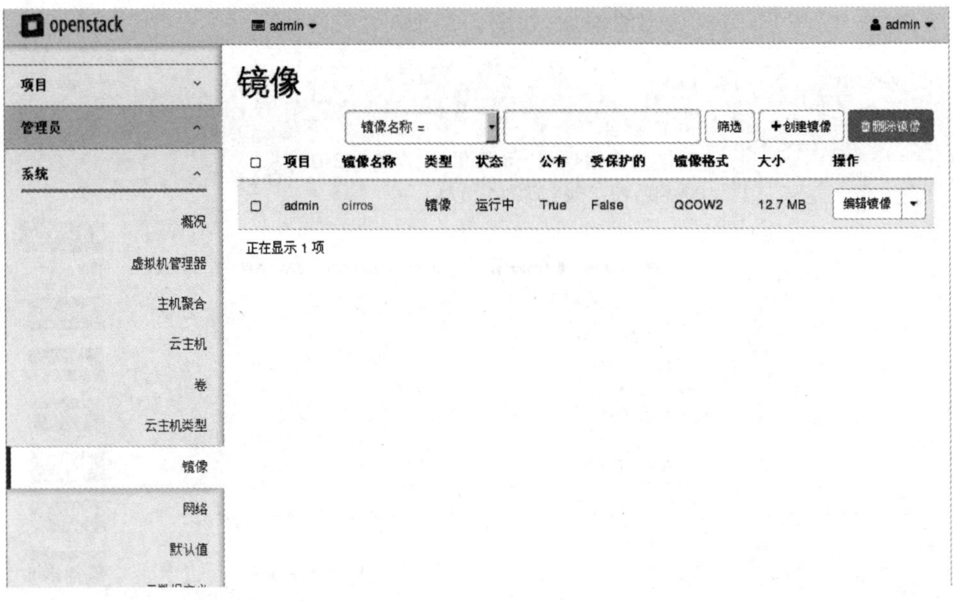

图 5-36 镜像管理界面

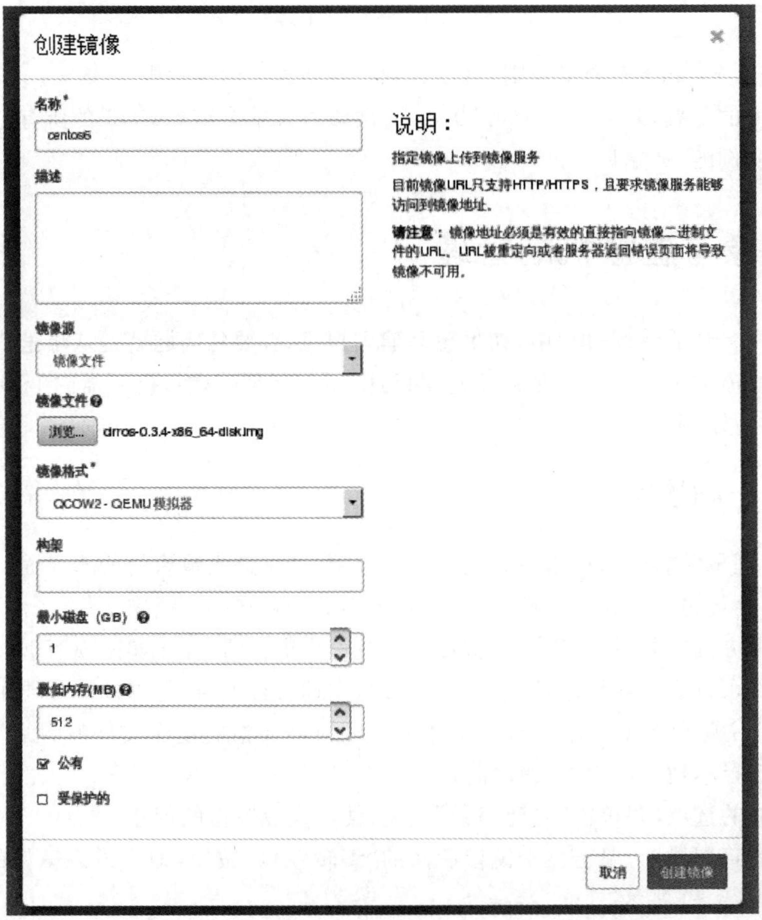

创建镜像
名称*
centos6
描述
镜像源
镜像文件
镜像文件
浏览...
cirros-0.3.4-x86_64-disk.img
镜像格式*
QCOW2 - QEMU 模拟器
构架
最小磁盘（GB）
1
最低内存(MB)
512
公有
受保护的
说明：
指定镜像上传到镜像服务
目前镜像URL只支持HTTP/HTTPS，且要求镜像服务能够访问到镜像地址。
请注意：镜像地址必须是有效的直接指向镜像二进制文件的URL。URL被重定向或者服务器返回错误页面将导致镜像不可用。
取消
创建镜像

图 5-37 创建镜像

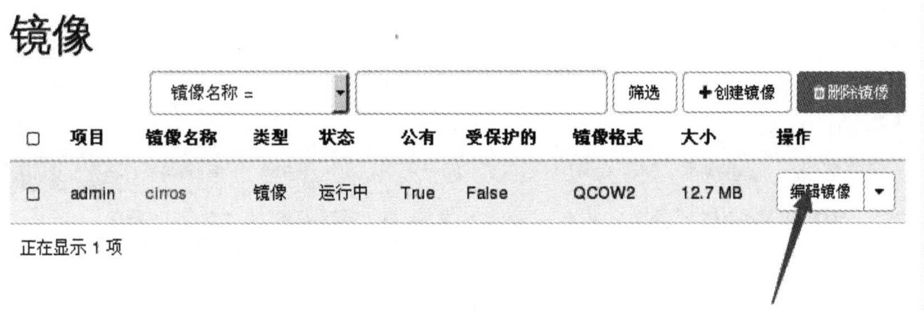

图 5-38 编辑镜像

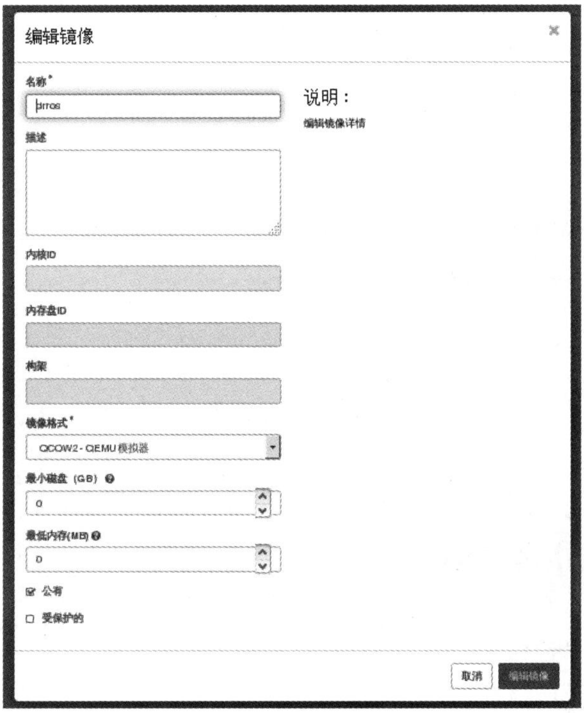

图 5-39 编辑镜像

在镜像的管理界面，单击某个镜像后面的下三角按钮，进而选择“删除镜像”选项，即可删除该镜像，如图 5-40 所示。

也可以选中每个镜像左侧的复选框，然后再单击右上方的“删除镜像”按钮，即可批量地删除镜像，如图 5-41 所示。

5.4.2 虚拟机的创建

在“项目”管理界面下选择“云主机”选项，在主面板中单击右上角的“创建云主机”按钮，如图 5-42 所示。

将会看到弹出创建虚拟机实例的界面，如图 5-43 所示。

需要填写带 * 号的项目信息。

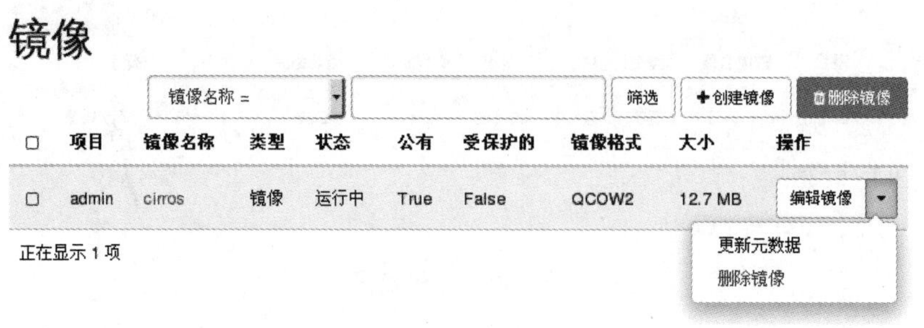

图 5-40 删除镜像

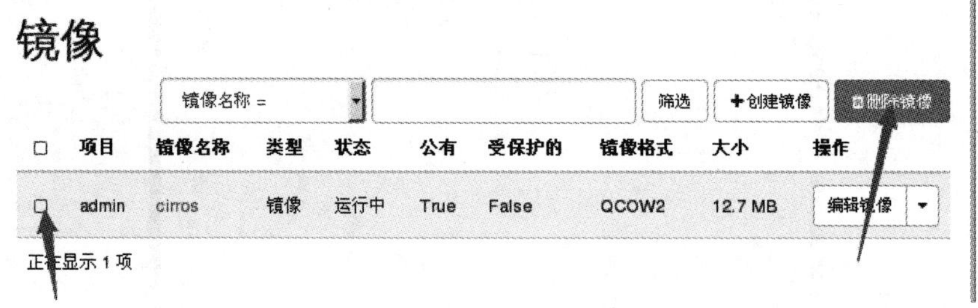

图 5-41 删除镜像

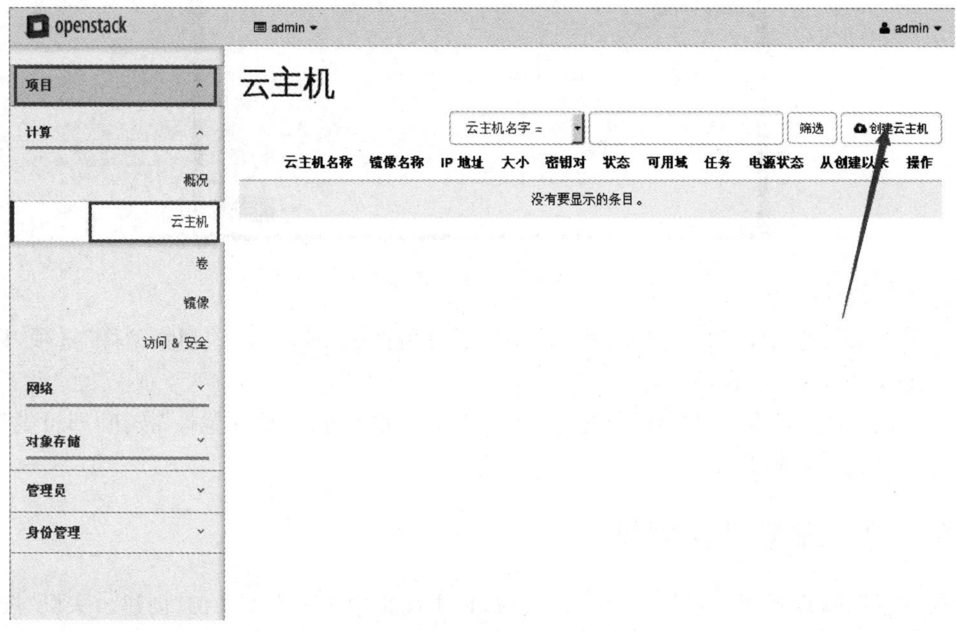

图 5-42 创建云主机

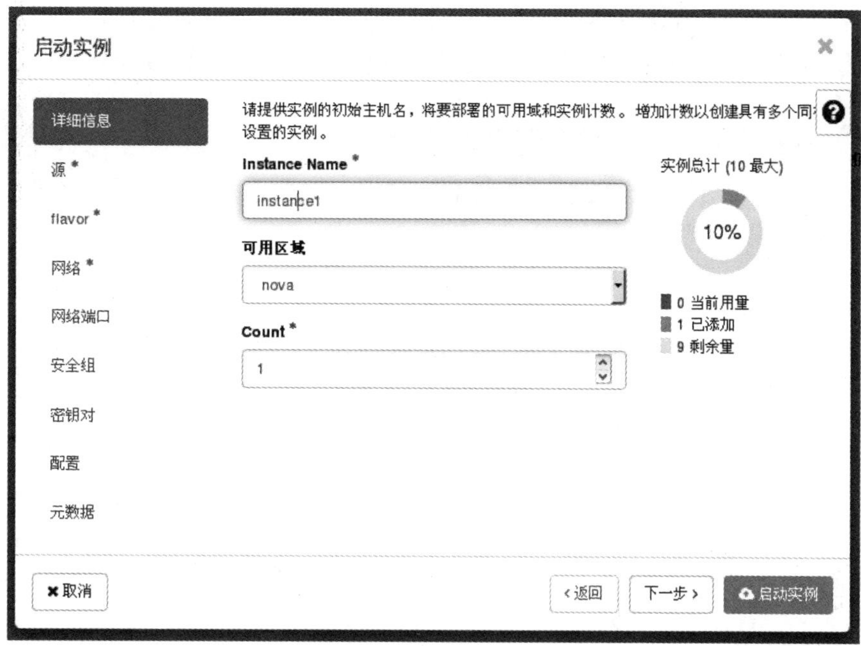

图 5-43　启动实例的详细信息

详细信息：需要填写实例的名字以及可用区域(默认即可)，设置一次创建的虚拟机实例个数。

源：可以选择不同的引导源，然后单击相应源后边的＋按钮，将引导源添加进来，在此选择已经上传到系统的 cirros 镜像，如图 5-44 所示。

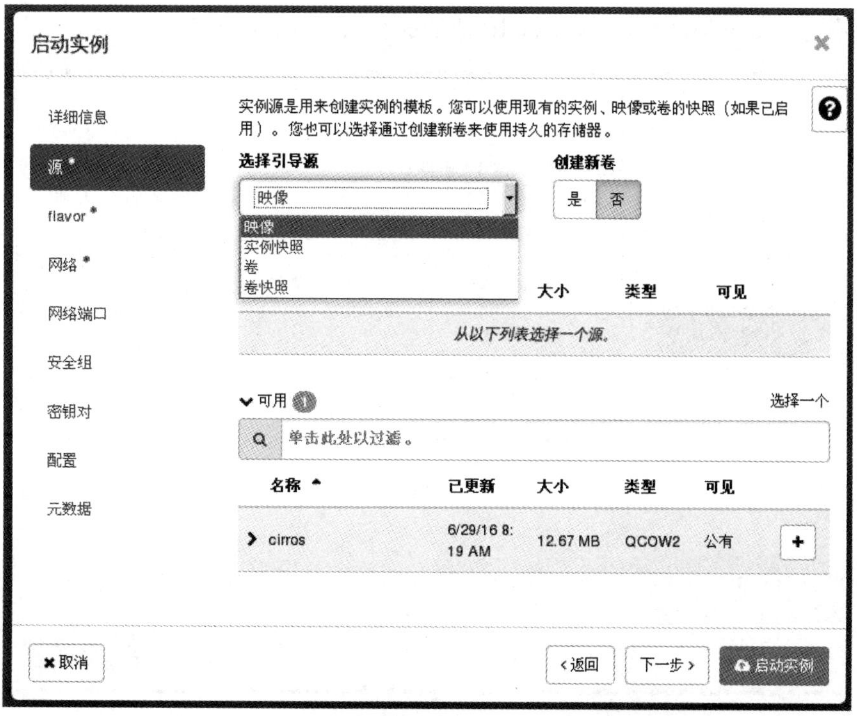

图 5-44　启动实例的源

flavor：用于定义虚拟机实例所对应的“云主机类型”，单击相应的云主机类型(flavor)后的＋按钮即可完成选择，在此选择之前自定义的 flavor1，如图 5-45 所示。

图 5-45 启动实例的 flavor

网络：为主机添加网络，实现主机 IP 地址的获取，如图 5-46 所示。

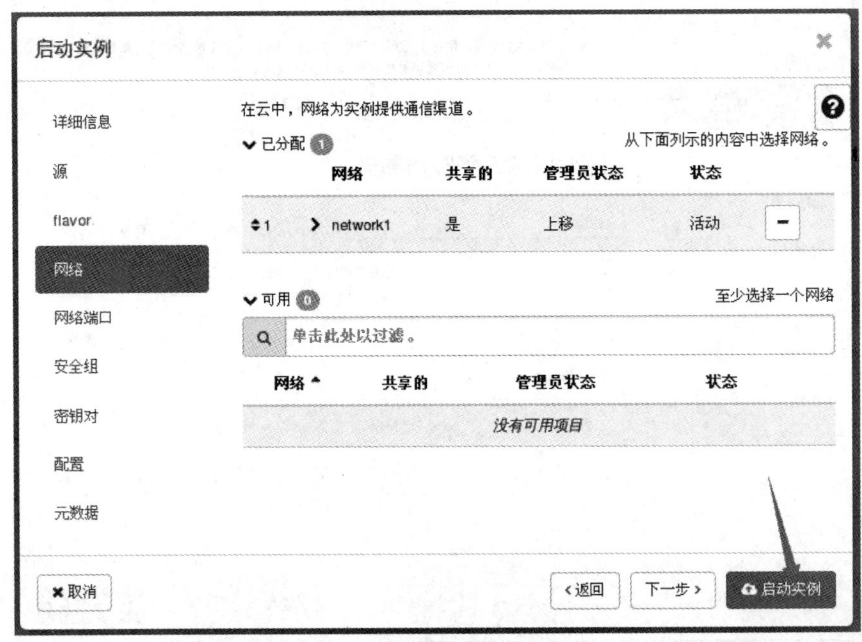

图 5-46 启动实例的网络

必要信息填写完毕后，单击“启动实例”按钮，即可完成虚拟机实例的创建，如图 5-47 和图 5-48 所示。

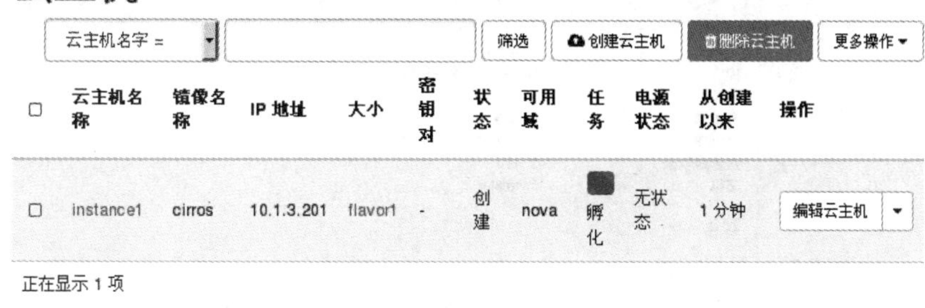

图 5-47　创建虚拟机

图 5-48　成功创建虚拟机

5.4.3　虚拟机的管理

(1) 在“云主机”选项中单击上面创建的虚拟机 instance1，将会进入“实例信息”页面，通过页面中的 4 个选项卡可以查看虚拟机实例的详细信息、虚拟机实例运行中的日志信息、对虚拟机实例进行的操作信息以及通过控制台对实例进行操作，如图 5-49 所示。

图 5-49　虚拟机实例的详细信息

(2) 在“概况”选项卡中可以查看实例的详细信息，如名称、所占资源大小、IP 地址等信息，如图 5-50 所示。

(3) 在“日志”选项卡可以查看实例运行过程中的日志信息，如图 5-51 所示。

图 5-50　云主机概况

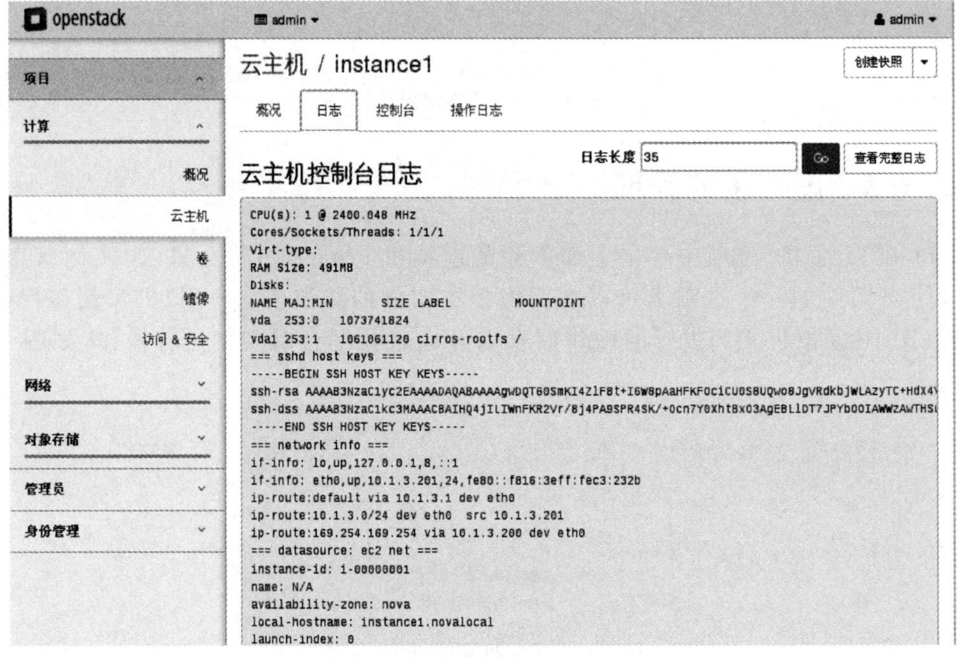

图 5-51　云主机日志

(4) 通过“控制台”选项卡可以实现对实例的操作，如图 5-52 所示。

(5) 通过“操作日志”选项卡可以查看实例的创建、销毁等信息，如图 5-53 所示。

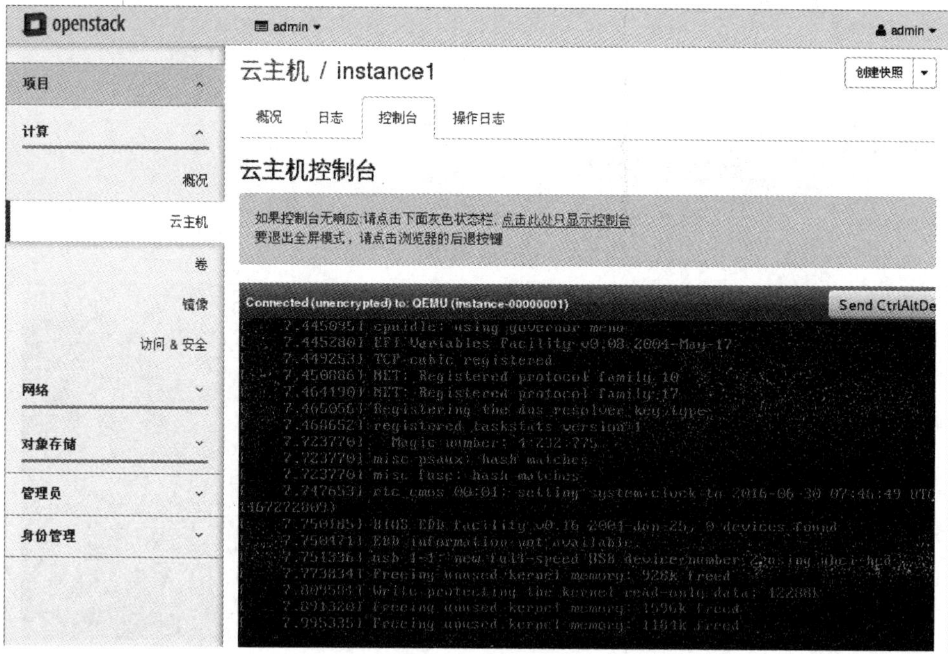

图 5-52　云主机控制台

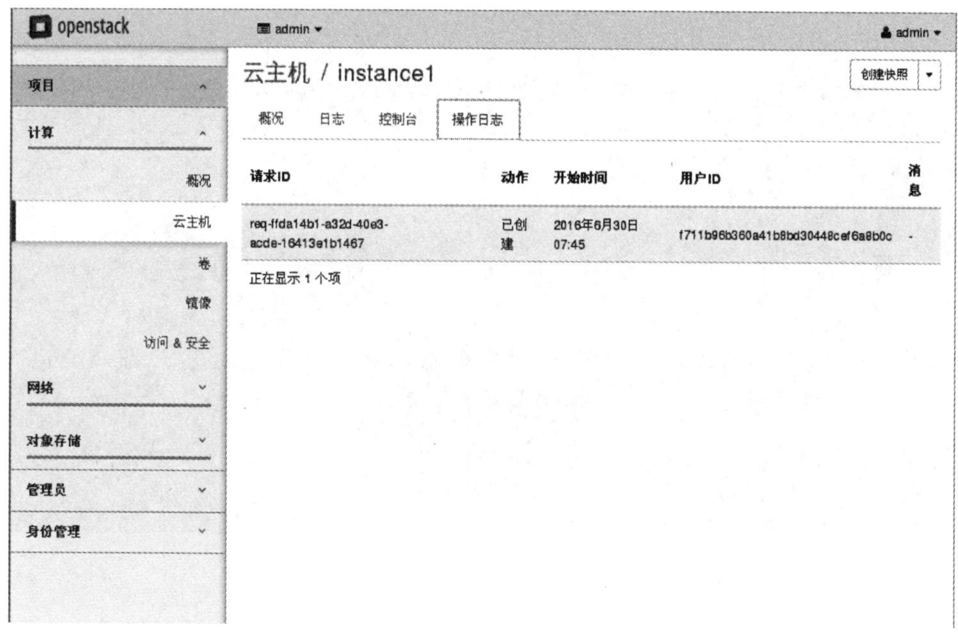

图 5-53　云主机操作日志

5.4.4　虚拟机的使用

可以通过“控制台”选项卡使用虚拟机实例，如果感觉操作不方便，可以单击“点击此处只显示控制台”，如图 5-54 所示。

图 5-54 云主机控制台

此时，虚拟机实例的控制台界面将会全屏显示，如图 5-55 所示。

```
Connected (unencrypted) to: QEMU (instance-00000001)                Send CtrlAltDel
[    7.449253] TCP cubic registered
[    7.450886] NET: Registered protocol family 10
[    7.464190] NET: Registered protocol family 17
[    7.465056] Registering the dns_resolver key type
[    7.468652] registered taskstats version 1
[    7.723770]    Magic number: 4:232:775
[    7.723770] misc psaux: hash matches
[    7.723770] misc fuse: hash matches
[    7.747653] rtc_cmos 00:01: setting system clock to 2016-06-30 07:46:49 UTC (
1467272809)
[    7.750185] BIOS EDD facility v0.16 2004-Jun-25, 0 devices found
[    7.750471] EDD information not available.
[    7.751336] usb 1-1: new full-speed USB device number 2 using uhci_hcd
[    7.773834] Freeing unused kernel memory: 928k freed
[    7.809581] Write protecting the kernel read-only data: 12288k
[    7.891320] Freeing unused kernel memory: 1596k freed
[    7.995335] Freeing unused kernel memory: 1184k freed

further output written to /dev/ttyS0


login as 'cirros' user. default password: 'cubswin:)'. use 'sudo' for root.
instance1 login:
login as 'cirros' user. default password: 'cubswin:)'. use 'sudo' for root.
instance1 login: _
```

图 5-55 全屏显示控制台

输入用户名 cirros，密码“cubswin:)”，即可登录进虚拟机实例进行操作，如图 5-56 所示。

查看实例的 IP 地址，如图 5-57 所示。

在创建子网的时候，所指定 IP 地址池为 10.1.3.200～10.1.3.250，因此虚拟机实例获取的 IP 地址会在此范围内。

如果可以连接外网，尝试 pingwww.baidu.com 是可以通的，如图 5-58 所示。

```
Connected (unencrypted) to: QEMU (instance-00000001)                Send CtrlAltDel
[    7.464190] NET: Registered protocol family 17
[    7.465056] Registering the dns_resolver key type
[    7.468652] registered taskstats version 1
[    7.723770]   Magic number: 4:232:775
[    7.723770] misc psaux: hash matches
[    7.723770] misc fuse: hash matches
[    7.747653] rtc_cmos 00:01: setting system clock to 2016-06-30 07:46:49 UTC (
1467272809)
[    7.750185] BIOS EDD facility v0.16 2004-Jun-25, 0 devices found
[    7.750471] EDD information not available.
[    7.751336] usb 1-1: new full-speed USB device number 2 using uhci_hcd
[    7.773834] Freeing unused kernel memory: 928k freed
[    7.809581] Write protecting the kernel read-only data: 12288k
[    7.891320] Freeing unused kernel memory: 1596k freed
[    7.995335] Freeing unused kernel memory: 1184k freed

further output written to /dev/ttyS0


login as 'cirros' user. default password: 'cubswin:)'. use 'sudo' for root.
instance1 login:
login as 'cirros' user. default password: 'cubswin:)'. use 'sudo' for root.
instance1 login: cirros
Password:
$ _
```

图 5-56　登录虚拟机实例

```
Connected (unencrypted) to: QEMU (instance-00000001)                Send CtrlAltDel
login as 'cirros' user. default password: 'cubswin:)'. use 'sudo' for root.
instance1 login:
login as 'cirros' user. default password: 'cubswin:)'. use 'sudo' for root.
instance1 login: cirros
Password:
$ ifconfig
eth0      Link encap:Ethernet  HWaddr FA:16:3E:C3:23:2B
          inet addr:10.1.3.201  Bcast:10.1.3.255  Mask:255.255.255.0
          inet6 addr: fe80::f816:3eff:fec3:232b/64 Scope:Link
          UP BROADCAST RUNNING MULTICAST  MTU:1500  Metric:1
          RX packets:85 errors:0 dropped:0 overruns:0 frame:0
          TX packets:115 errors:0 dropped:0 overruns:0 carrier:0
          collisions:0 txqueuelen:1000
          RX bytes:8936 (8.7 KiB)  TX bytes:11173 (10.9 KiB)

lo        Link encap:Local Loopback
          inet addr:127.0.0.1  Mask:255.0.0.0
          inet6 addr: ::1/128 Scope:Host
          UP LOOPBACK RUNNING  MTU:16436  Metric:1
          RX packets:0 errors:0 dropped:0 overruns:0 frame:0
          TX packets:0 errors:0 dropped:0 overruns:0 carrier:0
          collisions:0 txqueuelen:0
          RX bytes:0 (0.0 B)  TX bytes:0 (0.0 B)

$ _
```

图 5-57　查看实例 IP 地址

```
Connected (unencrypted) to: QEMU (instance-00000001)                Send CtrlAltDel
eth0      Link encap:Ethernet  HWaddr FA:16:3E:C3:23:2B
          inet addr:10.1.3.201  Bcast:10.1.3.255  Mask:255.255.255.0
          inet6 addr: fe80::f816:3eff:fec3:232b/64 Scope:Link
          UP BROADCAST RUNNING MULTICAST  MTU:1500  Metric:1
          RX packets:85 errors:0 dropped:0 overruns:0 frame:0
          TX packets:115 errors:0 dropped:0 overruns:0 carrier:0
          collisions:0 txqueuelen:1000
          RX bytes:8936 (8.7 KiB)  TX bytes:11173 (10.9 KiB)

lo        Link encap:Local Loopback
          inet addr:127.0.0.1  Mask:255.0.0.0
          inet6 addr: ::1/128 Scope:Host
          UP LOOPBACK RUNNING  MTU:16436  Metric:1
          RX packets:0 errors:0 dropped:0 overruns:0 frame:0
          TX packets:0 errors:0 dropped:0 overruns:0 carrier:0
          collisions:0 txqueuelen:0
          RX bytes:0 (0.0 B)  TX bytes:0 (0.0 B)

$ ping www.baidu.com
PING www.baidu.com (111.13.100.91): 56 data bytes
64 bytes from 111.13.100.91: seq=0 ttl=53 time=11.872 ms
64 bytes from 111.13.100.91: seq=1 ttl=53 time=7.931 ms
64 bytes from 111.13.100.91: seq=2 ttl=53 time=7.940 ms
64 bytes from 111.13.100.91: seq=4 ttl=53 time=7.756 ms
_
```

图 5-58　ping 通外网

如果无法连接外网，那么 ping 网关地址 10.1.3.1 也是可以通的，如图 5-59 所示。

```
Connected (unencrypted) to: QEMU (instance-00000001)                Send CtrlAltDel
64 bytes from 111.13.100.91: seq=97 ttl=53 time=14.132 ms
64 bytes from 111.13.100.91: seq=98 ttl=53 time=8.564 ms
64 bytes from 111.13.100.91: seq=99 ttl=53 time=15.181 ms
64 bytes from 111.13.100.91: seq=100 ttl=53 time=26.453 ms
64 bytes from 111.13.100.91: seq=101 ttl=53 time=8.696 ms
64 bytes from 111.13.100.91: seq=102 ttl=53 time=9.193 ms
64 bytes from 111.13.100.91: seq=103 ttl=53 time=12.112 ms
64 bytes from 111.13.100.91: seq=104 ttl=53 time=17.727 ms
64 bytes from 111.13.100.91: seq=105 ttl=53 time=9.343 ms
64 bytes from 111.13.100.91: seq=107 ttl=53 time=14.133 ms
64 bytes from 111.13.100.91: seq=108 ttl=53 time=16.844 ms
64 bytes from 111.13.100.91: seq=109 ttl=53 time=27.924 ms
64 bytes from 111.13.100.91: seq=110 ttl=53 time=8.326 ms
64 bytes from 111.13.100.91: seq=111 ttl=53 time=7.768 ms

--- www.baidu.com ping statistics ---
112 packets transmitted, 103 packets received, 8% packet loss
round-trip min/avg/max = 7.563/16.112/54.661 ms
$ ping 10.1.3.1
PING 10.1.3.1 (10.1.3.1): 56 data bytes
64 bytes from 10.1.3.1: seq=0 ttl=64 time=16.497 ms
64 bytes from 10.1.3.1: seq=1 ttl=64 time=1.264 ms
64 bytes from 10.1.3.1: seq=2 ttl=64 time=2.399 ms
64 bytes from 10.1.3.1: seq=3 ttl=64 time=11.709 ms
```

图 5-59　ping 通内网

我们可以通过控制台进行虚拟机操作，可以有效地提升学习效率。

5.5　磁盘(Volumes)的使用

虚拟机的磁盘(或称作卷)同实际的物理硬盘一样，为虚拟机提供可扩展的使用空间。用户可以任意添加或者删除数据卷、挂载或者卸载数据卷。

1. 添加磁盘

在“项目”选项卡中，选中“卷”选项，单击右上角的“创建云硬盘”按钮，如图 5-60 所示。

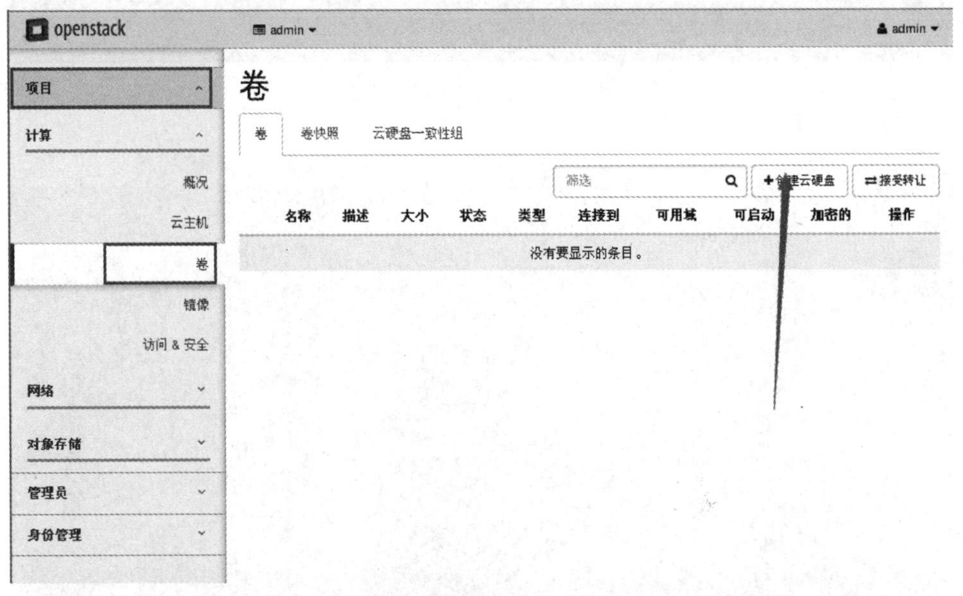

图 5-60　创建云硬盘

在弹出的“创建云硬盘”页面，填写相应的名称以及来源、类型、磁盘大小等信息，即可完成磁盘的创建，如图 5-61 所示。

图 5-61　创建云硬盘

单击“创建云硬盘”按钮即可成功创建云硬盘，如图 5-62 所示。

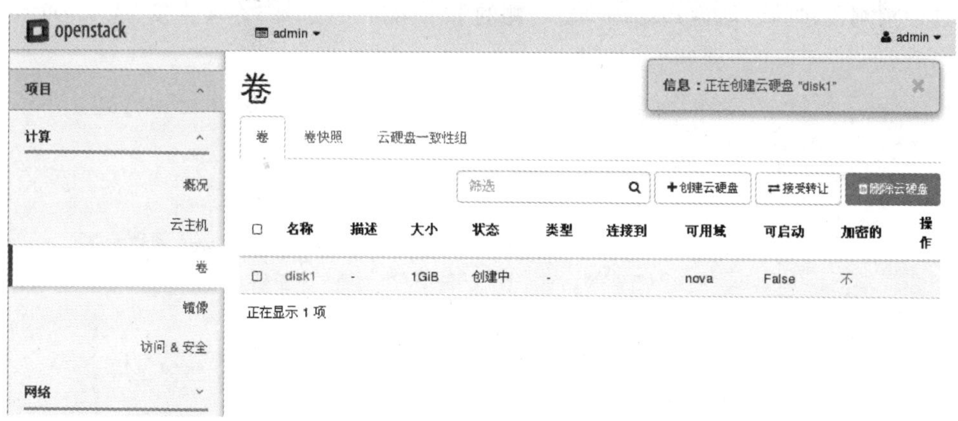

图 5-62　创建云硬盘成功

2. 删除磁盘

选中需要删除的磁盘对应的复选框，单击右上角的“删除云硬盘”按钮，将会弹出确认对话框，确认后即可完成磁盘的删除(在此单击“取消”按钮，因为我们下面还需要用到此云硬盘)，如图 5-63 所示。

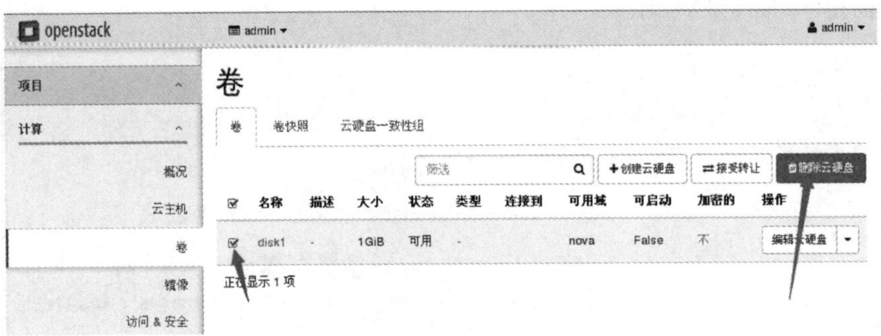

图 5-63　删除云硬盘

单击“删除云硬盘”按钮后弹出“确认删除云硬盘”界面，再单击“删除云硬盘”按钮即可删除云硬盘，如图 5-64 所示。

图 5-64　确认删除云硬盘

3. 附加磁盘

有了新的磁盘，就可以让系统中的虚拟机实例通过挂载的方式来真正使用这些新的磁盘，即使用附加磁盘功能。

选中刚刚创建的云硬盘 disk1，单击右侧的下三角按钮，选择“管理连接”选项，如图 5-65 所示。

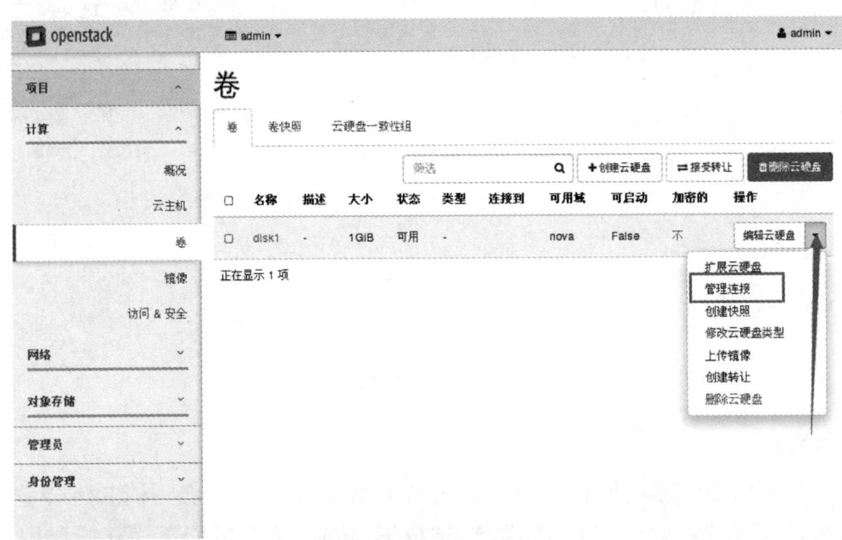

图 5-65　管理连接云硬盘

在弹出的磁盘挂载页面，选择需要被挂载的主机（在此选择前面创建的实例 instance1），单击“连接云硬盘”按钮，即可完成磁盘的附加，如图 5-66 和图 5-67 所示。

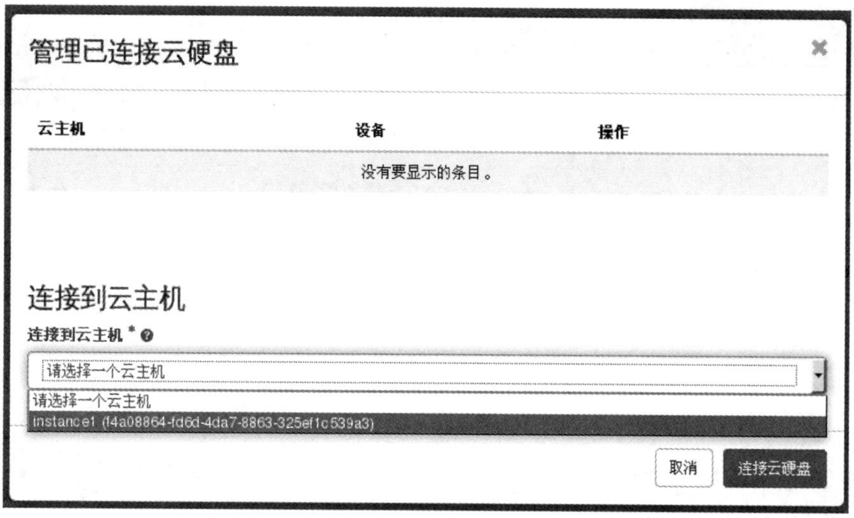

图 5-66　附加磁盘

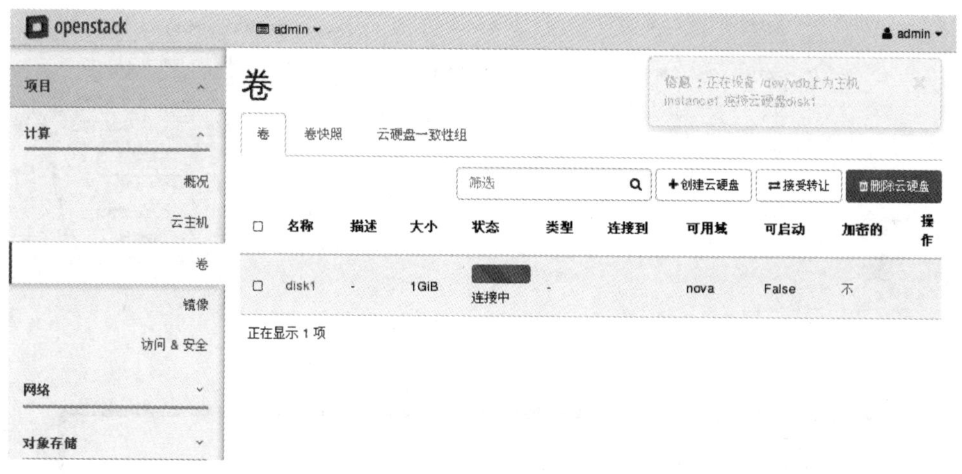

图 5-67　附加磁盘连接中

磁盘附加成功之后，在虚拟机实例中将可以使用附加的磁盘，如图 5-68 所示。

4. 取消附加磁盘

除了附加磁盘，还可以进行磁盘的卸载，这时就需要使用取消附加磁盘的功能（只有被附加的磁盘才有取消附加磁盘的功能）。

选择需要取消附加的磁盘，单击右侧的下三角按钮，选择“管理连接”选项，如图 5-69 所示。

在弹出的管理页面中，单击需要取消附加磁盘的实例后面的“分离云硬盘”按钮，如图 5-70 所示。

确认之后，即可完成取消附加磁盘操作，如图 5-71 和图 5-72 所示。

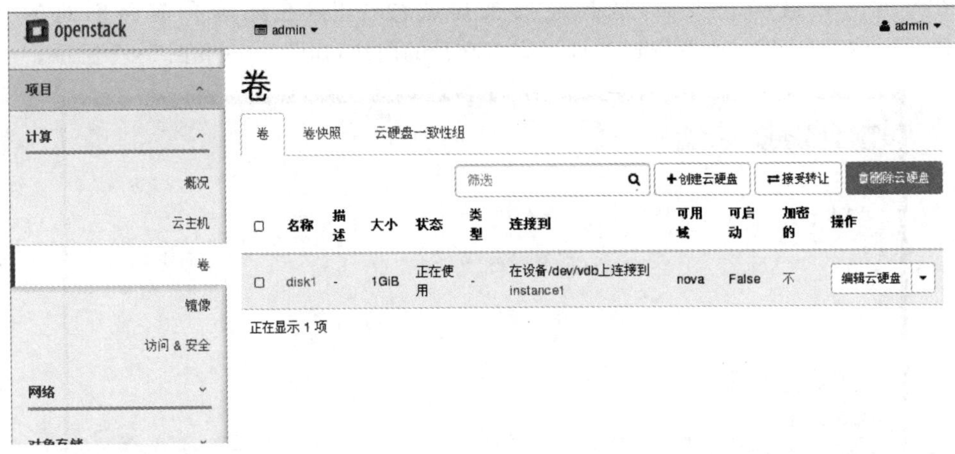

图 5-68 磁盘附加成功

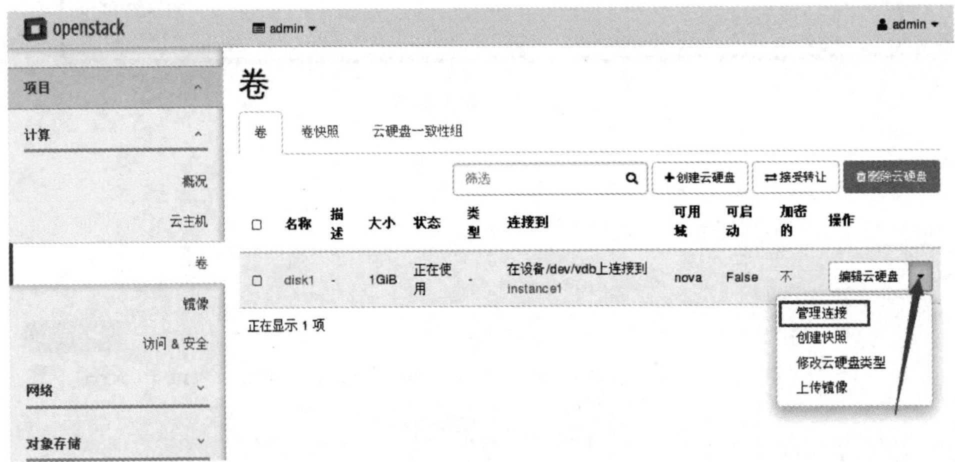

图 5-69 管理连接云硬盘

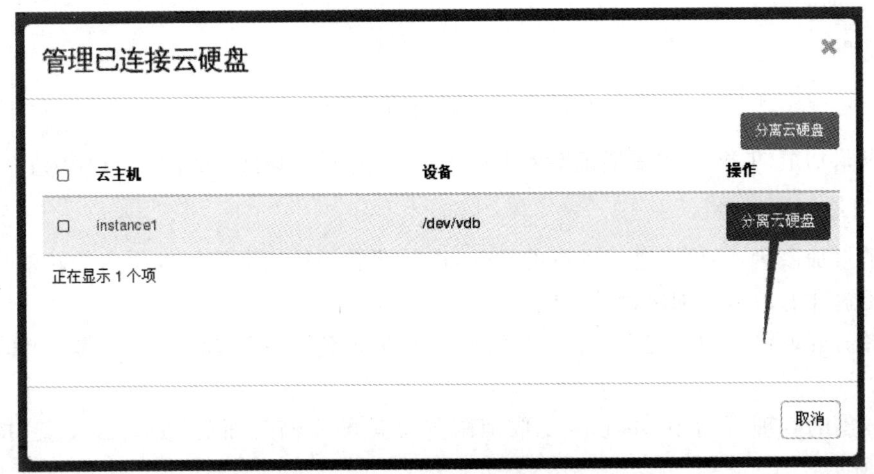

图 5-70 分离云硬盘

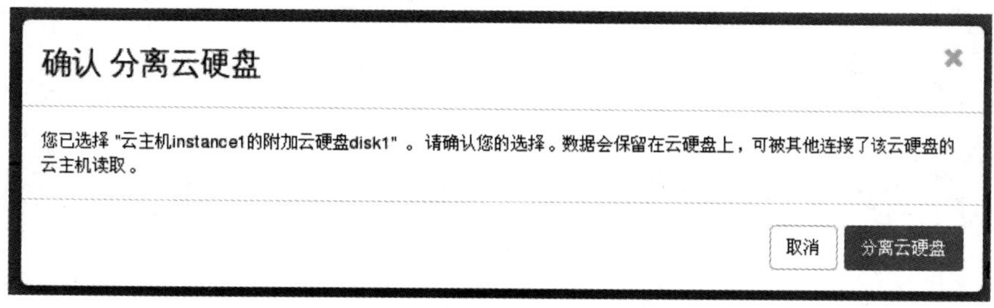

图 5-71　确认分离云硬盘

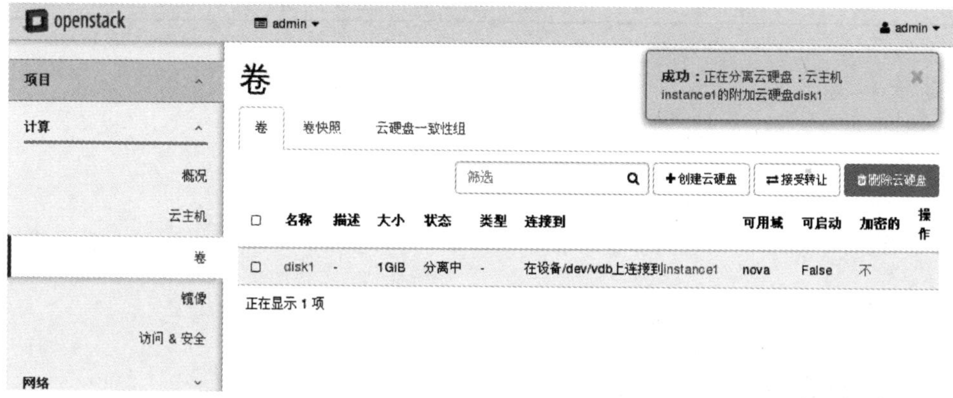

图 5-72　云硬盘分离成功

第6章

OpenStack运行维护

6.1 故障排除

OpenStack 是一个复杂的软件套件，对于初学者和有经验的系统管理员来说都有相当多的问题需要解决。虽然没有单一的故障排查的方法，但通过了解 OpenStack 日志的重要信息并掌握可用于帮助追查错误的工具，有助于解决可能会遇到的问题。不过可以预料的是，如果没有外部的支持，就不可能解决所有的问题。因此，搜集需求信息并提出修正意见是非常重要的，它将有助于 bug 或问题得到迅速且有效的处理。

本章将讲述以下内容：

- 检查 OpenStack 服务
- OpenStack 计算服务故障排除
- OpenStack 对象存储服务故障排除
- OpenStack Dashboard 故障排除
- OpenStack 身份认证故障排除
- OpenStack 网络故障排除

6.1.1 理解日志

日志对于所有计算机系统都很关键。但是，越复杂的系统越是依赖日志来发现问题，从而缩短故障排除时间。理解 OpenStack 系统的日志对于保证 OpenStack 环境的健康非常重要，同样，对于向社区提交相关日志信息帮助修复 bug 也很重要。

OpenStack 生成大量的日志信息用来帮助排查 OpenStack 的安装问题。下面将详细介绍这些服务的相关日志位置。

1. OpenStack 计算服务日志

OpenStack 计算服务日志位于/var/log/nova/，默认权限拥有者是 nova 用户。为了读取信息，使用 root 用户登录。下面是服务列表和相关的日志。需要注意的是，并不是每台服务器上都包含所有的日志文件。例如，nova-compute.log 仅在计算节点上生成。

- nova-compute：/var/log/nova/nova-compute.log——虚拟机实例在启动和运行中产生的日志。
- nova-manage：/var/log/nova/nova-manage.log——运行 nova-manage 时产生的日志项。
- nova-scheduler：/var/log/nova/nova-scheduler.log——有关调度的，分配任务给节点以及消息队列的相关日志项。
- nova-api：/var/log/nova/nova-objectstore.log——用户与 OpenStack 交互以及 OpenStack 组件间交互的消息相关日志项。
- nova-consoleauth：/var/log/nova/nova-consoleauth.log——关于 nova-console 服务的验证细节。

2. OpenStack Dashboard 日志

OpenStack Dashboard(Horizon)是一个 Web 应用程序，默认运行在 Apache 服务器上，所以任何错误和访问信息都会记录在 Apache 日志中。可以在/var/log/httpd/*.log 中查看，这将有助于理解谁在访问这些服务以及服务中的错误信息。

3. OpenStack 存储日志

OpenStack 块存储服务 Cinder 产生的日志默认放在/var/log/cinder 目录下。下面列出了相关的日志文件。

- cinder-api：/var/log/cinder/api.log——关于 cinder-api 服务的细节。
- cinder-scheduler：/var/log/scheduler.log——关于 Cinder 调度服务的操作的细节。
- cinder-volume：/var/log/volume.log——与 Cinder 卷服务相关的日志项。

4. OpenStack 身份日志

OpenStack 身份服务 KeyStone 将日志写到/var/log/keystone/keystone.log 中。根据 KeyStone 设置的不同，日志文件中信息可能寥寥几行，也可能是包含了所有明文请求的日志信息。

5. OpenStack 镜像服务日志

OpenStack 镜像服务将日志保存在/var/log/glance/*.log 中，每个服务有一个独立的日志文件。下面是默认的日志文件列表。

- api：/var/log/glance/api.log——Glance API 相关的日志。
- registry：/var/log/glance/registry.log——Glance registry 服务相关的日志。根据日志配置的不同，会保存诸如原信息更新和访问记录这些信息。

6. OpenStack 网络服务日志

OpenStack 网络服务 Neutron，之前叫 Quantum，在/var/log/neutron/*log 中保存日志，每个服务有一个独立的日志文件。下面是对应的日志文件列表。

- dbcp-agent：/var/log/quantum/dbcp-agent.log——关于 dbcp-agent 的日志项。
- metadata-agent：/var/log/quantum/metadata-agent.log——通过 Neutron 代理给 Nova 元数据服务的相关日志项。
- linuxbridge-agent：/var/log/quantum/linuxbridge-agent.log——与 linuxbridge 相关操作的日志项。在具体实现 OpenStack 网络的时候，如果使用了不同的插件，就会有相应的日志文件名。
- server：/var/log/quantum/server.log——与 Neutron API 相关的日志项及细节。

7. 改变日志级别

每个 OpenStack 服务的默认日志级别均为警告级（Warning）。该级别的日志对于了解运行中系统的状态或者基本的错误定位已经够用。但有时候需要上调日志级别来帮助诊断问题，或者下调日志级别以减少日志噪声。

OpenStack 中的服务（如 Glance 和 KeyStone）目前都在它们的主配置文件中设置了日志级别，例如/etc/glance/glance-api.conf。可以通过修改这些文件中的对应设置来将日志级别调整到 INFO 或 DEBUG。

注意：修改日志级别时需要重启对应的服务来使改变生效。

6.1.2 检查 OpenStack 服务

OpenStack 提供工具来检测计算服务的不同组件。本节将介绍如何查看这些服务的运行状态，同时也将使用一些通用的系统命令来检测环境是否如所期望的那样正常运行。

要验证 OpenStack 计算服务运行正常，需要调用 mova-manage 工具，并指定不同参数来了解环境状况。

1. 检查 OpenStack 计算服务（见图 6-1）

要检查 OpenStack 计算服务是否正常，执行以下命令：

```
openstack compute service list
```

```
[root@controller nova]# openstack compute service list
+----+------------------+------------+----------+---------+-------+----------------------------+
| Id | Binary           | Host       | Zone     | Status  | State | Updated At                 |
+----+------------------+------------+----------+---------+-------+----------------------------+
|  1 | nova-scheduler   | controller | internal | enabled | up    | 2016-07-01T01:12:29.       |
|    |                  |            |          |         |       | 000000                     |
|  2 | nova-conductor   | controller | internal | enabled | up    | 2016-07-01T01:12:29.       |
|    |                  |            |          |         |       | 000000                     |
|  3 | nova-consoleauth | controller | internal | enabled | up    | 2016-07-01T01:12:29.       |
|    |                  |            |          |         |       | 000000                     |
|  6 | nova-compute     | controller | nova     | enabled | up    | 2016-07-01T01:12:30.       |
|    |                  |            |          |         |       | 000000                     |
+----+------------------+------------+----------+---------+-------+----------------------------+
[root@controller nova]#
```

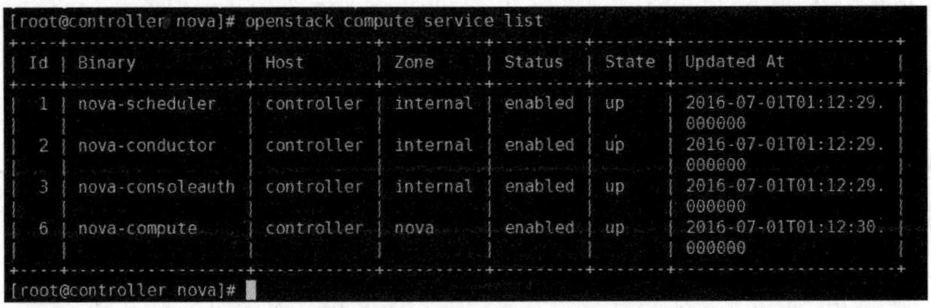

图 6-1 检查 OpenStack 计算服务

这些字段的含义具体如下。

- Binary：要检查状态的服务的名字。
- Host：运行该服务的主机或服务器的名字。
- Zone：运行该服务的 OpenStack Zone。一个区域（Zone）可以运行多个服务。默认的区域为 nova。

- Status：管理员是否启用了该服务。
- State：表示该服务是否正在工作。
- Updated At：上次检查该服务的时间。

2. 检查 OpenStack 镜像服务(见图 6-2、图 6-3)

尽管 OpenStack 镜像服务 Glance 是 OpenStack 启动实例所需的一个非常关键的服务，但它却没有自带工具来检查服务状态，所以要依赖一些 Linux 系统自带的命令来代替。例如：

```
ps -ef | grep glance
```

```
[root@controller /]# ps -ef | grep glance
glance    6722     1  0 6月29 ?        00:15:10 /usr/bin/python2 /usr/bin/glance-api
glance    6727     1  0 6月29 ?        00:00:01 /usr/bin/python2 /usr/bin/glance-registry
glance    6850  6727  0 6月29 ?        00:00:02 /usr/bin/python2 /usr/bin/glance-registry
glance    6867  6722  0 6月29 ?        00:00:01 /usr/bin/python2 /usr/bin/glance-api
root     29829 28353  0 09:15 pts/0    00:00:00 grep --color=auto glance
[root@controller /]#
```

图 6-2　检查 OpenStack 镜像服务(一)

```
netstat -ant | grep 9292.*LISTEN
```

```
[root@controller /]# netstat -ant | grep 9292.*LISTEN
tcp        0      0 0.0.0.0:9292            0.0.0.0:*               LISTEN
[root@controller /]#
```

图 6-3　检查 OpenStack 镜像服务(二)

这些命令会报告 Glance 进程的状态信息，以及默认的监听端口 9292 是否处于 LISTEN 状态。

3. 其他需要检测的服务(见图 6-4)

如果以上服务都运行正常但 Glance 服务仍然有问题，不妨查看一下以下服务。

rabbitmq：运行下面的命令。

```
rabbitmqctl status
```

如图 6-4 所示是 rabbitmqctl 的一个正常工作的示例输出。

如果 rabbitmq 没有正常工作，会看到类似于所示的输出，表示 rabbitmq 服务或者所在节点已失效。

```
Error: unable to connect to node rabbit@controller: nodedown
diagnostics:
- nodes and their ports on controller: [{rabbitmqctl3707,58051}]
- current node: rabbitmqctl3707@controller
- current node home dir: /var/lib/rabbitmq
- current node cookie hash: Yh4/aAI4ryBZjuFfNBMN+A==
```

```
[root@controller /]# rabbitmqctl status
Status of node rabbit@controller ...
[{pid,323},
 {running_applications,[{rabbit,"RabbitMQ","3.6.2"},
                        {mnesia,"MNESIA  CXC 138 12","4.13.4"},
                        {os_mon,"CPO  CXC 138 46","2.4"},
                        {xmerl,"XML parser","1.3.10"},
                        {ranch,"Socket acceptor pool for TCP protocols.",
                               "1.2.1"},
                        {rabbit_common,[],"3.6.2"},
                        {sasl,"SASL  CXC 138 11","2.7"},
                        {stdlib,"ERTS  CXC 138 10","2.8"},
                        {kernel,"ERTS  CXC 138 10","4.2"}]},
 {os,{unix,linux}},
 {erlang_version,"Erlang/OTP 18 [erts-7.3.1] [source] [64-bit] [async-threads:64] [hipe] [ker
nel-poll:true]\n"},
 {memory,[{total,159498688},
          {connection_readers,544752},
          {connection_writers,103184},
          {connection_channels,285400},
          {connection_other,1218672},
          {queue_procs,868440},
          {queue_slave_procs,0},
          {plugins,0},
          {other_proc,20633088},
          {mnesia,190360},
          {mgmt_db,0},
          {msg_index,75776},
```

图 6-4　检测 rabbitmq 服务

4. 检查 OpenStack Dashboard 服务(Horizon)(见图 6-5)

和 Glance 服务不一样,OpenStack Dashboard 服务并没有内置工具来查看状态。

不过,尽管没有自带健康检查工具,但是由于 Horizon 依赖 Apache 网页服务器来展示页面,因此可以通过查看网页服务器的状态来检查该服务的状态。要检查 Apache 网页服务,登录到运行 Horizon 的服务器上并运行:

```
ps -ef | grep apache
```

该命令会输出类似如图 6-5 所示的结果。

```
[root@controller /]# ps -ef | grep apache
apache     6884 19836  0 6月30 ?        00:00:00 /usr/sbin/httpd -DFOREGROUND
apache     9418 19836  0 6月30 ?        00:00:00 /usr/sbin/httpd -DFOREGROUND
apache    12615 19836  0 6月30 ?        00:00:00 /usr/sbin/httpd -DFOREGROUND
apache    15600 19836  0 6月30 ?        00:00:00 /usr/sbin/httpd -DFOREGROUND
apache    15607 19836  0 6月30 ?        00:00:00 /usr/sbin/httpd -DFOREGROUND
apache    15608 19836  0 6月30 ?        00:00:00 /usr/sbin/httpd -DFOREGROUND
apache    16677 19836  0 6月30 ?        00:00:00 /usr/sbin/httpd -DFOREGROUND
apache    16680 19836  0 6月30 ?        00:00:00 /usr/sbin/httpd -DFOREGROUND
apache    19839 19836  0 6月30 ?        00:00:21 /usr/sbin/httpd -DFOREGROUND
apache    20293 19836  0 6月30 ?        00:00:00 /usr/sbin/httpd -DFOREGROUND
apache    27824 19836  0 08:59 ?         00:00:00 /usr/sbin/httpd -DFOREGROUND
root      30186 28353  0 09:17 pts/0     00:00:00 grep --color=auto apache
[root@controller /]#
```

图 6-5　检测 OpenStack Dashboard 服务

要查看 apache 是否正常运行在默认的 TCP80 端口,执行以下命令:

```
netstat -ano | grep :80
```

该命令输出结果如图 6-6 所示。

5. 检查 OpenStack 身份认证服务(KeyStone)

调用如下命令,检查 KeyStone 注册的用户:

```
[root@controller /]# netstat -ano | grep :80
tcp        0      0 0.0.0.0:8080            0.0.0.0:*               LISTEN      off (0.00/0/0
)
tcp6       0      0 :::80                   :::*                    LISTEN      off (0.00/0/0
)
```

图 6-6　查看 apache 运行端口

```
openstack user list
```

产生的输出结果如图 6-7 所示。

```
[root@controller /]# openstack user list
+----------------------------------+---------+
| ID                               | Name    |
+----------------------------------+---------+
| 0251f93e12ba4efaab34f402dbff9aee | glance  |
| 0bd92df01aec4b44a6ae29859331ea17 | nova    |
| 287f4b571f0147f188ed200c25d0da91 | cinder  |
| b556163e57984d208a06943d69da7c68 | swift   |
| f10beeb222394842b12f0e8ead98d257 | demo    |
| f374615eef1e4d78aef9d35a1d1b6304 | neutron |
| f711b96b360a41b8bd30448cef6a8b0c | admin   |
+----------------------------------+---------+
[root@controller /]#
```

图 6-7　检查 KeyStone 注册的用户

此外,还可以使用以下命令来检查 KeyStone 的状态:

```
ps -ef | grep keystone
```

命令执行结果如图 6-8 所示。

```
[root@controller /]# ps -ef | grep keystone
keystone 19840 19836  0 6月30 ?        00:00:06 (wsgi:keystone- -DFOREGROUND
keystone 19841 19836  0 6月30 ?        00:00:07 (wsgi:keystone- -DFOREGROUND
keystone 19842 19836  0 6月30 ?        00:00:07 (wsgi:keystone- -DFOREGROUND
keystone 19843 19836  0 6月30 ?        00:00:08 (wsgi:keystone- -DFOREGROUND
keystone 19844 19836  0 6月30 ?        00:00:07 (wsgi:keystone- -DFOREGROUND
keystone 19845 19836  0 6月30 ?        00:00:25 (wsgi:keystone- -DFOREGROUND
keystone 19846 19836  0 6月30 ?        00:00:24 (wsgi:keystone- -DFOREGROUND
keystone 19847 19836  0 6月30 ?        00:00:26 (wsgi:keystone- -DFOREGROUND
keystone 19848 19836  0 6月30 ?        00:00:26 (wsgi:keystone- -DFOREGROUND
keystone 19849 19836  0 6月30 ?        00:00:26 (wsgi:keystone- -DFOREGROUND
root     30680 28353  0 09:20 pts/0    00:00:00 grep --color=auto keystone
[root@controller /]#
```

图 6-8　检查 KeyStone 状态

6. 检查 OpenStack 网络服务

在控制节点上,按下面的方法检查网络 Server API 服务是否已运行在 TCP 端口 9696 上。

```
netstat -anlp | grep 9696
```

执行命令会返回类似如图 6-9 所示的结果。

同时,为了检查网络代理(agent)是否正常运行,可以导入 OpenStack 认证信息并在控制主机上使用以下命令:

```
neutron agent-list
```

```
[root@controller /]# netstat -anlp | grep 9696
tcp        0      0 0.0.0.0:9696            0.0.0.0:*               LISTEN      11573/python2
tcp        0      0 10.1.3.148:9696         10.1.3.148:60665        ESTABLISHED 11696/python2
tcp        0      0 10.1.3.148:60665        10.1.3.148:9696         ESTABLISHED 18693/python2
[root@controller /]#
```

图 6-9　检查网络 Server API 服务运行端口

如果一切正常,则返回类似如图 6-10 所示的结果。

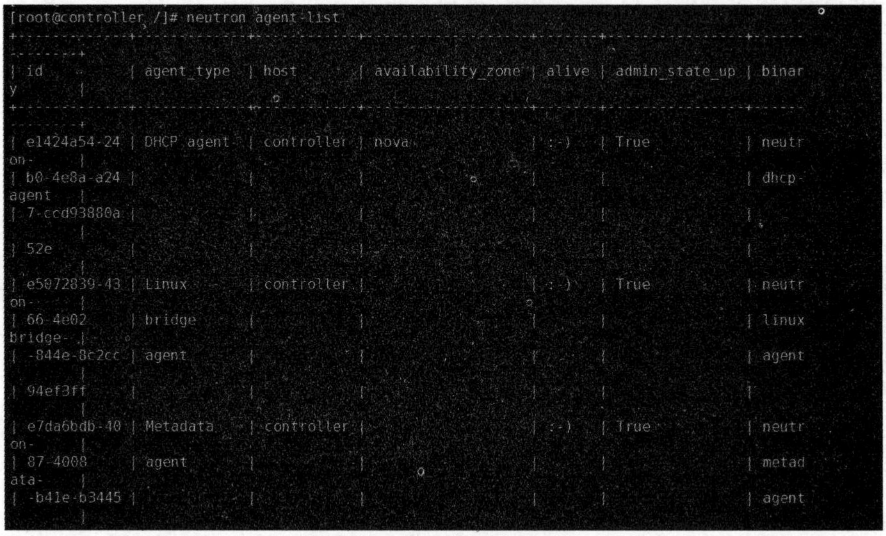

```
[root@controller /]# neutron agent-list
+--------------+--------------+------------+-------------------+-------+----------------+------
--------+
| id           | agent_type   | host       | availability_zone | alive | admin_state_up | binar
y       |
+--------------+--------------+------------+-------------------+-------+----------------+------
--------+
| e1424a54-24  | DHCP agent   | controller | nova              | :-)   | True           | neutr
on-     |
| b0-4e8a-a24  |              |            |                   |       |                | dhcp-
agent   |
| 7-ccd93880a  |              |            |                   |       |                |
        |
| 52e          |              |            |                   |       |                |
        |
| e5072839-43  | Linux        | controller |                   | :-)   | True           | neutr
on-     |
| 66-4e02      | bridge       |            |                   |       |                | linux
bridge- |
| -844e-8c2cc  | agent        |            |                   |       |                | agent
        |
| 94ef3ff      |              |            |                   |       |                |
        |
| e7da6bdb-40  | Metadata     | controller |                   | :-)   | True           | neutr
on-     |
| 87-4008      | agent        |            |                   |       |                | metad
ata-    |
| -b41e-b3445  |              |            |                   |       |                | agent
        |
```

图 6-10　检查 agent 运行状态

7. 检查 OpenStack 块存储服务(Cinder)

可以使用如下命令来检查 OpenStack 块存储服务 Cinder 的状态。

(1) 检查 Cinder 是否正在运行。

```
ps - ef | grep cinder
```

执行命令返回结果如图 6-11 所示。

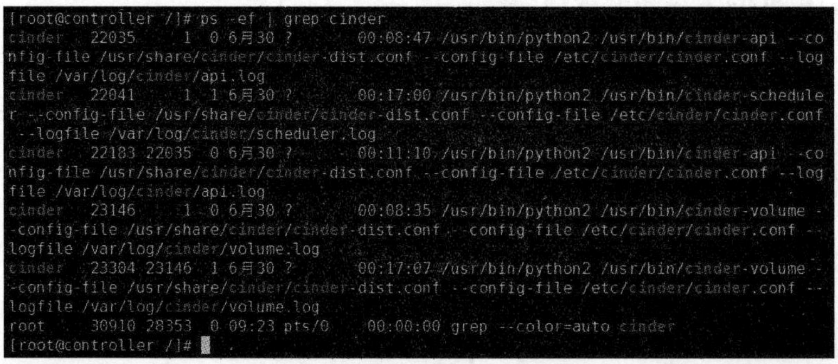

```
[root@controller /]# ps -ef | grep cinder
cinder   22035     1  0 6月30 ?       00:08:47 /usr/bin/python2 /usr/bin/cinder-api --co
nfig-file /usr/share/cinder/cinder-dist.conf --config-file /etc/cinder/cinder.conf --log
file /var/log/cinder/api.log
cinder   22041     1  1 6月30 ?       00:17:00 /usr/bin/python2 /usr/bin/cinder-schedule
r --config-file /usr/share/cinder/cinder-dist.conf --config-file /etc/cinder/cinder.conf
 --logfile /var/log/cinder/scheduler.log
cinder   22183 22035  0 6月30 ?       00:11:10 /usr/bin/python2 /usr/bin/cinder-api --co
nfig-file /usr/share/cinder/cinder-dist.conf --config-file /etc/cinder/cinder.conf --log
file /var/log/cinder/api.log
cinder   23146     1  0 6月30 ?       00:08:35 /usr/bin/python2 /usr/bin/cinder-volume -
-config-file /usr/share/cinder/cinder-dist.conf --config-file /etc/cinder/cinder.conf --
logfile /var/log/cinder/volume.log
cinder   23304 23146  1 6月30 ?       00:17:07 /usr/bin/python2 /usr/bin/cinder-volume -
-config-file /usr/share/cinder/cinder-dist.conf --config-file /etc/cinder/cinder.conf --
logfile /var/log/cinder/volume.log
root     30910 28353  0 09:23 pts/0    00:00:00 grep --color=auto cinder
[root@controller /]#
```

图 6-11　检查 Cinder 运行状态

(2) 检查 Cinder API 是否在网络上正常监听。

```
netstat -anp | grep 8776
```

执行命令返回结果如图 6-12 所示。

图 6-12 检查 Cinder API 监听状态

(3) 如果上述所有部件正常工作,可以使用以下命令列出所有 Cinder 已知的卷来检验 Cinder 服务的操作,结果如图 6-13 所示。

```
cinder list
```

图 6-13 检验 Cinder 服务操作

8. 检查 OpenStack 对象存储服务(Swift)

OpenStack 对象存储服务 Swift 有一些自带工具可以检查服务的健康状态。登录到 Swift 节点上,执行如下命令。

(1) 使用以下命令检查 Swift 服务:

```
ps -ef | grep swift
```

执行命令,返回结果如图 6-14 所示。

注意:每个已配置的容器、账户、对象存储都有一个独立的服务。

(2) 使用以下命令检查 Swift API:

```
ps -ef | grep swift-proxy
```

执行命令,返回结果如图 6-15 所示。

(3) 使用以下命令检查 Swift 正在网络上监听:

```
netstat -anlp | grep 8080
```

执行命令,返回结果如图 6-16 所示。

```
[root@controller /]# ps -ef | grep swift
swift    29422     1  0 6月30 ?        00:00:01 /usr/bin/python2 /usr/bin/swift-container
-updater /etc/swift/container-server.conf
swift    29423     1  0 6月30 ?        00:00:00 /usr/bin/python2 /usr/bin/swift-account-a
uditor /etc/swift/account-server.conf
swift    29424     1  0 6月30 ?        00:00:09 /usr/bin/python2 /usr/bin/swift-object-re
plicator /etc/swift/object-server.conf
swift    29425     1  0 6月30 ?        00:00:14 /usr/bin/python2 /usr/bin/swift-container
-replicator /etc/swift/container-server.conf
swift    29426     1  0 6月30 ?        00:00:07 /usr/bin/python2 /usr/bin/swift-object-au
ditor /etc/swift/object-server.conf
swift    29427     1  0 6月30 ?        00:00:04 /usr/bin/python2 /usr/bin/swift-object-ex
pirer /etc/swift/object-expirer.conf
swift    29428     1  0 6月30 ?        00:00:00 /usr/bin/python2 /usr/bin/swift-container
-auditor /etc/swift/container-server.conf
swift    29429     1  0 6月30 ?        00:00:12 /usr/bin/python2 /usr/bin/swift-account-r
eplicator /etc/swift/account-server.conf
swift    29430     1  0 6月30 ?        00:00:00 /usr/bin/python2 /usr/bin/swift-account-r
eaper /etc/swift/account-server.conf
swift    29431     1  0 6月30 ?        00:00:00 /usr/bin/python2 /usr/bin/swift-container
-sync /etc/swift/container-server.conf
swift    29432     1  0 6月30 ?        00:00:01 /usr/bin/python2 /usr/bin/swift-object-up
```

图 6-14 检查 Swift 服务

```
[root@controller /]# ps -ef | grep swift-proxy
swift    30284     1  0 6月30 ?        00:08:15 /usr/bin/python2 /usr/bin/swift-proxy-ser
ver /etc/swift/proxy-server.conf
swift    30331 30284  0 6月30 ?        00:00:00 /usr/bin/python2 /usr/bin/swift-proxy-ser
ver /etc/swift/proxy-server.conf
root     31156 28353  0 09:25 pts/0    00:00:00 grep --color=auto swift-proxy
[root@controller /]#
```

图 6-15 检查 Swift API

```
[root@controller /]# netstat -anlp | grep 8080
tcp        0      0 0.0.0.0:8080            0.0.0.0:*               LISTEN      30284/py
thon2
[root@controller /]#
```

图 6-16 检查 Swift 监听状态

6.1.3 OpenStack 计算服务故障排除

OpenStack 计算服务非常复杂,要及时进行故障诊断才能确保平稳地运行这些服务。幸好,OpenStack 计算提供了一些工具来帮助解决这个问题。

6.1.3.1 操作步骤

OpenStack 计算服务的故障排除是个复杂的问题,但是问题解决时的条理性能够帮助你得到一个满意的答案。当遇到相应问题时,可以尝试以下方案。

1. 不能 ping 通或 SSH 连到实例

(1) 当启动实例时,指定一个安全组。如果没有特别指示,默认使用 default 安全组。这个强制安全组确保在默认情况下启用了安全策略,正因为如此,必须明确指出需要能够 ping 通实例以及通过 SSH 连接实例。对于这样一个基本的活动,通常需要在默认安全组中添加这些规则。

(2) 网络问题也可能阻止用户访问云中实例。所以,首先检查一下计算实例是否能够从公共接口转发分组到桥接接口。

```
sysctl -A | grep ip_forward
```

(3) net.ipv4.ip_forward 应该设置为 1，否则应检查/etc/sysctl.conf 是否注释掉以下选项：

```
net.ipv4.ip_forward = 1
```

(4) 然后，运行下列命令，执行更新。

```
sudo sysctl - p
```

(5) 其他网络问题可能涉及路由问题。检查是否可以从客户端与 OpenStack 计算节点通信，并且任何通往这些实例的路由记录是否都正确。

(6) 此外，还有可能遇到 IPv6 冲突。如果不需要 IPv6，可以添 use_ipv6＝false 到/etc/nova/nova.conf 文件中，并重启 nova-compute 服务。

(7) 重启主机。

2. 查看实例控制台日志

如果使用命令行，则输入以下命令：

```
nova list
```

执行命令，返回结果如图 6-17 所示。

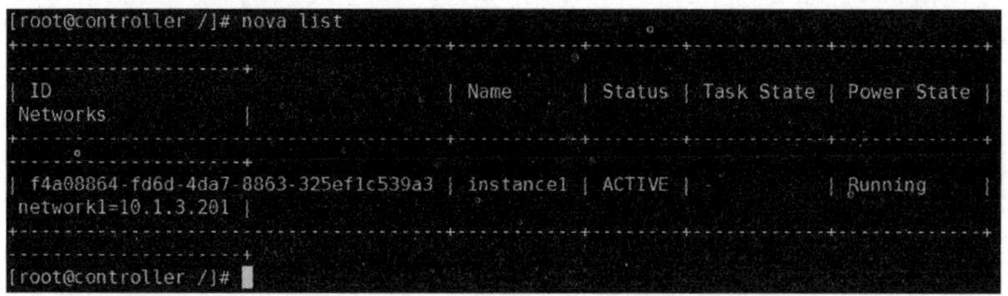

图 6-17 查看实例控制台日志

3. 实例启动时停在 Building 或 Pending 阶段

有时候需要一点耐心才能判断实例有没有起来，这是因为镜像文件是通过网络复制到节点上的。虽然在其他时候，如果实例一直停留在启动或类似的状态时间较长，则可以认为出现问题了。马上要做的就是查看日志中的错误。

```
nova - manage logs errors
```

通常的错误是与 AMQP 不可达相关。一般可以忽略，除非这些错误正在发生。因为服务启动时可能会出现很多这样的错误，所以在做结论前，务必检查一下这些错误信息的时间戳。

这些命令返回的日志带有 ERROR 标识，但需要查看日志详细信息才能知道具体细节。

当故障实例未能正常启动时，可查看一下关键的日志文件/var/log/nova/nova-compute.log。这个文件很可能包含实例阻塞在 Building 状态的原因。另外，还可以在实例启动的时候查看一下计算节点的/var/log/nova/nova-compute.log文件，以找到更多的信息。如果工作繁忙，可以查看一下日志文件并用实例ID过滤一下日志信息。

检查/var/log/nova/nova-compute.log文件，如果实例没有正确分配IP地址，则可能是由DHCP相关问题而导致不能分配地址。

如果使用nova network，检查一下/var/log/nova/nova-compute.log文件；如果使用Neutron，检查一下/var/log/neutron/*.log日志文件，寻找实例没有分配到IP地址的原因。有可能DHCP无法分配地址或者IP配额已满。

4. 401、403、500等错误代码

主要OpenStack服务都是Web服务，这意味着服务响应都有明确的定义。

- 40X：指一个服务已经启动但用户产生的响应事件出错。例如，401是身份认证失败，需要检查访问该服务所用的证书。
- 50X：错误意味着一个链接服务不可达，或者产生一个错误导致服务中断响应失败。通常这类问题都是服务没有正常启动，所以请检查服务运行状况。

如果所有的尝试都没能解决问题，那么可以向社区求助，通过使用邮件列表或IRC，那里有许多热心肠的朋友会无私地提供帮助。

5. 在所有主机上查看所有实例(见图6-18)

从OpenStack控制节点，可执行以下命令获取环境中运行的实例列表：

```
nova-manage vm list
```

```
[root@controller /]# nova-manage vm list
instance   node          type      state      launched                    image     ke
rnel    ramdisk   project    user       zone       index
instance1  controller    flavor1   active     2016-06-30 07:46:19+00:00  b3a341ee-ed2
9-4a42-99d1-3fc329153706                     2544004cfa554fbd9e48897d629f8b9f f711b96b36
0a41b8bd30448cef6a8b0c nova      0
[root@controller /]#
```

图6-18 查看所有实例

这对于判断任何一个失败的实例和它运行在哪个主机上非常有帮助，然后可以继续跟进。

6.1.3.2 工作原理

OpenStack计算问题的故障排除可能会非常复杂，但正确的解决方法可以帮助排除一些通用的故障。不幸的是，同其他计算机系统故障的排除一样，没有一个单一的指令可以识别可能遇到的所有问题，但是OpenStack还是提供了一些工具帮助识别问题。网络和服务器管理知识对于OpenStack这样的分布式云计算环境的排错将会有所帮助。

6.1.4 OpenStack对象存储服务故障排除

OpenStack对象存储服务(Swift)是为高可靠存储系统构建的，但是仍然有可能出现不可预知的问题，无论是身份认证问题还是硬件故障。

6.1.4.1 操作步骤

遇到问题可参考并执行以下步骤。

1. 身份认证问题

在 Swift 中身份认证问题经常出现，主要是用户或系统配置时证书出错。一个支持 OpenStack 身份认证服务(KeyStone)的 Swift 系统需要手动设置身份认证步骤，同时查看日志。检查 KeyStone 日志可供判断 Swift 身份认证问题。

2. 磁盘故障处理

当 OpenStack 对象存储环境中的磁盘出故障时，首先确认磁盘已经被卸载，这样 Swift 才不会继续写入数据。然后替换掉磁盘并重新调整 ring。

3. 处理服务器故障并重启系统

OpenStack 对象存储服务非常可靠。如果一个服务器几个小时不工作，Swift 仍够照常工作，并从 ring 中跳过该服务器。如果时间持续更久，需要从 ring 中移除服务器。

6.1.4.2 工作原理

OpenStack 对象存储服务(Swift)是一个健壮的对象存储系统，能够处理系统中绝大多数的故障问题。排除 Swift 故障包括运行客户端测试、查看日志等操作。

6.1.5 OpenStack 身份认证故障排除

OpenStack 身份认证服务(KeyStone)是一个复杂的服务，它负责整个系统的身份认证和授权功能。通常的问题包括端点配置错误、参数错误以及一般的用户身份认证问题，如重设密码或者提供更详细的信息给用户。

6.1.5.1 操作步骤

遇到问题时，可参考并执行以下步骤。

1. 错误配置端点

KeyStone 是一个中心服务，直接对用户进行授权访问提供相关服务，因此，必须保证能够把用户指向正确的地方。在各种日志中出现 HTTP500 错误信息，表示试图访问的服务不存在，导致客户端链接超时。执行以下命令以验证在每个区域(region)中的端点，结果如图 6-19 所示。

```
openstack endpoint list
```

2. 身份认证问题

一直以来，使用者都会遇到各种 KeyStone 身份认证问题，包括忘记密码或者过期，以及不可预知的身份认证失败问题。定位这些问题可以让服务恢复访问，或者让用户可以继续使用 OpenStack 环境。

首先要查看的是相关日志，包括/var/log/nova、/var/log/glance(如果是镜像相关问题)和/var/log/keystone 下的日志。

```
[root@controller /]# openstack endpoint list
+------------+-----------+--------------+--------------+---------+-----------+----------
---+
| ID         | Region    | Service Name | Service Type | Enabled | Interface | URL
   |
+------------+-----------+--------------+--------------+---------+-----------+----------
---+
| 0b73c8c0e9 | RegionOne | cinder       | volume       | True    | internal  | http://co
nt |
| 5a4e81821c |           |              |              |         |           | roller:87
76 |
| 4aba5fde05 |           |              |              |         |           | /v1/%(ten
an |
| bd         |           |              |              |         |           | t_id)s
   |
| 2161eb5a44 | RegionOne | swift        | object-store | True    | admin     | http://co
nt |
| 474b568218 |           |              |              |         |           | roller:80
80 |
| 16f3fcbfa2 |           |              |              |         |           | /v1
   |
| f0         |           |              |              |         |           |
   |
| 25023f4e86 | RegionOne | neutron      | network      | True    | public    | http://co
nt |
| 584c3ea053 |           |              |              |         |           | roller:96
96 |
| 9b1ca23670 |           |              |              |         |           |
```

图 6-19　验证配置端点

账号相关的问题可能包括账户丢失。因此，先使用以下命令查看一下用户，结果如图 6-20 所示。

```
openstack user list
```

```
[root@controller /]# openstack user list
+----------------------------------+---------+
| ID                               | Name    |
+----------------------------------+---------+
| 0251f93e12ba4efaab34f402dbff9aee | glance  |
| 0bd92df01aec4b44a6ae29859331ea17 | nova    |
| 287f4b571f0147f188ed200c25d0da91 | cinder  |
| b556163e57984d208a06943d69da7c68 | swift   |
| f10beeb222394842b12f0e8ead98d257 | demo    |
| f374615eef1e4d78aef9d35a1d1b6304 | neutron |
| f711b96b360a41b8bd30448cef6a8b0c | admin   |
+----------------------------------+---------+
[root@controller /]#
```

图 6-20　查看用户

如果该用户的账号存在于用户列表中，再进一步查看该用户的详细信息。例如，在得到某个用户的 ID 后，可以使用以下命令：

```
openstack user show 0bd92df01aec4b44a6ae29859331ea17
```

返回的结果类似于图 6-21。

```
[root@controller /]# openstack user show 0bd92df01aec4b44a6ae29859331ea17
+-----------+----------------------------------+
| Field     | Value                            |
+-----------+----------------------------------+
| domain_id | ceee22f7a67043f2b6cdd7a91bcfd849 |
| enabled   | True                             |
| id        | 0bd92df01aec4b44a6ae29859331ea17 |
| name      | nova                             |
+-----------+----------------------------------+
[root@controller /]#
```

图 6-21　查看用户详细信息

这有助于了解该用户是否在某个租户中拥有有效的账号。

有些时候账号没有问题，但是问题出现在客户端。所以在查找 KeyStone 的问题之前，应确保用户账号所处的环境正确，即以下环境变量(以用户 admin 为例)的设置：

```
export OS_PROJECT_DOMAIN_NAME = default
export OS_USER_DOMAIN_NAME = default
export OS_PROJECT_NAME = admin
export OS_USERNAME = admin
export OS_PASSWORD = 111111
export OS_AUTH_URL = http://controller:35357/v3
export OS_IDENTITY_API_VERSION = 3
export OS_IMAGE_API_VERSION = 2
```

6.1.5.2 工作原理

用户身份认证问题可能是客户端或服务器引起的，在客户端做过基本的排错后，可以接着使用 KeyStone 命令查看为什么某个用户出错了。KeyStone 命令可以查看和更新用户详情、设置密码、分配给某个租户以及根据需要启用或停用账号。

6.2 监控

6.2.1 简介

可以通过多种方式监控 OpenStack 系统以及相应的服务，但基本原理都是相同的。充分的监测和报警服务是唯一能够保证在客户端发现问题的途径。在部署 OpenStack 的环境中配置监控是必不可少的。本节主要介绍一些工具，可以用来在 OpenStack 环境中监控相关服务。

6.2.2 使用 Nagios 监控 OpenStack 服务

Nagios 是一个成熟健壮的开源网络和系统监控程序。它由一个 Nagios 服务器和一些插件组成。插件既可以本地安装到 Nagios 服务器，也可以与 NRPE(Nagios Remote Plugin Execution，远程插件执行)插件一起安装。NRPE 插件可以使用类似代理的方式在远程系统上做检查。

6.2.2.1 Nagios 安装与配置

1. 操作步骤

执行以下步骤，为 OpenStack 搭建 Nagios。

(1) 安装 Nagios 服务器。

(2) 在节点上配置 NRPE 插件。

(3) 为 Nagios 配置 OpenStack 的检查。

2. Nagios 服务器端安装

Nagios 服务器提供了一个网页界面和许多服务监控器。在开始使用 Nagios 做监控之前，先按以下步骤进行安装。

(1) 下载所需的软件包。

```
yum install gcc mysql httpd php gd openssl openssl-devel mysql-server vim wget
```

(2) 获取 Nagios 源码。

```
cd /
wget http://prdownloads.sourceforge.net/sourceforge/nagios/nagios-4.0.7.tar.gz
```

(3) 创建 Nagios 对应用户。

```
useradd nagios
```

(4) 设置 Nagios 用户密码,在此设置为 111111,如图 6-22 所示。

```
passwd nagios
```

```
[root@controller nagios-4.0.7]# passwd nagios
更改用户 nagios 的密码 。
新的 密码:
无效的密码: 密码是一个回文
重新输入新的 密码:
passwd: 所有的身份验证令牌已经成功更新。
[root@controller nagios-4.0.7]#
```

图 6-22 设置用户密码

(5) 设置 Nagios 用户组和权限。

```
groupadd nagcmd
usermod -a -G nagcmd nagios
```

(6) 编译并安装 Nagios,如图 6-23～图 6-29 所示。

```
cd /
tar -xvzf /nagios-4.0.7.tar.gz
cd /nagios-4.0.7
./configure --with-command-group=nagcmd
```

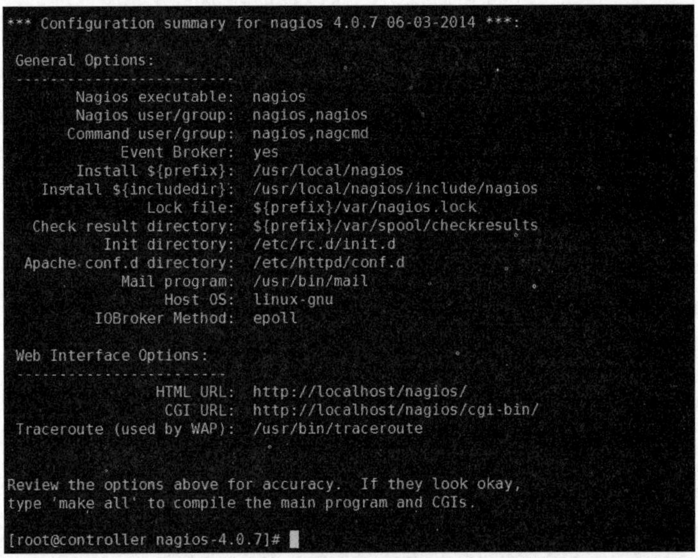

```
*** Configuration summary for nagios 4.0.7 06-03-2014 ***:

 General Options:
 -------------------------
        Nagios executable:  nagios
        Nagios user/group:  nagios,nagios
       Command user/group:  nagios,nagcmd
             Event Broker:  yes
        Install ${prefix}:  /usr/local/nagios
    Install ${includedir}:  /usr/local/nagios/include/nagios
                Lock file:  ${prefix}/var/nagios.lock
   Check result directory:  ${prefix}/var/spool/checkresults
           Init directory:  /etc/rc.d/init.d
  Apache conf.d directory:  /etc/httpd/conf.d
             Mail program:  /usr/bin/mail
                  Host OS:  linux-gnu
          IOBroker Method:  epoll

 Web Interface Options:
 ------------------------
                 HTML URL:  http://localhost/nagios/
                  CGI URL:  http://localhost/nagios/cgi-bin/
 Traceroute (used by WAP):  /usr/bin/traceroute


Review the options above for accuracy.  If they look okay,
type 'make all' to compile the main program and CGIs.

[root@controller nagios-4.0.7]#
```

图 6-23 步骤一

```
make all
```

```
*** Support Notes *******************************************

If you have questions about configuring or running Nagios,
please make sure that you:

     - Look at the sample config files
     - Read the documentation on the Nagios Library at:
           http://library.nagios.com

before you post a question to one of the mailing lists.
Also make sure to include pertinent information that could
help others help you.  This might include:

     - What version of Nagios you are using
     - What version of the plugins you are using
     - Relevant snippets from your config files
     - Relevant error messages from the Nagios log file

For more information on obtaining support for Nagios, visit:

       http://support.nagios.com

*************************************************************

Enjoy.

[root@controller nagios-4.0.7]#
```

图 6-24　步骤二

```
make install
```

```
*** Main program, CGIs and HTML files installed ***

You can continue with installing Nagios as follows (type 'make'
without any arguments for a list of all possible options):

  make install-init
     - This installs the init script in /etc/rc.d/init.d

  make install-commandmode
     - This installs and configures permissions on the
       directory for holding the external command file

  make install-config
     - This installs sample config files in /usr/local/nagios/etc

make[1]: 离开目录"/nagios-4.0.7"
[root@controller nagios-4.0.7]#
```

图 6-25　步骤三

```
make install - init
```

```
[root@controller nagios-4.0.7]# make install-init
/usr/bin/install -c -m 755 -d -o root -g root /etc/rc.d/init.d
/usr/bin/install -c -m 755 -o root -g root daemon-init /etc/rc.d/init.d/nagios

*** Init script installed ***

[root@controller nagios-4.0.7]#
```

图 6-26　步骤四

```
make install - commandmode
```

```
[root@controller nagios-4.0.7]# make install-commandmode
/usr/bin/install -c -m 775 -o nagios -g nagcmd -d /usr/local/nagios/var/rw
chmod g+s /usr/local/nagios/var/rw

*** External command directory configured ***

[root@controller nagios-4.0.7]#
```

图 6-27 步骤五

```
make install - config
```

```
*** Config files installed ***

Remember, these are *SAMPLE* config files.  You'll need to read
the documentation for more information on how to actually define
services, hosts, etc. to fit your particular needs.

[root@controller nagios-4.0.7]#
```

图 6-28 步骤六

```
make install - webconf
```

```
[root@controller nagios-4.0.7]# make install-webconf
/usr/bin/install -c -m 644 sample-config/httpd.conf /etc/httpd/conf.d/nagios.conf

*** Nagios/Apache conf file installed ***

[root@controller nagios-4.0.7]#
```

图 6-29 步骤七

(7) 文件复制。

```
cp  - R contrib/eventhandlers/ /usr/local/nagios/libexec/
chown  - R nagios:nagios /usr/local/nagios/libexec/eventhandlers
```

(8) 启动服务并设置开机自启动。

```
/etc/init.d/nagios restart
chkconfig nagios on
chkconfig httpd on
service httpd restart
```

(9) 设置 Nagiosadmin 登录密码,设置为 111111,如图 6-30 所示。

```
htpasswd  - c /usr/local/nagios/etc/htpasswd.users nagiosadmin
```

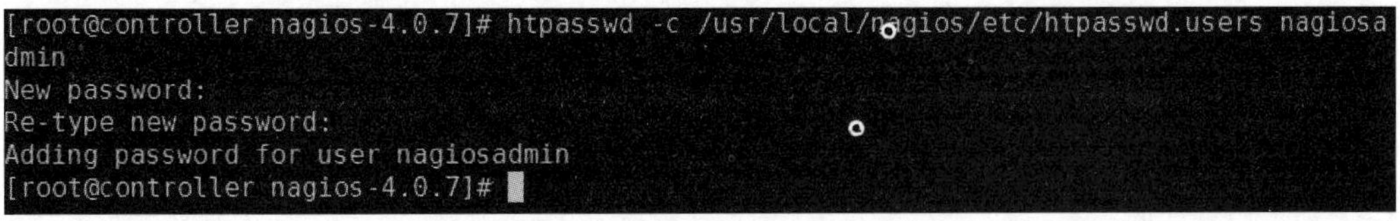

```
[root@controller nagios-4.0.7]# htpasswd -c /usr/local/nagios/etc/htpasswd.users nagiosa
dmin
New password:
Re-type new password:
Adding password for user nagiosadmin
[root@controller nagios-4.0.7]# 
```

图 6-30 设置 nagiosadmin 登录密码

(10) 通过访问"http://controller 节点 ip/nagios"来访问 Nagios 管理界面,用户名为 nagiosadmin,密码为 111111,如图 6-31 和图 6-32 所示。

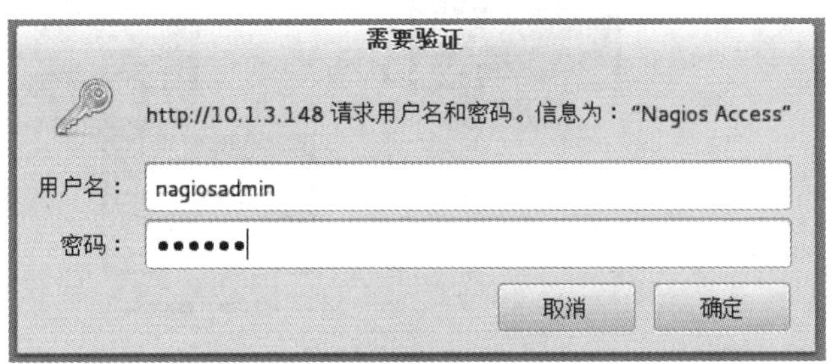

图 6-31 访问 Nagios 管理界面

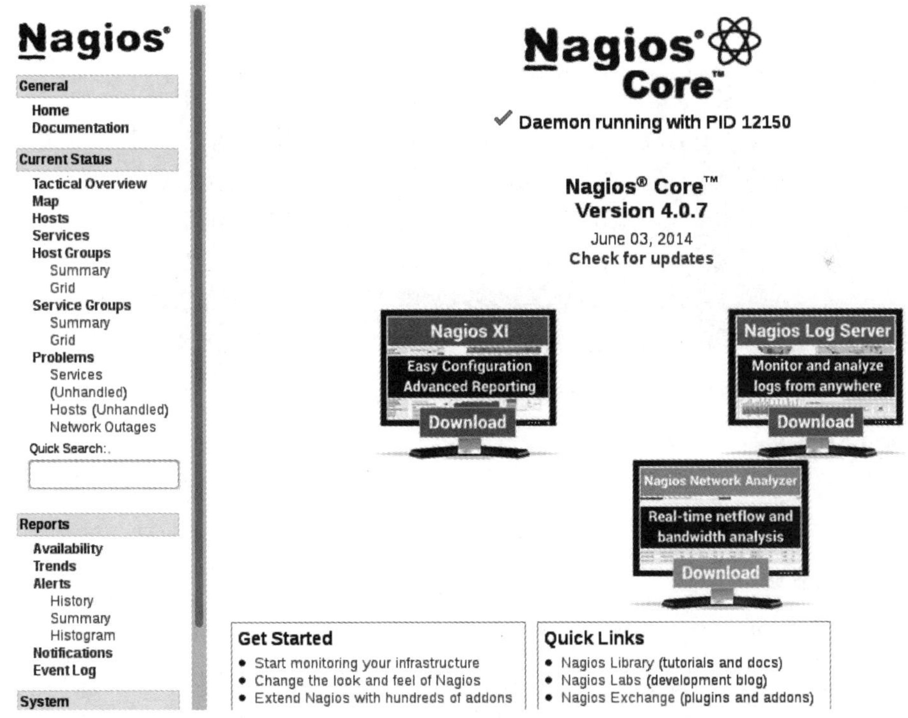

图 6-32 登录成功

单击左侧的 Services 选项,如图 6-33 和图 6-34 所示。

可见,目前 Nagios 只监控了本机的一些基本服务,需要通过下面的操作安装一些插件,使得 Nagios 可以监控 OpenStack 服务。

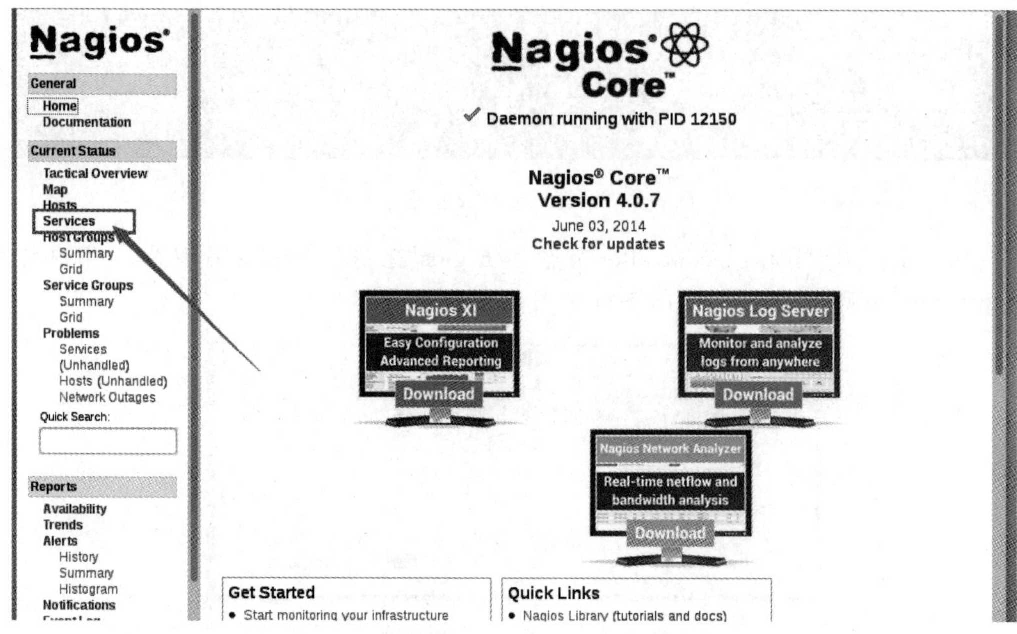

图 6-33　单击 Services

Limit Results: 100

Host	Service	Status	Last Check	Duration	Attempt	Status Information
localhost	Current Load	CRITICAL	07-01-2016 10:41:36	0d 0h 12m 33s	4/4	(No output on stdout) stderr: execvp(/usr/local/nagios/libexec/check_load, ...) failed. errno is 2: No such file or directory
	Current Users	CRITICAL	07-01-2016 10:42:14	0d 0h 11m 55s	4/4	(No output on stdout) stderr: execvp(/usr/local/nagios/libexec/check_users, ...) failed. errno is 2: No such file or directory
	HTTP	CRITICAL	07-01-2016 10:42:51	0d 0h 11m 18s	4/4	(No output on stdout) stderr: execvp(/usr/local/nagios/libexec/check_http, ...) failed. errno is 2: No such file or directory
	PING	CRITICAL	07-01-2016 10:43:29	0d 0h 10m 40s	4/4	(No output on stdout) stderr: execvp(/usr/local/nagios/libexec/check_ping, ...) failed. errno is 2: No such file or directory
	Root Partition	CRITICAL	07-01-2016 10:44:06	0d 0h 10m 3s	4/4	(No output on stdout) stderr: execvp(/usr/local/nagios/libexec/check_disk, ...) failed. errno is 2: No such file or directory
	SSH	CRITICAL	07-01-2016 10:44:44	0d 0h 9m 25s	4/4	(No output on stdout) stderr: execvp(/usr/local/nagios/libexec/check_ssh, ...) failed. errno is 2: No such file or directory
	Swap Usage	CRITICAL	07-01-2016 10:45:21	0d 0h 8m 48s	4/4	(No output on stdout) stderr: execvp(/usr/local/nagios/libexec/check_swap, ...) failed. errno is 2: No such file or directory
	Total Processes	CRITICAL	07-01-2016 10:41:36	0d 0h 8m 10s	4/4	(No output on stdout) stderr: execvp(/usr/local/nagios/libexec/check_procs, ...) failed. errno is 2: No such file or directory

Results 1 - 8 of 8 Matching Services

图 6-34　Services 界面

3. Nagios 客户端安装

(1) 安装所需的软件包。

```
yum install wget httpd php gcc glibc glibc-common gd gd-devel make net-snmp xinetd
```

(2) 获取 nagios-plugins 以及 NRPE 源码。

```
cd /
wget http://nagios-plugins.org/download/nagios-plugins-2.0.3.tar.gz
wget http://nchc.dl.sourceforge.net/project/nagios/nrpe-2.x/nrpe-2.14/nrpe-2.14.tar.gz
```

(3) 解压 nagios-plugins 并编译安装,如图 6-35～图 6-37 所示。

```
cd /
tar -xvzf /nagios-plugins-2.0.3.tar.gz
cd /nagios-plugins-2.0.3
./configure --with-nagios-user=nagios --with-nagios-group=nagios
```

```
config.status: creating config.h
config.status: executing depfiles commands
config.status: executing libtool commands
config.status: executing po-directories commands
config.status: creating po/POTFILES
config.status: creating po/Makefile
            --with-apt-get-command:
              --with-ping6-command: /usr/sbin/ping6 -n -U -w %d -c %d %s
               --with-ping-command: /usr/bin/ping -n -U -w %d -c %d %s
                       --with-ipv6: yes
                      --with-mysql: no
                    --with-openssl: yes
                     --with-gnutls: no
               --enable-extra-opts: yes
                       --with-perl: /usr/bin/perl
             --enable-perl-modules: no
                     --with-cgiurl: /nagios/cgi-bin
               --with-trusted-path: /bin:/sbin:/usr/bin:/usr/sbin
                   --enable-libtap: no
[root@controller nagios-plugins-2.0.3]#
```

图 6-35　步骤一

```
make
```

```
mv -f .deps/check_icmp.Tpo .deps/check_icmp.Po
/bin/sh ../libtool --tag=CC   --mode=link gcc -DNP_VERSION='"2.0.3"' -g -O2  -L. -o chec
k_icmp check_icmp.o ../plugins/netutils.o ../plugins/utils.o ../lib/libnagiosplug.a ../g
l/libgnu.a  -lnsl -lresolv -lnsl -lresolv -lpthread -ldl
libtool: link: gcc -DNP_VERSION=\"2.0.3\" -g -O2 -o check_icmp check_icmp.o ../plugins/n
etutils.o ../plugins/utils.o  -L. ../lib/libnagiosplug.a ../gl/libgnu.a -lnsl -lresolv -
lpthread -ldl
make[2]: 离开目录" /nagios-plugins-2.0.3/plugins-root"
Making all in po
make[2]: 进入目录" /nagios-plugins-2.0.3/po"
make[2]: 对" all" 无需做任何事。
make[2]: 离开目录" /nagios-plugins-2.0.3/po"
make[2]: 进入目录" /nagios-plugins-2.0.3"
make[2]: 离开目录" /nagios-plugins-2.0.3"
make[1]: 离开目录" /nagios-plugins-2.0.3"
[root@controller nagios-plugins-2.0.3]#
```

图 6-36　步骤二

```
make install
```

(4) 编译安装 NRPE 插件,如图 6-38～图 6-43 所示。

```
cd /
tar -xvzf /nrpe-2.14.tar.gz
cd /nrpe-2.14
./configure
```

```
if test "nagios-plugins" = "gettext-tools"; then \
  /usr/bin/mkdir -p /usr/local/nagios/share/gettext/po; \
  for file in Makefile.in.in remove-potcdate.sin    Makevars.template; do \
    /usr/bin/install -c -o nagios -g nagios -m 644 ./$file \
                    /usr/local/nagios/share/gettext/po/$file; \
  done; \
  for file in Makevars; do \
    rm -f /usr/local/nagios/share/gettext/po/$file; \
  done; \
else \
  : ; \
fi
make[1]: 离开目录“/nagios-plugins-2.0.3/po”
make[1]: 进入目录“/nagios-plugins-2.0.3”
make[2]: 进入目录“/nagios-plugins-2.0.3”
make[2]: 对“install-exec-am”无需做任何事。
make[2]: 对“install-data-am”无需做任何事。
make[2]: 离开目录“/nagios-plugins-2.0.3”
make[1]: 离开目录“/nagios-plugins-2.0.3”
[root@controller nagios-plugins-2.0.3]#
```

图 6-37　步骤三

```
*** Configuration summary for nrpe 2.14 12-21-2012 ***:

 General Options:
 -------------------------
 NRPE port:    5666
 NRPE user:    nagios
 NRPE group:   nagios
 Nagios user:  nagios
 Nagios group: nagios


Review the options above for accuracy.  If they look okay,
type 'make all' to compile the NRPE daemon and client.

[root@controller nrpe-2.14]#
```

图 6-38　步骤一

```
make & make all
```

```
*** Compile finished ***
*** Compile finished ***


If the NRPE daemon and client compiled without any errors, you
If the NRPE daemon and client compiled without any errors, you
can continue with the installation or upgrade process.
can continue with the installation or upgrade process.


Read the PDF documentation (NRPE.pdf) for information on the next
Read the PDF documentation (NRPE.pdf) for information on the next
steps you should take to complete the installation or upgrade.
steps you should take to complete the installation or upgrade.


[1]+  完成                  make
[root@controller nrpe-2.14]#
```

图 6-39　步骤二

```
make install - plugin
```

```
[root@controller nrpe-2.14]# make install-plugin
cd ./src/ && make install-plugin
make[1]: 进入目录“ /nrpe-2.14/src”
/usr/bin/install -c -m 775 -o nagios -g nagios -d /usr/local/nagios/libexec
/usr/bin/install -c -m 775 -o nagios -g nagios check_nrpe /usr/local/nagios/libexec
make[1]: 离开目录“ /nrpe-2.14/src”
[root@controller nrpe-2.14]#
```

图 6-40 步骤三

```
make install - daemon
```

```
[root@controller nrpe-2.14]# make install-daemon
cd ./src/ && make install-daemon
make[1]: 进入目录“ /nrpe-2.14/src”
/usr/bin/install -c -m 775 -o nagios -g nagios -d /usr/local/nagios/bin
/usr/bin/install -c -m 775 -o nagios -g nagios nrpe /usr/local/nagios/bin
make[1]: 离开目录“ /nrpe-2.14/src”
[root@controller nrpe-2.14]#
```

图 6-41 步骤四

```
make install - daemon - config
```

```
[root@controller nrpe-2.14]# make install-daemon-config
/usr/bin/install -c -m 775 -o nagios -g nagios -d /usr/local/nagios/etc
/usr/bin/install -c -m 644 -o nagios -g nagios sample-config/nrpe.cfg /usr/local/nagios/
etc
[root@controller nrpe-2.14]#
```

图 6-42 步骤五

```
make install - xinetd
```

```
[root@controller nrpe-2.14]# make install-xinetd
/usr/bin/install -c -m 644 sample-config/nrpe.xinetd /etc/xinetd.d/nrpe
[root@controller nrpe-2.14]#
```

图 6-43 步骤六

(5) 设置 xinetd 开机自启动。

```
chkconfig xinetd on
```

(6) 编辑/etc/xinetd. d/nrpe 文件，增加监控主机的地址，以空格间隔，如图 6-44 所示。

```
only_from        = 127.0.0.1 10.1.3.148
```

```
# default: on
# description: NRPE (Nagios Remote Plugin Executor)
service nrpe
{
        flags           = REUSE
        socket_type     = stream
        port            = 5666
        wait            = no
        user            = nagios
        group           = nagios
        server          = /usr/local/nagios/bin/nrpe
        server_args     = -c /usr/local/nagios/etc/nrpe.cfg --inetd
        log_on_failure  += USERID
        disable         = no
        only_from       = 127.0.0.1 10.1.3.148
}
```

图 6-44　增加监控主机的地址

(7) 编辑/usr/local/nagios/etc/nrpe.cfg 文件,增加允许访问的主机地址。

```
allowed_hosts = 10.1.3.148            //填写为实际的主机 IP 地址
```

(8) 编辑/etc/services 文件,增加下面的内容,结果如图 6-45 所示。

```
nrpe        5666/tcp
```

```
# service-name  port/protocol  [aliases ...]   [# comment]

nrpe            5666/tcp
tcpmux          1/tcp                           # TCP port service multiplexer
tcpmux          1/udp                           # TCP port service multiplexer
rje             5/tcp                           # Remote Job Entry
rje             5/udp                           # Remote Job Entry
echo            7/tcp
echo            7/udp
```

图 6-45　编辑/etc/services 文件

(9) 重新启动 xinetd 服务。

```
service xinetd restart
```

(10) 测试 NRPE 是否正常工作(若返回"NRPE v2.14",则说明 NRPE 工作正常),如图 6-46 所示。

```
/usr/local/nagios/libexec/check_nrpe  - H 10.1.3.148
```

```
[root@controller nrpe-2.14]# /usr/local/nagios/libexec/check_nrpe -H 10.1.3.148
NRPE v2.14
[root@controller nrpe-2.14]#
```

图 6-46　测试 NRPE 工作状态

4. 配置自定义服务(在控制节点端配置)

(1) Nagios 服务器的配置均在/usr/local/nagios/etc/objects/ *.cfg 配置文件中。其

中每台主机和每个服务都对应一个单独的配置文件。修改被监测主机的配置文件，增加如下内容：

```
vi /usr/local/nagios/etc/objects/localhost.cfg
define host{
        use linux - server
        host_name controller
        alias controller
        address 10.1.3.148            //对应被监控端的 IP 地址，由于此处单节点部署，所以 IP
                                      //填写为本机地址
}
```

结果如图 6-47 所示。

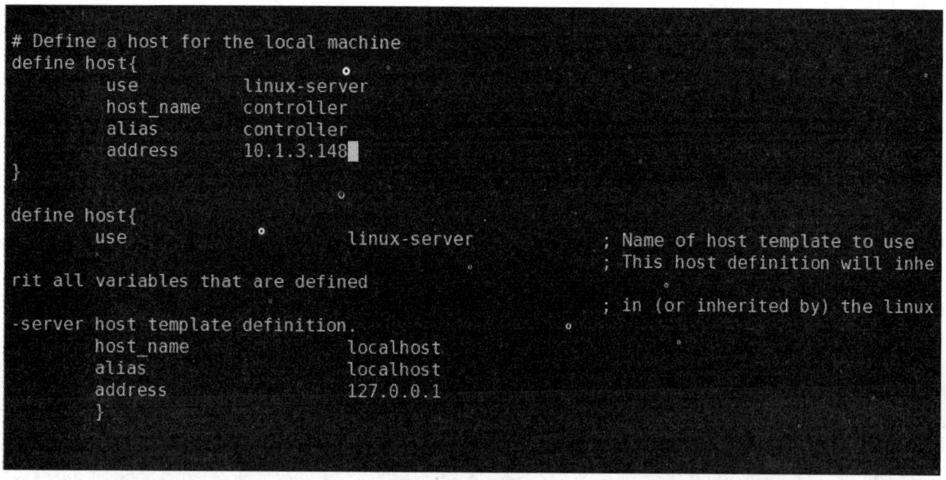

```
# Define a host for the local machine
define host{
         use           linux-server
         host_name     controller
         alias         controller
         address       10.1.3.148
}

define host{
        use                     linux-server            ; Name of host template to use
                                                        ; This host definition will inhe
rit all variables that are defined
                                                        ; in (or inherited by) the linux
-server host template definition.
        host_name               localhost
        alias                   localhost
        address                 127.0.0.1
        }
```

图 6-47 修改 IP 地址

定义主机对应的用户组的名字，如图 6-48 所示。

```
define hostgroup{
     hostgroup_name            linux - server
     alias                     controller
     members                   controller
}
```

```
# Define an optional hostgroup for Linux machines
define hostgroup{
      hostgroup_name        linux-server
      alias                  controller
      members                controller
}

define hostgroup{
        hostgroup_name  linux-servers ; The name of the hostgroup
        alias           Linux Servers ; Long name of the group
        members         localhost     ; Comma separated list of hosts that belong to thi
s group
        }
```

图 6-48 定义主机对应的用户组名字

(2) 在/usr/local/nagios/etc/objects/commands.cfg 中加入相应的服务监控命令(对 keystone、glance、nova 进行监控),如图 6-49 所示。

```
vi /usr/local/nagios/etc/objects/commands.cfg
define command{
        command_name          check_keystone_api
        command_line /usr/local/nagios/libexec/check_http localhost -p 5000 -R application/
vnd.openstack.identity
}
define command{
        command_name          check_glance_api_procs
        command_line          /usr/local/nagios/libexec/check_procs -C glance-api -u glance
-c 1:4
}
define command{
        command_name          check_nova_api
        command_line /usr/local/nagios/libexec/check_http localhost -p 5000 -R application/
vnd.openstack.identity
}
define command{
        command_name          check_nova_compute
        command_line          /usr/local/nagios/libexec/check_procs -C nova-compute -u nova
-c 1:4
}
```

```
###################################################################################
define command{
        command_name     check_keystone_api
        command_line /usr/local/nagios/libexec/check_http localhost -p 5000 -R applicati
on/vnd.openstack.identity
}
define command{
        command_name    check_glance_api_procs
command_line    /usr/local/nagios/libexec/check_procs -C glance-api -u glance -c 1:4
}
define command{
        command_name    check_nova_api
command_line /usr/local/nagios/libexec/check_http localhost -p 5000 -R application/vnd.o
penstack.identity
}
define command{
        command_name    check_nova_compute
        command_line    /usr/local/nagios/libexec/check_procs -C nova-compute -u nova -c
 1:4
}
```

图 6-49 加入服务监控命令

(3) 将以上定义的监控命令加入服务列表,如图 6-50 所示。

```
vi /usr/local/nagios/etc/objects/localhost.cfg
define service {
        host_name                controller
        service_description      check_keystone_api
```

```
        check_command             check_keystone_api
        use                       local - service
        }
define service {
        host_name                 controller
        service_description       check_glance_api_procs
        check_command             check_glance_api_procs
        use                       local - service
        }
define service {
        host_name                 controller
        service_description       check_nova_api
        check_command             check_nova_api
        use                       local - service
        }
define service {
        host_name                 controller
        service_description       check_nova_compute
        check_command             check_nova_compute
        use                       local - service
        }
```

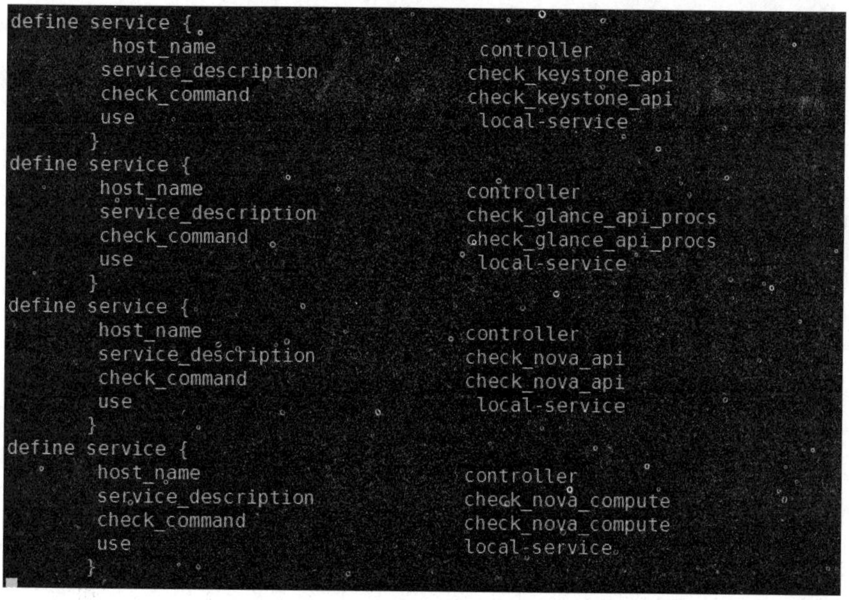

```
define service {
         host_name                    controller
        service_description          check_keystone_api
        check_command                check_keystone_api
        use                           local-service
       }
define service {
        host_name                    controller
        service_description          check_glance_api_procs
        check_command                check_glance_api_procs
        use                           local-service
       }
define service {
        host_name                    controller
        service_description          check_nova_api
        check_command                check_nova_api
        use                           local-service
       }
define service {
        host_name                    controller
        service_description          check_nova_compute
        check_command                check_nova_compute
        use                          local-service
       }
```

图 6-50 将监控命令加入服务列表

(4) 测试服务是否配置正确,如果得到以下输出,则说明服务配置正确(如果配置错误,将会出现错误提示),如图 6-51 所示。

```
service nagios restart
```

配置完成后,登录 Nagios 管理界面进行验证,单击左侧的 Services 选项,如图 6-52 所示。

```
[root@controller nrpe-2.14]# service nagios restart
Restarting nagios (via systemctl):                         [  确定  ]
[root@controller nrpe-2.14]#
```

图 6-51　测试服务是否配置正确

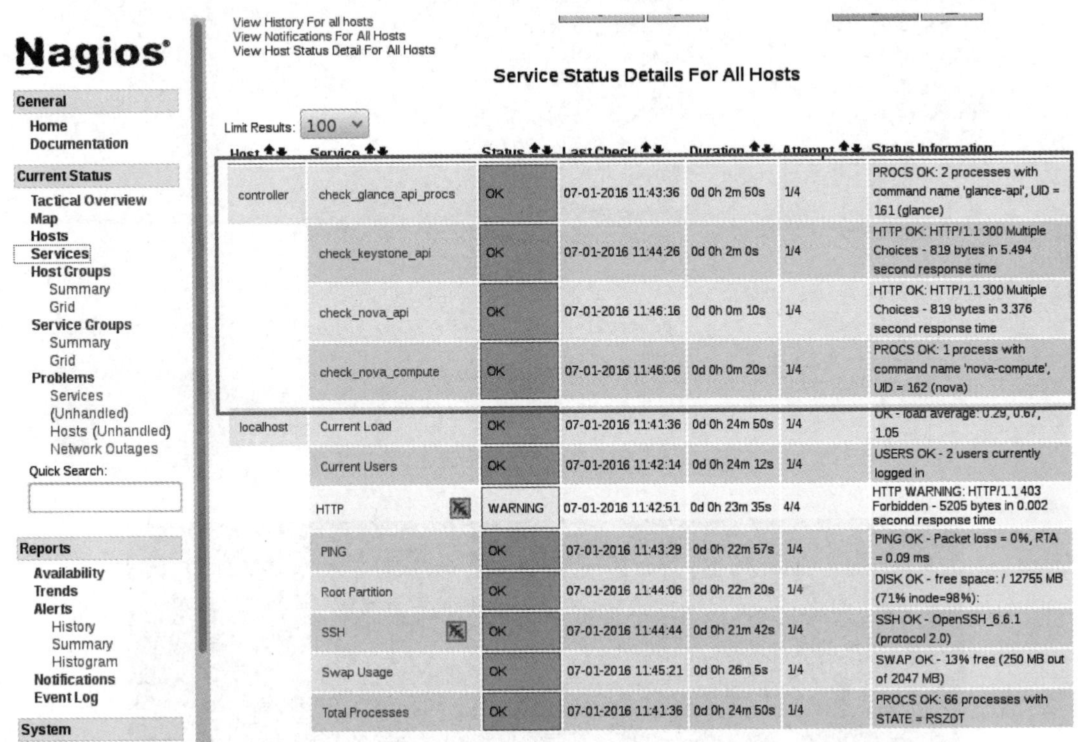

图 6-52　登录 Nagios 管理界面进行验证

可以看到,自定义的服务已经正常被监控。

6.2.2.2　工作原理

Nagios 是一个优秀的开源在线资源监控工具。它能帮助分析资源消耗趋势并定位 OpenStack 环境的问题。其配置简单明了,默认自带了许多检查选项。只要添加一些额外的配置和插件,就可以用它监控 OpenStack 环境。

6.2.2.3　延伸阅读

以上介绍的只是 Nagios 的一些基本应用,可以通过访问 www.nagios.org 了解更多关于 Nagios 以及相关插件的信息。

6.2.3　使用 Munin 监控 OpenStack 系统资源

Munin 是一个网络和系统监控程序,可以通过 Web 接口输出监控图像。它由一个主服务器来收集运行在每个主机上的代理的输出数据。

6.2.3.1 使用 Munin 监控 OpenStack 信息

安装 Munin 需要执行以下步骤：

(1) 在监控服务器上安装 Munin。

(2) 配置 Munin 节点。

(3) 在被监控端配置 Munin 插件。

1. Munin master 服务器配置

Munin master 节点是一个提供 Web 访问接口的服务器，可以查看所收集的网络中相关节点的信息，所以必须安装好。

由于 CentOS 7 的默认数据源中没有 Munin 软件包，因此需要手动更新 EPEL 源，才能完成 Munin 软件包的下载。

(1) 下载 EPEL 源并安装。

```
cd /
wget http://mirrors.ustc.edu.cn/epel/7/x86_64/e/epel-release-7-7.noarch.rpm
rpm -ivh epel-release-7-7.noarch.rpm
```

(2) 安装 Munin 软件包。

```
yum --enablerepo=epel -y install munin
```

(3) 编辑/etc/munin/munin.conf 文件，告诉 Munin 关于被监控主机的位置，如图 6-53 所示。

```
# a simple host tree
#[localhost]
#    address 127.0.0.1
#    use_node_name yes
[controller]
    address 10.1.3.148
    use_node_name no
```

图 6-53 告诉 Munin 被监控主机的位置

将以下信息：

```
[localhost]
    address 127.0.0.1
    use_node_name yes
```

修改为：

```
[controller]
    address 10.1.3.148
    use_node_name no
```

(4) 为 munin 用户设置密码(设置密码为 111111)，如图 6-54 所示。

```
htpasswd -c /var/www/.htpasswd munin
```

```
htpasswd -c /var/www/.htpasswd munin
```

```
[root@controller munin]# htpasswd -c /etc/munin/munin-htpasswd munin
New password:
Re-type new password:
Adding password for user munin
您在 /var/spool/mail/root 中有新邮件
[root@controller munin]#
```

图 6-54 为 munin 用户设置密码

2. Munin 节点客户端配置

(1) 下载 EPEL 源并安装。

```
cd /
wget http://mirrors.ustc.edu.cn/epel/7/x86_64/e/epel-release-7-7.noarch.rpm
rpm -ivh epel-release-7-7.noarch.rpm
```

(2) 安装 Munin-node 软件包。

```
yum --enablerepo=epel -y install munin-node
```

(3) 编辑/etc/munin/munin-node.conf 文件,进行如下配置更改,设置为 Munin 主机的 IP 地址。

```
allow ^10\.1\.3\.148$ //修改为主机的实际 ip 地址
```

(4) 添加之后,重启 Munin-node 服务,更新设置。

```
service munin-node restart
```

(5) Munin-node 有个实用的小工具,可以自动启用主机上的相关插件。运行如下命令:

```
munin-node-configure
```

可以看到如图 6-55 所示的信息输出。

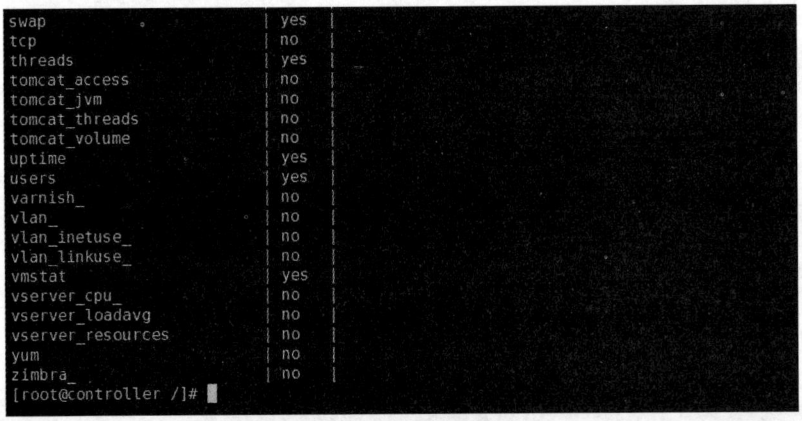

```
swap                    | yes |
tcp                     | no  |
threads                 | yes |
tomcat_access           | no  |
tomcat_jvm              | no  |
tomcat_threads          | no  |
tomcat_volume           | no  |
uptime                  | yes |
users                   | yes |
varnish_                | no  |
vlan_                   | no  |
vlan_inetuse_           | no  |
vlan_linkuse_           | no  |
vmstat                  | yes |
vserver_cpu_            | no  |
vserver_loadavg         | no  |
vserver_resources       | no  |
yum                     | no  |
zimbra_                 | no  |
[root@controller /]#
```

图 6-55 信息输出

配置完成之后，在 Munin 主机上通过访问"主机的 IP 地址/munin"，即可以访问 Munin 的管理页面，(如果需要输入用户名和密码，则使用之前设置的用户名 munin，密码 111111)，如图 6-56 所示。

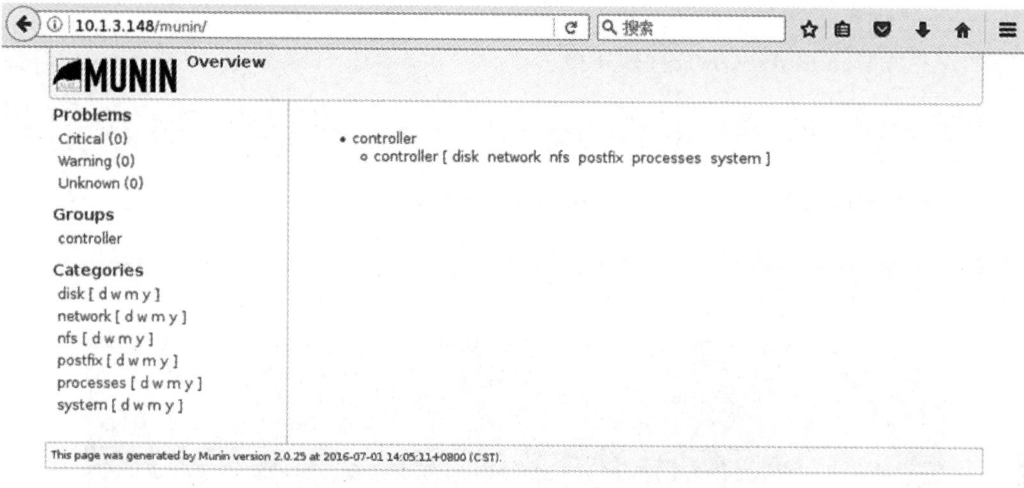

图 6-56 访问 Munin 管理页面

通过 Munin 可以对主机的磁盘、网络等信息进行查看，通过单击相应的标签，就可以进入详细信息查看图像化界面(注意：不会立刻有图形信息输出，需要等待一段时间才会有输出信息)，如图 6-57 所示。

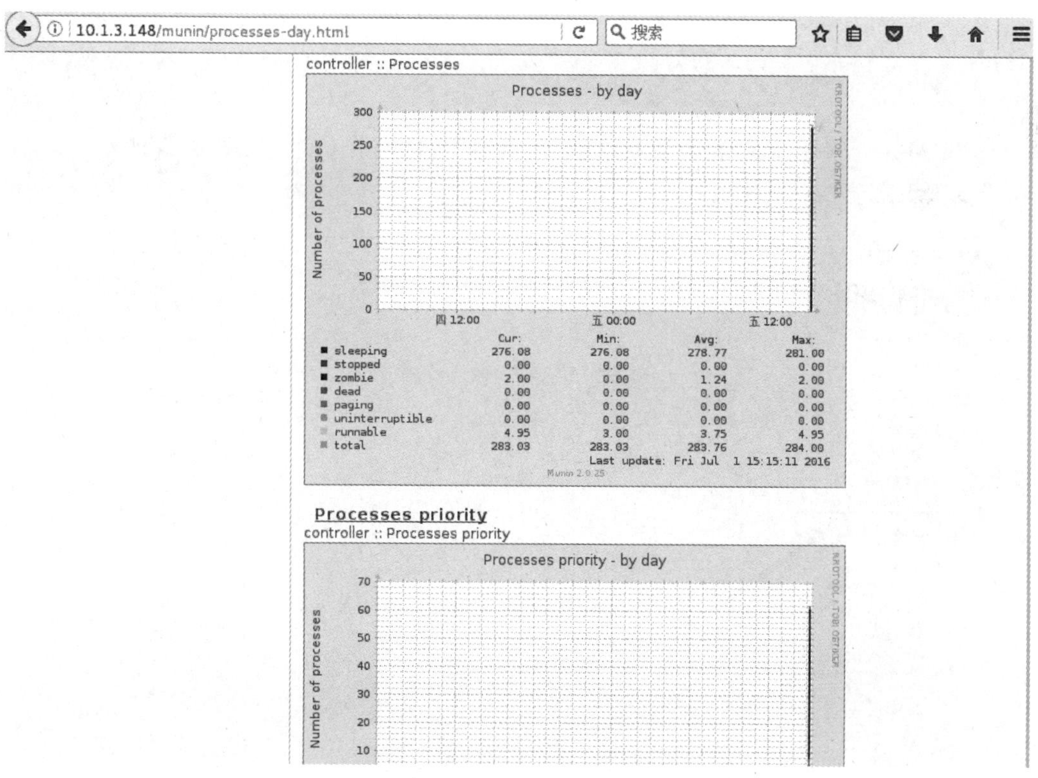

图 6-57 查看图像化界面

也可以通过一些额外的配置，使 Munin 可以监控主机的 MySQL 服务。

(1) 将/usr/share/munin/plugins/mysql＊文件复制到 Munin 的插件目录下。

```
cp /usr/share/munin/plugins/mysql＊ /etc/munin/plugins/
```

(2) 建立 Munin MySQL 插件软连接。

```
ln －sf /usr/share/munin/plugins/mysql_＊ /etc/munin/plugins
```

(3) 查看 Munin 是不是支持 MySQL，如图 6-58 所示。

```
munin－node－configure |grep mysql
```

```
[root@controller /]# munin-node-configure |grep mysql
mysql_                     | yes  |
mysql_bytes                | yes  |
mysql_innodb               | yes  |
mysql_isam_space_          | yes  |
mysql_queries              | yes  |
mysql_slowqueries          | yes  |
mysql_threads              | yes  |
[root@controller /]#
```

图 6-58 查看 Munin 是不是支持 MySQL

(4) 重启服务。

```
systemctl restart munin－node.service
systemctl restart httpd.service
```

登录 Munin 管理界面，将会发现多出了 MySQL 的监控信息，如图 6-59 所示(如果没有，尝试重新启动改一下主机)。

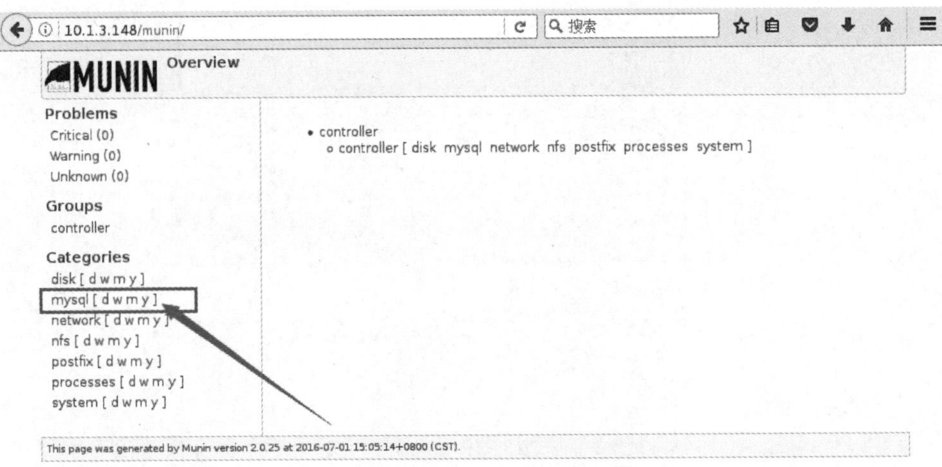

图 6-59 登录 Munin 管理界面

6.2.3.2 工作原理

Munin 是一个非常棒的开源的网络资源监控工具，可以帮助分析资源趋势及识别出 OpenStack 环境中的问题。其置非常直观，预设的配置通过 RRD(Round Robin Database)文件提供了许多有用的图形化信息。通过添加一些额外的配置选项和插件，可以扩展 Munin 用于监控 OpenStack 环境。

安装好 Munin 之后，必须进行一些设置以生成图形化的统计数据。

(1) 配置 Master Munin 服务器和希望监控的节点。这是通过/etc/munin/munin.conf 文件下树形结构的 domain/host 地址区间来实现的。

(2) 为每个节点配置 Munin-node 服务。每个 Munin-node 服务有各自的配置文件，需要在里面显示设置 Munin 服务器需要采集的图形数据。同时还要在/etc/munin/munin.conf 文件中的 allow 行中授权该 IP 地址的 Master 服务器访问。

Munin 针对不同的监控活动提供相应的插件，包括 libvirt。因为 libvirt 用来管理计算节点上运行的实例，可以把它管理的各种信息提供给 Munin，从而更好地理解 OpenStack 计算节点和实例上所发生的一切。

第 3 部分　CloudStack

第7章

CloudStack的安装

本章将进行 CloudStack 安装部分的学习。通过本章的学习，可以清楚地了解 CloudStack 的工作机理，以及如何创建基础网络模式和高级网络模式。

我们所使用的操作系统是 CentOS 6.5，所使用的 CloudStack 版本是 4.5.1，计算节点所使用的虚拟化管理程序是 KVM(Kernel-based Virtual Machine)。

7.1 CloudStack 安装

7.1.1 CentOS 安装

在安装 CloudStack 之前，首先需要安装 CentOS 6.5 操作系统，我们选择安装最小桌面版。安装过程如下所示：

(1) 首先进入安装界面，选择第一个选项，安装或升级现有的系统，如图 7-1 所示。

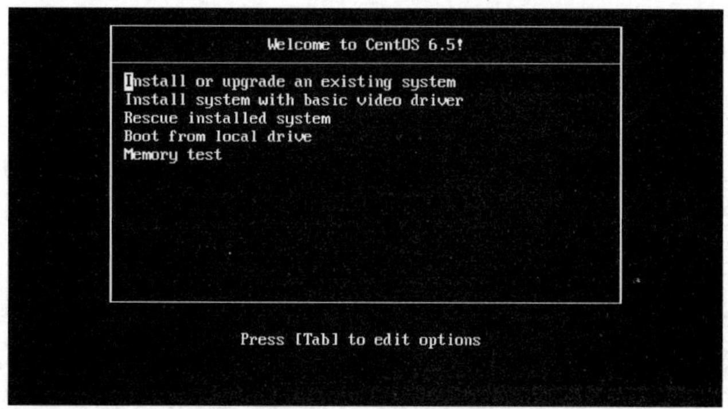

图 7-1 安装步骤一

(2) 当要求选择是否检查媒介的时候，选择跳过即可，如图 7-2 所示。

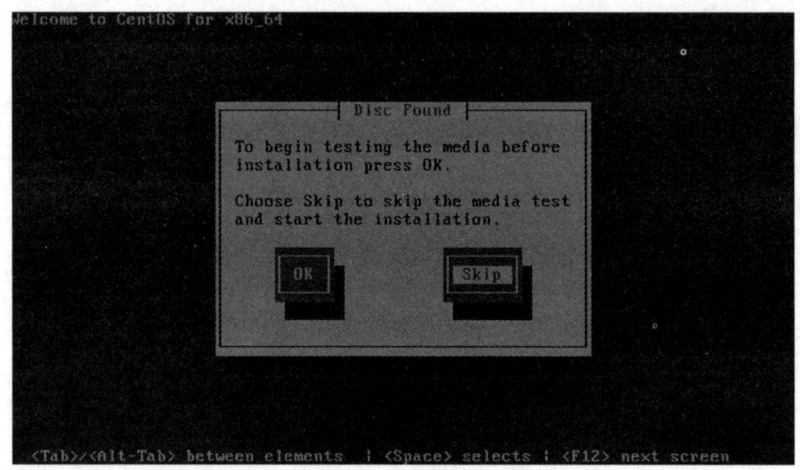

图 7-2 安装步骤二

(3) 当要求选择语言以及键盘的时候，选择中文简体以及美国英语式，如图 7-3 所示。

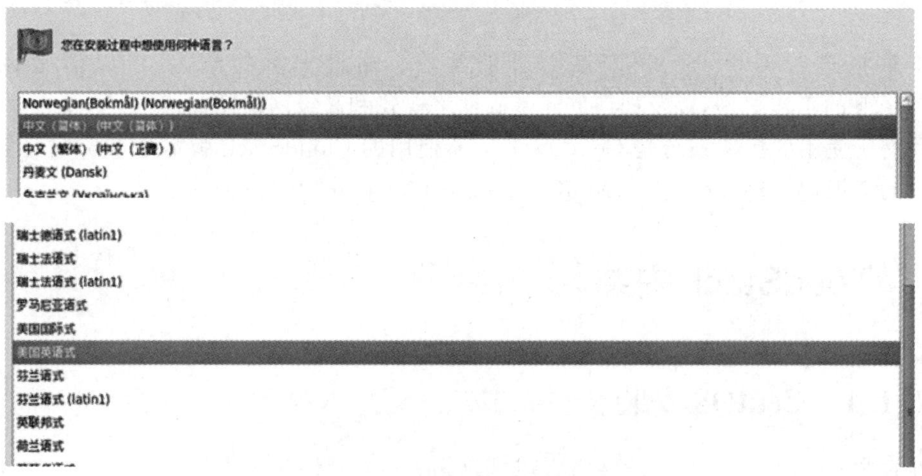

图 7-3 安装步骤三

(4) 当要求选择安装的存储设备时，选择“基本存储设备”。在接下来的警告提示界面，单击“是，忽略所有数据”按钮，如图 7-4 所示。

(5) 接下来进入主机名与网络设置界面，这是系统安装过程中最为重要的一个步骤。主机名的设置以及网络的设定对于主机能否正常运行起着决定性作用。首先要确保主机名必须在整个子网是唯一的，如果在子网中出现相同的主机名，那么 CloudStack 的运行将会出现莫名其妙的错误；主机名设置完成后，单击“配置网络”按钮(如图 7-5 所示)，进入网络连接界面，选中 System eth0 设备并进入“编辑”界面(如图 7-6 所示)，选中“自动连接”复选框；接下来选择“IPv4 设置”选项卡(如图 7-7 所示)，在“方法”下拉列表框中选择“手动”，单击“添加”按钮，为 System eth0 设备绑定一个 IP 地址，其中“地址”为本机的 IP 地址，可以通过智学云的虚拟机管理界面进行查询；在 DNS 服务器中，填入相应的 DNS 地址，单击“应用”按钮，然后关闭界面即可。

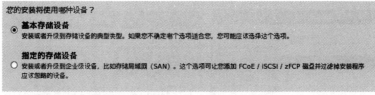

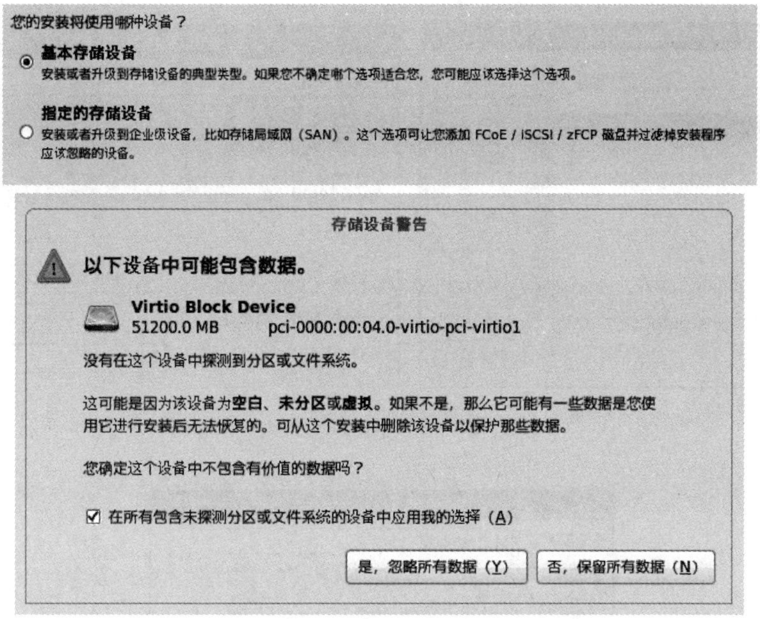

您的安装将使用哪种设备？
基本存储设备
安装或者升级到存储设备的典型类型。如果您不确定哪个选项适合您，您可能应该选择这个选项。
指定的存储设备
安装或者升级到企业级设备，比如存储局域网（SAN）。这个选项可让您添加 FCoE / iSCSI / zFCP 磁盘并过滤掉安装程序应该忽略的设备。
存储设备警告
以下设备中可能包含数据。
Virtio Block Device
51200.0 MB pci-0000:00:04.0-virtio-pci-virtio1
没有在这个设备中探测到分区或文件系统。
这可能是因为该设备为空白、未分区或虚拟。如果不是，那么它可能有一些数据是您使用它进行安装后无法恢复的。可从这个安装中删除该设备以保护那些数据。
您确定这个设备中不包含有价值的数据吗？
在所有包含未探测分区或文件系统的设备中应用我的选择（A）
是，忽略所有数据（Y）
否，保留所有数据（N）

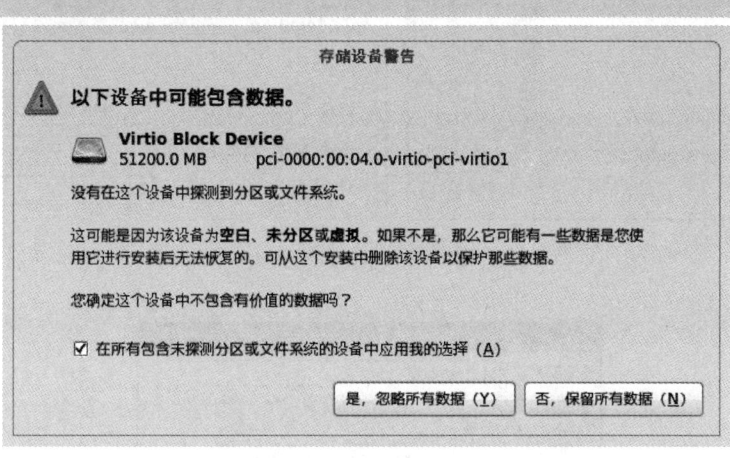

图 7-4 安装步骤四

请为这台计算机命名。该主机名会在网络中定义这台计算机。
主机名：
c1.uicc.com
配置网络（C）

图 7-5 安装步骤五

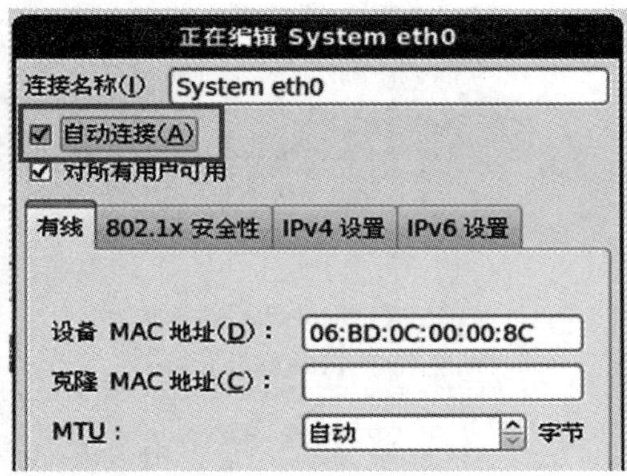

图 7-6 安装步骤六

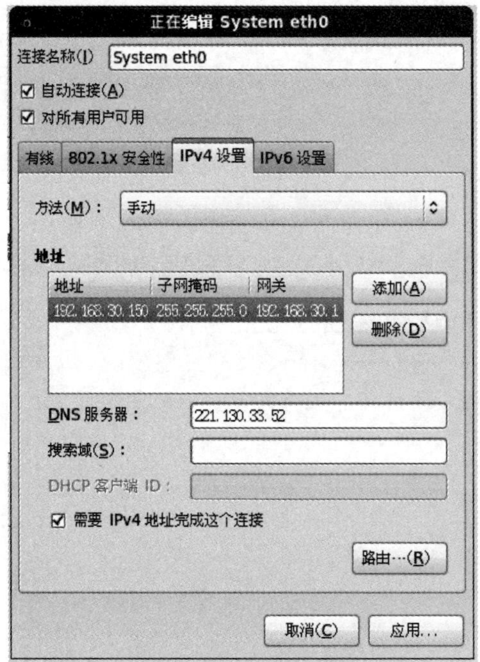

图 7-7 安装步骤七

(6) 为了同步云平台中主机的时间，需要手动配置 NTP 服务。因此在 CentOS 安装过程的“时区”界面中，不需要选中“系统时钟使用 UTC 时间”复选框，如图 7-8 所示。

图 7-8 安装步骤八

(7) 当需要选择安装类型时，选择“使用所有空间”，如图 7-9 所示。

(8) 操作系统的安装，选择最小桌面版本，如图 7-10 所示。

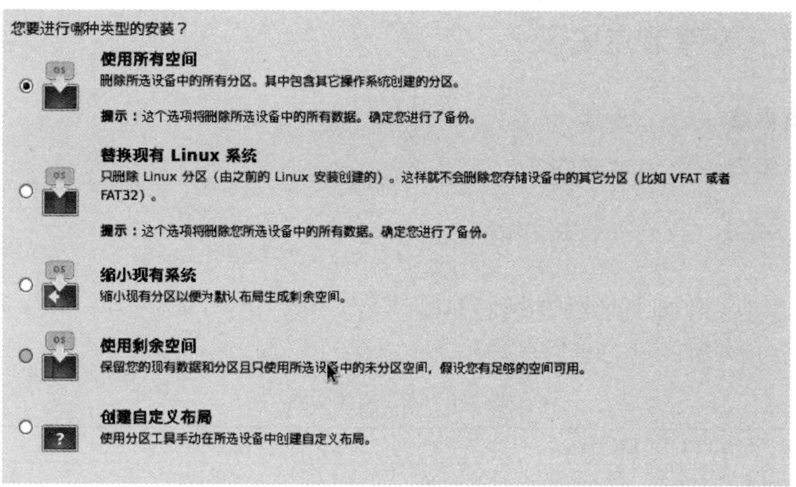

图 7-9　安装步骤九

图 7-10　安装步骤十

注意：CloudStack 管理节点的操作系统安装最小桌面版，计算节点的操作系统可以安装最小版本。当然为了实验方便，可以在一台主机上同时安装管理节点服务和计算节点服务。

(9) 安装过程大约需要 20 分钟，然后选择“重新引导”，一个全新的系统就安装完毕了。

7.1.2 管理节点安装

1. 配置网络

使用 vi 编辑 ifcfg-eth0 文件：

```
vi /etc/sysconfig/network - scripts/ifcfg - eth0
```

按键盘中的 i 键，进行文档的修改，执行“Esc ：wq!”命令，保存退出文档。将相应字段修改为如表 7-1 和图 7-11 所示的内容。

表 7-1 修改相关文档

NM_CONTROLLED=no	[需要修改]
ONBOOT=yes	[需要修改]
BOOTPROTO=none	[需要修改]
IPADDR=192.168.30.178	[需要添加为你的 IP]
NETMASK=255.255.255.0	[需要添加为你的掩码]
GATEWAY=192.168.30.1	[需要添加为你的网关]
DNS1=221.130.33.52	[需要添加为 DNS1]
DNS2=221.130.33.60	[需要添加为 DNS2]

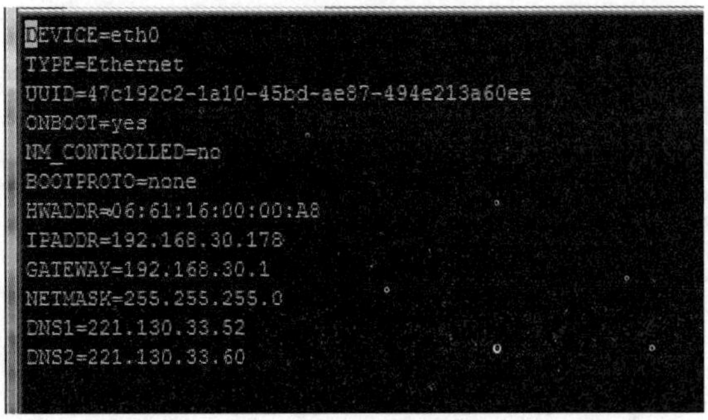

```
DEVICE=eth0
TYPE=Ethernet
UUID=47c192c2-1a10-45bd-ae87-494e213a60ee
ONBOOT=yes
NM_CONTROLLED=no
BOOTPROTO=none
HWADDR=06:61:16:00:00:A8
IPADDR=192.168.30.178
GATEWAY=192.168.30.1
NETMASK=255.255.255.0
DNS1=221.130.33.52
DNS2=221.130.33.60
```

图 7-11 配置网络

运行下面的命令，将网络服务进程 network 配置为开机即启动：

```
chkconfig network on
```

运行下面的命令，重启网络服务进程：

```
service network restart
```

2. 测试网络

因为 CloudStack 系统运行过程中可能需要访问外网操作，因此需要服务器可以正常联网。使用 ping www.baidu.com 测试是否可以访问外网，如果访问不了，则需要重新检查网络的设置是否正确(如果只是为了进行安装实验，可以不用访问外网)，如图 7-12 所示。

```
PING www.a.shifen.com (220.181.111.188) 56(84) bytes of data.
64 bytes from 220.181.111.188: icmp_seq=1 ttl=49 time=21.1 ms
64 bytes from 220.181.111.188: icmp_seq=2 ttl=49 time=6.88 ms
64 bytes from 220.181.111.188: icmp_seq=3 ttl=49 time=7.03 ms
64 bytes from 220.181.111.188: icmp_seq=4 ttl=49 time=14.9 ms
64 bytes from 220.181.111.188: icmp_seq=5 ttl=49 time=6.31 ms
_
```

图 7-12　测试网络

3. 设置主机名称

CloudStack 运行时需要获取本机名称，如无法正确获取，可能导致服务无法正常启动并报一系列错误。

运行以下命令，结果如图 7-13 所示。

```
hostname -- fqdn
```

```
[root@c1 ~]# hostname --fqdn
c1.uicc.com
[root@c1 ~]#
```

图 7-13　设置主机名称

如果没有显示出可以识别的主机名，则进行下列操作：

(1) 请编辑/etc/hosts 文件，添加主机 IP 对应的名称，如图 7-14 所示。

```
vi /etc/hosts
```

```
127.0.0.1       localhost localhost.localdomain localhost4 localhost4.localdomain4
::1             localhost localhost.localdomain localhost6 localhost6.localdomain6
192.168.30.178 c1.uicc.com
```

图 7-14　添加主机 IP 对应名称

如：

```
192.168.30.178(本机 IP)   c1.uicc.com
```

(2) 修改主机名，编辑/etc/sysconfig/network 文件，如图 7-15 所示。

```
vi /etc/sysconfig/network
```

图 7-15　修改主机名称

添加如下内容：

```
HOSTNAME = c1.uicc.com
```

(3) 编辑完成后，请重启主机。

```
reboot
```

重启过后，虚拟机实例后需要重新挂载数据源。

4. 修改 Linux 安全设置

当前的 CloudStack 需要将 SELinux 设置为 permissive 才能正常工作，所以需要改变当前配置，同时将该配置持久化，使其在主机重启后仍然生效。

在系统运行状态下将 SELinux 配置为 permissive 需执行如下命令：

```
setenforce 0
```

为确保其持久生效，需更改配置文件/etc/selinux/config，设置 SELINUX=permissive，如下所示：

```
vi /etc/selinux/config
# This file controls the state of SELinux on the system.
# SELINUX= can take one of these three values:
#     enforcing - SELinux security policy is enforced.
#     permissive - SELinux prints warnings instead of enforcing.
#     disabled - No SELinux policy is loaded.
SELINUX=permissive
# SELINUXTYPE= can take one of these two values:
#     targeted - Targeted processes are protected,
#     mls - Multi Level Security protection.
SELINUXTYPE=targeted
```

5. 配置时间同步

为了同步云平台中主机的时间，需要配置 NTP 服务，但 CentOS 6.5 最小桌面版 NTP 默认没有安装。因此需要先安装 NTP，然后进行配置。可以通过以下命令进行安装：

```
yum -y install ntp
```

实际上 NTP 的默认配置项即可满足云平台的需求，所以仅需启用 NTP 并设置为开机启动，运行如下所示命令即可：

```
chkconfig ntpd on
service ntpd start
```

6. 更新 yum 仓库

由于需要本地数据源安装 CloudStack，因此需要更新 yum 仓库（配置 CloudStack 软件库）创建/etc/yum.repos.d/cloudstack.repo 文件：

```
vi /etc/yum.repos.d/cloudstack.repo
```

添加如下信息：

```
[cloudstack]
name = cloudstack
baseurl = file:///media/CloudStack/
enabled = 1
gpgcheck = 0
```

在此安装的是本地数据源中的文件，如果想在其他的数据源安装其他版本，只需要修改baseurl字段的字符串即可。可以通过登录CloudStack中国社区网址查看CloudStack的相关版本信息。

CloudStack中国社区网址为：

```
http://packages.shapeblue.com/cloudstack/
```

7. 安装网络存储

在CloudStack中，主存储可以使用本地存储，但二级存储只能使用网络存储。

CloudStack支持多种网络存储协议，如iSCSI、NFS、VMFS等。由于NFS简单易用，推荐使用NFS搭建网络存储。

此处将配置使用NFS作为主存储和二级存储，需配置两个NFS共享目录，在此之前需先安装NFS服务，运行如下命令安装nfs-utils：

```
yum -y install nfs-utils
```

接下来需配置NFS，由于使用NFS作为主存储和二级存储，因此需要提供两个不同的挂载点。通过编辑/etc/exports文件实现：

```
vi /etc/exports
```

在文件中添加下面内容：(注意："*"和"("之间不能有空格)

```
/nfs/secondary *(rw,async,no_root_squash,no_subtree_check)
/nfs/primary *(rw,async,no_root_squash,no_subtree_check)
```

配置文件中指定了系统中两个并不存在的目录，下面需要创建这些目录并设置合适的权限，对应的命令如下所示：

```
mkdir /nfs
mkdir /nfs/primary
mkdir /nfs/secondary
```

CentOS 6.5默认使用NFSv4，NFSv4要求所有客户端的域设置匹配，这里以设置uicc.com为例，编辑文件/etc/idmapd.conf：

```
vi /etc/idmapd.conf
```

请确保文件/etc/idmapd.conf 中的域设置没有被注释掉，并设置为与主机名相匹配的域，如图 7-16 所示。

```
Domain = uicc.com
```

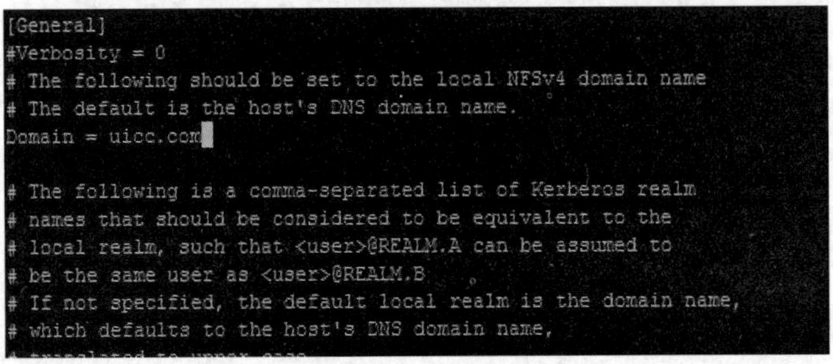

```
[General]
#Verbosity = 0
# The following should be set to the local NFSv4 domain name
# The default is the host's DNS domain name.
Domain = uicc.com

# The following is a comma-separated list of Kerberos realm
# names that should be considered to be equivalent to the
# local realm, such that <user>@REALM.A can be assumed to
# be the same user as <user>@REALM.B
# If not specified, the default local realm is the domain name,
# which defaults to the host's DNS domain name,
```

图 7-16　设置与主机名称匹配的域

进入/etc/sysconfig/nfs 文件：

```
vi /etc/sysconfig/nfs
```

取消如下选项的注释：

```
RQUOTAD_PORT = 875
LOCKD_TCPPORT = 32803
LOCKD_UDPPORT = 32769
MOUNTD_PORT = 892
STATD_PORT = 662
STATD_OUTGOING_PORT = 2020
```

8. 配置防火墙策略

接下来还需配置防火墙策略，允许 NFS 客户端访问。编辑文件/etc/sysconfig/iptables：

```
vi /etc/sysconfig/iptables
```

添加如下内容：

```
-A INPUT -p tcp -m tcp --dport 111 -j ACCEPT
-A INPUT -p udp -m udp --dport 111 -j ACCEPT
-A INPUT -p tcp -m tcp --dport 2049 -j ACCEPT
-A INPUT -p tcp -m tcp --dport 32803 -j ACCEPT
-A INPUT -p udp -m udp --dport 32769 -j ACCEPT
-A INPUT -p tcp -m tcp --dport 892 -j ACCEPT
-A INPUT -p udp -m udp --dport 892 -j ACCEPT
-A INPUT -p tcp -m tcp --dport 875 -j ACCEPT
-A INPUT -p udp -m udp --dport 875 -j ACCEPT
-A INPUT -p tcp -m tcp --dport 662 -j ACCEPT
-A INPUT -p udp -m udp --dport 662 -j ACCEPT
```

通过以下命令重新启动 iptables 服务：

```
service iptables restart
```

最后需要启动 NFS 服务并设置为开机自启动，执行如下命令：

```
service rpcbind start
service nfs start
chkconfig rpcbind on
chkconfig nfs on
```

9. 数据库安装和配置

在 CloudStack 中，系统的数据信息全部存放在数据库中，所以需要首先安装 MySQL，并对它进行正确的配置，以确保 CloudStack 运行正常。

运行如下命令进行 MySQL 数据库的安装：

```
yum -y install mysql-server
```

MySQL 安装完成后，需更改其配置文件/etc/my.cnf：

```
vi /etc/my.cnf
```

在[mysqld]下添加下列参数：

```
innodb_rollback_on_timeout = 1
innodb_lock_wait_timeout = 600
max_connections = 350
log-bin = mysql-bin
binlog-format = 'ROW'
```

正确配置 MySQL 后，运行以下命令进行启动并配置为开机自启动：

```
service mysqld start
chkconfig mysqld on
```

10. 安装管理节点

执行以下命令进行管理服务器的安装，如图 7-17 所示。

```
yum install cloudstack-management
```

由于之前已经配置了 yum 源，因此以上的安装命令会自动到我们指定的 baseurl 地址中下载并安装相应的文件。

在程序执行完毕后，需初始化数据库，通过如下命令和选项完成，如图 7-18 所示。

```
cloudstack-setup-databases cloud:password@localhost --deploy-as=root
```

```
 xml-commons-apis                x86_64            1.3.04-3.6.el6                  c6-media              439 k
 xml-commons-resolver            x86_64            1.1-4.18.el6                    c6-media              145 k

Transaction Summary
================================================================================================================
Install       27 Package(s)

Total download size: 302 M
Installed size: 391 M
Is this ok [y/N]: y
```

图 7-17　管理服务器的安装

```
Applying /usr/share/cloudstack-management/setup/create-schema.sql                 [ OK ]
Applying /usr/share/cloudstack-management/setup/create-database-premium.sql       [ OK ]
Applying /usr/share/cloudstack-management/setup/create-schema-premium.sql         [ OK ]
Applying /usr/share/cloudstack-management/setup/server-setup.sql                  [ OK ]
Applying /usr/share/cloudstack-management/setup/templates.sql                     [ OK ]
Applying /usr/share/cloudstack-bridge/setup/cloudbridge_db.sql                    [ OK ]
Applying /usr/share/cloudstack-bridge/setup/cloudbridge_schema.sql                [ OK ]
Applying /usr/share/cloudstack-bridge/setup/cloudbridge_multipart.sql             [ OK ]
Applying /usr/share/cloudstack-bridge/setup/cloudbridge_index.sql                 [ OK ]
Applying /usr/share/cloudstack-bridge/setup/cloudbridge_multipart_alter.sql       [ OK ]
Applying /usr/share/cloudstack-bridge/setup/cloudbridge_bucketpolicy.sql          [ OK ]
Applying /usr/share/cloudstack-bridge/setup/cloudbridge_policy_alter.sql          [ OK ]
Applying /usr/share/cloudstack-bridge/setup/cloudbridge_offering.sql              [ OK ]
Applying /usr/share/cloudstack-bridge/setup/cloudbridge_offering_alter.sql        [ OK ]
Processing encryption ...                                                         [ OK ]
Finalizing setup ...                                                              [ OK ]

CloudStack has successfully initialized database, you can check your database configuration in /etc/cloudstack/management
/db.properties
```

图 7-18　初始化数据库

当该过程结束后，可以看到类似这样的信息："CloudStack has successfully initialized the database."，说明数据库已经初始化成功。

初始化数据库创建后，最后一步是配置管理服务器，执行如下命令，结果如图 7-19 所示。

```
cloudstack-setup-management
```

```
[root@c1 CloudStack]# cloudstack-setup-management
Starting to configure CloudStack Management Server:
Configure sudoers ...         [OK]
Configure Firewall ...        [OK]
Configure CloudStack Management Server ...[OK]
CloudStack Management Server setup is Done!
```

图 7-19　配置管理服务器

11. 上传系统模板

CloudStack 通过一系列系统虚拟机维护整个平台的功能，如访问虚拟机控制台、提供各类网络服务以及管理二级存储中的各类资源等。因此需要获取系统虚拟机模板，用于云平台引导后系统虚拟机的部署。需要下载系统虚拟机模板，并把这些模板部署于刚才创建的二级存储中，管理服务器包含一个脚本，可以正确地操作这些系统虚拟机模板。

此处安装的是 CloudStack 4.5.1，计算主机安装的是 KVM。

由于我们使用的是本地的数据源，在数据源中已经包含了系统虚拟机模板，可以通过以下命令进行虚拟机模板的安装，如图 7-20 所示。

```
/usr/share/cloudstack - common/scripts/storage/secondary/cloud - install - sys - tmplt  - m /
nfs/secondary  - f /media/CloudStack/systemvm64template - 4.5 - kvm.qcow2.bz2  - h kvm  - F
```

注意：不同版本、不同主机管理程序所对应的系统虚拟机的模板也是不同的，对此应该注意，不匹配将会导致系统无法正常运行。

当看到如图 7-20 所示信息后，说明系统虚拟机模板已经上传成功。

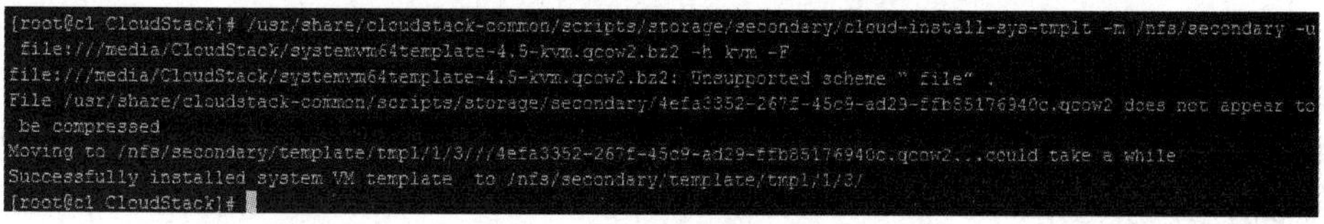

```
[root@c1 CloudStack]# /usr/share/cloudstack-common/scripts/storage/secondary/cloud-install-sys-tmplt -m /nfs/secondary -u
 file:///media/CloudStack/systemvm64template-4.5-kvm.qcow2.bz2 -h kvm -F
file:///media/CloudStack/systemvm64template-4.5-kvm.qcow2.bz2: Unsupported scheme " file" .
File /usr/share/cloudstack-common/scripts/storage/secondary/4efa3352-267f-45c9-ad29-ffb85176940c.qcow2 does not appear to
 be compressed
Moving to /nfs/secondary/template/tmpl/1/3///4efa3352-267f-45c9-ad29-ffb85176940c.qcow2...could take a while
Successfully installed system VM template  to /nfs/secondary/template/tmpl/1/3/
[root@c1 CloudStack]#
```

图 7-20 安装虚拟机模板

以上是管理服务器的安装和配置过程，虽然还有很多工作要做，但现在其实已经可以登录 CloudStack 控制台了。

要访问 CloudStack 的 Web 界面，仅需在浏览器访问 http://管理节点的 IP:8080/client，使用默认用户 admin 和密码 password 来登录，如图 7-21 所示。

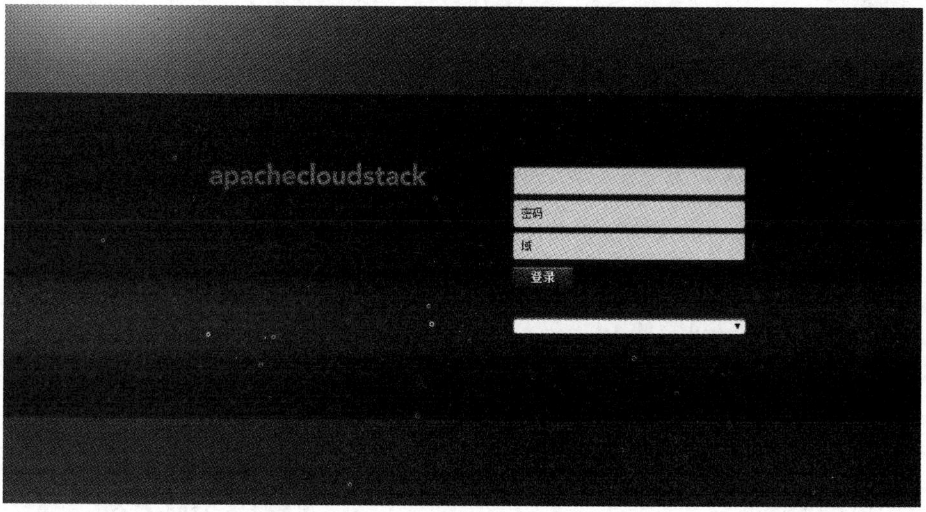

图 7-21 登录 CloudStack

可以通过以下命令查看管理节点运行过程中的一些信息。

```
tail  - 100f /var/log/cloudstack/management/catalina.out
```

7.1.3 计算节点安装

7.1.3.1 KVM 简介

CloudStack 支持与多种虚拟化解决方案的集成，CloudStack＋KVM 是最佳组合。KVM(Kernel-based Virtual Machine)是一个开源的系统虚拟化平台，自 Linux 2.6.20 之

后已集成到 Linux 内核中，因为它使用 Linux 自身的调度器进行管理，所以相对于其他虚拟化解决方案而言，其核心源码很少也更加稳定。

- KVM 是开源软件，全称是 Kernel-based Virtual Machine(基于内核的虚拟机)；
- KVM 是 x86 架构且硬件支持虚拟化技术的 Linux 全虚拟化解决方案；
- KVM 包含一个为处理器提供底层虚拟化可加载的核心模块 kvm. ko；
- KVM 能在不改变 Linux 或 Windows 镜像的情况下同时运行多个虚拟机，并为每一个虚拟机配置个性化硬件环境；
- 在主流的 Linux 内核中均已包含 KVM 核心。

由于 KVM 直接基于内核级别的虚拟化，因此其拥有简洁、高效、架构好等特点，已经被越来越多的用户所使用。

注意：*在准备使用一台主机作为 KVM 节点进行安装和使用之前，需要进入主机 BIOS 中检查是否开启了虚拟化技术的支持。*

7.1.3.2 安装和配置 KVM

此处使用 KVM 作为 hypervisor，下面将讲述如何配置 hypervisor 主机。可以应用相同的步骤添加额外的 KVM 节点到 CloudStack 环境中。

1. 配置网络

使用 vi 编辑 ifcfg-eth0 文件。

```
vi /etc/sysconfig/network-scripts/ifcfg-eth0
```

将相应字段修改为如下内容，如表 7-2 和图 7-22 所示。

表 7-2 配置网络

NM_CONTROLLED=no	[需要修改]
ONBOOT=yes	[需要修改]
BOOTPROTO=none	[需要修改]
IPADDR=192.168.30.88	[需要修改为你的 IP]
NETMASK=255.255.255.0	[需要修改为你的掩码]
GATEWAY=192.168.30.1	[需要修改为你的网关]
DNS1=221.130.33.52	[需要修改为 DNS1]
DNS2=221.130.33.60	[需要修改为 DNS2]

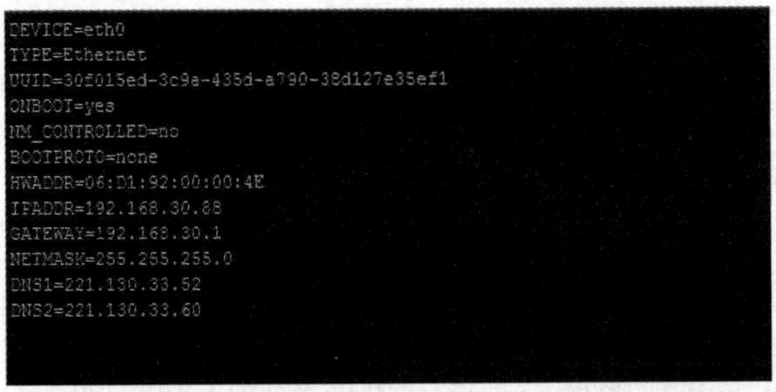

```
DEVICE=eth0
TYPE=Ethernet
UUID=30f015ed-3c9a-435d-a790-38d127e35ef1
ONBOOT=yes
NM_CONTROLLED=no
BOOTPROTO=none
HWADDR=06:D1:92:00:00:4E
IPADDR=192.168.30.88
GATEWAY=192.168.30.1
NETMASK=255.255.255.0
DNS1=221.130.33.52
DNS2=221.130.33.60
```

图 7-22 配置网络

运行下面的命令，网络服务进程配置为开机即启动：

```
chkconfig network on
```

运行下面的命令，重启网络服务进程：

```
service network restart
```

2. 测试网络

由于 CloudStack 系统运行过程中可能需要访问外网操作，因此需要服务器可以正常联网。使用 ping www.baidu.com 测试是否可以访问外网，如果不可以访问，则需要重新检查网络的设置是否正确（如果只是为了进行安装实验，可以不用访问外网），如图 7-23 所示。

```
PING www.a.shifen.com (220.181.111.188) 56(84) bytes of data.
64 bytes from 220.181.111.188: icmp_seq=1 ttl=49 time=21.1 ms
64 bytes from 220.181.111.188: icmp_seq=2 ttl=49 time=6.88 ms
64 bytes from 220.181.111.188: icmp_seq=3 ttl=49 time=7.03 ms
64 bytes from 220.181.111.188: icmp_seq=4 ttl=49 time=14.9 ms
64 bytes from 220.181.111.188: icmp_seq=5 ttl=49 time=6.31 ms
```

图 7-23　测试网络

3. 设置主机名称

运行以下命令检查，结果如图 7-24 所示。

```
hostname --fqdn
```

```
[root@c2 ~]# hostname --fqdn
c2.uicc.com
[root@c2 ~]#
```

图 7-24　检查

如果没有返回可以识别的主机名，则需要按下列方式运行配置。

(1) 请编辑/etc/hosts 文件，添加主机 IP 对应的名称，如图 7-25 所示。

```
vi /etc/hosts
```

```
127.0.0.1     localhost localhost.localdomain localhost4 localhost4.localdomain4
::1           localhost localhost.localdomain localhost6 localhost6.localdomain6
192.168.30.88 c2.uicc.com
```

图 7-25　添加主机 IP 对应的名称

如：

```
192.168.30.88(本机 IP)   c2.uicc.com
```

(2) 修改主机名,编辑文件/etc/sysconfig/network,如图 7-26 所示。

```
vi /etc/sysconfig/network
```

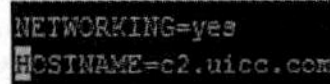

图 7-26 修改主机名称

添加如下内容:

```
HOSTNAME = c2.uicc.com
```

(3) 编辑完成后,请重启服务器。

```
reboot
```

重启虚拟机实例后需要重新挂载数据源。

4. 配置时间同步

为了同步云平台中主机的时间,需要配置 NTP 服务,但 CentOS 6.5 最小版 NTP 默认没有安装。因此需要先安装 NTP,然后进行配置。可以通过以下命令进行安装:

```
yum install ntp
```

此处若发现已经安装过,则无须理会。

设置 NTP 为开机自启动:

```
chkconfig ntpd on
```

启动 NTP 服务:

```
service ntpd start
```

5. 关闭防火墙

查看防火墙状态:

```
service iptables status
```

停止防火墙进程:

```
service iptables stop
```

关闭防火墙开机自启(在所有系统启动状态下都不自启防火墙):

```
chkconfig iptables off
```

6. 修改 Linux 安全设置

当前的 CloudStack 需要将 SELinux 设置为 permissive 才能正常工作，所以需要改变当前配置，同时将该配置持久化，使其在主机重启后仍然生效。

在系统运行状态下将 SELinux 配置为 permissive 需执行如下命令：

```
setenforce 0
```

为确保其持久生效，需更改配置文件/etc/selinux/config，设置 SELINUX = permissive，如下所示：

```
vi /etc/selinux/config
```

修改内容如下：

```
# This file controls the state of SELinux on the system.
# SELINUX = can take one of these three values:
# enforcing - SELinux security policy is enforced.
# permissive - SELinux prints warnings instead of enforcing.
# disabled - No SELinux policy is loaded.
SELINUX = permissive
# SELINUXTYPE = can take one of these two values:
# targeted - Targeted processes are protected,
# mls - Multi Level Security protection.
SELINUXTYPE = targeted
```

7. 安装 KVM 代理

由于需要进行 KVM 代理安装，因此需要更新 yum 仓库（配置 CloudStack 软件库）。

创建/etc/yum.repos.d/cloudstack.repo 文件：

```
vi /etc/yum.repos.d/cloudstack.repo
```

并添加如下信息（在此安装的是本地数据源中的文件，如果想在其他的数据源安装其他版本，只需要修改 baseurl 字段的字符串即可）：

```
[cloudstack]
name = cloudstack
baseurl = file:///media/CloudStack/
enabled = 1
gpgcheck = 0
```

在管理主机中安装的管理服务是 CloudStack 4.5.1 版本，因此计算主机必须和管理主机相匹配，否则系统将无法正常运行。

yum 源配置好后，安装 KVM 代理仅仅需要一条简单的命令，如图 7-27 所示。

```
yum install cloudstack - agent
```

安装中途遇到选择(y/N)时，选择 y。

```
spice-server          x86_64        0.12.4-6.el6             c6-media       343 k
usbredir              x86_64        0.5.1-1.el6              c6-media        40 k
vgabios               noarch        0.6b-3.7.el6             c6-media        42 k
yajl                  x86_64        1.0.7-3.el6              c6-media        27 k

Transaction Summary
================================================================================
Install      33 Package(s)

Total download size: 173 M
Installed size: 213 M
Is this ok [y/N]: y
```

图 7-27 安装 KVM 代理

8. 配置 KVM

KVM 中有两部分需要进行配置：QEMU 和 libvirt。

1）配置 QEMU

KVM 的配置项相对简单，仅需配置一项。编辑 QEMU VNC 配置文件/etc/libvirt/qemu.conf。

```
vi /etc/libvirt/qemu.conf
```

并取消如下行的注释：

```
vnc_listen = "0.0.0.0"
```

2）配置 libvirt

CloudStack 使用 libvirt 管理虚拟机，因此正确地配置 libvirt 至关重要。libvirt 属于 cloudstack-agent 的依赖组件。

为了实现动态迁移，libvirt 需要监听使用非加密的 TCP 连接。还需要关闭 libvirts 尝试使用组播 DNS 进行广播。这些都是在/etc/libvirt/libvirtd.conf 文件中进行配置的。

编辑/etc/libvirt/libvirtd.conf 文件：

```
vi /etc/libvirt/libvirtd.conf
```

将下列参数前的“#”去掉，并修改为下列相应的值：

```
listen_tls = 0
listen_tcp = 1
tcp_port = "16059"
mdns_adv = 0
auth_tcp = "none"
```

仅仅在 libvirtd.conf 中启用 listen_tcp 还不够，还必须修改/etc/sysconfig/libvirtd 中的参数：

```
vi /etc/sysconfig/libvirtd
```

取消如下行的注释：

```
LIBVIRTD_ARGS = " -- listen"
```

重启 libvirt 服务：

```
service libvirtd restart
```

运行如下命令查看是否安装成功，结果如图 7-28 所示。

```
lsmod | grep kvm
```

```
[root@c2 ~]# lsmod | grep kvm
kvm_intel              54285  0
kvm                   333172  1 kvm_intel
```

图 7-28 查看是否安装成功

至此，准备工作已经完成了。接下来就可以在管理节点的 WEBUI 中顺利添加这台受控主机了。操作方法非常简单，CloudStack 中有一个非常友好的向导，可以帮助正确完成主机的添加。

可以通过以下命令查看计算节点运行过程中的一些信息（如果计算主机还没有被任何管理主机添加，则/var/log/cloudstack/agent/cloudstack-agent. out 文件是不存在的）。

```
tail - 100f /var/log/cloudstack/agent/cloudstack - agent.out
```

7.1.4 使用向导创建区域

首次登录 CloudStack 管理节点的 WEBUI 界面，将会有一个非常友好的向导，以帮助正确完成区域的创建等操作。

接下来介绍如何使用 CloudStack 管理节点的 WEBUI 界面向导创建区域。

此处管理节点所使用的 IP 地址是 192. 168. 30. 178，因此通过访问以下网址登录 WEBUI 界面（初始账户是 admin，密码是 password），登录后的页面如图 7-29 所示，在此单击“继续执行基本安装”按钮，将会进入向导引导操作。

http://192. 168. 30. 178:8080/client/

（1）首先，需要更改系统的初始密码，如图 7-30 所示。

（2）紧接着，会在向导的指引下开始创建资源域，如图 7-31 所示，其中带“ * ”的部分是必须要填写的，DNS1 填写你的 DNS 地址，内部 DNS 填写本地的网关地址。

图 7-29 继续执行基本安装

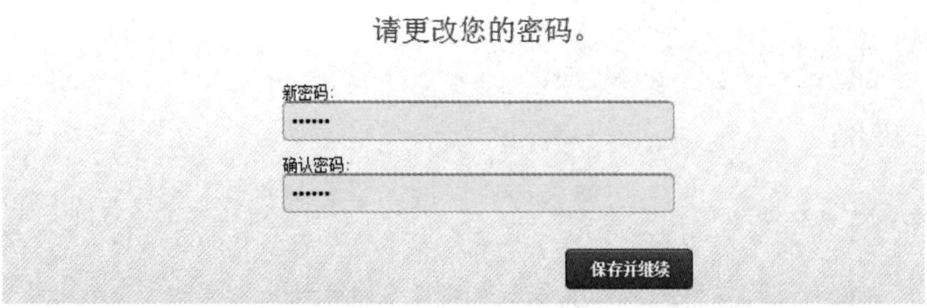

请更改您的密码。

新密码:

••••••

确认密码:

••••••

保存并继续

图 7-30　更改系统初始密码

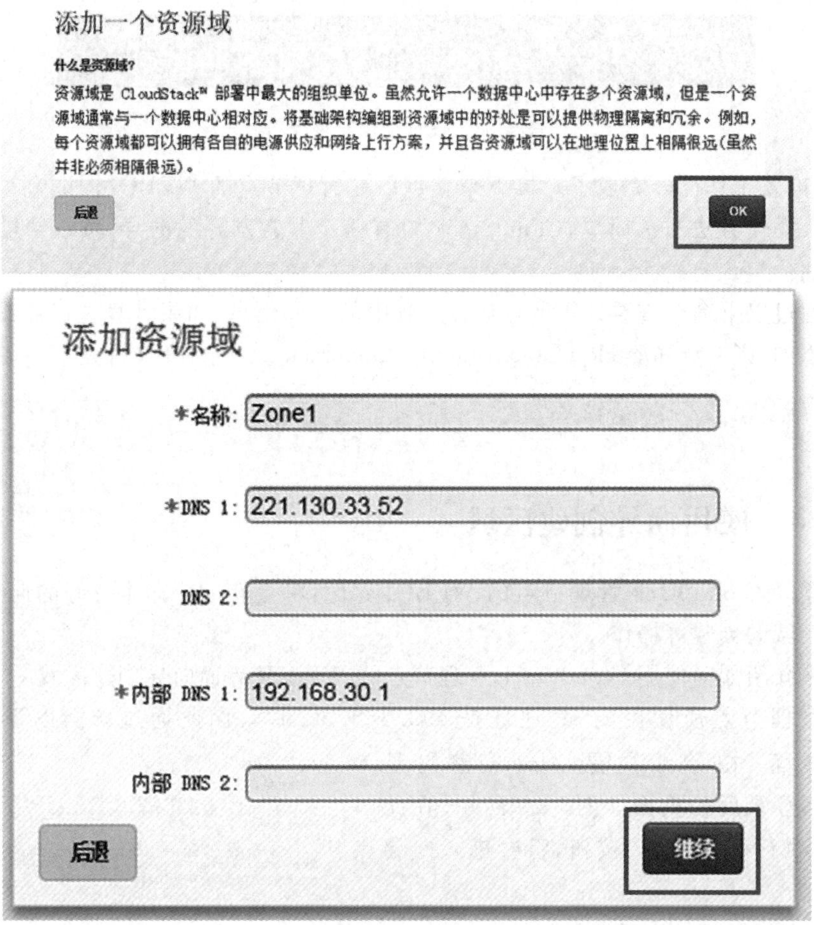

添加一个资源域

什么是资源域?

资源域是 CloudStack™ 部署中最大的组织单位。虽然允许一个数据中心中存在多个资源域,但是一个资源域通常与一个数据中心相对应。将基础架构编组到资源域中的好处是可以提供物理隔离和冗余。例如,每个资源域都可以拥有各自的电源供应和网络上行方案,并且各资源域可以在地理位置上相隔很远(虽然并非必须相隔很远)。

后退　　OK

添加资源域

*名称: Zone1

*DNS 1: 221.130.33.52

DNS 2:

*内部 DNS 1: 192.168.30.1

内部 DNS 2:

后退　　继续

图 7-31　创建资源域

(3) 添加提供点,如图 7-32 所示(IP 范围一定要与计算主机的 IP 地址在相同的子网内)。

(4) 添加来宾网络,如图 7-33 所示。

(5) 添加集群,如图 7-34 所示,由于我们使用的是 KVM 主机,因此"虚拟机管理程序"选择 KVM。

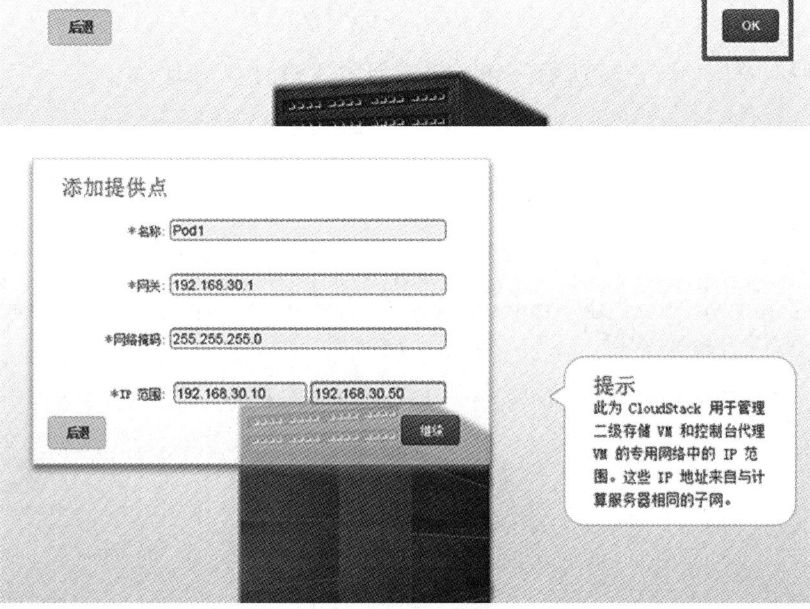

图 7-32　添加提供点

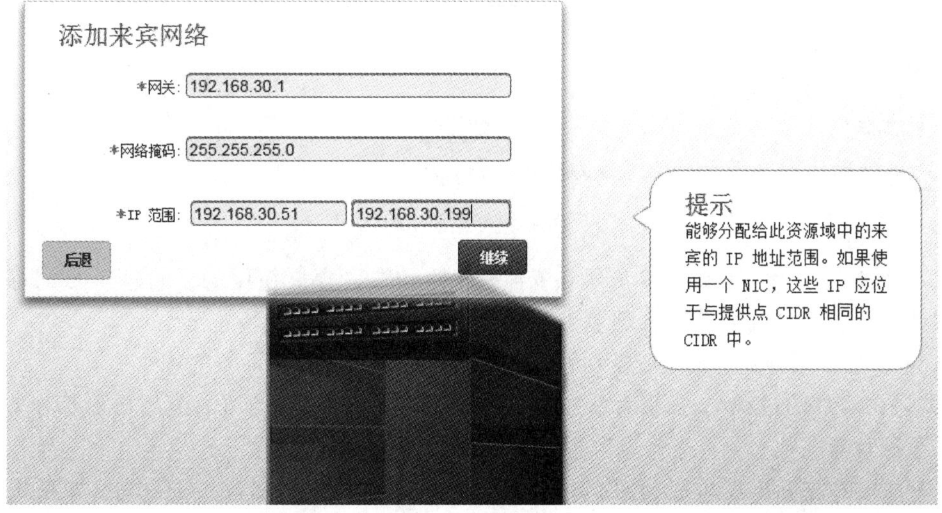

图 7-33　添加来宾网络

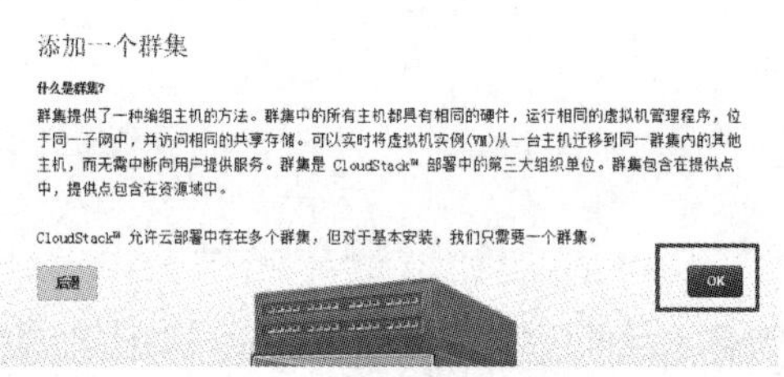

图 7-34　添加集群

（6）添加主机，如图 7-35 所示（主机名称是计算主机的 IP 地址）。

图 7-35　添加主机

（7）添加主存储，如图 7-36 所示（由于主存储和二级存储使用的是管理节点的存储空间，因此服务器地址需要填写管理节点的 IP 地址）。

（8）添加二级存储，如图 7-37 所示。

如果在添加的过程中，出现无法添加主机或者主存储等问题，可以尝试重启管理节点服务，并重启计算主机。

（9）添加完成后，就可以启动区域了，如图 7-38 所示。在启动的过程中，如果出现错误，系统会引导进行修改，直到修改正确为止。

（10）区域启动成功后，会在管理界面上看到所添加的所有资源信息，如图 7-39 所示。

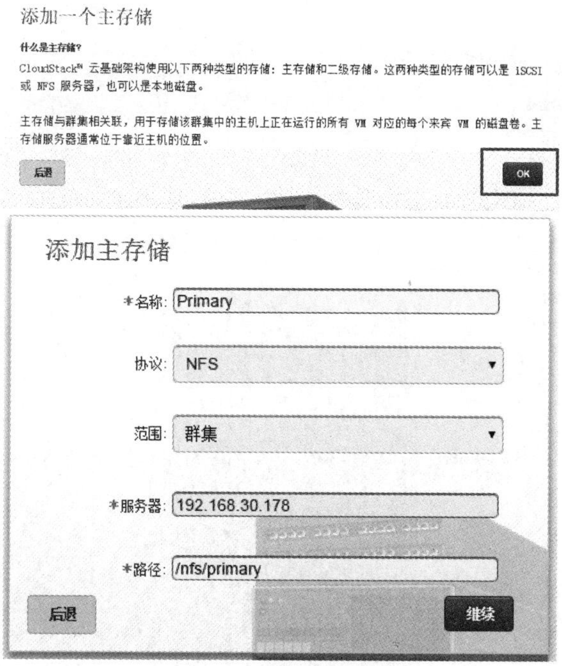

添加一个主存储
什么是主存储?
CloudStack™ 云基础架构使用以下两种类型的存储：主存储和二级存储。这两种类型的存储可以是 iSCSI 或 NFS 服务器，也可以是本地磁盘。
主存储与群集相关联，用于存储该群集中的主机上正在运行的所有 VM 对应的每个来宾 VM 的磁盘卷。主存储服务器通常位于靠近主机的位置。
后退
OK
添加主存储
*名称: Primary
协议: NFS
范围: 群集
*服务器: 192.168.30.178
*路径: /nfs/primary
后退
继续

图 7-36　添加主存储

添加一个二级存储
什么是二级存储?
二级存储与资源域相关联，用于存储以下项目：
模板 - 可用于启动 VM 并可以包含其他配置信息(例如，已安装的应用程序)的操作系统映像
ISO 映像 - 可重新启动或不可重新启动的操作系统映像
磁盘卷快照 - 已保存的 VM 数据副本，可用于执行数据恢复或创建新模板
后退
OK
添加二级存储
*NFS 服务器: 192.168.30.178
提供程序: NFS
*路径: /nfs/secondary
后退
继续

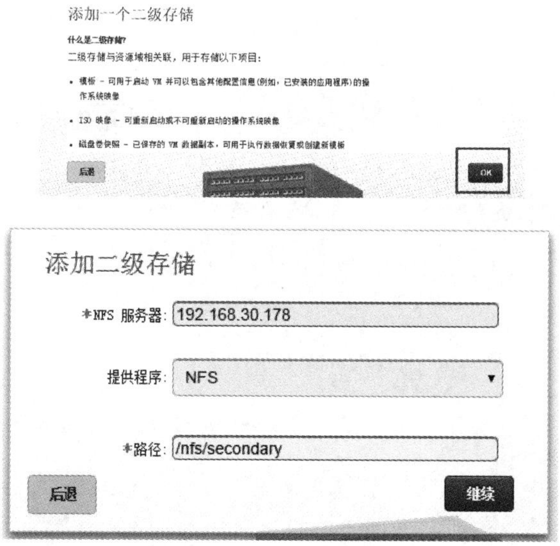

图 7-37　添加二级存储

以上是根据用户向导创建一个区域的步骤，此时创建的区域属于基础网络模式，关于如何使用以及如何创建高级网络模式，将在后面详细介绍。

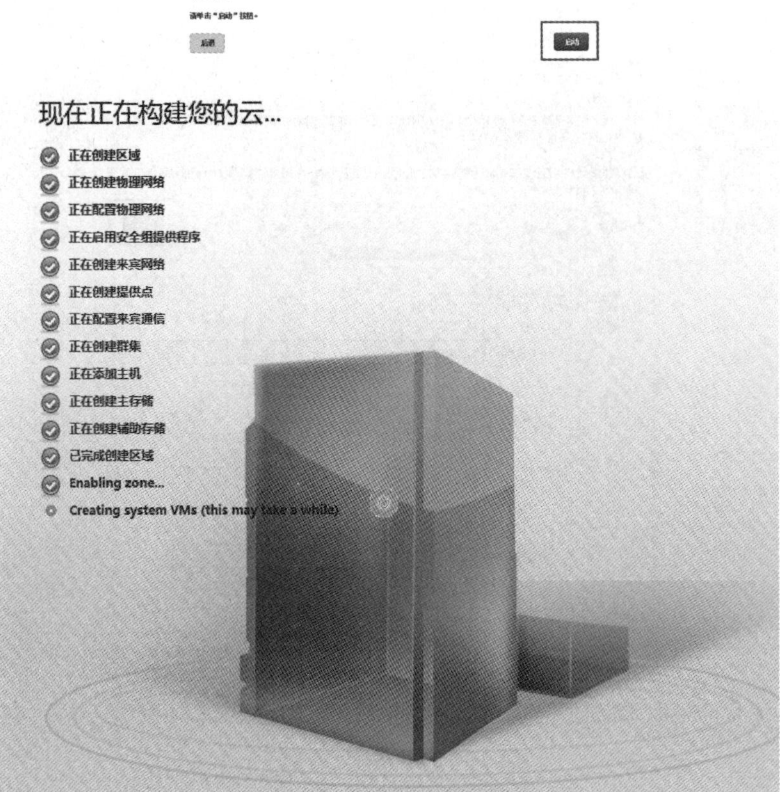

图 7-38 启动区域

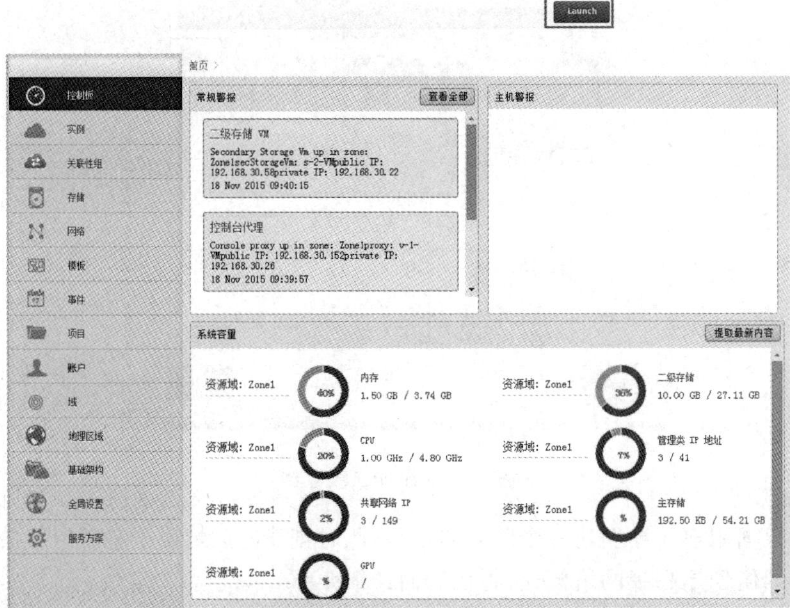

图 7-39 资源信息

7.2 系统运行的初步检查

当完成区域的创建并启动之后，对于各项功能的运行是否正常、规划的架构是否正确，都需要进行一系列的验证检查。只有确定系统运行正常之后，才能进行更多的与 CloudStack 的管理和使用相关的操作。

本节将针对以上创建的基础网络区域来进行探讨，以讨论系统运行的初步检查。

1. 检查物理资源

完成区域的创建并启动之后，可以在 CloudStack 中检查物理资源的数量，确认显示的物理资源容量与实际的物理资源是否有出入。

(1) 登录 CloudStack 管理界面，在左边选中"控制板"选项，在界面的右下部分将会显示"系统容量"的相关信息，如图 7-40 所示。在"系统容量"列表中检查所有的系统容量与实际容量是否相同，如 CPU、内存、主存储容量、IP 地址数量等。

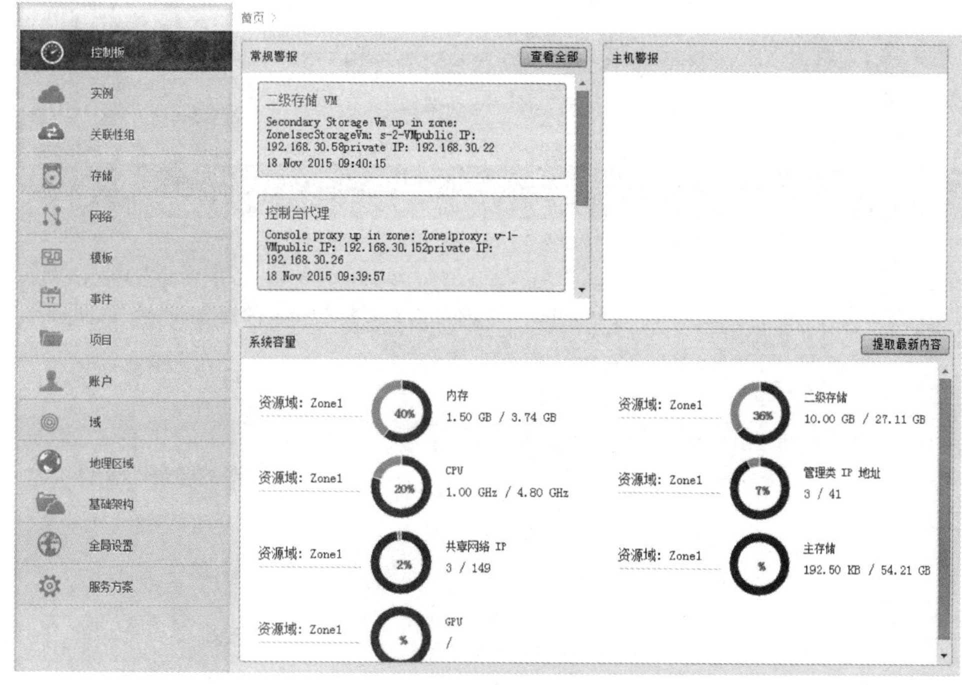

图 7-40 控制板

(2) 在左边选中"基础架构"选项，可以查看区域内包含的 CloudStack 平台管理资源域、提供点、集群、主机等数量信息，如图 7-41 所示。在刚刚创建的区域中，系统 VM 可能还没创建好，需要稍等一段时间。可以单击"系统 VM"的"查看全部"按钮检查系统虚拟机的状态。如果等待超过 10 分钟，系统虚拟机仍然没有正常运行，就需要进行相应的检查。

(3) 单击"资源域"内的"查看全部"按钮，然后单击已经创建的资源域名称(Zone1)，进入如图 7-42 所示的界面。

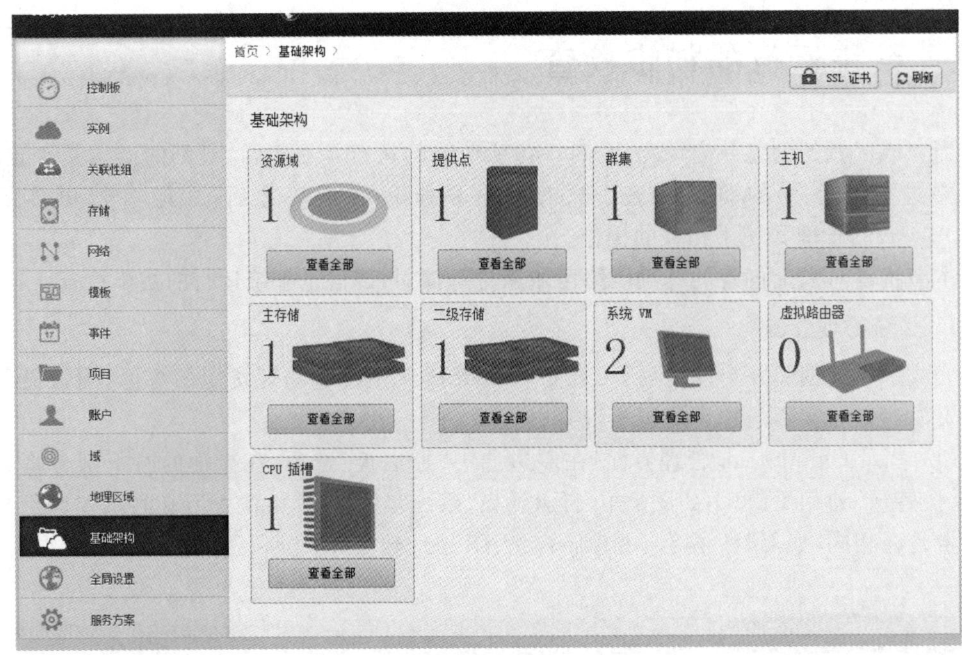

图 7-41　基础架构

图 7-42　资源域详细信息

在“计算与存储”选项卡下，可以看到 CloudStack 各部分之间的关系，单击“查看全部”可以查看相关信息，如图 7-43 所示。

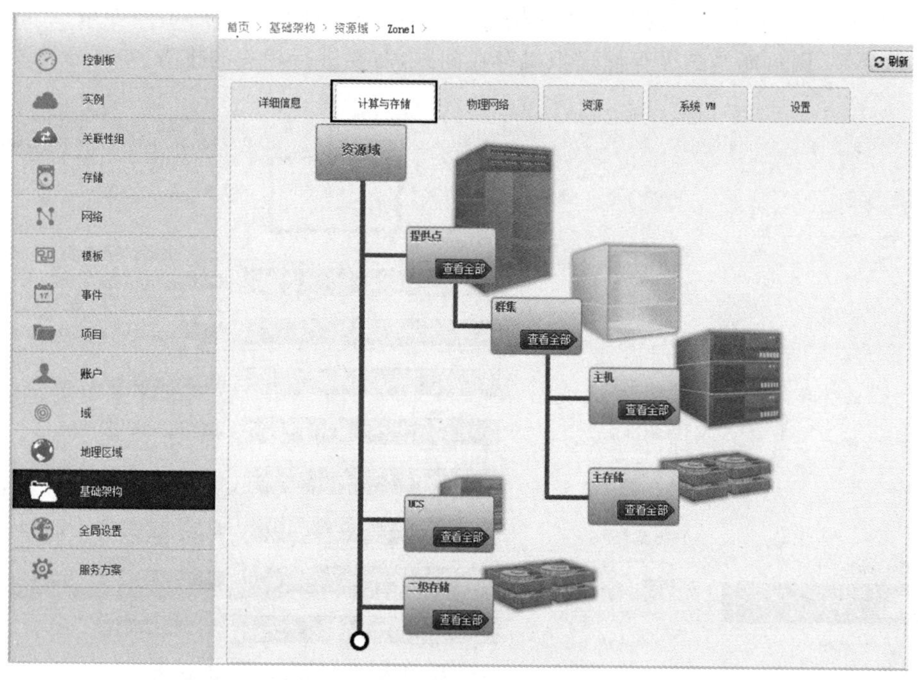

图 7-43 计算与存储

在"物理网络"选项卡中可以看到在创建区域的时候所建立的物理网络，单击"物理网络"标签可以查看相关的信息，如图 7-44 所示。

图 7-44 物理网络

在“资源”选项卡中可以检查本区域相关资源的容量，如图 7-45 所示。如果“二级存储”一栏显示为零，则可能是二级存储虚拟机存在问题，需要进行相关的排查。

图 7-45　资源选项卡

在“系统 VM”选项卡中可以查看 CloudStack 系统自动创建的两个系统虚拟机，分别是二级存储虚拟机和控制台虚拟机，如图 7-46 所示。

图 7-46　查看系统虚拟机

在“设置”选项卡中将会进行对区域内的一些变量的设置，如图 7-47 所示。

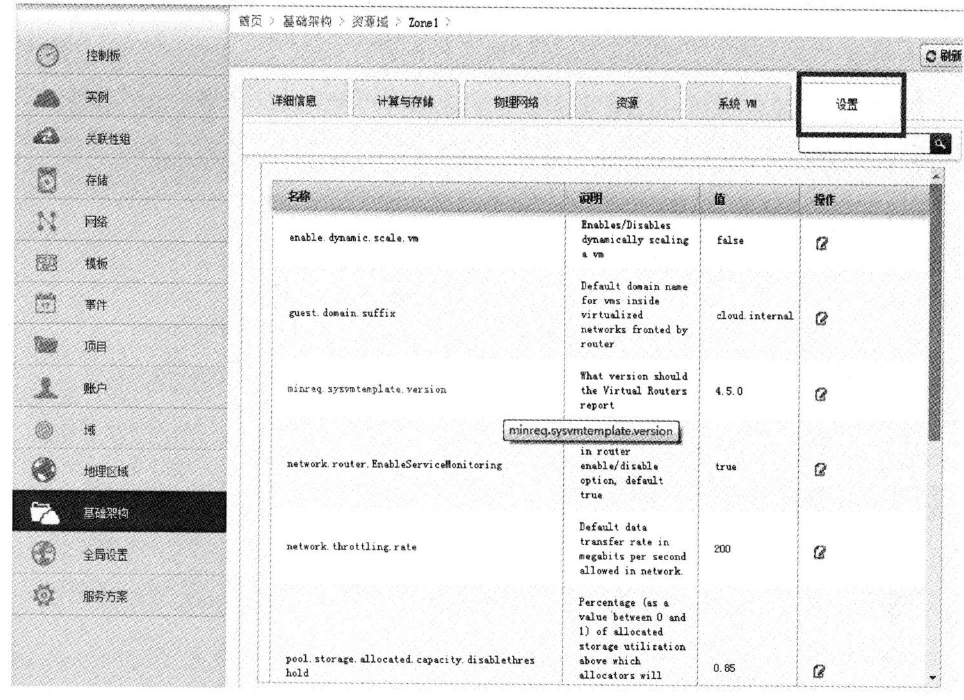

图 7-47 设置变量

2. 检查系统虚拟机

系统虚拟机的运行状态是否正常是非常关键的。如前所述，二级存储虚拟机和控制台虚拟机都承担了 CloudStack 系统中非常重要的功能。CloudStack 系统会保证这两个虚拟机一直处于正常工作状态，如果出现问题，会自动尝试重启或者重建。这两个系统虚拟机是整套 CloudStack 系统是否正常运行的一个重要检测依据。

可以选择“基础架构”的“系统 VM”选项卡中的“查看全部”按钮检查系统虚拟机的状态，如图 7-48 所示。

系统虚拟刚刚在界面创建出来的时候显示的状态如下。

```
VM 状态: Starting
    代理状态: ---
```

如果启动过程一切顺利，则会变成以下状态。

```
VM 状态: Running
代理状态: Up
```

如果 CloudStack 因为遇到问题而无法创建系统虚拟机，系统会将创建失败的虚拟机删除，然后重新创建。遇到问题一定要及时查看系统的日志文件，如果虚拟机启动的失败原因不能及时排查，系统将会重复尝试创建系统虚拟机，直到创建成功为止。可以看出，由于多次创建二级存储虚拟机，成功时的虚拟机编号已经达到了 11。编号的大小对于系统没有影

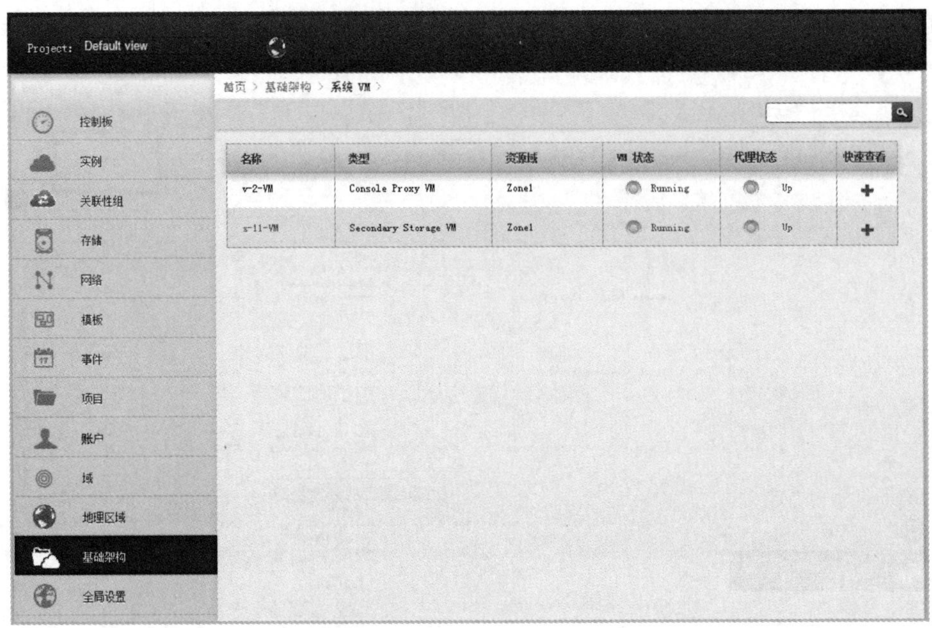

图 7-48 检查系统虚拟机状态

响，只是提醒用户虚拟机启动失败，需要用户及早排查原因，不要浪费太多时间等待系统的多次创建。

3. 创建一个客户虚拟机

在创建客户虚拟机之前，首先需要向系统中上传 ISO 或者模板文件。在向系统中上传 ISO 或者模板文件可以有效地验证二级存储虚拟机的功能与网络配置是否正确。

在上传 ISO 或者模板的过程中，如果想要验证是否上传成功，需要查看上传的 ISO 或者模板的详细信息，如图 7-49 所示。

图 7-49 查看模板

显示的状态为已经上传的百分比，如果还没有上传完成，“已就绪”状态为 No；当显示的状态为 Download Complete、已就绪状态为 Yes 时，则表示模板已经成功上传；如果二级存虚拟机或者网络存在问题，则在上传的过程中，将无法顺利执行，在“状态”栏将会显示相应的异常，此时就应该排查相应的错误，然后重新上传 ISO 或者模板文件。

当 ISO 或者模板文件上传成功后，就可以通过 ISO 或者模板文件创建相应的虚拟机实例。关于 ISO 和模板文件的具体上传方法以及虚拟机实例的具体创建方法，我们将在第 8 章中进行详细介绍，有兴趣的读者可以提前先预览后面的相关章节。

7.3 CloudStack 如何重装

安装完 CloudStack 后，我们往往会做各种实验，可能会把系统搞得很乱。如果想删除实验中安装的软件或者数据是非常麻烦的，因为它们之间往往存在层级关系，必须先从最底层删起。

打开安装管理节点的虚拟机，可以通过一种最简单的方式重新安装 CloudStack，只要重置一下 CloudStack 的数据库即可。

停止 CloudStack 服务：

```
service cloudstack-management stop
```

登录 MySQL 控制台，删除数据库：

```
mysql -u root -p
```

数据库中的 root 用户的密码为空，因此直接回车即可。

```
drop database cloud;
drop database cloud_usage;
drop database cloudbridge;
quit;
```

在数据删除执行完毕后，需重新初始化数据库，通过如下命令和选项完成：

```
cloudstack-setup-databases cloud:password@localhost --deploy-as=root
```

当该过程结束后，可以看到类似信息：“CloudStack has successfully initialized the database.”，说明数据库已经初始化成功。

导入相应的系统虚拟机模板（由于此处将系统虚拟机模板下载到本地/var 文件夹下，然后从本地直接导入，运行以下命令）：

```
/usr/share/cloudstack-common/scripts/storage/secondary/cloud-install-sys-tmplt -m /
nfs/secondary -f /media/CloudStack/systemvm64template-4.5-kvm.qcow2.bz2 -h kvm -F
```

初始化管理节点：

```
cloudstack - setup - management
```

授权 cloud 用户写日志的权限(可以通过日志查看相应的系统异常信息)：

```
chown cloud /var/log/cloudstack/ - R
```

这时,再登录就会发现一个全新的 CloudStack。

7.4 基础网络区域的创建与配置

可以通过 Web UI 界面创建与配置“基础网络”和“高级网络”,由于在 7.3 节中做了 CloudStack 重装操作,所以此处需根据 7.1.4 节的介绍再次创建区域。

通过选中左侧的“基础架构”导航,单击“资源域”中的“查看全部”按钮,进入资源域查看界面；单击右上角的“添加资源域”按钮,进入添加资源域界面,在此,可以根据需要选择创建“基础网络”或者“高级网络”,如图 7-50 所示。

7.1.4 节介绍了如何根据 CloudStack Web 界面的向导指引创建一个区域,我们创建以及配置的就是一个基础网络,因此基础网络的创建以及配置在本节不再复述,可以回顾 7.1.4 节的知识,从而加深对基础网络的理解。

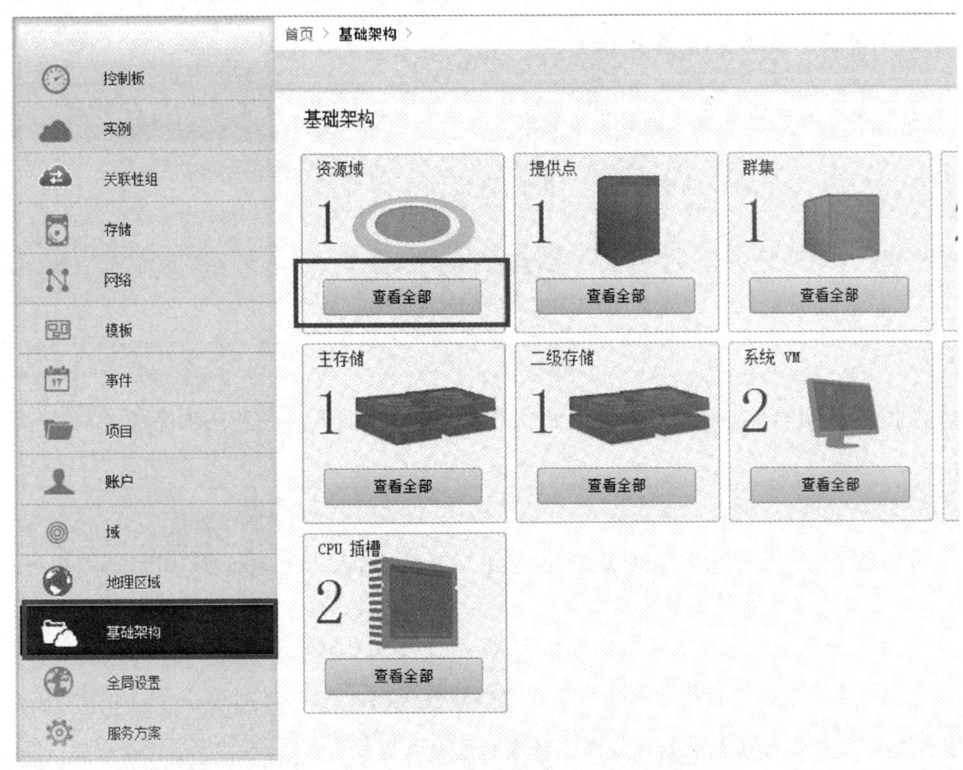

图 7-50 创建网络

图 7-50 （续）

7.5 高级网络区域的创建与配置

在前面章节中，我们着重基于基础网络模式进行了相关的讨论。本节将讲解如何进行高级网络区域的创建与配置，以帮助读者更好地掌握 CloudStack 的相关网络功能。

通过访问网址 http://你的 IP 地址:8080/client/进入 CloudStack 的 Web UI 登录界面,输入相关的账号和密码(如果是第一次登录,则账号是 admin,密码是 password),即可登录到主界面。如果是初次登录,默认会进入引导页面,选择“我以前使用过 CloudStack,跳过此指南”按钮即可跳过系统引导,如图 7-51 所示。

图 7-51 跳过系统引导

(1) 在主界面进行资源域创建,选择“高级”单选按钮,然后单击“下一步”按钮,就可以进行高级网络区域的创建了,如图 7-52 所示,关于如何进入区域创建界面,在 7.4 节已经进行过详细介绍,有疑问的读者可以回顾一下相关知识。

(2)“设置资源域”的基本信息:(“*”为必填项),如图 7-53 所示。

名称:可以根据自己的需要设置资源域的名称,在此设置为 Zone1。

DNS1 和 DNS2(分为 IPv4 和 IPv6 地址):指定一个外部的 DNS 服务器,供本区域内的所有虚拟机实例在访问外部网络的时候进行域名解析,因此可以直接设置为 CloudStack 网络可连接的 Internet 公共网络的 DNS。DNS2 是 DNS1 的备用设备,配置任何地址都不会出错。

内部 DNS1 和 DNS2:供 CloudStack 系统内部网络进行域名解析时使用,此处设置为 192.168.30.1。DNS2 为 DNS1 的备选设备,因此可以不填写。如果不是特别需要内部域名解析,在此配置任何地址都不会出错。

虚拟机管理程序:为本区域所要添加的第一台主机选择虚拟化管理程序,由于此处所使用的虚拟化管理程序是 KVM,因此选择 KVM。

网络域:用来配置客户虚拟机的网络域名的 DNS 后缀,可选项。系统会按照默认的命

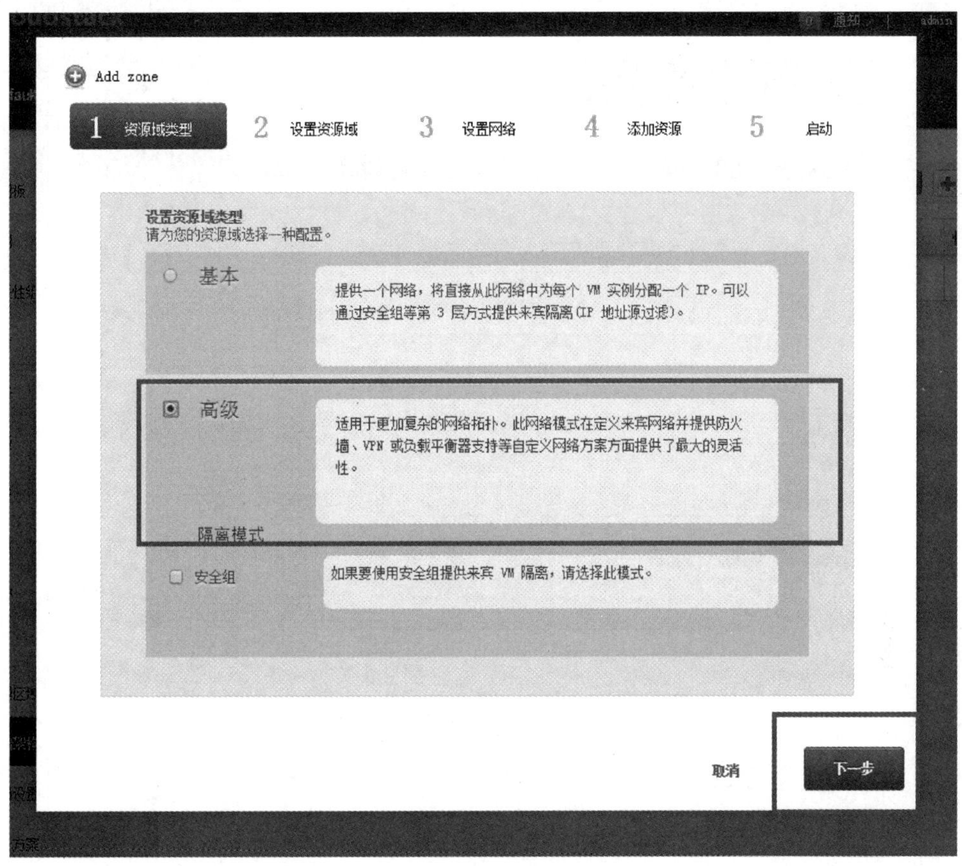

图 7-52 创建高级网络

名规则自动为客户虚拟机生成一个 DNS 后缀。

来宾 CIDR：客户虚拟机所获取的 IP 地址段，对所有的用户都有效。在高级网络中，由于每个用户是以 VLAN 进行隔离的，所以不同用户使用相同的 IP 地址段也不会造成冲突。一般情况不需要对这个选项进行设置，直接默认就可以。

专用：新创建的资源域是公用的，还是只针对当前的用户域可用，默认是不会选中的，即公用。

Enable local storage for User VMs：默认未选中。如果选中，则本区域内的所有客户机的虚拟机镜像文件都会存放在计算节点的本地硬盘中。

Enable local storage for System VMs：默认未选中。如果选中，则本区域内的所有系统虚拟机镜像文件都会存放在计算节点的本地硬盘中。

(3) 设置 CloudStack 的网络流量与物理网络的对应关系，如图 7-54 所示。

管理网络：管理节点、计算节点和系统虚拟机之间通信时使用的网络。

公共网络：Internet 或公共网络访问客户虚拟机的外部网络。

来宾网络：每个用户使用的多台虚拟机之间通信时使用的网络。

存储网络：二级存储虚拟机挂载二级存储时使用，如果不设置，将会默认使用管理网络的 IP 地址。

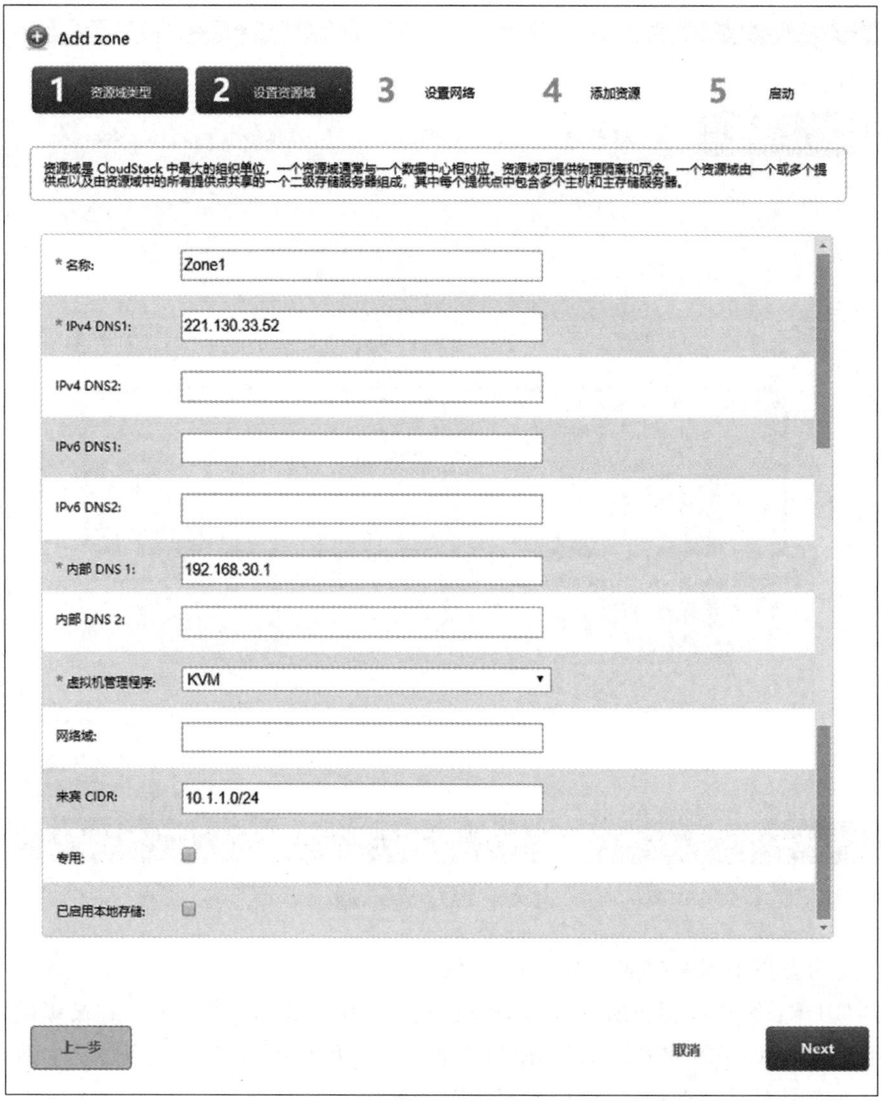

Add zone

1 资源域类型　2 设置资源域　3 设置网络　4 添加资源　5 启动

资源域是 CloudStack 中最大的组织单位，一个资源域通常与一个数据中心相对应，资源域可提供物理隔离和冗余。一个资源域由一个或多个提供点以及由资源域中的所有提供点共享的一个二级存储服务器组成，其中每个提供点中包含多个主机和主存储服务器。

* 名称:	Zone1
* IPv4 DNS1:	221.130.33.52
IPv4 DNS2:	
IPv6 DNS1:	
IPv6 DNS2:	
* 内部 DNS 1:	192.168.30.1
内部 DNS 2:	
* 虚拟机管理程序:	KVM
网络域:	
来宾 CIDR:	10.1.1.0/24
专用:	☐
已启用本地存储:	☐

上一步　取消　Next

图 7-53　设置资源域

细心的读者可能会发现，在此只配置了一块物理网卡，一般情况下，不同的网络流量在第一个物理网络上即可以满足最低要求。如果想使用第二块网卡，只需要将相应的流量标签拖曳到第二个物理网络区域中，当然还需要在计算节点进行一些额外的配置，由于在进行安装过程中，没有进行第二块物理网卡的配置，因此只选择一块网卡进行操作，有兴趣的读者可以查询相关资料进行更加深入的学习。

另外，在界面的右边，有一个名为 Isolation method 的下拉菜单，对该菜单进行配置，可以使用不同的网络隔离技术实现网络数据交换的隔离，其中有多个选项，本节主要基于 VLAN 进行网络架构的规划与设计。

VLAN：虚拟局域网，是一种为了避免当一个网络系统中的设备增加到一定数量之后，大量的网络报文消耗大量的网络带宽，从而影响数据的有效传递，并确保部分对安全性要求比较高的部门的网络不被随意访问而采用的划分相互隔离的子网的方法。

图 7-54　设置对应关系

(4) 配置公共网络的 IP 地址范围，填写公共网络流量所分配的 IP 地址段和 VLAN 标签，如图 7-55 所示，单击“下一步”按钮进入如图 7-56 所示的界面。

图 7-55　填写 IP 地址段和 VLAN 标签

VLAN 是可选项，可以不填写，这主要取决于环境规划中对网卡和交换机接口的设计。填写完这些参数后，一定要单击“添加”按钮，如图 7-56 所示。

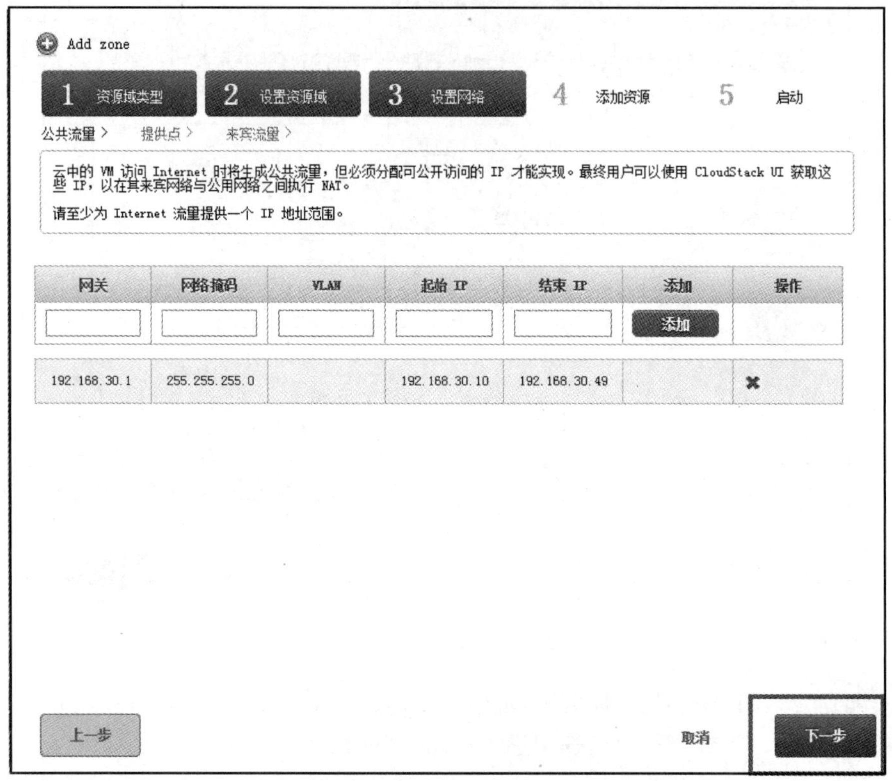

图 7-56　添加成功

以上设置确认无误后，单击“下一步”按钮，进入下一步操作。

(5) 配置提供点的相关参数，如图 7-57 所示，配置完成后单击“下一步”按钮。

提供点名称：可以任意定义。

预留的系统网关：为管理网络流量配置的网关。

预留的系统网络掩码：为管理网络流量配置的网络掩码。

起始预留系统 IP：管理网络流量所占的 IP 地址段的起始地址。

结束预留 IP 地址：管理网络流量所占的 IP 地址段的结束地址。

结束地址与起始地址结合起来划分出一个 IP 地址范围，分配给系统虚拟机使用；在高级网络中，除了建立控制台虚拟机和二级存储虚拟机之外，每个用户还要拥有独立的虚拟路由器，所以建议多预留一些 IP 地址。

(6) 设定来宾网络流量的 VLAN 范围。在高级网络中，用户间的隔离默认通过 VLAN 实现，由每个用户各自的虚拟路由器进行转发，并与外网进行通信，这样就无须关心用户虚拟机所获取的 IP 地址了。在这里只需设定一段分配给用户的 VLAN ID 就可以了，如图 7-58 所示。

(7) 添加集群，如图 7-59 所示。

虚拟机管理程序：不可选，由于在第(2)步中已经选择了虚拟机管理程序为 KVM，因此在添加集群的过程中将会固定为 KVM。

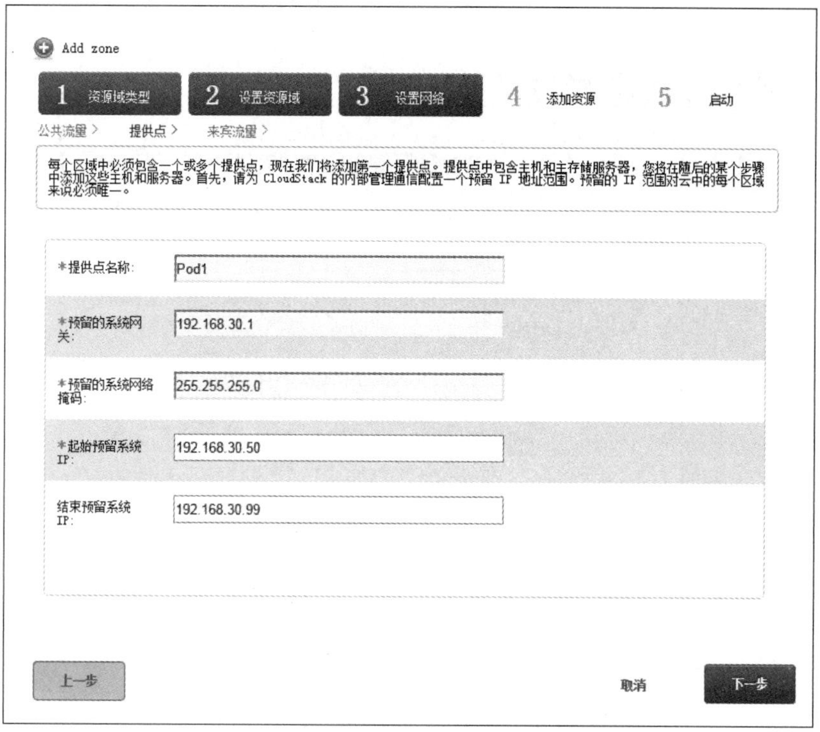

Add zone
1 资源域类型
2 设置资源域
3 设置网络
4 添加资源
5 启动
公共流量 >
提供点 >
来宾流量 >
每个区域中必须包含一个或多个提供点，现在我们将添加第一个提供点。提供点中包含主机和主存储服务器，您将在随后的某个步骤中添加这些主机和服务器。首先，请为 CloudStack 的内部管理通信配置一个预留 IP 地址范围。预留的 IP 范围对云中的每个区域来说必须唯一。
*提供点名称:
Pod1
*预留的系统网关:
192.168.30.1
*预留的系统网络掩码:
255.255.255.0
*起始预留系统IP:
192.168.30.50
结束预留系统IP:
192.168.30.99
上一步
取消
下一步

图 7-57 配置提供点相关参数

Add zone
1 资源域类型
2 设置资源域
3 设置网络
4 添加资源
5 启动
公共流量 >
提供点 >
来宾流量 >
来宾网络流量是指最终用户虚拟机之间的通信。指定一个 VLAN ID 范围可传送每个物理网络的来宾流量。
Physical Network 1
VLAN/VNI 范围:
1
100
上一步
取消
下一步

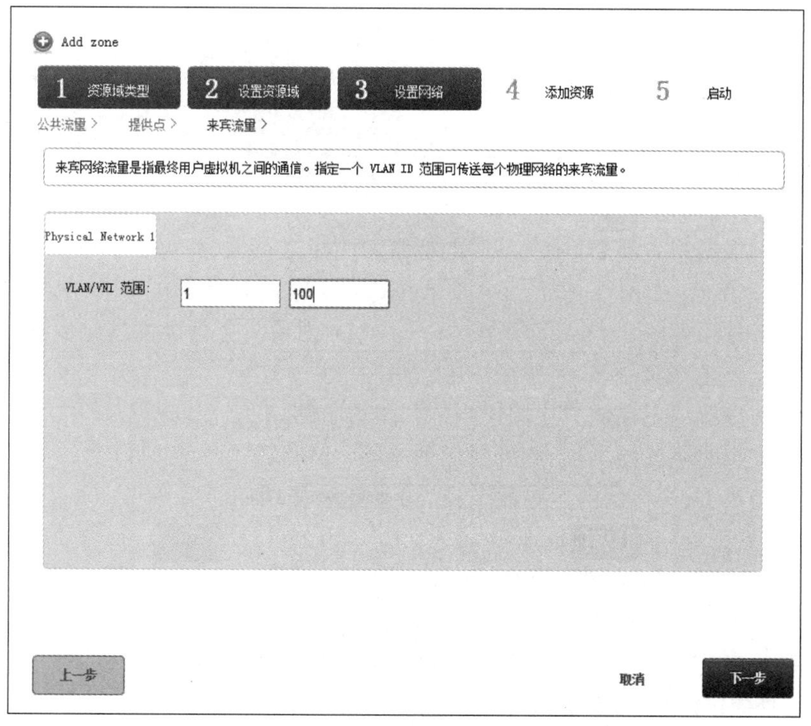

图 7-58 设定来宾网络流量的 VLAN 范围

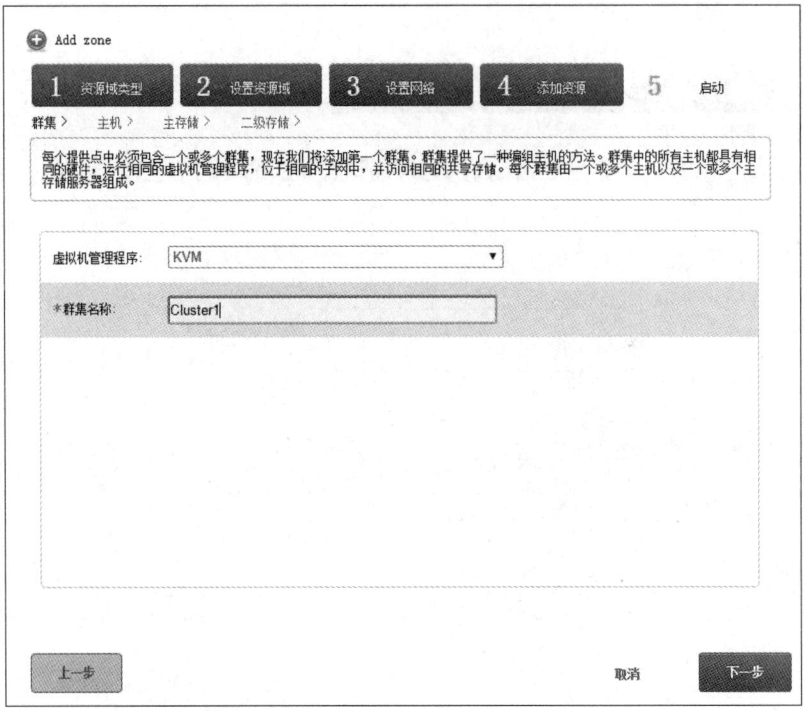

图 7-59　添加集群

集群名称：为不同的虚拟机管理程序集群命名。

(8) 添加主机(添加计算节点)，如图 7-60 所示。

主机名称：填写所要被添加的主机的 IP 地址，如果系统内部有 DNS 服务器能解析主机名和 IP 地址，可以直接填写主机名。

用户名：计算节点的 root 账户名称，一般填写 root。

密码：root 用户的密码。

主机标签：根据用户规划，通过不同的标签对主机进行划分，可以不填写。

(9) 添加主存储，如图 7-61 所示，如果在第(2)步中选择了 Enable local storage for User VMs 和 Enable local storage for System VMs，则系统会直接跳过此步骤。

名称：为这个主存储命名，名称可以随意填写。

范围：当前设置的主存储只应用于当前的集群，还是在当前的资源域中共享。

协议：添加存储协议的类型，此处使用的是 NFS 协议。

服务器：提供 NFS 存储的服务器节点，由于此处使用的是管理节点的存储空间，因此设置为服务器管理节点的 IP 地址。

路径：在 NFS 存储上配置的路径，填写管理节点安装时配置的规划路径即可。

存储标签：用于识别集群中的主存储，可以不填写。

(10) 添加二级存储，如图 7-62 所示，选择不同的“提供程序”，所对应的选项填写字段是不同的，此处使用的是 NFS 提供程序：

名称：为这个二级存储命名，名称可以随意填写。

服务器：提供 NFS 存储的服务器节点，由于此处使用的是管理节点的存储空间，因此

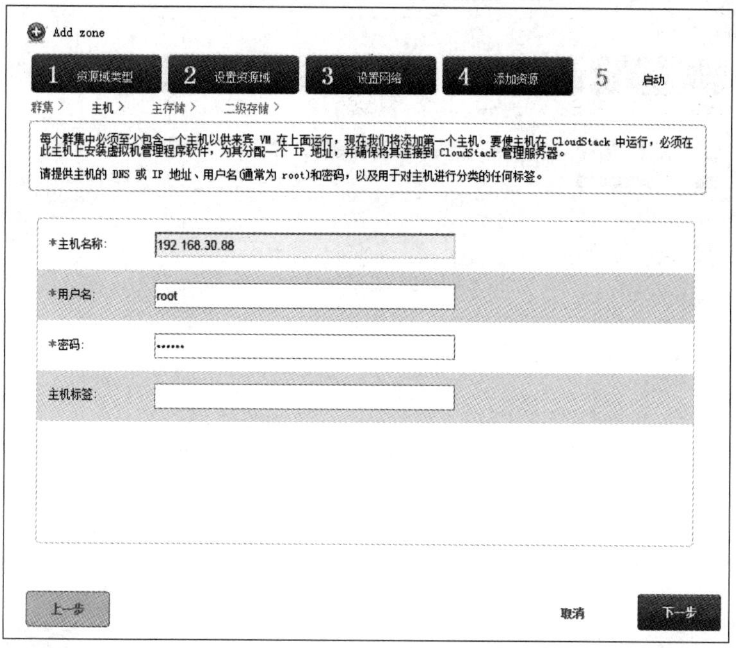

图 7-60　添加主机

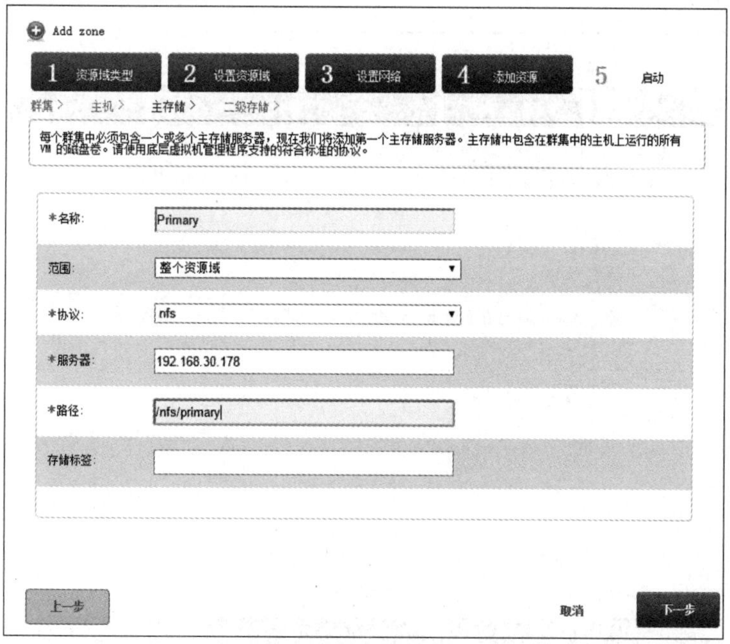

图 7-61　添加主存储

设置为服务器管理节点的 IP 地址。

路径：在 NFS 存储上配置的路径，填写管理节点安装时配置的规划路径即可。

(11) 此时单击 Launch zone 按钮，将会进行资源域的创建，如图 7-63 所示。

(12) 如果在资源域创建过程中遇到错误，只需单击 Fix errors 进行相关错误的修正，然后重新保存即可。

Add zone

1 资源域类型　2 设置资源域　3 设置网络　4 添加资源　5 启动

群集 > 主机 > 主存储 > 二级存储 >

每个资源域中必须至少包含一个 NFS 或二级存储服务器，现在我们将添加第一个 NFS 或二级存储服务器。二级存储用于存储 VM 模板、ISO 映像和 VM 磁盘卷快照。此服务器必须对资源域中的所有服务器可用。

请提供 IP 地址和导出路径。

提供程序: NFS

名称: Secondary

*服务器: 192.168.30.178

*路径: /nfs/secondary

上一步　取消　下一步

图 7-62　添加二级存储

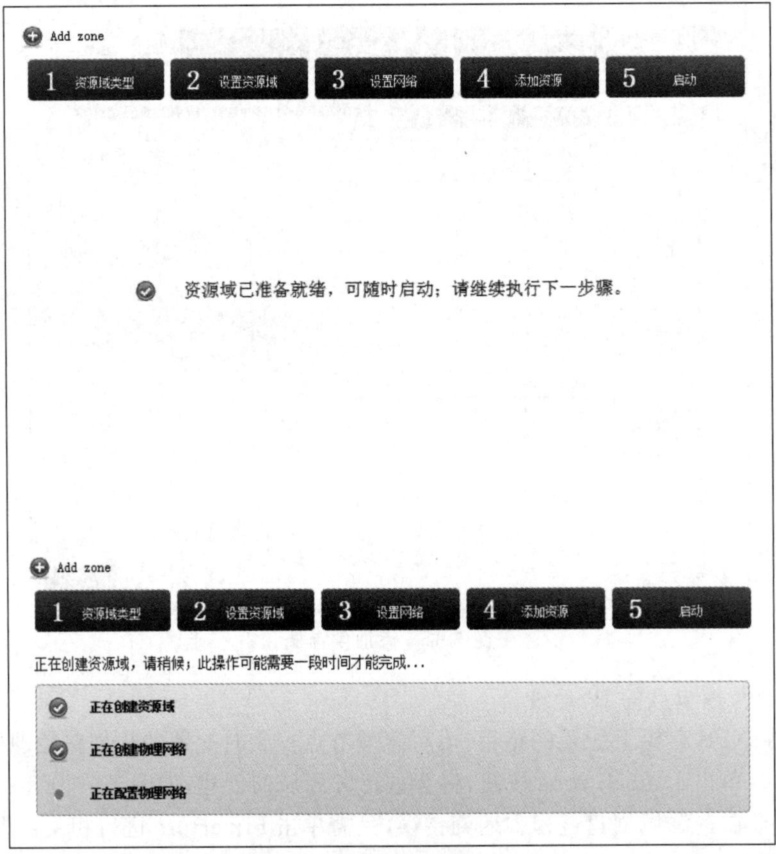

图 7-63　创建资源域

第8章 CloudStack的使用

8.1 ISO和模板的使用

在 CloudStack 的使用过程中，如果想创建虚拟机，首要的问题就是从哪里获得安装虚拟机操作系统所需的 ISO 文件或者能够快速部署虚拟机的模板文件。要解决这个问题，可以将创建虚拟机所需的 ISO 文件或者已经定制好的虚拟机模板文件上传到 CloudStack 中进行注册。可以通过 HTTP 或者 HTTPS 协议传输模板和 ISO 文件，将文件保存到二级存储上，因此需要将计划上传的 ISO 或者模板文件存储在支持 HTTP 协议的服务器上。

在 CloudStack 中，可以使用模板文件快速部署虚拟机实例。CloudStack 中的模板分为三种类型，分别是系统模板、内置模板和用户模板。

系统模板是指 CloudStack 在创建系统虚拟机实例时使用的模板。

内置模板是指 CloudStack 预先定义的一组模板例子，这些模板会被保存在 Internet 上。

用户模板是指由 CloudStack 平台管理员或者用户注册的模板，这类模板可以根据需要进行定制。

从本章开始，所有的操作都是针对高级网络模式进行的。

在进行下面的实验操作之前需要修改 CloudStack 的全局属性。在 Web 管理界面点击左侧的“全局设置”导航按钮，然后在右上角输入搜索项进行替换，修改 CloudStack 的全局属性如表 8-1 所示。

表 8-1 修改 CloudStack 的全局属性

搜索 sites	修改 secstorage.allowed.internal.sites 为二级存储当前网段，例如 192.168.30.0/24，表示 Web 服务器的网段在 192.168.30.0
搜索 control	修改 control.cidr 为二级存储当前网段，例如 192.168.30.0/24。修改 control.gateway 为二级存储当前网段的网关，如 192.168.30.1
搜索 management	修改 management.network.cidr 为当前管理节点的网段，例如 192.168.30.0/24

修改完成后重启 CloudStack：

```
service cloudstack - management restart
```

8.1.1 查看模板和 ISO

在 Web UI 中，可以通过单击左侧“模板”导航栏，进入模板管理页面，可以进行模板查看，如图 8-1 所示。在模板管理界面“选择视图”下拉菜单中选择 ISO，即可查看当前系统中的 ISO 文件，如图 8-2 所示。

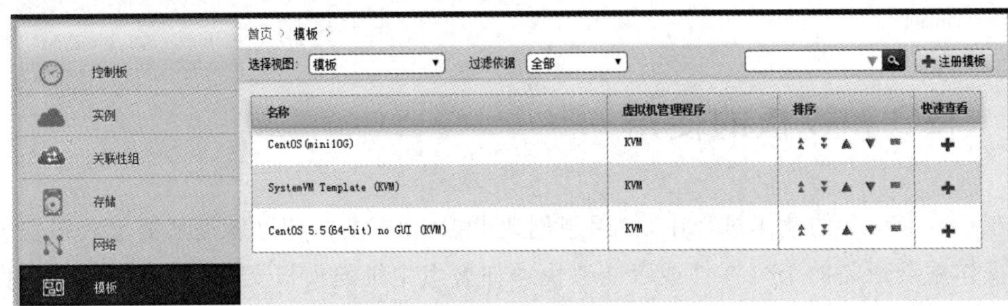

图 8-1 查看模板

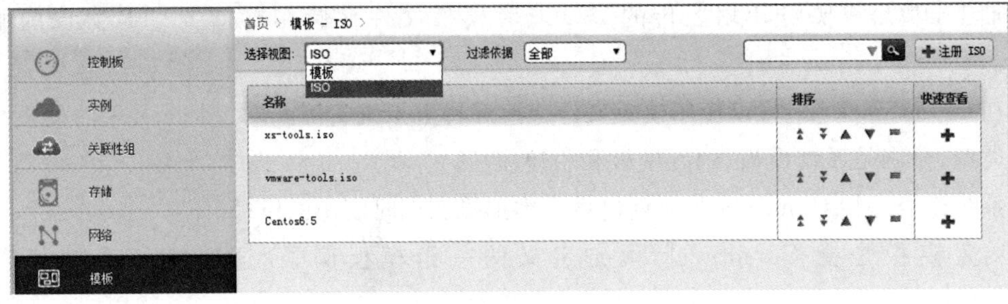

图 8-2 查看 ISO 文件

8.1.2 注册 ISO 和模板文件

(1) 在模板管理界面，单击右上角的“注册模板”按钮，就可以进入到模板文件的注册页面，如图 8-3 所示。

- 名称和说明：是对注册的模板文件的描述信息。由于这里模板文件 CentOS-6.5.qcow2 放到了 192.168.10.180 服务器上，因此 URL 填写为：

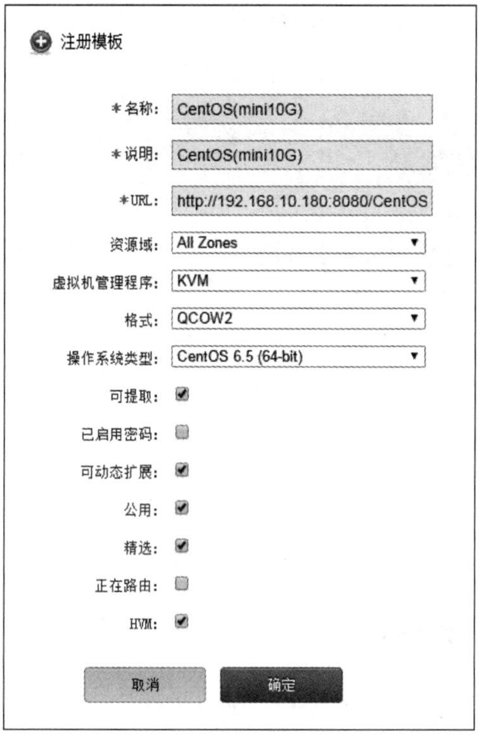

图 8-3　注册模板文件

http://192.168.10.180:8080/CentOS-6.5.qcow2

```
mv /usr/local/CentOS-6.5.qcow2 /var/www/html/muban/
```

然后将 URL 填写为：

http://主机 IP 地址/muban/CentOS-6.5.qcow2

- 可提取：表示此模板是否可以被用户下载。
- 已启用密码：如果选中，则用户在基于此模板创建虚拟机实例的时候，可以通过脚本文件，重置虚拟机的密码。
- 可动态扩展：是否允许动态地调整虚拟机的 CPU 和内存大小。
- 公用：此模板是否被所有用户都可以使用。
- 精选：如果选中，通过模板创建虚拟机的时候，此模板会优先在管理界面被显示。

单击"确定"按钮后，可以在模板查看界面选中刚刚所注册的模板，在"资源域"选项卡中可以查看模板上传的进度，当状态为 Download Complete、已就绪显示为 Yes 时，说明模板已经注册成功，如图 8-4 创建虚拟机所示，接下来就可以通过模板创建虚拟机了。

(2) 在模板管理界面的"选择视图"下拉菜单中，选择 ISO，单击右上角的"注册 ISO"按钮，就可以进入到 ISO 文件的注册页面，如图 8-5 所示。

- 名称和说明：是对注册的 ISO 文件的描述信息。
- URL：注册的 ISO 文件的网络地址，由于这里 ISO 文件 CentOS-6.5.iso 放到 192.168.10.180 服务器上，因此 URL 填写为：

http://192.168.10.180:8080/CentOS-6.5.iso

图 8-4 创建虚拟机

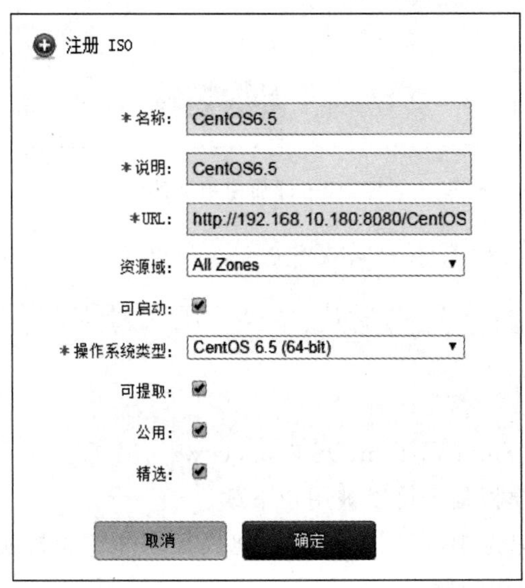

图 8-5 注册 ISO

```
mv /usr/local/CentOS-6.5.iso  /var/www/html/muban
```

然后将 URL 填写为：

http://主机 IP 地址/muban/CentOS-6.5.iso

- 可启动：表示能否使用此 ISO 文件启动虚拟机。
- 可提取：表示此 ISO 是否可以被用户下载。
- 公用：表示此 ISO 是否被所有用户都可以使用。
- 精选：如果选中，通过 ISO 创建虚拟机的时候，此 ISO 会优先在管理界面被显示。

单击“确定”按钮后，可以在 ISO 查看界面选中刚刚注册的 ISO，在“资源域”选项卡中可以查看 ISO 上传的进度，当“状态”为 Successfully Installed、“已就绪”显示为 Yes，说明 ISO

已经注册成功，如图 8-6 所示，接下来就可以通过 ISO 创建虚拟机了。

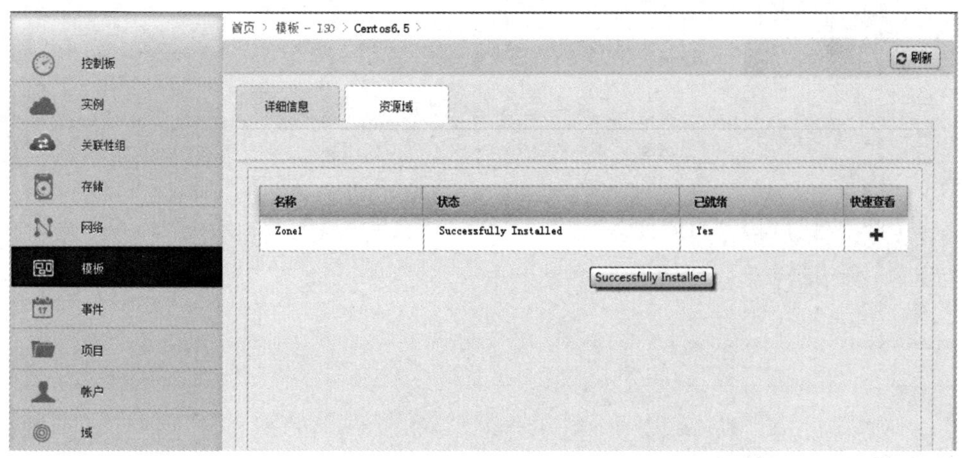

图 8-6 ISO 注册成功

8.1.3 创建模板

在 CloudStack 中，除了通过注册模板的方式上传模板，还可以通过现有的虚拟机实例创建模板。

首先需要将虚拟机实例关闭，成功关闭后，选中该虚拟机实例，选择“查看卷”(关于卷，将在后面进行深入的讲解)，如图 8-7 所示。在卷查看界面，单击“类型”为 ROOT 的卷所对应的“＋”，单击“创建模板”按钮，此时将会弹出“创建模板”对话框，填写相应字段，完成模板的创建，如图 8-8 所示。

8.1.4 编辑模板

可以通过编辑模板的方式修改模板的名称、说明、操作系统类型等属性信息。

在模板管理界面选中需要编辑的模板，在“详细信息”选项卡中单击“编辑”按钮，可以对模板进行编辑，如图 8-9 所示。

8.1.5 下载模板

在模板管理界面选中需要下载的模板，在“详细信息”选项卡中单击“下载”按钮，将会弹出一个超链接，将该超链接复制到浏览器的地址栏，就可以对模板进行下载，如图 8-10 所示。

8.1.6 复制模板

在 CloudStack 环境中，通常会出现多个区域同时存在的情况。但是根据 CloudStack 的限制，一个模板只能属于一个资源域，如果一个用户的资源被分配到了 Zone1 和 Zone2 两个不同的资源域，同时在 Zone1 中注册了一个模板，且想在 Zone2 中使用此模板部署虚拟机，就必须先将这个模板复制到 Zone2 中。

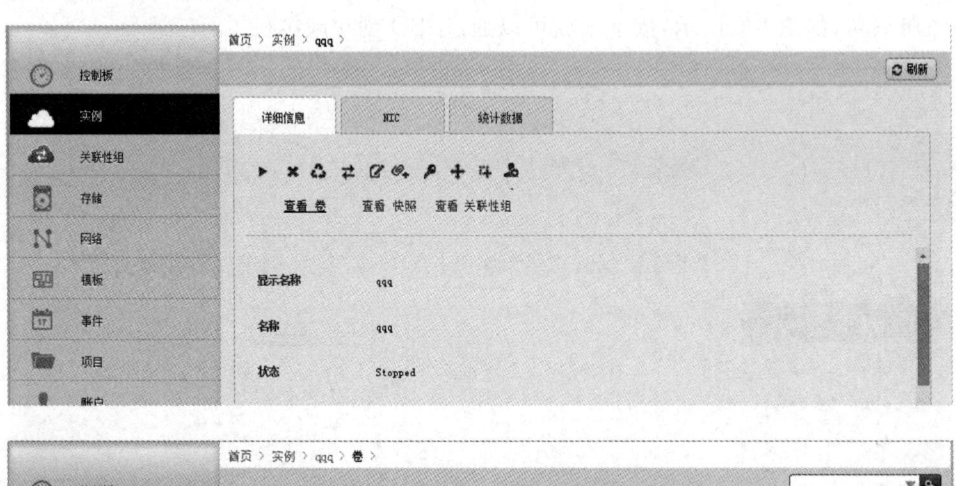

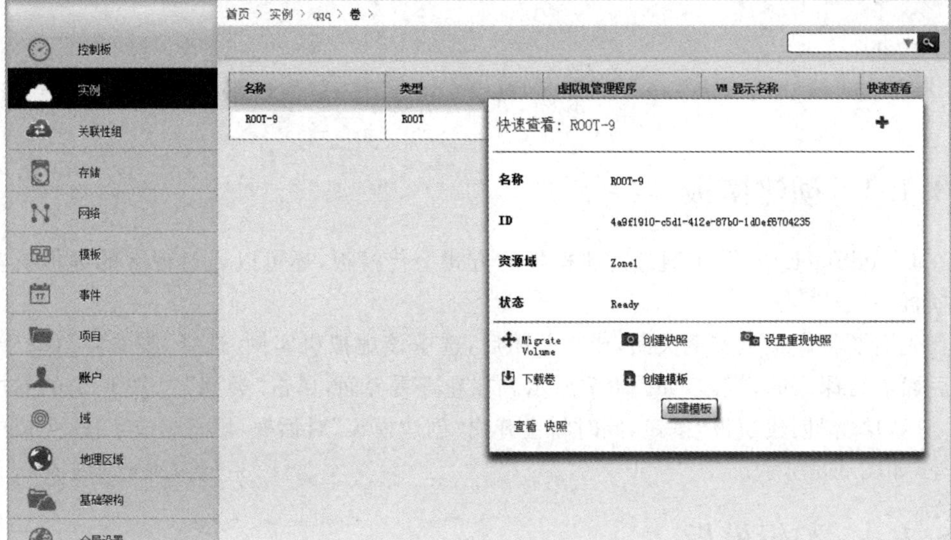

图 8-7　查看卷

创建模板

* 名称：CentOS1

* 说明：CentOS1

操作系统类型：CentOS 6.5 (64-bit)

公用：☑

已启用密码：☐

精选：☑

可动态扩展：☑

取消　确定

图 8-8　创建模板

图 8-9 编辑模板

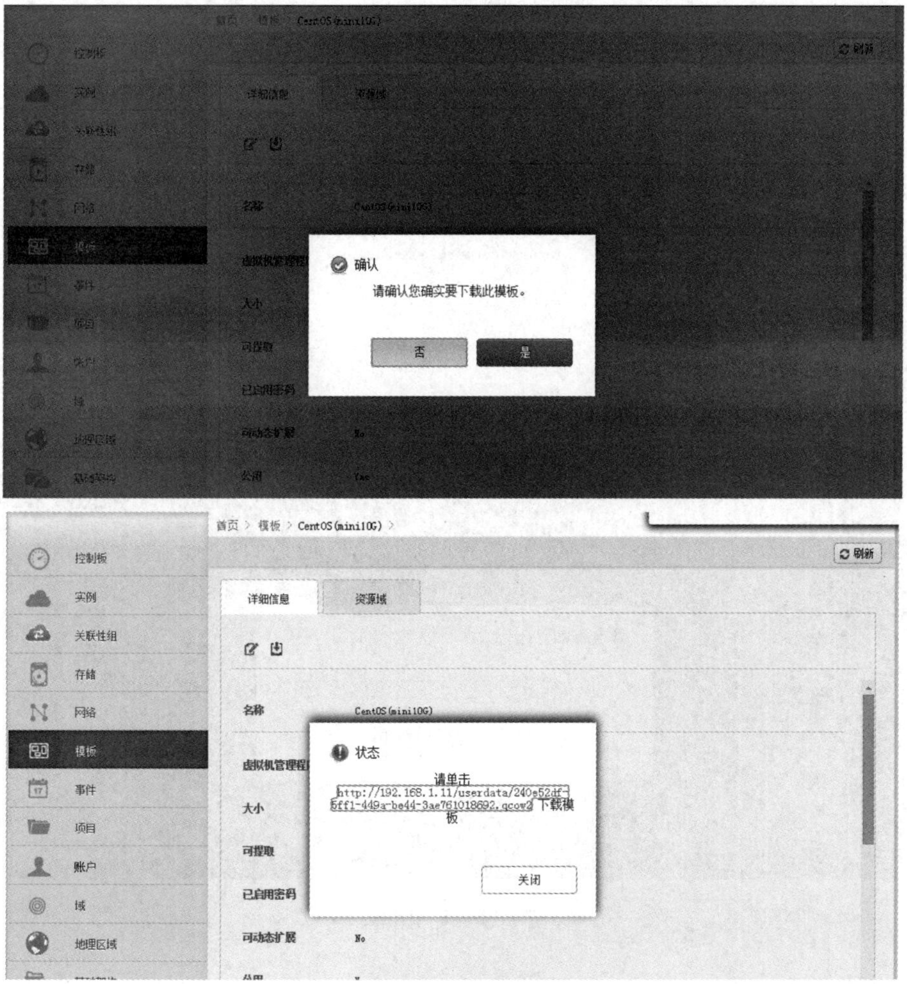

图 8-10 模板下载

单击需要复制的模板名称，选中“资源域”选项卡，查看虚拟机当前属于的资源域，单击相应的资源域名称，单击“复制模板”按钮，将会弹出一个对话框，单击“目标资源域”进行模板的复制，如图 8-11 所示。

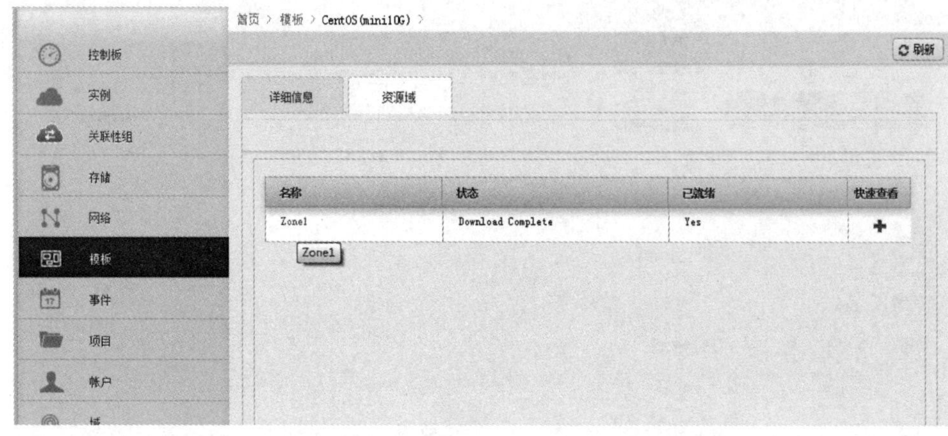

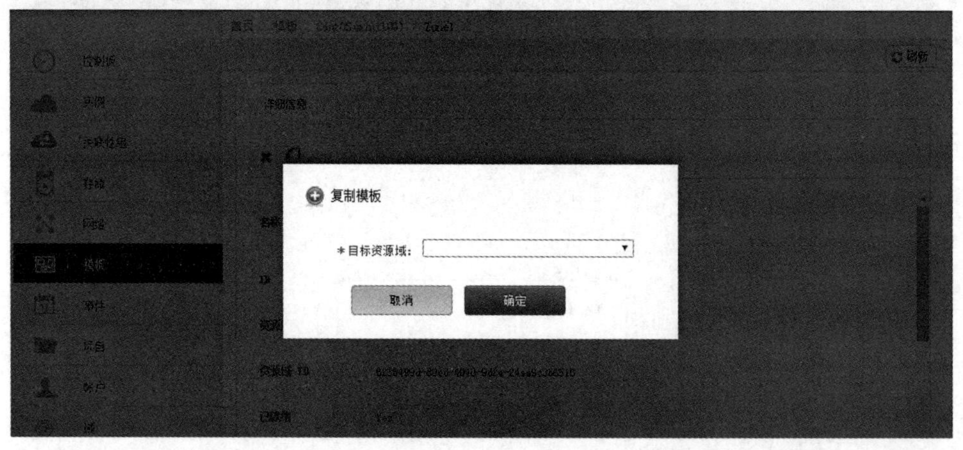

图 8-11 复制模板

8.1.7 删除模板

对于不再需要的模板，可以通过删除模板操作将模板从云平台删除，以释放内存空间。

单击需要删除的模板名称，选中“资源域”选项卡，查看虚拟机当前属于的资源域，单击相应的资源域名称，单击“删除模板”按钮，完成模板的删除，如图8-12所示。

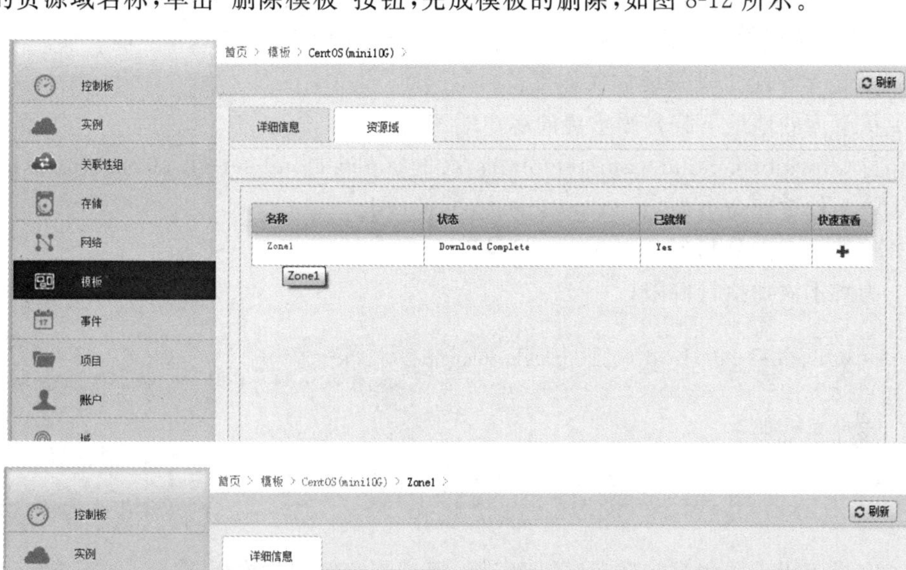

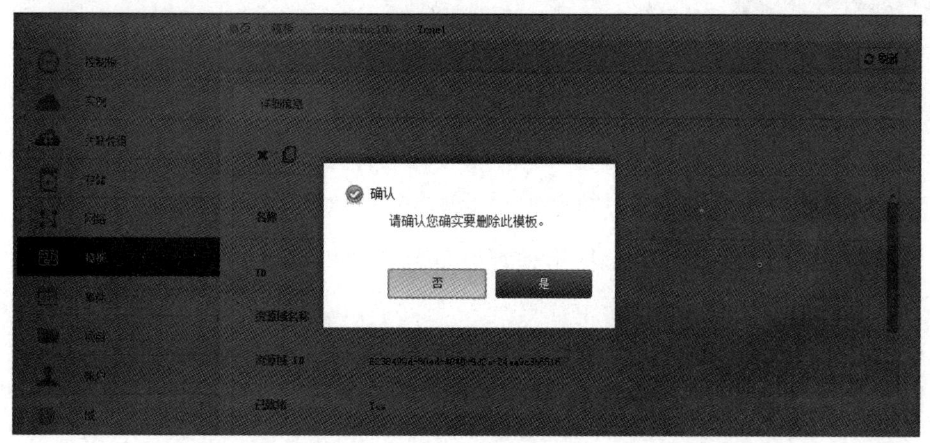

图8-12 删除模板

8.1.8 重置密码

默认情况下,使用系统模板创建的实例的密码是固定的。对于云管理平台而言,使用随机密码可以更好地保证实例的安全,并且在用户忘记密码之后,支持对虚拟机实例的管理员账户进行密码重置。

想要对实例的密码进行重置以及使创建的实例使用随机密码,需要在模板的上传过程中启用"已启用密码"选项,同时需要在上传的系统模板中安装相应的客户端工具。

密码重置客户端工具安装方式如下:

(1) 从下面的地址下载密码重置的客户端工具

http://download.cloud.com/templates/4.2/bindir/cloud-set-guest-password.in

(2) 将文件重新命名为 cloud-set-guest-password。

(3) 将脚本文件复制到/etc/init.d 目录下。

(4) 为脚本添加执行权限。

```
chmod + x /etc/init.d/cloud - set - guest - password
```

(5) 添加系统服务。

```
chkconfig - add cloud - set - guest - password
```

(6) 完成密码重置程序安装后,关闭实例,通过该实例创建模板。

完成密码重置程序安装后,无论是注册模板还是创建模板,只要选中"已启用密码"复选框即可。

通过以下方式可对"已启用密码"的虚拟机实例重置密码:

(1) 停止虚拟机实例,单击该虚拟机实例名称,进入管理操作界面,在"详细信息"选项卡的按钮栏中单击"重置密码"按钮,如图 8-13 所示。

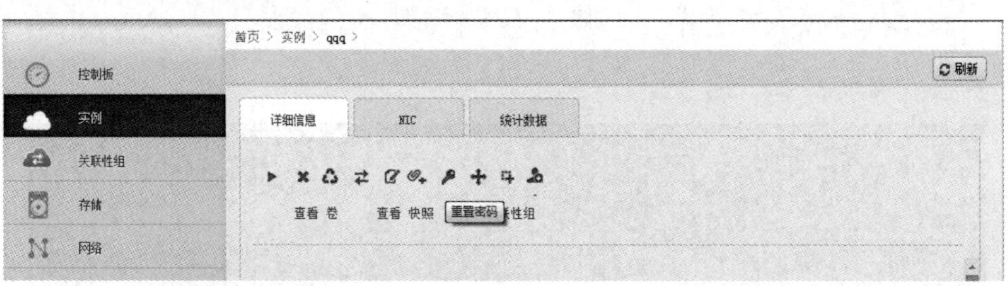

图 8-13 停止虚拟机实例

(2) 系统弹出"确认"对话框,提示是否要重置虚拟机密码,单击"是"按钮,如图 8-14 所示。

(3) 系统弹出"状态"对话框,其中显示了新生成的密码,如图 8-15 所示。

(4) 开启虚拟机实例,使用新的管理员密码登录。

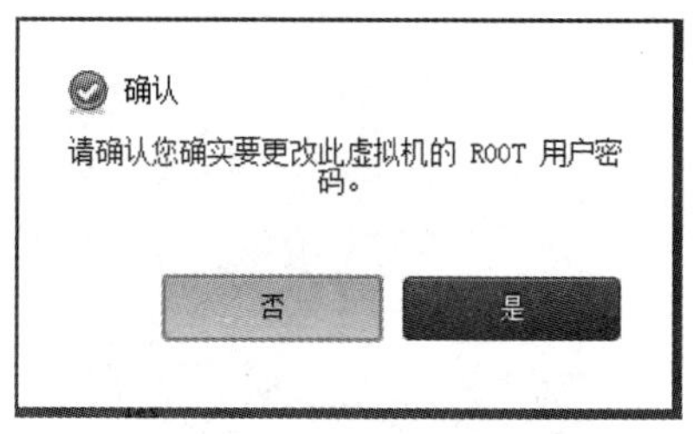

图 8-14 重置虚拟机密码

图 8-15 显示新生成的密码

8.2 虚拟机实例的使用

对于 CloudStack 管理平台来说，对虚拟机的管理操作可以说是所有功能中最基本的部分。

CloudStack 支持实例的整个生命周期管理，包括实例的创建、启动、关闭，变更实例的计算方案，快照创建，快照的恢复，实例的删除，实例的恢复以及实例的在线迁移等功能。

8.2.1 虚拟机实例生命周期管理

在 CloudStack 中，一个虚拟机实例的整个生命周期包括创建、启动、运行、停止、删除和销毁等状态。因为虚拟机实例中一般保存着用户的重要业务数据，所以为了避免用户误删除，CloudStack 允许虚拟机实例在用户销毁后保留一段时间，在此期间管理员可以进行恢复操作。同时，虚拟机实例在使用过程中还可以更改 CPU 和内存的配置，以此来实现虚拟机实例性能的扩展和缩减。

1. 创建虚拟机实例

创建虚拟机实例是 CloudStack 云平台最基本的功能，在 CloudStack 系统中注册了 ISO 或者模板文件，就可以基于这些文件创建虚拟机实例了。

在 Web UI 界面选择“实例”导航按钮，进入“实例”页面，单击页面右上角的“添加实例”按钮，如图 8-16 所示，根据 CloudStack 的向导界面提示，即可创建虚拟机实例。

图 8-16 创建虚拟机实例

(1) 选择区域。如果所管理的系统环境中创建了多个区域，则先指定将虚拟机实例创建在哪个区域中，并选择使用模板还是 ISO 文件，在此选择使用模板进行创建，如图 8-17 所示。

(2) 根据第(1)步的选择，将显示模板的类别，分别是“精选”“社区”“我的模板”和“已共享”，如图 8-18 所示。

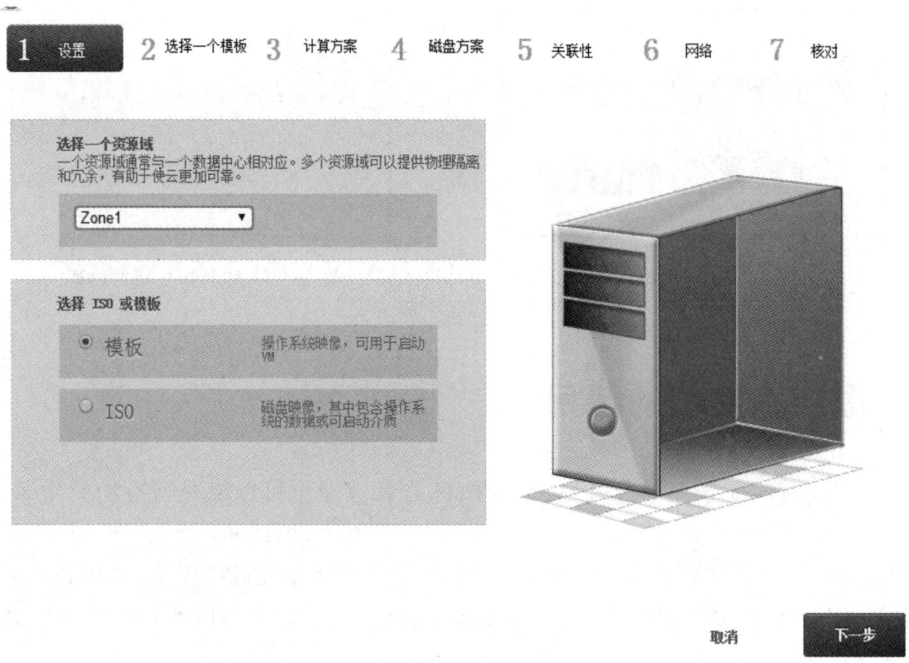

图 8-17　选择区域

图 8-18　模板类别

- 在“精选”列表中，显示的是带有“精选”标志的模板。
- 在“社区”列表中，显示的是带有“公共”标志的模板。

- 在“我的模板”列表中，显示的是当前用户上传的所有模板。
- 在“已共享”列表中，显示的是已经被共享的模板。

当一个模板同时是“精选”和“共享”时，会优先在“精选”列表中显示，在此选择 CentOS_password 模板进行下面的虚拟机实例创建。

如果在第(1)步中选择基于 ISO 文件创建实例，则分类与基于模板创建实例的模板分类一致，但是有一个细节是不同的——模板的创建是基于 Hypervisor 的，创建时不必再次指定。通过 ISO 文件创建虚拟机的时候，可以指定在何种 Hypervisor 上创建，如果此区域内有多种 Hypervisor，就可以在下拉列表中进行选择，如图 8-19 所示。

图 8-19 ISO 列表

(3) 选择计算方案，如图 8-20 所示。系统默认会建立两个计算方案。如果想建立自己的计算方案，可以由管理员在主界面的“服务方案”选项卡进行创建。

(4) 选择数据磁盘方案。这一步的选项会根据第(1)步的选择是使用 ISO 还是使用模板会有所不同。

通过模板文件创建：模板本身已经带有一个磁盘空间作为根卷(root 卷)，这里选择是否添加第二块硬盘作为数据卷(data 卷)，如图 8-21 所示，可以选择不添加。

通过 ISO 文件创建：新的虚拟机实例必须要配置磁盘空间以安装操作系统，如图 8-22 所示。

这里选择通过模板文件创建虚拟机实例，并单击“下一步”按钮。

(5) 选择关联性组，由于我们没有创建关联性组，所以直接单击“下一步”按钮即可，如图 8-23 所示。

图 8-20 选择计算方案

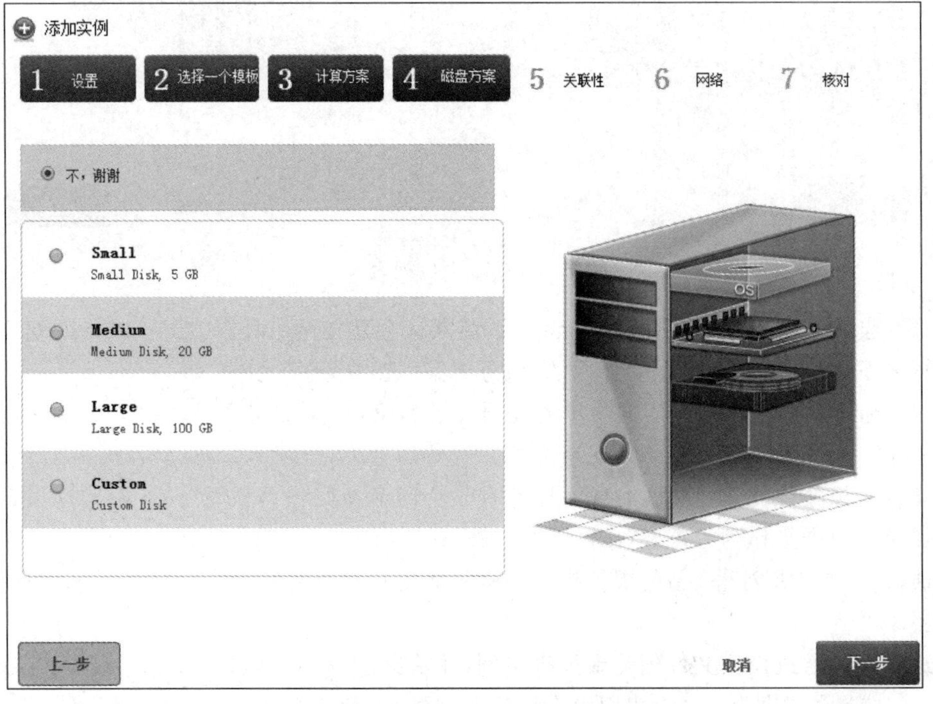

图 8-21 通过模板文件创建

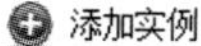

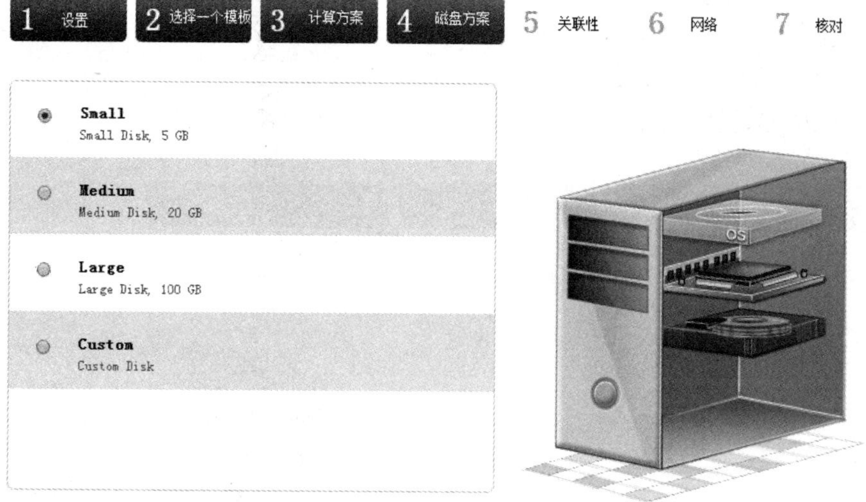

图 8-22 通过 ISO 文件创建

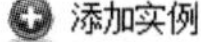

图 8-23 选择关联性组

(6) 选择网络。如果是区域建成后第一次创建虚拟机实例，则列表会是空的，在“添加网络”选项组中选择“新建网络”即可，如图 8-24 所示，新建的网络会根据高级区域中默认的参数进行配置。也可以通过主界面中的“网络”选项卡创建多个来宾网络，在创建虚拟机实例的时候，则可以选择相应的网络。

图 8-24 选择网络

(7) 核对之前的每一步配置，如图 8-25 所示。可以在这一步为虚拟机设定一个容易识别的名字和组名(组名需要在主界面的“关联性组”中进行创建)，否则系统会根据内部的唯一编号对虚拟机进行命名。同时可以单击“编辑”按钮，对相应的配置信息进行修改。

核对无误后，单击“启动 VM”按钮，虚拟机实例就开始创建了。回到虚拟机实例列表，等待实例启动即可(第一次通过指定模板创建虚拟机实例时，所用的时间将会比较长，再次通过该模板创建虚拟机实例将会很快)。

2. 启动虚拟机实例

在 CloudStack 平台上，虚拟机实例创建完成后默认会自动启动。但是当虚拟机被关闭后，需要通过用户界面手动启动虚拟机。

(1) 进入用户管理主界面，单击左侧导航栏的“实例”选项，进入虚拟机实例管理界面，选中要启动的虚拟机，进入虚拟机实例操作界面，在上方会显示一行管理操作按钮，如图 8-26 所示。

(2) 单击“启动实例”按钮，将会执行虚拟机实例启动操作，如图 8-27 所示。

此时，虚拟机实例将进入启动状态，实例启动完成后，状态将会变为 Running，如图 8-28 所示。

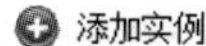

图 8-25　核对之前的每一步配置

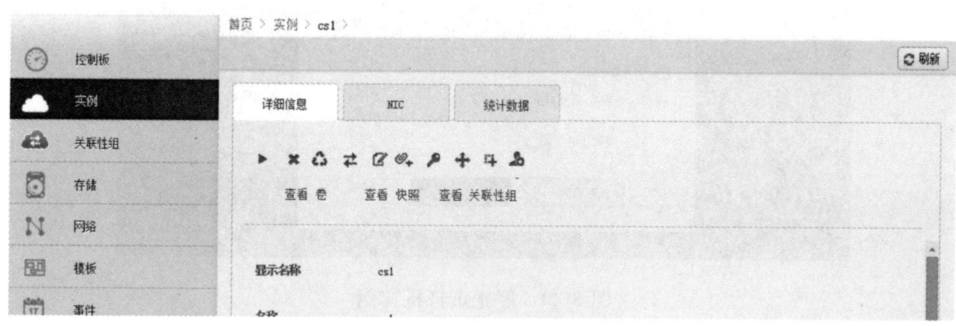

图 8-26　进入用户管理主界面

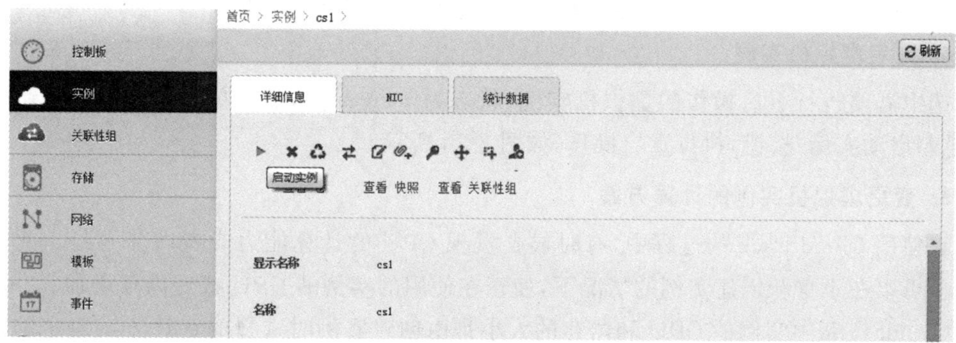

图 8-27　启动实例

□	名称	内部名称	显示名称	资源域名称	状态	快速查看
□	cs1	i-2-14-VM	cs1	Zone1	Running	+

图 8-28　实例已启动

3. 停止虚拟机实例

选择需要执行关闭操作的虚拟机实例(状态为 Running),然后单击管理操作按钮栏中的“停止实例”按钮,执行关闭虚拟机实例操作,如图 8-29 所示。

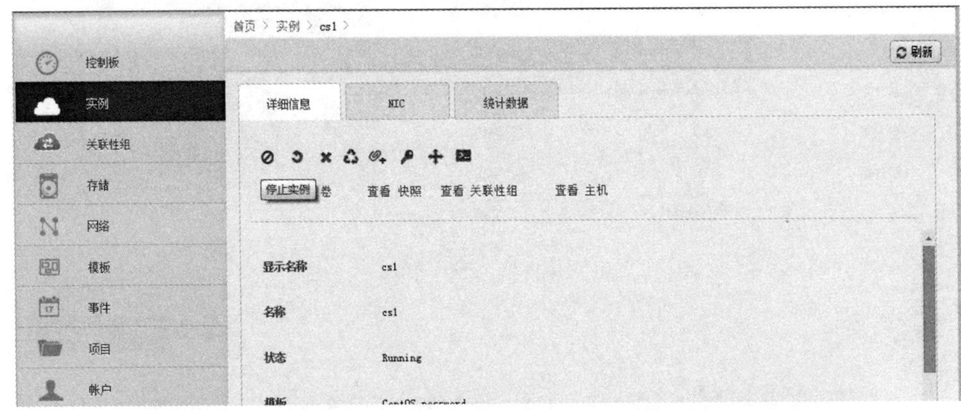

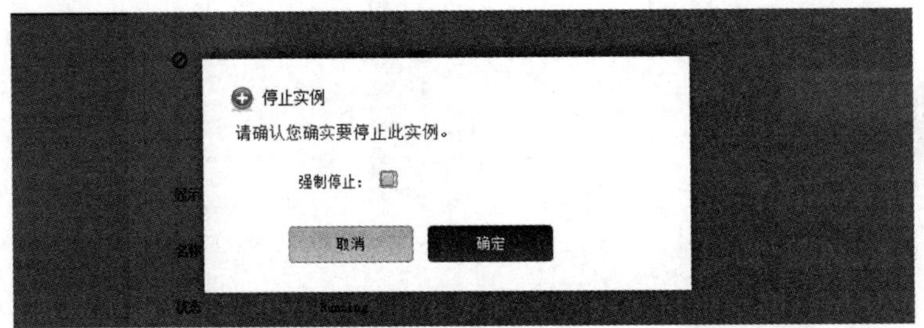

图 8-29　停止虚拟机实例

在弹出的“停止实例”对话框中,有一个“强制停止”选项,如果在操作过程中,无法正常停止虚拟机实例,则选中“强制停止”选项,将会强制停止虚拟机实例。

4. 重启虚拟机实例

选中需要执行重启操作的虚拟机实例(状态为 Running),然后单击管理操作按钮栏中的“重新启动实例”按钮,执行重启操作,如图 8-30 所示。

5. 变更虚拟机实例的计算方案

在使用 CloudStack 的过程中,有时候会发现 CPU 的计算能力或者内存不足。此时我们希望可以在不重新创建实例的情况下,使正在使用的实例的 CPU 或者内存增加。

CloudStack 中实例的 CPU 和内存的大小是由创建实例时选择的计算方案决定的。在 CloudStack 管理主界面,有一个“服务方案”导航按钮,在相应的界面会有很多计算服务方案,可以根据自己的需要创建相应的计算方案。

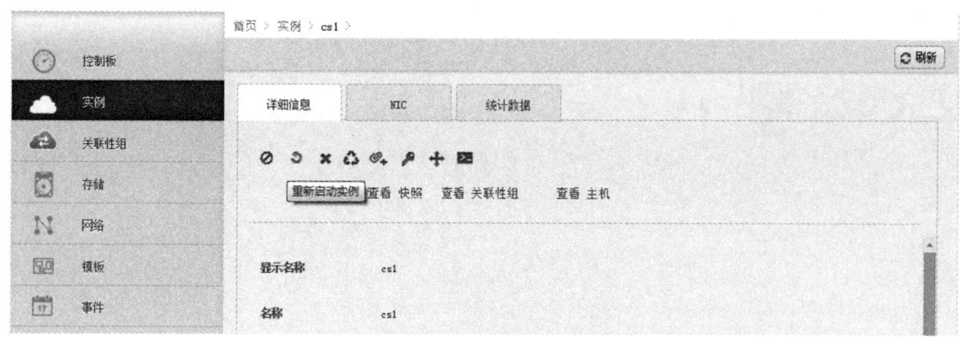

图 8-30 重启虚拟机实例

在 CloudStack 平台中，可以通过变更实例的计算方案来变更实例的 CPU 和内存的大小，步骤如下：

（1）停止正在运行的虚拟机实例。等到虚拟机实例停止之后，单击管理操作按钮栏中的“更改服务方案”按钮，如图 8-31 所示。

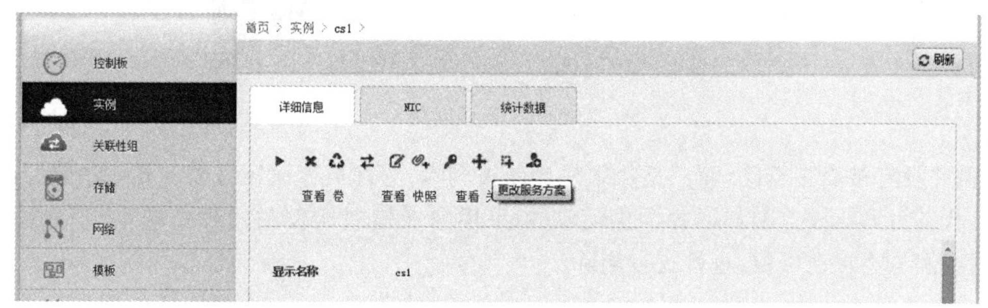

图 8-31 停止虚拟机实例

（2）在弹出的“更改服务方案”对话框的“计算方案”下拉列表框中选择需要变更的计算方案，然后单击“确定”按钮，如图 8-32 所示。之后重新启动虚拟机实例即可。

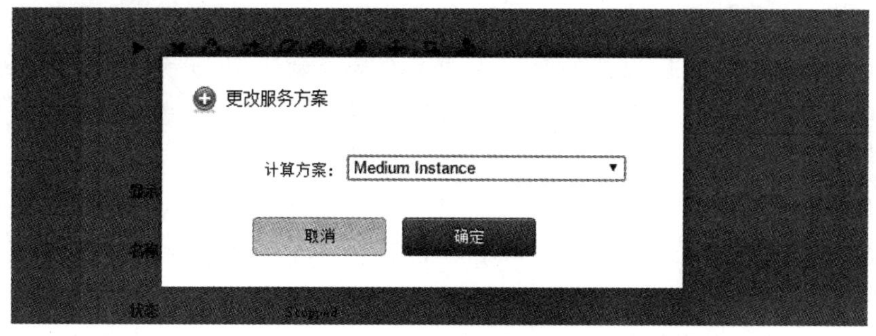

图 8-32 选择变更方案

6. 销毁虚拟机实例

选择需要销毁的虚拟机实例，在操作管理按钮栏中单击“销毁实例”按钮，如图 8-33 所示，在弹出的对话框中单击“确定”按钮即可。

在弹出的对话中有一个“删除”选项。当用户销毁虚拟机时，为了防止用户误操作，虚拟

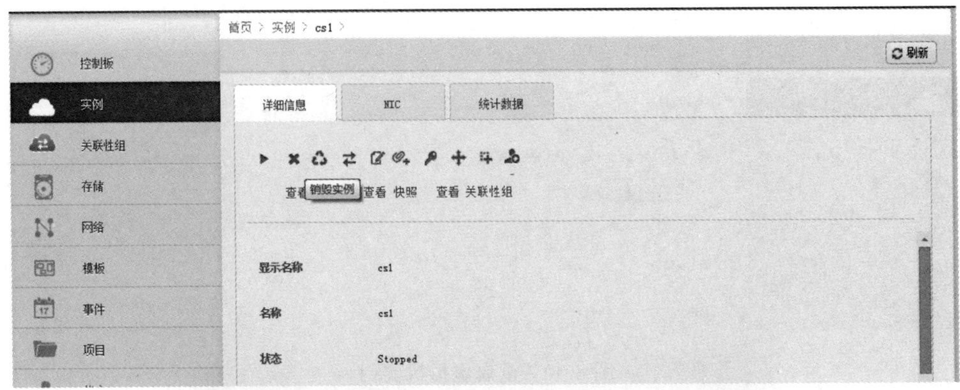

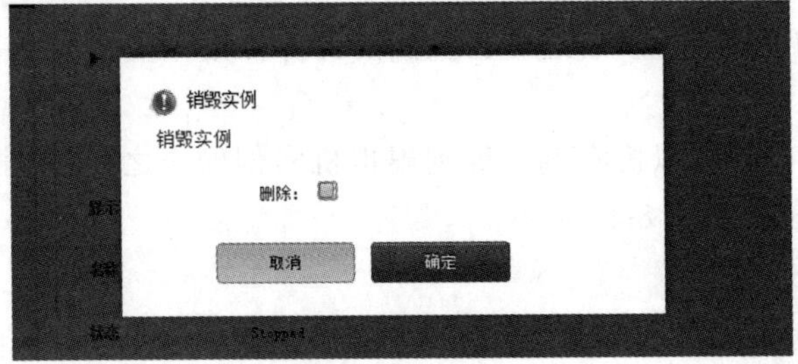

图 8-33 销毁实例

机实例并没有被真正删除,而只是从用户界面被删除,管理员界面还可以看到被销毁后的虚拟机,状态为 Destroyed,如图 8-34 所示。如果用户在销毁实例的过程中选中了“删除”选项,则实例将不再被保留,直接进行删除。

	名称	内部名称	显示名称	资源域名称	状态	快速查看
	cs1	i-2-14-VM	cs1	Zone1	Destroyed	+

图 8-34 查看被销毁的虚拟机

虚拟机实例在 Destroyed 状态下将会保留一段时间,在此期间,管理员可以对实例进行恢复。虚拟机实例在销毁后保留的时间由两个全局参数决定,分别是 expunge. delay 和 expunge. interval。当经过全局参数所规定的时间间隔后,实例将会被彻底删除,此时将无法再进行恢复。

7. 恢复虚拟机实例

当用户销毁虚拟机时,为了防止用户误操作,虚拟机实例并没有被真正删除,只是从用户界面被删除,在管理员界面还可以看到被销毁后的虚拟机,状态为 Destroyed。在实例被销毁到彻底删除期间,管理员可以通过恢复操作恢复被销毁的虚拟机实例,如图 8-35 所示。恢复的实例将会重新显示在用户的虚拟机实例管理界面中。

8.2.2 虚拟机实例的动态迁移

虚拟机实例的动态迁移可以让实例在不关机且能持续提供服务的前提下,从一个虚拟机平台的主机存储迁移到其他虚拟机平台的主机存储上运行。

图 8-35 恢复虚拟机实例

V2V 虚拟机的迁移是指在 VMM(Virtual Machine Monitor)上运行的虚拟机,能够被转移到其他物理主机的 VMM 上运行。VMM 对硬件资源进行抽象和隔离,屏蔽了底层的硬件细节。V2V 迁移方式分为静态迁移和动态迁移。

1. 静态迁移

静态迁移也叫作常规迁移、离线迁移(Offline Migration),就是在虚拟机关机或暂停的情况下从一台物理机迁移到另一台物理机。因为虚拟机的文件系统建立在虚拟机镜像上面,所以在虚拟机关机的情况下,只需要简单地迁移虚拟机镜像和相应的配置文件到另外一台物理主机上;如果需要保存虚拟机迁移之前的状态,那么在迁移之前将虚拟机暂停,然后将状态复制到目的主机,最后在目的主机重建虚拟机状态,恢复执行。这种方式的迁移过程需要显式地停止虚拟机的运行。从用户角度看,有明确的一段停机时间,虚拟机上的服务不可用。这种迁移方式简单易行,适用于对服务可用性要求不严格的场合。

2. 动态迁移

动态迁移也叫在线迁移(Online Migration),就是在保证虚拟机上服务正常运行的同时,将一个虚拟机系统从一个物理主机移动到另一个物理主机的过程。该过程不会对最终用户造成明显的影响,从而使得管理员能够在不影响用户正常使用的情况下,对物理服务器进行离线维修或者升级。与静态迁移不同的是,为了保证迁移过程中虚拟机服务的可用,迁移过程仅有非常短暂的停机时间。在迁移的前面阶段,服务在源主机的虚拟机上运行,当迁移进行到一定阶段,目的主机已经具备了运行虚拟机系统的必需资源,经过一个非常短暂的切换,源主机将控制权转移到目的主机,虚拟机系统在目的主机上继续运行。对于虚拟机服务本身而言,由于切换的时间非常短暂,用户感觉不到服务的中断,因而迁移过程对用户是透明的。动态迁移适用于对虚拟机服务可用性要求很高的场合。

动态迁移根据存储的类别分为基于共享存储的动态迁移和基于本地存储的动态迁移。

基于共享存储的动态迁移在虚拟机迁移时,只需要在虚拟机系统内存中执行状态的迁移就能够获得较好的迁移性能。使用基于共享存储的动态迁移,可以加快迁移的过程,尽量减少宕机的时间。

如果虚拟机上的服务对于迁移时间的要求不严格,可以采用基于本地存储的动态迁移。

在 CloudStack 平台中,管理员可以对虚拟机实例进行动态迁移,普通用户则不可以。

在动态迁移的过程中，虚拟机实例将继续运行，应用程序的运行也不会中断。我们可以利用动态迁移功能实现无中断的系统维护，极大地缩小停机维护的时间窗口。

CloudStack 中的虚拟机实例动态迁移操作只能在同一个 Cluster 中进行，虚拟机实例无法跨越 Cluster 进行动态迁移。

(1) 选择要进行动态迁移的虚拟机实例，单击管理操作按钮栏中的"将实例迁移到其他主存储"按钮，如图 8-36 所示。

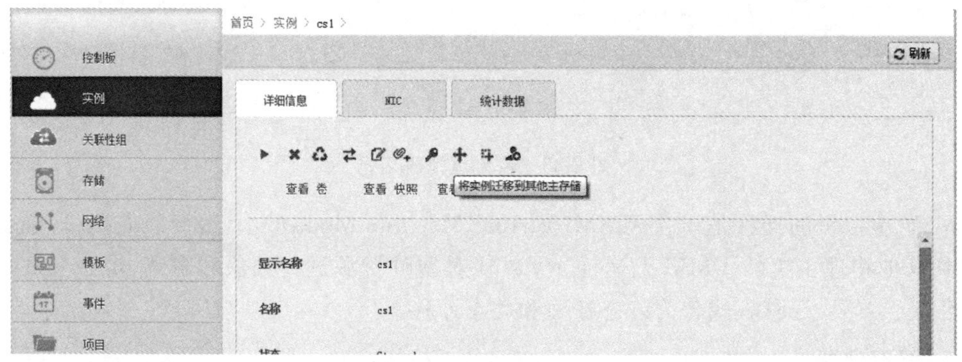

图 8-36 实例迁移

(2) 在弹出的对话框中，选择相应的"主存储"，即可以进行虚拟机实例的动态迁移，如图 8-37 所示。

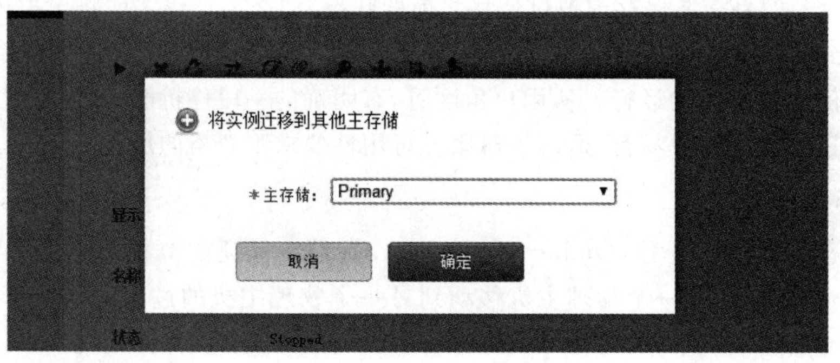

图 8-37 选择主存储

迁移操作正常执行完毕后，可以检查虚拟机实例的运行状态和当前所处的主存储。完成动态迁移所需的时间和当前实例的大小以及磁盘的读写速度有关，有时需要等待很长的时间。

8.2.3 使用控制台访问虚拟机实例

在使用实例的过程中，可能会遇到实例因网络故障不能访问，但是又需要登录实例进行故障处理的状况。此时，可以通过 CloudStack 平台为用户提供的基于浏览器的控制台，直接对虚拟机实例进行维护操作。

使用控制台的方法如下：

(1) 选择需要进行控制台访问的虚拟机(状态必须为 Running)，单击操作管理按钮栏中的“查看控制台”按钮，如图 8-38 所示。

图 8-38 查看控制台

(2) 将会弹出一个浏览器控制台窗口，通过此窗口可以直接对虚拟机实例进行操作，如图 8-39 所示。

图 8-39 操作虚拟机实例

在使用控制台的过程中，可能会遇到无法显示控制台界面的情况，此时可以通过以下的方法进行初步的解决。

在 CloudStack 的技术架构中，通过 Console Proxy VM(CPVM)来连接并访问虚拟机实例。CloudStack 平台会为 CPVM 分配一个公共网络 IP，用户的浏览器会访问这个公共网络的 IP 地址的 443 端口(使用 HTTPS 协议)。但是这里需要注意，用户不会直接去连接公共网络的 IP 地址，而是通过访问一个以 realhostIP. com 为后缀的 DNS 域名去访问的。具体来说，假设公共网络 IP 地址为 192. 168. 30. 3，那么用户将会访问 192-168-30-3. realhostIP. com 这个域名，经过域名解析后访问的是 192. 168. 30. 3 这个 IP 地址。

realhostIP. com 这个域名目前是由 Citrix 运营的，只要在客户端能够访问 Internet，或者能访问与 Internet DNS 服务器相关联的下一级内网 DNS 服务器，就可以解析这个域名。如果客户端无法连接 DNS 域名服务器，那么将无法解析这个域名，因此将会无法连接

CPVM,也就无法正常打开控制台了。

可以通过修改本地的名字解析文件来获得本地解析能力。Windows 平台下的名字解析文件是 C:\Windows\System32\drivers\etc\hosts,只需在这个文件中增加一行解析记录就可以了,具体如下:

```
x.x.x.x  x-x-x-x.realhostIP.com
```

综上所述,如果想正常打开并访问 CloudStack 的控制台,需要确认以下内容:

- 确认 CPVM 正常启动并运行;
- 确认客户端可以连接到 CPVM 的公共网络 IP 及其 443 端口;
- 确认客户端可以访问一个可用的 Internet DNS 服务器,或者一个放置在内网的可解析 Internet 地址的 DNS 服务器;
- 如果无法使用 DNS 服务器,就需要修改本地名字解析文件,使本地解析可以进行。

经过以上的步骤,大部分不能使用控制台的问题都能解决。如果仍然不能解决,可以到 CloudStack 的社区寻求帮助。

8.3 访问控制

在云管理中,如何对创建的实例进行安全防护一直是讨论重点。在基础网络模式下,不同租户之间是通过安全组的方式进行安全隔离的,每一个租户都拥有一个默认的安全组;在高级网络模式下,每个租户获得一个或多个私有来宾网络,每个来宾网络都属于一个单独的 VLAN,并且虚拟路由器为这些来宾网络提供网关服务。

8.3.1 安全组

为了对虚拟机实例的网络数据的进出进行访问控制,CloudStack 提出了安全组的概念。安全组相当于在虚拟机实例的操作系统之外部署了一道防火墙,安全组通过网络第三层协议保证虚拟机的安全隔离。每个安全组可以设定一定的安全规则,即安全组网络的进入规则和流出规则。CloudStack 默认所有向外的流量都是允许的,所用进入的流量都是禁止的。

CloudStack 允许用户创建多个安全组,每个安全组代表一种相应的安全策略。

可以将一个安全组规则应用到多个虚拟机实例上,也可以在一个虚拟机实例上使用多个安全组规则。任何 CloudStack 账户都可以创建任意数量的安全组。创建虚拟机实例的时候会选择默认的安全组。一个虚拟机实例在创建的时候可以选择一个或多个安全组,选择后不可以退出或加入其他安全组。

用户可以对一个安全组的规则进行删除或增加操作,修改完这些操作将会立刻应用到所属的虚拟机中。

通过安全组可以灵活地配置虚拟机实例之间的访问控制,以及虚拟机实例对外的访问控制。要使用安全组,需要在创建基础网络的时候选择相应的支持安全组的网络方案。

在创建基础网络模式的时候,可以使用一个默认的安全组,也可以创建多个安全组规则，并在创建虚拟机的时候选择使用哪一个安全组规则。

接下来将讨论如何创建安全组以及使用安全组（在高级网络模式下没有安全组方案，因此针对安全组的讨论将使用基础网络模式，如果读者没有创建基础网络区域，则需要先创建基础网络区域，才能进行本节的学习）。

在主界面中单击左侧“网络”选项，在“选择视图”中选择“安全组”，如图 8-40 所示。

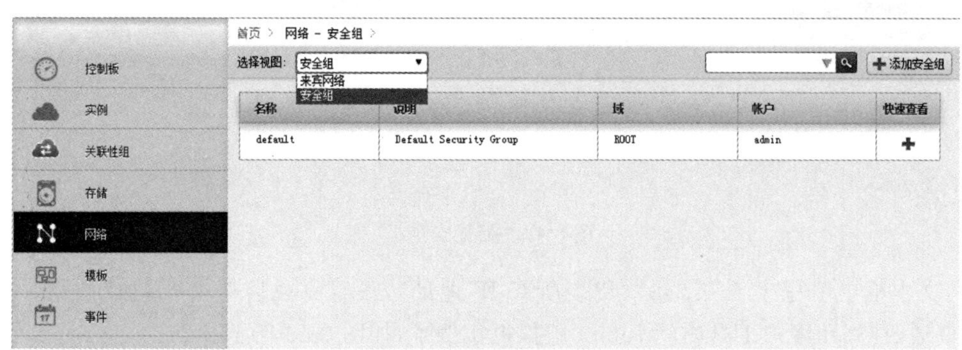

图 8-40 选择安全组

单击右上角的“添加安全组”按钮，在弹出的对话框中输入安全组的名字，以及对此安全组的说明，如图 8-41 所示。

图 8-41 添加安全组

当安全组创建完成之后，单击所创建的安全组，进入安全组配置信息界面。可以在所创建的安全组中进行相关规则的配置，如图 8-42 所示。

可以选择 CIDR 和 Account 两种形式的规则。

CIDR 又名无类别域间路由，是 IP 地址块的一种表示形式，如 192.16.30.0 的子网掩码 255.255.255.0 可以表示为 192.16.30.0/24。Account 选项用于设置账户之间的安全组所含虚拟机实例的访问规则。

通过 CIDR 的方式配置入口规则，可以选择相应的协议，设置相应的起始端口和结束端口，通过设置 CIDR 允许指定网段所在主机的网络访问。

下面通过一个例子说明入口规则的使用方法。本例的目标是允许所有 IP 地址通过 SSH 协议访问 Linux 虚拟机实例。选择 TCP 协议，设置起始端口为 22，结束端口为 22，在

图 8-42　配置安全组

CIDR 文本框中填写“0.0.0.0/0”(代表所有 IP 地址),设置完成后单击“添加”按钮。此时就可以通过 SSH 客户工具访问 Linux 虚拟机实例了,如图 8-43 所示。

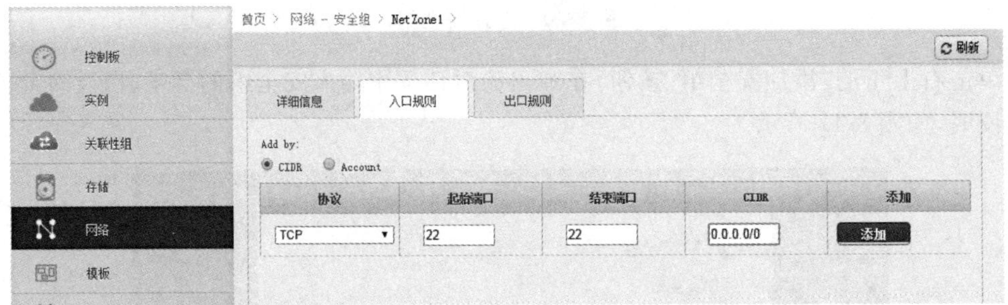

图 8-43　设置网络 IP

默认情况下,不同用户的虚拟机是不能使用局域网 IP 地址互相访问的,现在通过修改入口规则设置允许用户 admin 的安全组 network1 下的虚拟机访问安全组 NetZone1 下的虚拟机。

选中 Account 单选按钮,设置端口范围为 1～65 535(主机的所有端口),再填入允许访问的账户 admin 及其所在的安全组 network1,如图 8-44 所示。

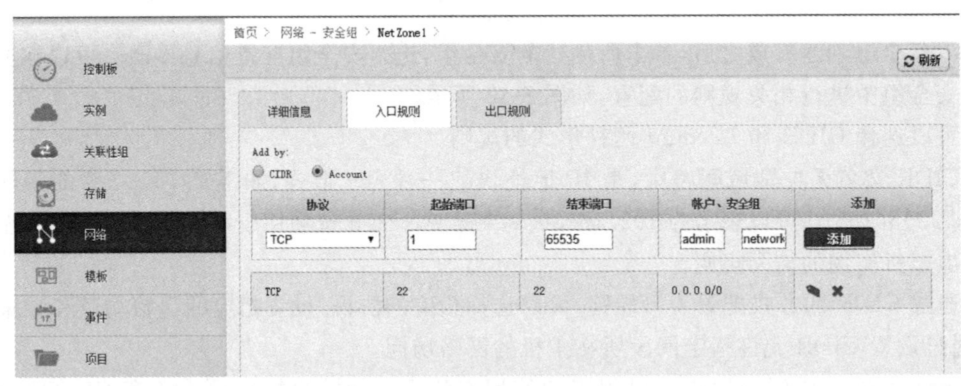

图 8-44　设置虚拟机网络

以上我们已经知道了入口规则可以做哪些事情,下面看看如何使用出口规则。

默认情况下,安全组规则允许虚拟机实例的所有端口对外访问。假设有一个联网程序,需要通过9001端口进行对外访问,此时设置安全组的出口规则中只允许80端口对外访问,那么只能通过80端口联网,使用其他端口的程序都不能连接外网。

通过以上例子可以知道,如果添加了一条出口规则,就只允许这条规则的端口主动访问外部,使用其他端口的服务都不能访问外网,通过设置出口规则,可以有效地对主机进行保护,防止信息的泄露。

设置完安全规则后,就可以通过创建虚拟机实例来使用建立的安全组了。接下来,创建一个虚拟机实例来使用之前创建的安全组NetZone1。在虚拟机实例的创建过程中,会遇到选择安全组,如图8-45所示。

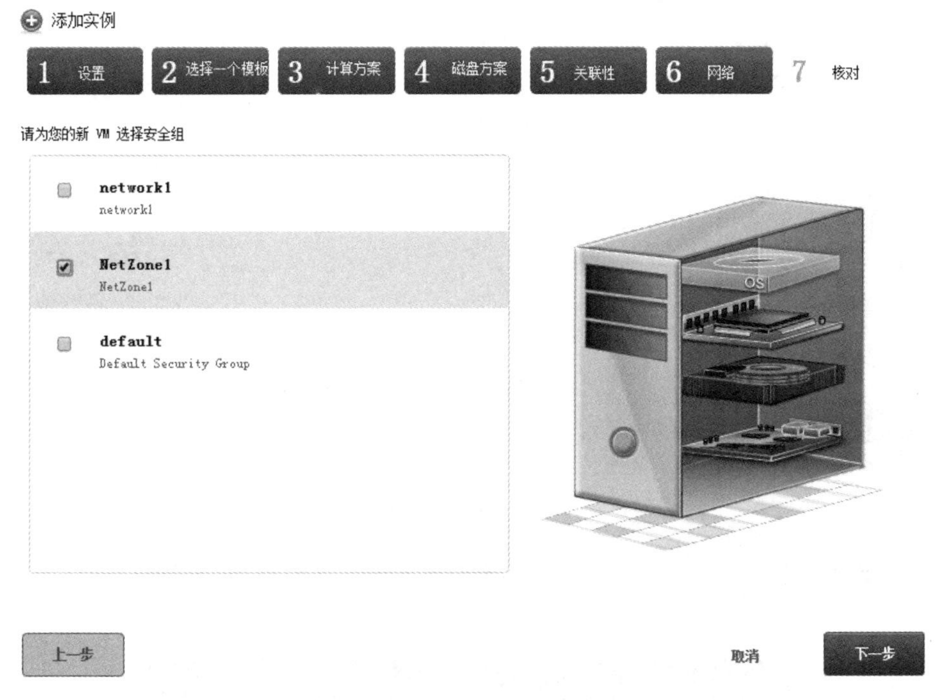

图8-45 创建虚拟机实例

在此选择之前创建的安全组即可。在创建虚拟机实例的过程中,选择了相应的安全组后就无法再更改。如果没有看到安全组界面,则表示当前用户没有创建新的安全组,系统会自动使用默认的安全组。

8.3.2 高级网络功能

在CloudStack中,可以通过特有的系统虚拟机模板创建虚拟路由器。这个系统虚拟机实际上是一个运行的虚拟机实例,如果这个虚拟路由器上运行了DHCP服务,那么所有创建的虚拟机实例都可以通过DHCP获取IP地址;如果这个虚拟路由器上运行了端口转发程序,那么就可以使用端口转发功能。虚拟路由器上运行哪些程序取决于使用哪种网络方案。

接下来将对 CloudStack 的高级网络特性进行介绍，由于在前面已经对高级网络的各个特性进行过概念性的描述，因此本节将讲解如何配置以实现相应的功能。

1. 防火墙

使用管理员账户登录 CloudStack 的管理页面，单击左侧的“网络”选项，在网络列表中选择一个隔离网络，进入网络详细信息页面，单击右上角的“查看 IP 地址”，进入网络对应的 IP 地址页面，如图 8-46 所示。

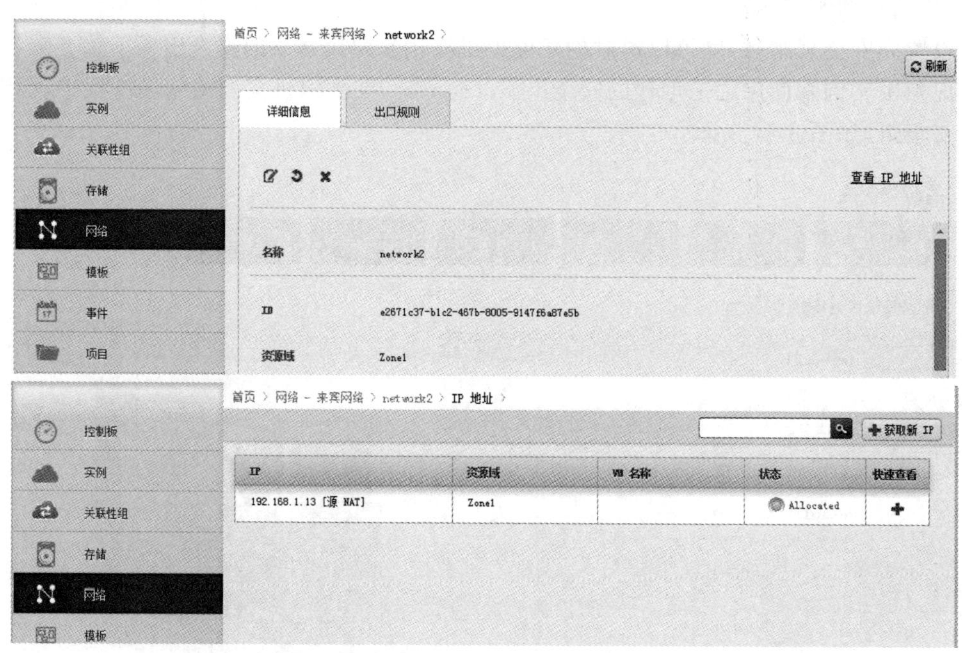

图 8-46　进入网络 IP 地址页面

如果 IP 地址页面没有 IP 地址，只需单击右上角的“获取新 IP”，就可以创建一个新的 IP 地址，如图 8-47 所示。

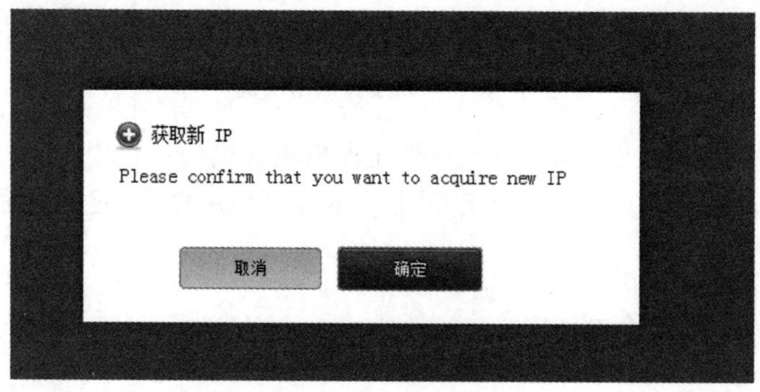

图 8-47　获取新 IP

选择一个 IP 地址，进入 IP 地址详细信息页面，选择“配置”选项卡，即可看到网络配置页面，单击“防火墙”中的“查看全部”按钮即可进行相应的防火墙配置，如图 8-48 所示。

在图 8-48 中可以看到设置了一条防火墙规则，该规则允许来自 192.168.1.0/24 的 IP

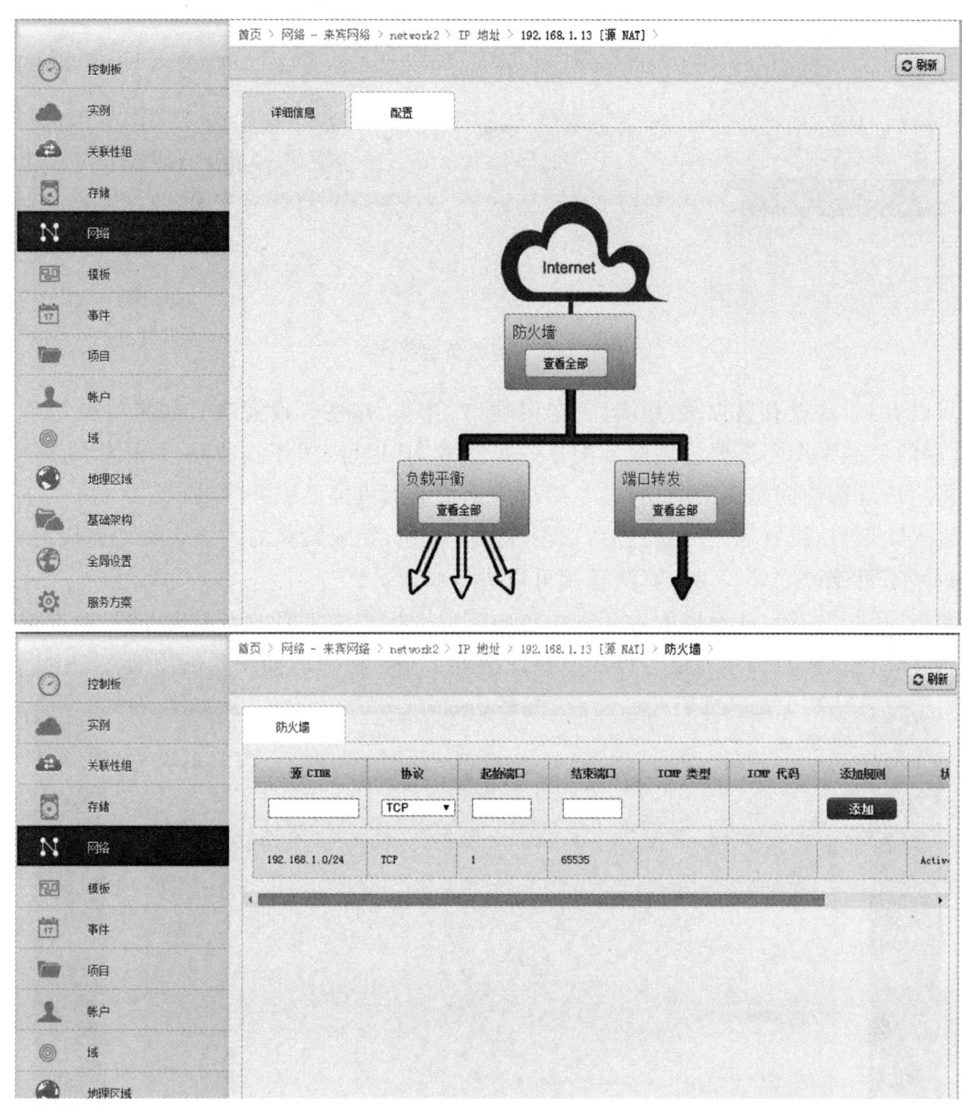

图 8-48　配置防火墙

地址使用 TCP 协议访问当前 IP 地址的 1～65 535 端口。

防火墙规则的设置和基础网络模式中的安全组规则设置类似，此处不再赘述。有一点需要注意，防火墙规则是对特定的 IP 地址进行设置的，因此它只对这个 IP 地址的访问起作用。

2. 负载平衡

负载平衡是建立在现在网络结构之上，它提供了一种廉价、有效、透明的方法，扩展了网络设备和服务器的带宽，增加了吞吐量，加强了网络的数据处理能力，提高了网络的灵活性和可用性。

基于前面所述，在图 8-48 所对应的网络配置界面中，选择“负载平衡”对应的“查看全部”按钮，则会进入负载平衡配置界面，如图 8-49 所示。

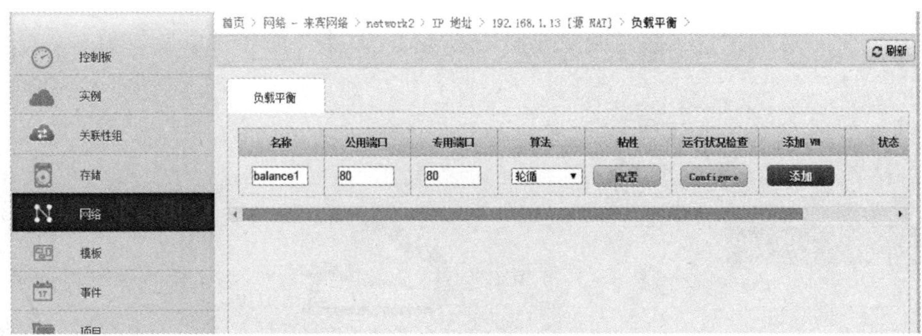

图 8-49　配置负载平衡

可以看到，这里有名称、公用端口、专用端口、算法、黏性等设置项。如果要使用负载平衡，前端的负载平衡器需要为该服务配置一个服务 IP 地址，用于接收用户的请求。公用端口是指用户外部访问时使用的端口，专用端口是指虚拟机提供服务的端口。

输入端口号，设置算法和黏性后，单击"添加"按钮，完成策略的添加。添加完成之后，除了端口号不可修改之外，名称、算法等都可以进行修改。

单击"添加"按钮，在弹出的对话框中选中需要承担平衡策略的虚拟机(同一个虚拟网络中必须存在虚拟机实例才能进行添加)，在此选择了 cs3 和 cs2，如图 8-50 所示。

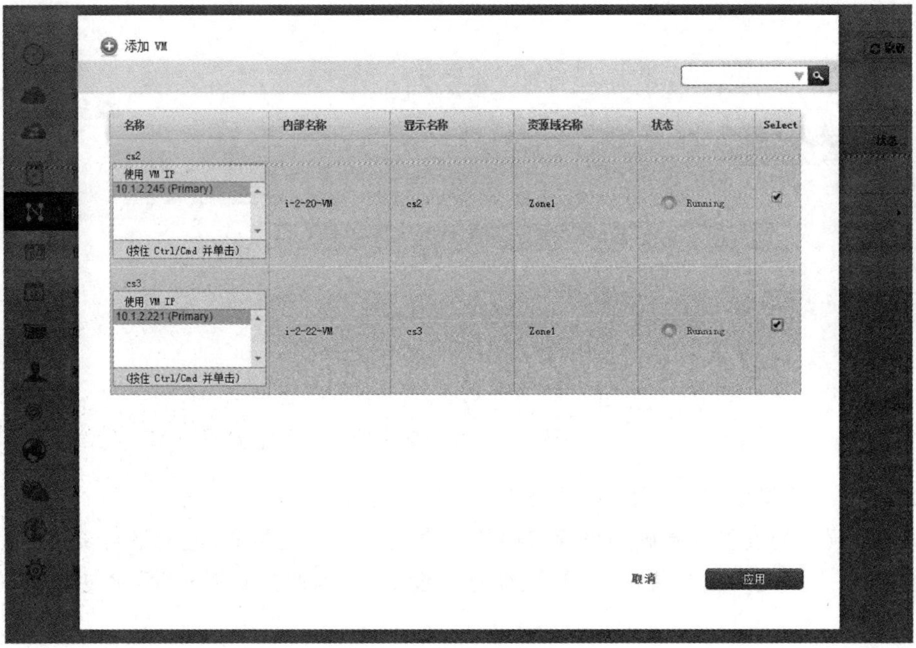

图 8-50　添加 VM

这样，当访问本 IP 地址所对应的 80 端口时，就会访问 cs3 或者 cs2 的 80 端口(需要在防火墙中开放外网对于 80 端口的访问权限)。

3. 端口转发

基于前面所述，在图 8-48 所对应的网络配置界面中，选择"端口转发"对应的"查看全部"按钮，则会进入端口转发配置界面，如图 8-51 所示。

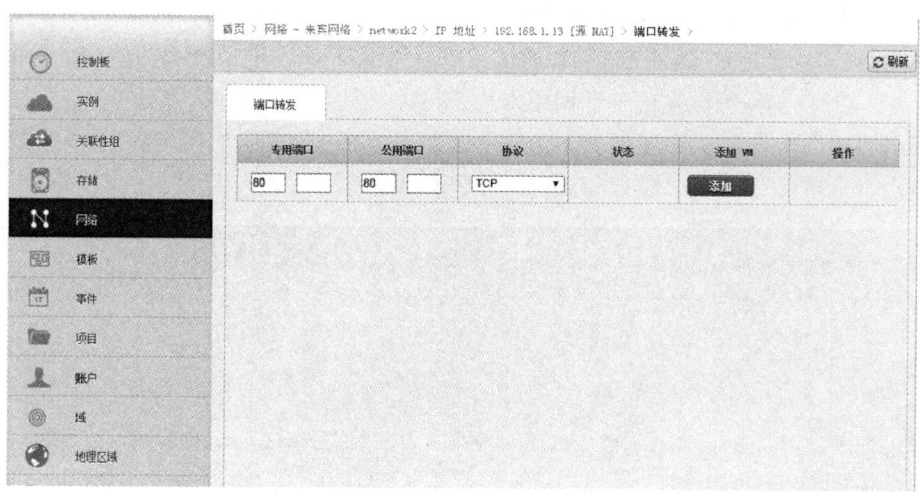

图 8-51　配置端口转发

使用户访问本 IP 地址对应的 8080 端口时，访问请求被转发到所指定虚拟机实例的 80 端口。在“专用端口”中输入 80(专用端口是接受转发的实例使用的端口)；在“公用端口”中输入 8080(公用端口是用户访问时使用的端口)。选择 TCP 协议，然后单击“添加”按钮，添加要转发的目标主机，如图 8-52 所示，在此选择 cs2，单击“应用”按钮。此时用户访问本 IP 地址对应的 8080 端口时，就会访问 cs2 的 80 端口(需要在防火墙中开放 8080 端口)。

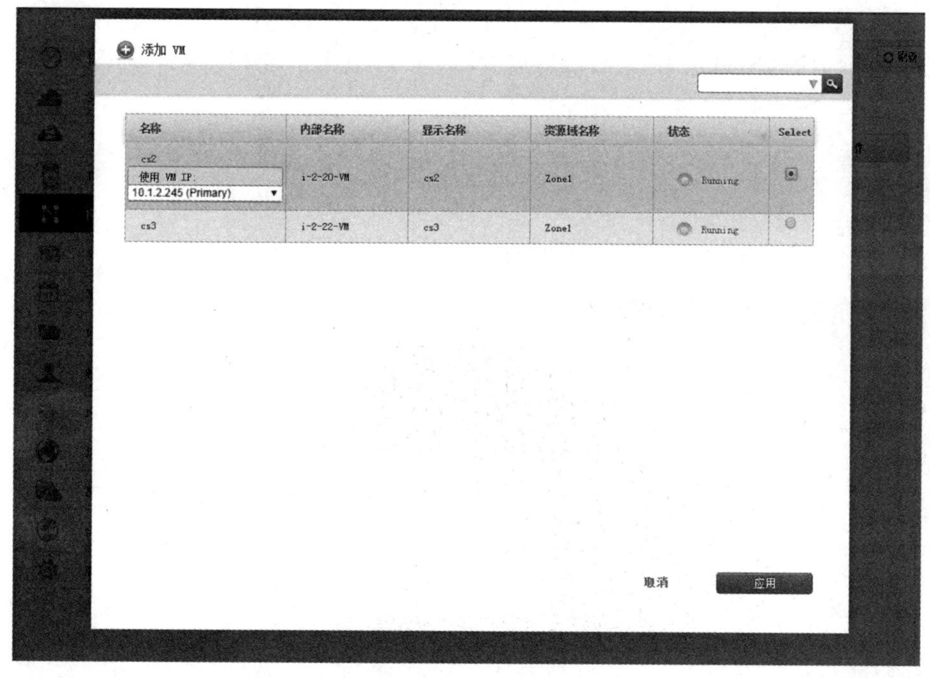

图 8-52　添加目标主机

4. 静态 NAT

NAT 又名网络地址转换，是一种将私有地址转换为合法 IP 地址的转换技术，被广泛应用于各类的 Internet 接入方式和各种类型的网络中。静态 NAT 是指将内部网络的私有 IP 地址转化为公有 IP 地址，某个私有 IP 地址只能转化为某个公有 IP 地址，是一对一的，借助静态 NAT 转换功能，可以实现外部网络对内部网络某些特定设备的访问。

使用管理员账户登录管理界面，单击“网络”选项，选择相应的网络，选择“查看 IP 地址”，单击右上角的“获取新 IP”按钮，如图 8-53 所示。

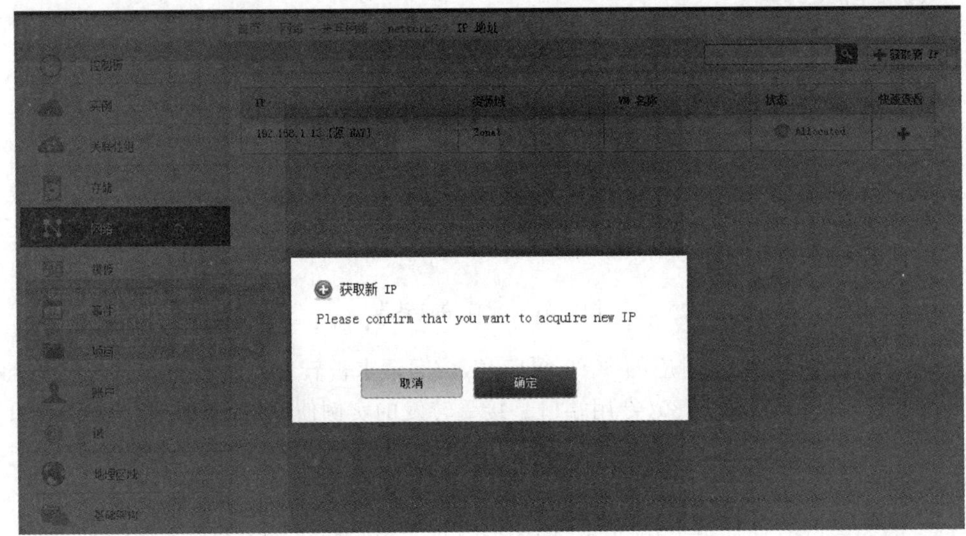

图 8-53　获取新 IP

选中新获取的 IP，进入 IP 详细信息页面，单击“启用静态 NAT”按钮，如图 8-54 所示。

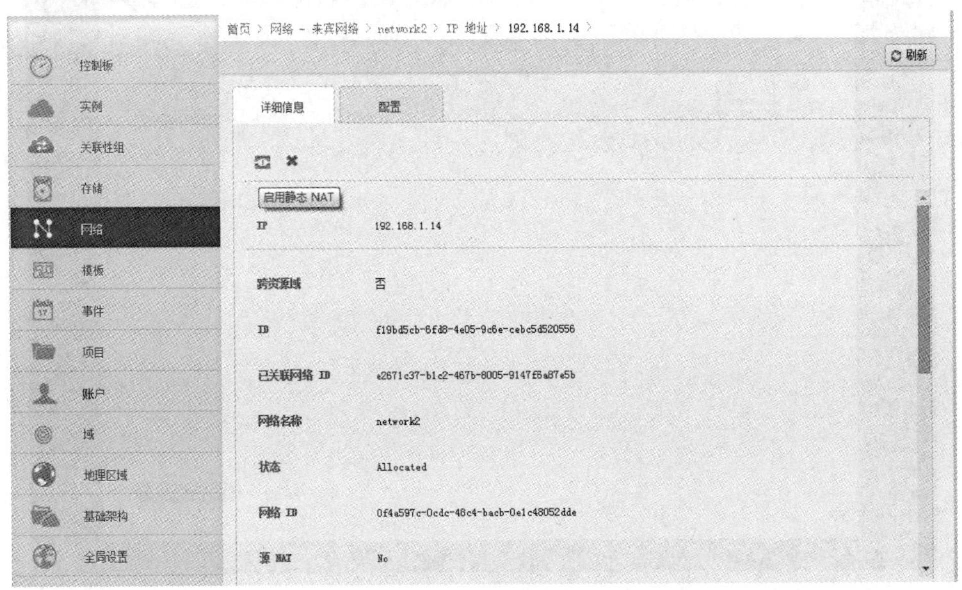

图 8-54　启用静态 NAT

在弹出的对话框中选中要作静态 NAT 的虚拟机实例 cs3，单击“应用”按钮即可，如图 8-55 所示。

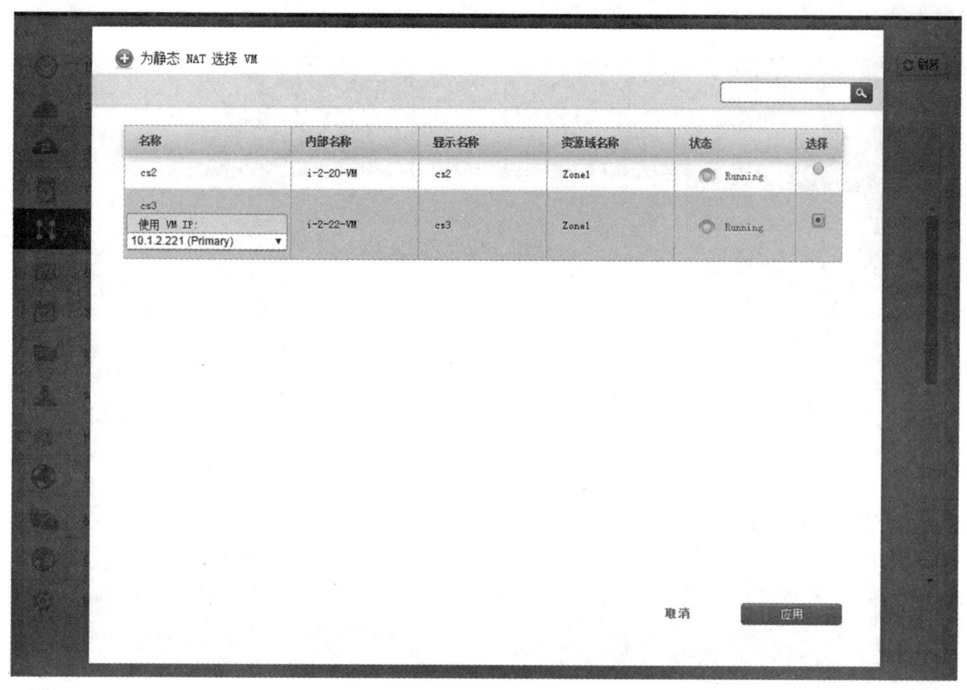

图 8-55　为静态 NAT 选择 VM

操作完成之后，在网络的 IP 地址列表中就可以看到已经绑定静态 NAT 的 IP 地址和虚拟机了(需要在防火墙中设置允许外部访问这个 IP 地址的对应端口)，如图 8-56 所示。

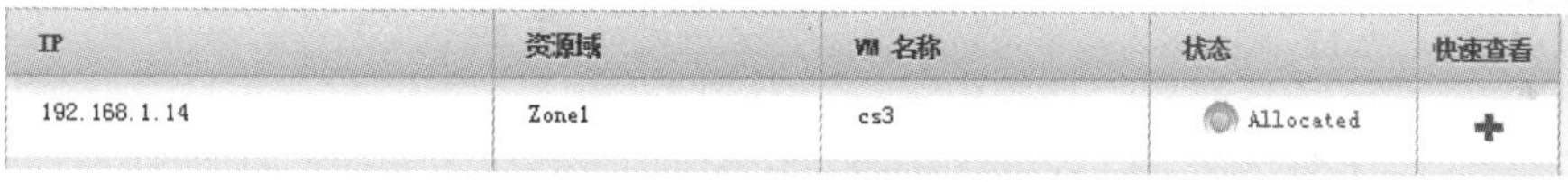

IP	资源域	VM 名称	状态	快速查看
192.168.1.14	Zone1	cs3	Allocated	+

图 8-56　查看 IP 地址

5. VPC

在 CloudStack 的 VPC 中，可以包含多个独立的虚拟子网，这些虚拟子网共用一个路由器，每个独立的子网都有独立的访问控制列表。

现在来看一下如何配置一个 VPC。

使用管理员账户登录管理主界面，单击“网络”选项，在“选择视图”下拉列表框中选择 VPC 选项，如图 8-57 所示。

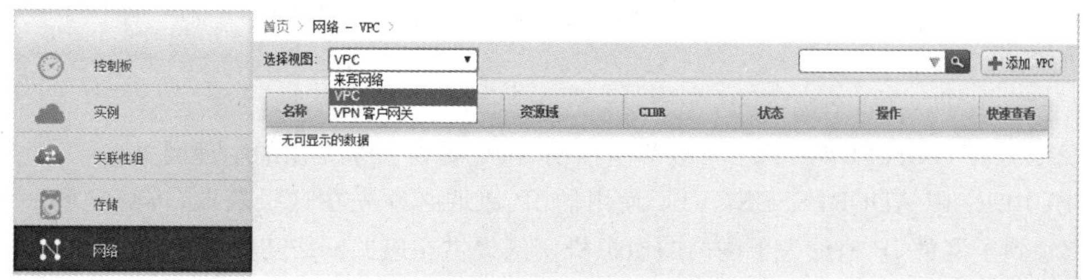

图 8-57　选择 VPC

单击右上角的“添加 VPC”按钮，将弹出如图 8-58 所示的对话框。

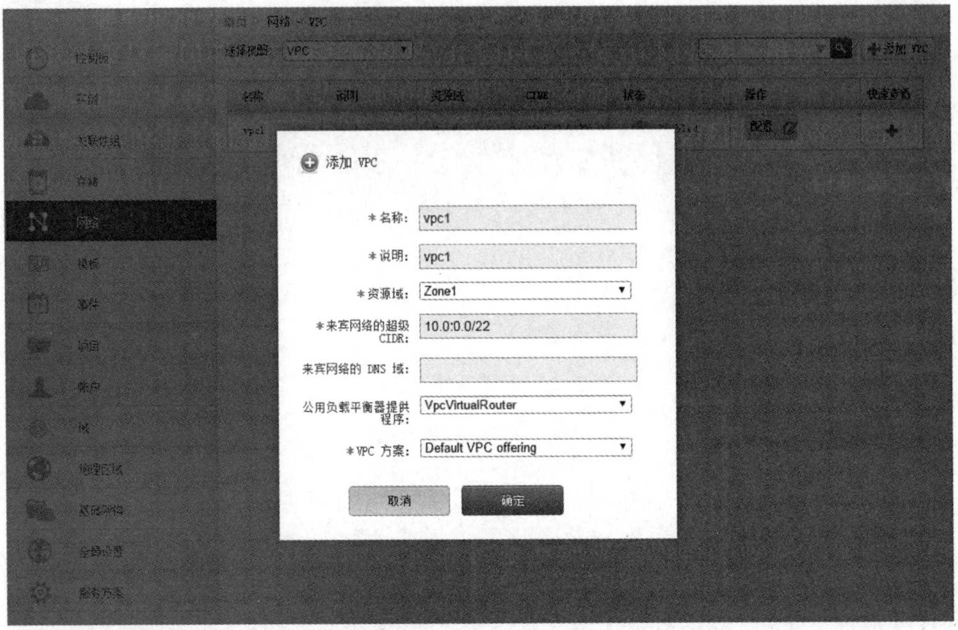

图 8-58 添加 VPC

在添加 VPC 对话框中输入 VPC 的名称和说明，选择一个资源域(只能选择所创建的高级区域)，配置来宾网络的超级 CIDR(在 VPC 中创建的子网都必须在这个 CIDR 中)，单击“确定”按钮。当创建成功后，单击“配置”按钮，进入 VPC 的配置页面，如图 8-59 所示。

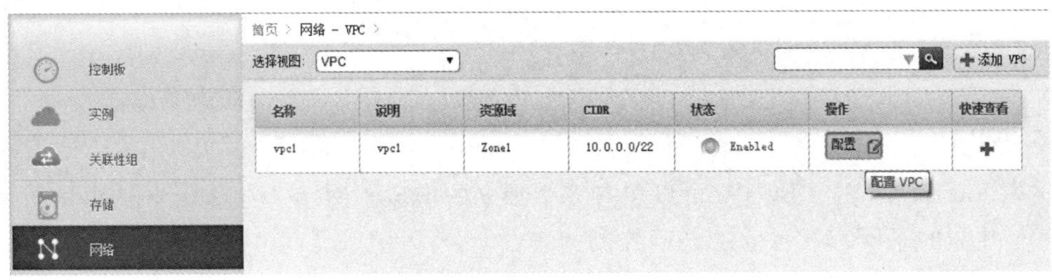

图 8-59 配置 VPC

在 VPC 中添加新层(添加一个虚拟子网)，如图 8-60 所示，单击“确定”按钮，添加成功后，将会进入 VPC 的配置界面，在此可以选择添加新的子网以及进行 VPC 路由器功能配置，如图 8-61 所示。

在 Router 中有四个选项。

PRIVAET GATEWAYS：可以为当前的 VPC 提供一个专用的物理网关。

PUBLIC IP ADDRESSES：VPC 使用的 IP 地址必须先在这里获取，再绑定到一个子网，绑定到子网的 IP 地址为子网内的虚拟机实例提供相应的网络功能。

SITE-TO-SITE VPNS：可以和另外的 VPC 或者物理网络一起组成站点间的 VPN。

NETWORK ACL LISTS：可以配置每个子网中独立的防火墙。

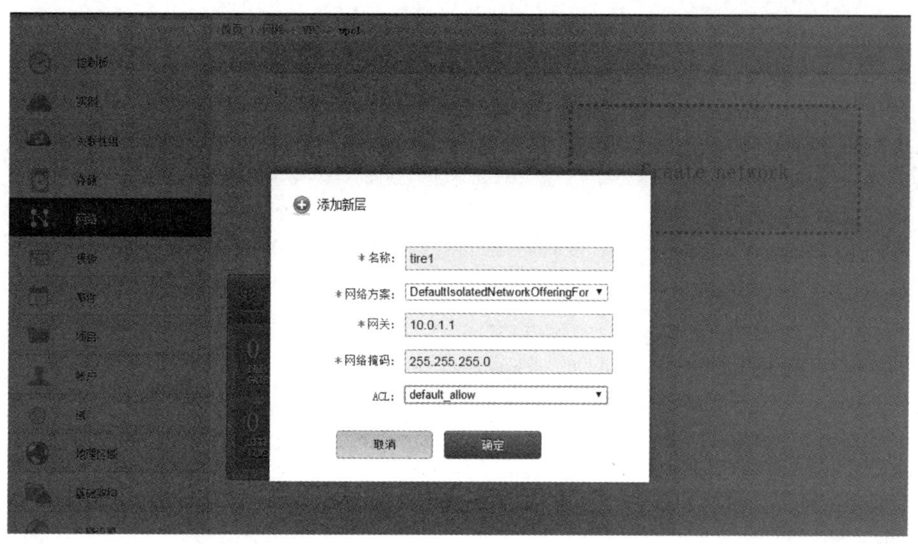

图 8-60 添加新层

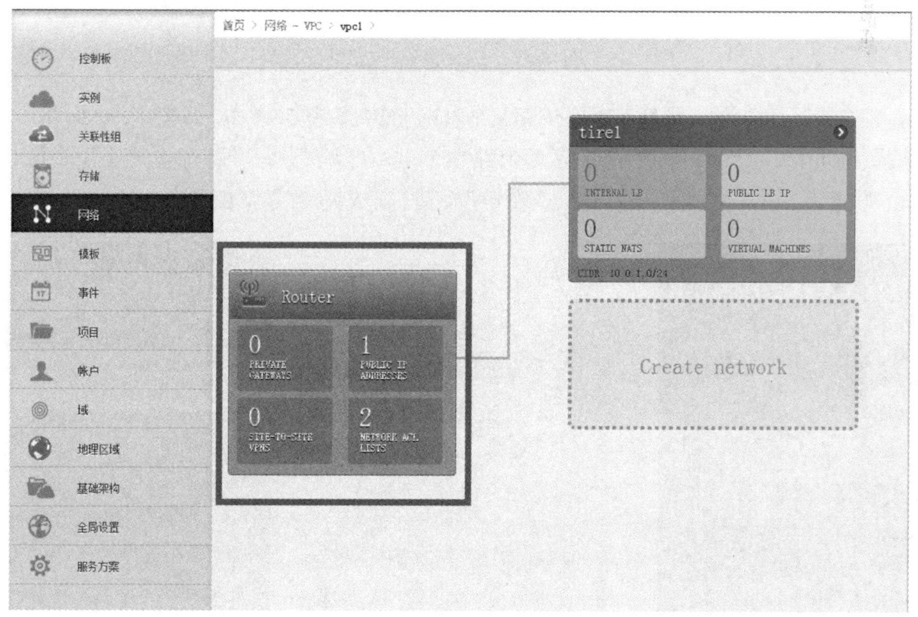

图 8-61 配置 VPC

6. 冗余路由

我们知道，大部分的网络使用单网关与外部网络进行通信，如果网关出现故障无法使用，将会导致内部网络无法与外部网络进行通信，冗余路由就是为了解决这种单点故障而产生的。

冗余路由组共用一个外网 IP 和一个内网 IP，提供冗余路由功能的两台虚拟路由器应尽量运行在不同的物理主机上，在 VPC 和 Share 网络中不能使用冗余路由功能。

下面添加一个使用冗余路由的网络。

(1) 在管理主界面的“服务方案”页面中的“选择方案”下拉列表框中选择“网络方案”，如图 8-62 所示。

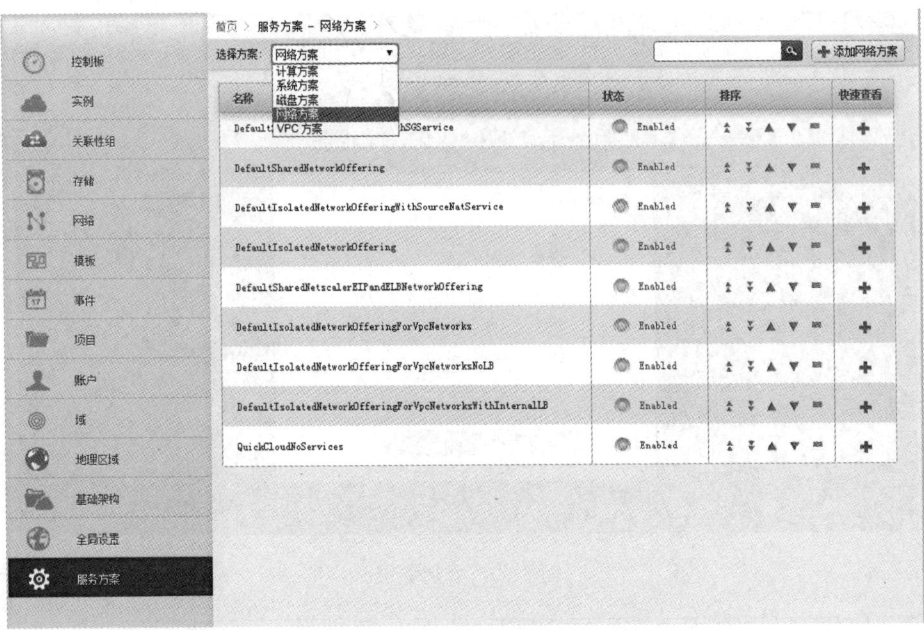

图 8-62　选择网络方案

(2) 单击右上角“添加网络方案”按钮，进入网络方案添加页面，如图 8-63 所示。“来宾类型”选择 Isolated(Share 类型不支持冗余路由)，选中“源 NAT”复选框之后，就可以选择冗余路由功能了。填写必填项后，单击“确定”按钮，完成网络方案的添加。

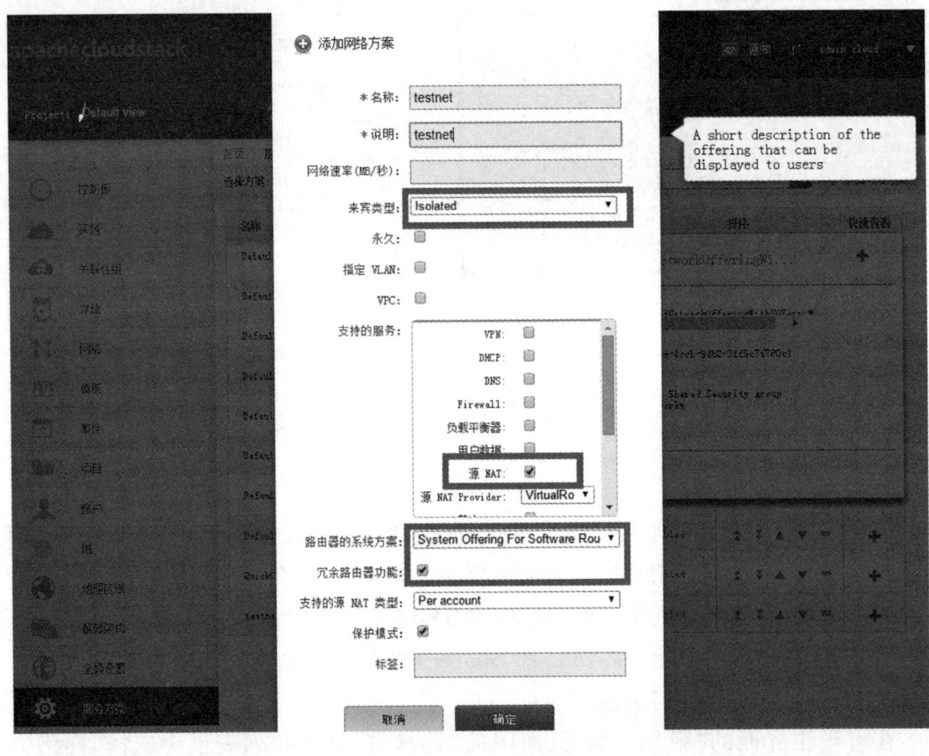

图 8-63　添加网络方案

(3) 新创建的网络方案默认是不被启用的，如图 8-64 所示，需要手动启动网络方案，单击 testnet 进入"详细信息"界面，选择"启动网络方案"。

图 8-64　启动网络方案

(4) 再次进入"网络"页面添加一个隔离网络，可以选择刚刚创建的网络方案，如图 8-65 所示。

图 8-65　选择网络方案

通过新创建的网络创建第一台虚拟机实例，此时系统将会随之创建相应的虚拟路由器。在主界面选择"基础架构"，在"虚拟路由器"选项中单击"查看全部"按钮，选择新创建的虚拟机，进入"详细信息"页面，如图 8-66 所示。"冗余状态"为 MASTER 的是主路由器，当备用路由器无法接收主路由器发送的组播包时，备用路由器会在极短的时间内切换为主路由器。

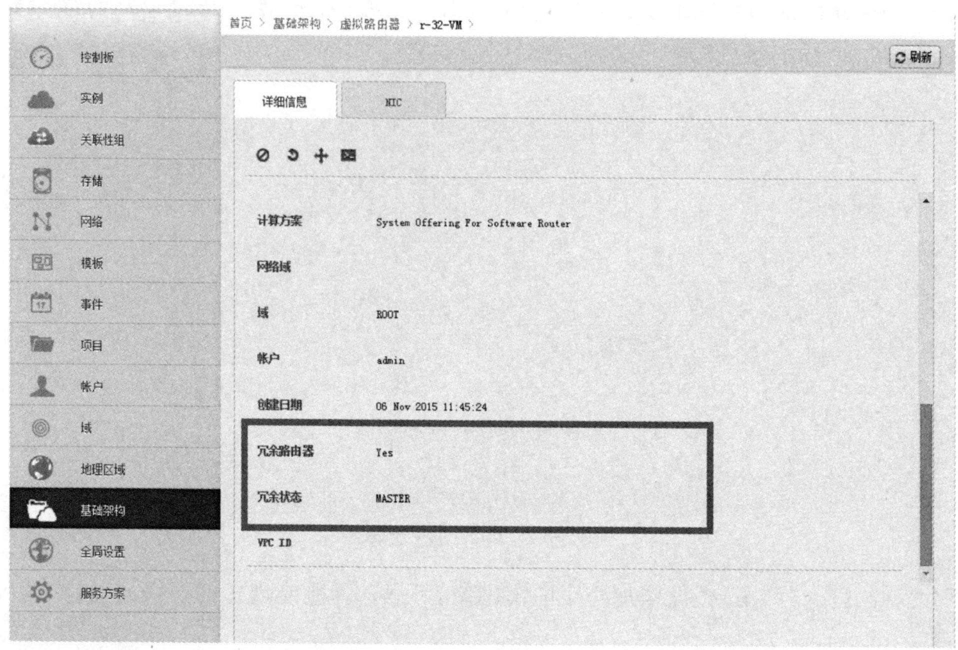

图 8-66　查看虚拟机详细信息

8.4　磁盘与快照的使用

虚拟机的磁盘如同实际的物理硬盘一样，为虚拟机提供可扩展的使用空间。在CloudStack系统中，也有专门的页面对虚拟机的磁盘（或称作卷）进行管理。每台虚拟机都有初始的根卷（安装了操作系统的卷，类型为ROOT）和扩展存储空间可用的数据卷（类型为DATA）。

用户可以任意添加或者删除数据卷、挂载或者卸载数据卷。有一点需要注意，在CloudStack中，快照功能是针对卷进行的，而不是针对虚拟机进行的。

8.4.1　添加数据卷

在CloudStack的管理主界面，单击“存储”选项，在“选择视图”中选择“卷”，如图8-67所示。为了实验讲解的方便，我们删除了之前创建的虚拟机实例，只保留了一个虚拟机实例，因此界面中只显示一个卷。

单击右上角的“添加卷”按钮，弹出“添加卷”对话框，如图8-68所示。

名称：新建的数据卷的名称。

可用资源域：用于指定数据卷可以使用的区域。

磁盘方案：选择一个已有的磁盘方案。

设置完成后，单击“确定”按钮，在卷列表中就可以看到新创建的卷，如图8-69所示，此时所创建的卷只是进行了预定，实际上并没有占用任何存储空间。

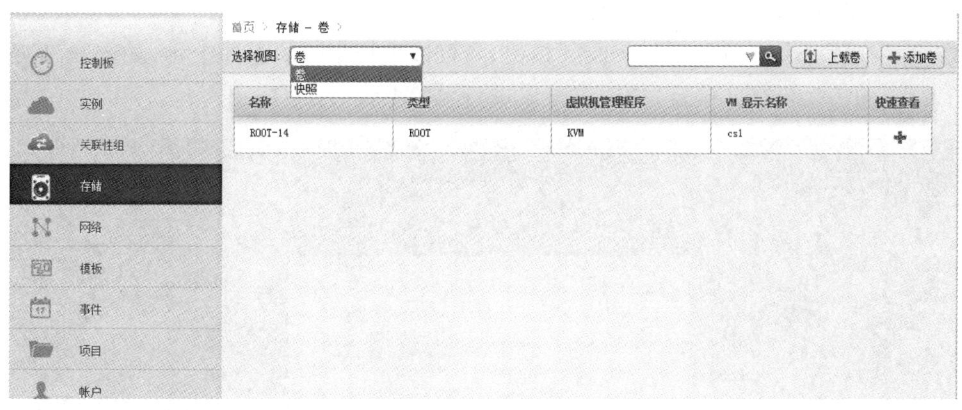

图 8-67 选择卷

图 8-68 添加卷

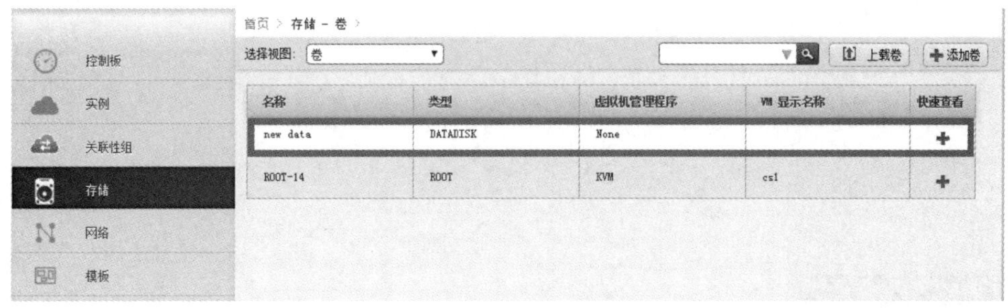

图 8-69 查看新建的卷

8.4.2 上传卷

除了在 CloudStack 系统界面上创建卷，还可以将系统外部存在的卷上传到系统中。对于需要使用包含很多已有数据卷的场景来说，这一功能是十分方便的。一般来说，上传的卷为数据卷，对于根卷，往往会根据模板创建根卷。

在"卷"视图的右上角单击"上载卷"按钮，就可以进行相应的卷的上传，如图 8-70 所示。填写完相应的信息，单击"确定"按钮就可以进行卷的上传。

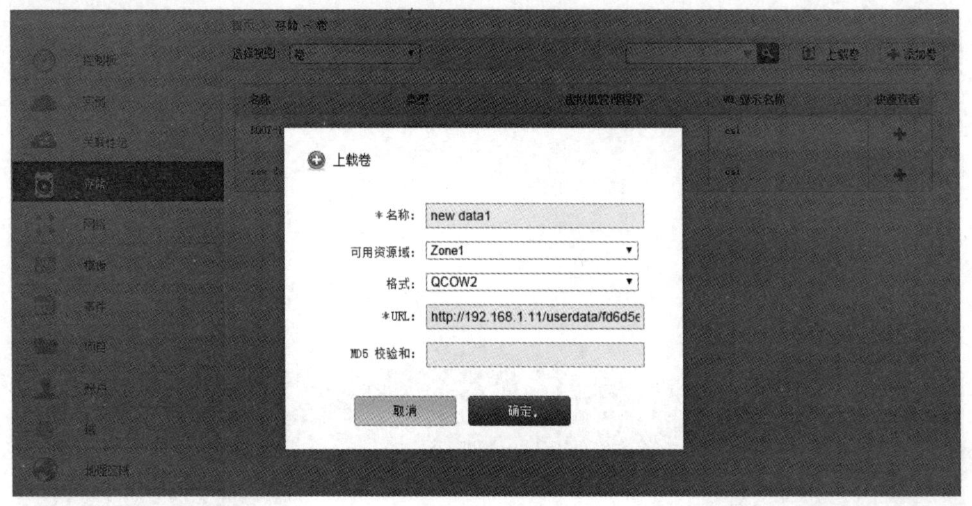

图 8-70 上载卷

在卷列表中将会看到刚刚上传的卷。上传卷和注册模板的方式是一样的，都是通过二级存储虚拟机进行连接并传输数据。上传卷需要一定的时间，单击新上传的卷，查看其详细信息，等到"状态"变为 Uploaded，则说明卷上传成功，如图 8-71 所示。

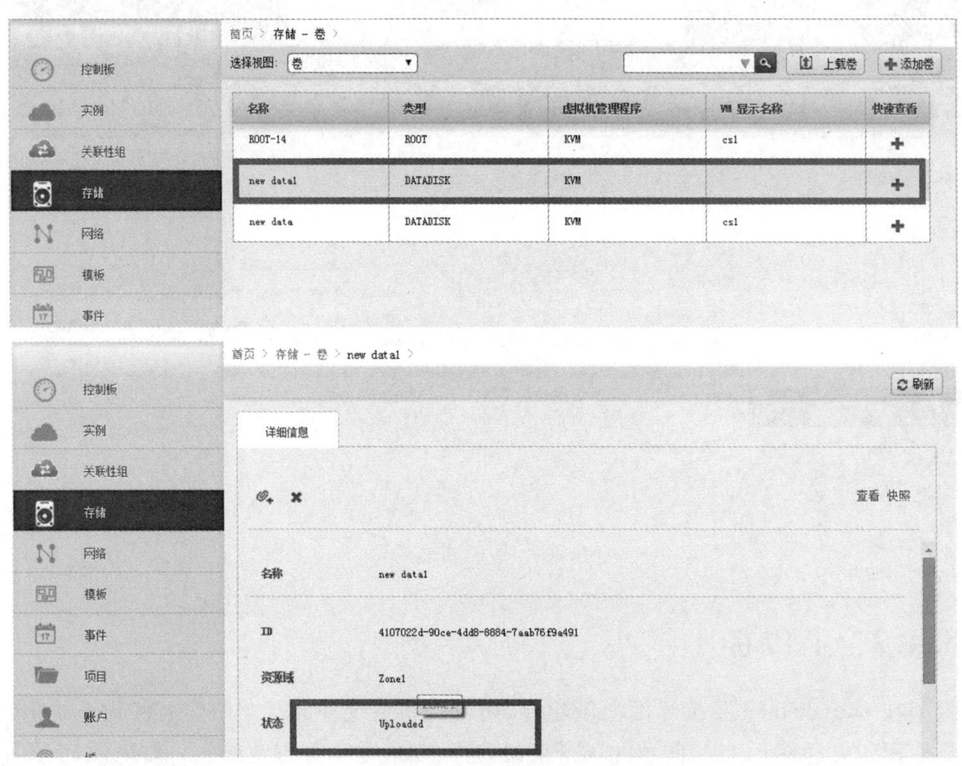

图 8-71 卷上传成功

8.4.3 附加磁盘

有了新的数据卷，就可以让系统中的虚拟机实例通过挂载的方式来真正使用这些新的数据卷，即使用附加磁盘功能。

选中刚刚创建的数据卷 new data1，单击详细信息页面的“附加磁盘”按钮进行挂载，如图 8-72 所示。

图 8-72 附加磁盘

这时会弹出“附加磁盘”对话框，选择此数据卷挂载的目标虚拟机，目前只有一个虚拟机，单击“确定”按钮即可，如图 8-73 所示。

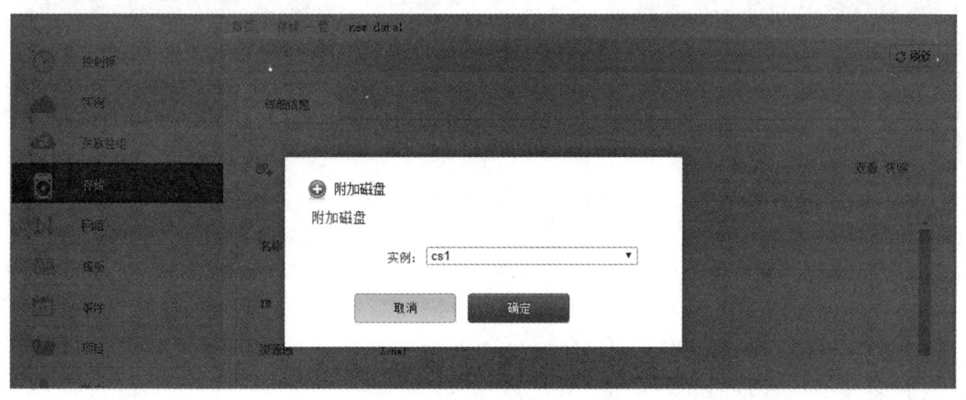

图 8-73 确定挂载

完成挂载后，就可以进入虚拟机的操作系统使用新的数据卷了。但是这里仅仅是挂载，还不能直接使用数据卷，还需要在操作系统中对磁盘进行格式化、分区等操作，具体可以查阅相关资料进行了解，在此不进行详细介绍。

8.4.4 取消附加磁盘

除了挂载数据卷，还可以进行数据卷的卸载，这时就需要使用取消附加磁盘的功能(只有被挂载的数据卷才有取消附加磁盘的功能)。

在卷列表中，选中已经被挂载的数据卷，进入详细信息页面，如图 8-74 所示。

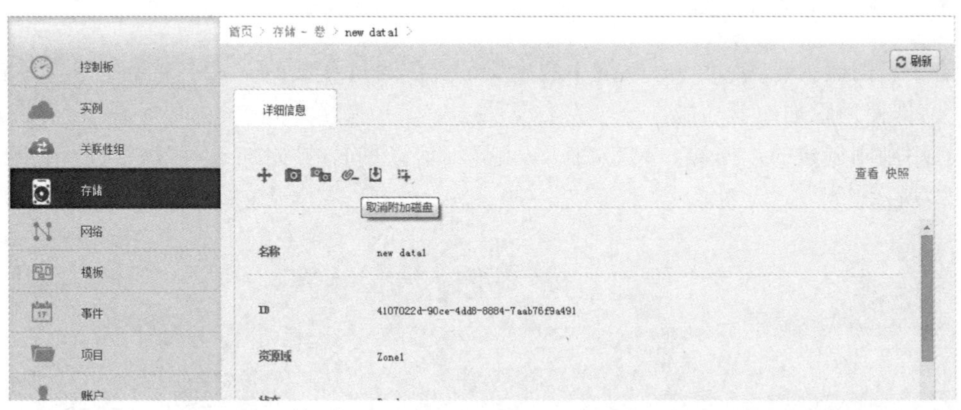

图 8-74 查看数据卷的详细信息

对图 8-74 与图 8-72 的比较可以看出，被挂载后的数据卷，将会增添很多功能。在此单击“取消附加磁盘”按钮，在弹出的对话框中单击“是”按钮，即可完成数据卷的卸载，如图 8-75 所示。

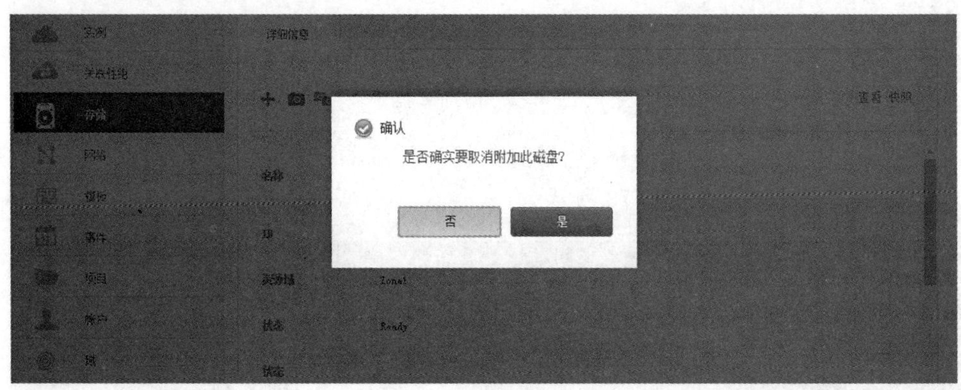

图 8-75 数据卷的卸载

8.4.5 下载卷

下载卷需要先将使用此卷的虚拟机停机或者将此卷从虚拟机上卸载，只有处于以上两种状态，卷的详细信息页面才会出现“下载卷”按钮，如图 8-76 所示。

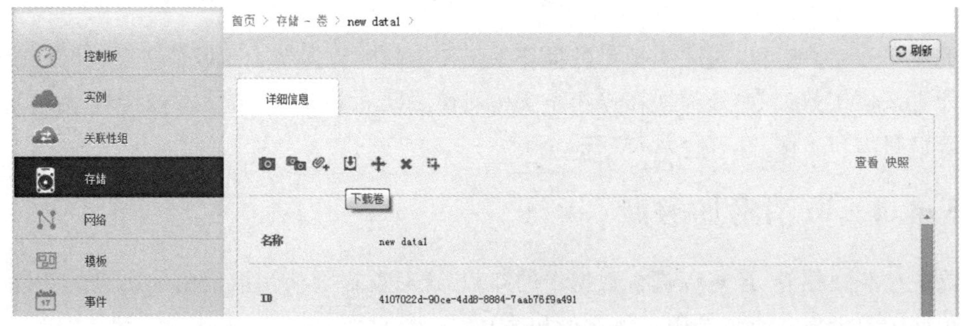

图 8-76 下载卷

单击“下载卷”按钮，在弹出的确认对话框中单击“是”按钮，如图 8-77 所示。此时详细信息界面将变成灰色，表明系统正在进行下载的准备工作，如图 8-78 所示。

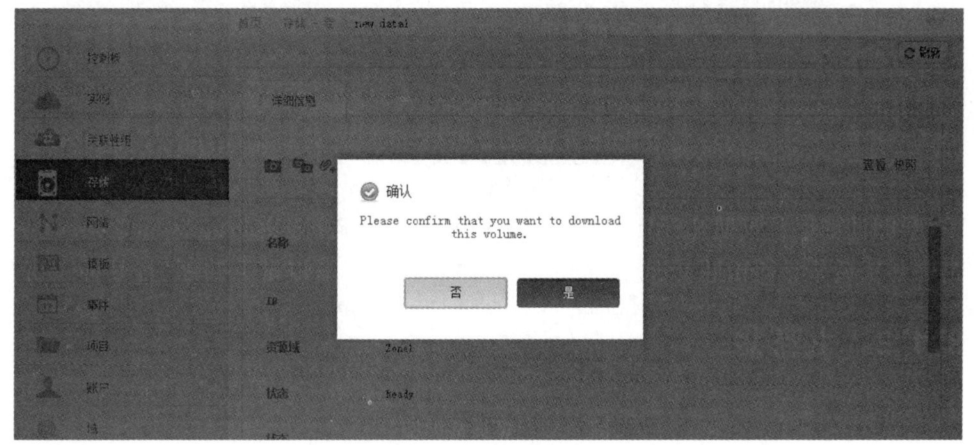

图 8-77 确认下载

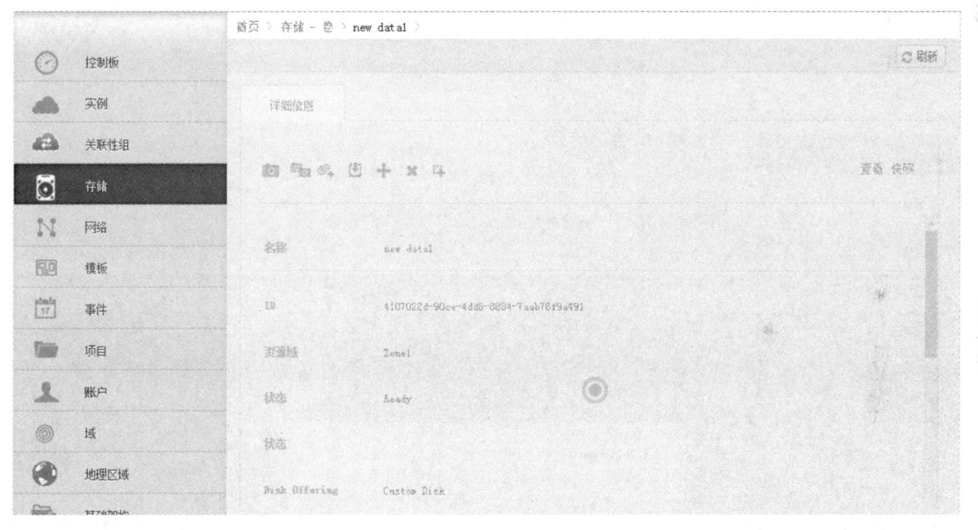

图 8-78 准备下载

在这个准备工作中，系统将卷文件复制到二级存储中，然后由二级存储虚拟机生成下载 URL 链接，如图 8-79 所示，直接单击此 URL，即可以由浏览器自动进行下载。生成下载地址所需要的时间主要由复制卷的速度决定，所以越大的卷等待的时间将会越长。

8.4.6 迁移数据卷

CloudStack 支持将数据卷从一个主存储上迁移到另一个主存储上，但只支持数据卷的迁移，不支持根卷的迁移。允许迁移的条件是在取消附加或虚拟机停机之后。即使数据卷与根卷不在同一主存储上，虚拟机仍然可以正常运行。当主存储空间不足或者读写性能出现瓶颈时，迁移数据卷都是很好的解决办法。

单击需要迁移的数据卷(数据卷一定要取消附加或虚拟机已经停机)，进入详细信息页面，

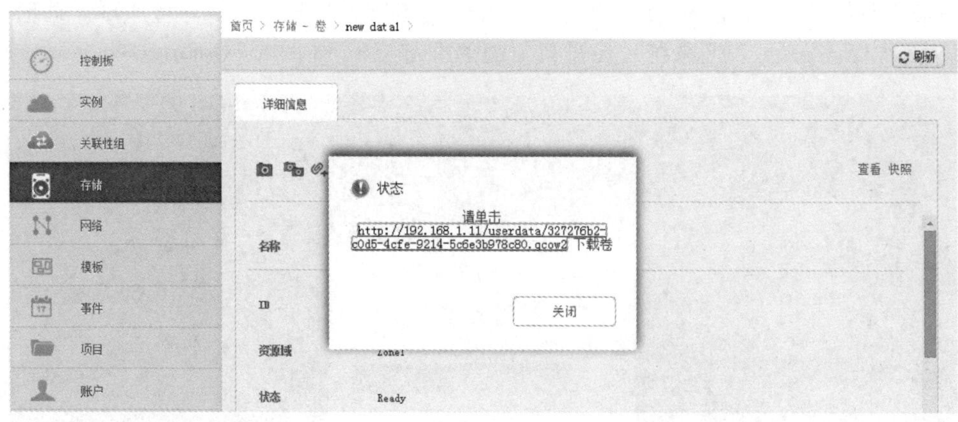

图 8-79 生成下载链接

单击“将卷迁移到其他主存储”按钮，在弹出的对话框中选择相应的主存储即可，如图 8-80 所示。

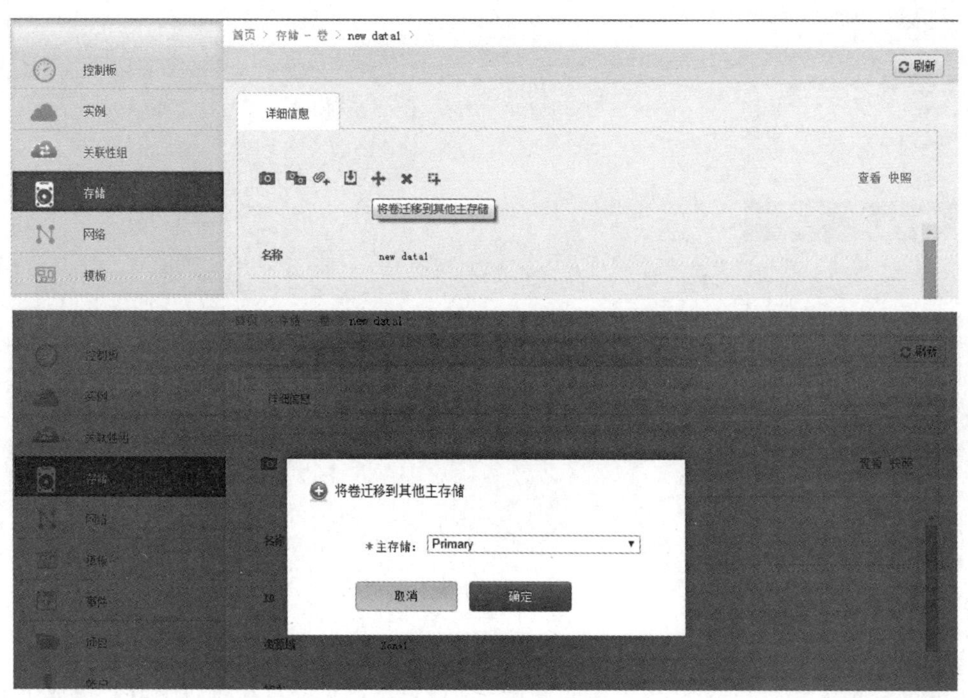

图 8-80 选择主存储

8.4.7 删除数据卷

在卷列表中，单击需要删除的卷（如果该数据卷还被附加在虚拟机实例上，则需先取消附加磁盘。只有数据卷可以删除，对于根卷需要直接删除虚拟机实例），进入详细信息页面，单击“删除卷”按钮，在弹出的确认对话框中单击“是”按钮即可，如图 8-81 所示。

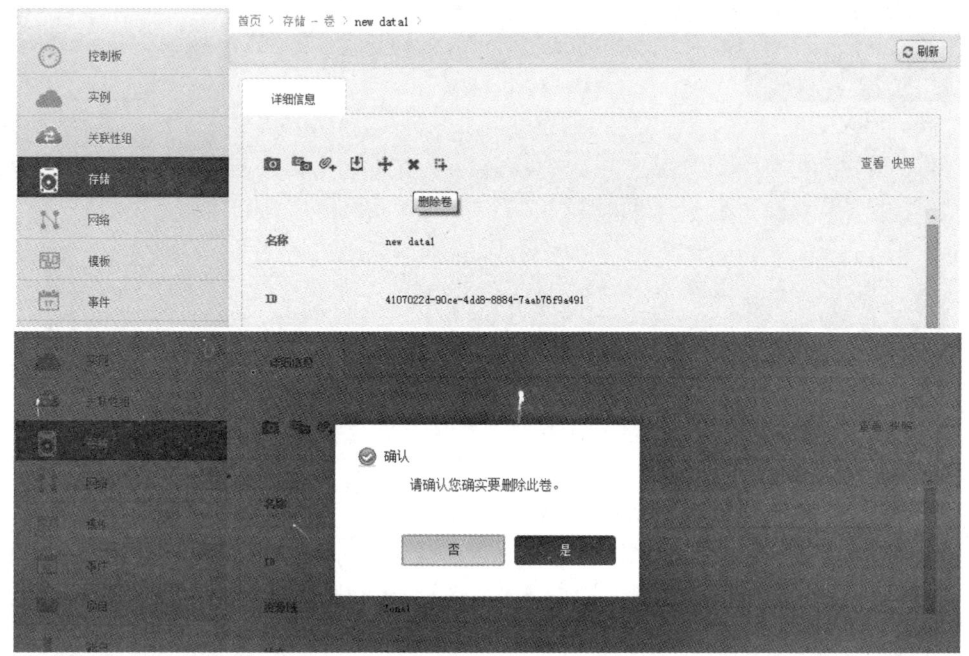

图 8-81　删除卷

8.4.8　快照的创建与恢复

快照是虚拟化技术中的一个特别功能。在虚拟机运行过程中设定一个快照点，无论虚拟机在之后产生了多少变化，都可以恢复到设定虚拟机快照时的状态。CloudStack 系统也有此功能，可以对根卷和数据卷分别进行快照操作。

1. 创建快照

在 CloudStack 4.5.1 中，需要修改计算节点中的文件后，才能正常使用快照功能。

打开文件/usr/share/cloudstack-common/scripts/storage/qcow2/managesnapshot.sh

```
vi /usr/share/cloudstack-common/scripts/storage/qcow2/managesnapshot.sh
```

将

```
$qemu_img convert -f qcow2 -O qcow2 -s $snapshotname $disk $destPath/$destName >&/
dev/null
```

中的-s $snapshotname 去掉，然后保存文件即可。

在管理主界面中选择“实例”，进入实例列表界面。单击需要创建快照的实例，在“详细信息”页面单击“查看卷”按钮，会列出该实例对应的所有卷，如图 8-82 所示。

在卷列表中选择一个需要创建快照的卷，进入此卷的详细信息列表，就可以进行快照操作了。可以看到，其中有一个“创建快照”和一个“创建重现快照”按钮，关于重现快照，后面将会进行讲解，在此单击“创建快照”按钮，如图 8-83 所示。

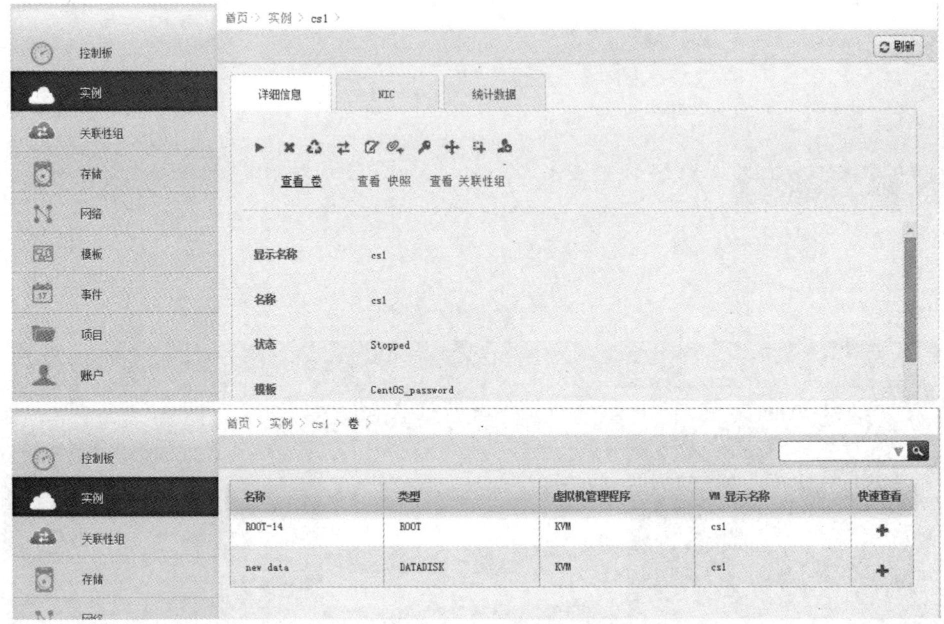

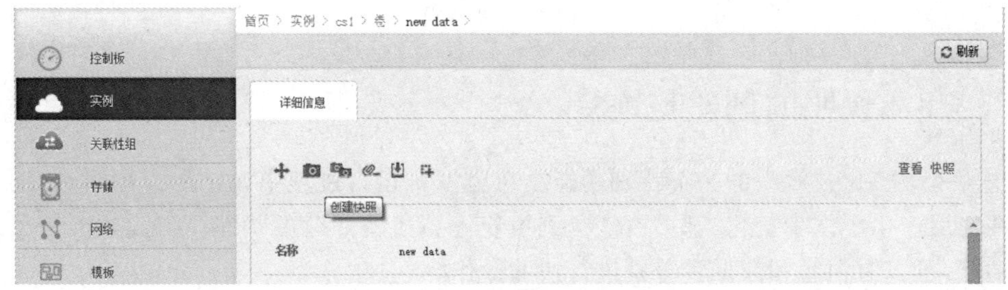

图 8-82　查看卷

图 8-83　创建快照

在弹出的确认对话框中单击“确定”按钮，等待系统进行快照操作，如图 8-84 所示。

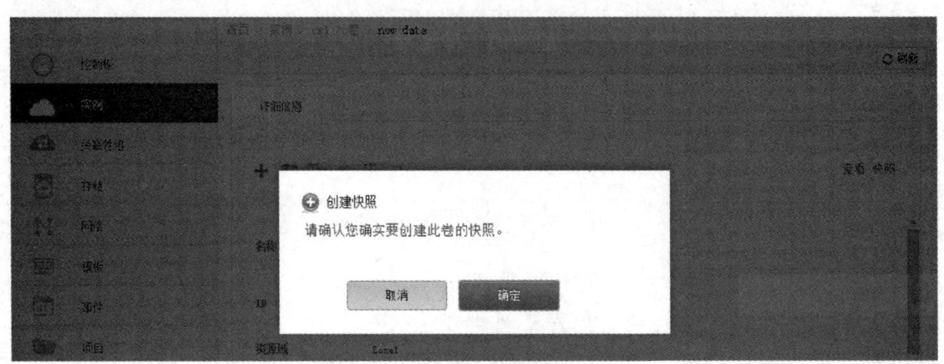

图 8-84　确认创建

单击管理主界面的“存储”选项，在“选择视图”下拉列表框中选择“快照”，即可进行快照查询，如图 8-85 所示。可以通过状态来查询快照制作的状态，如果状态显示为 BackedUp，说明快照制作成功。

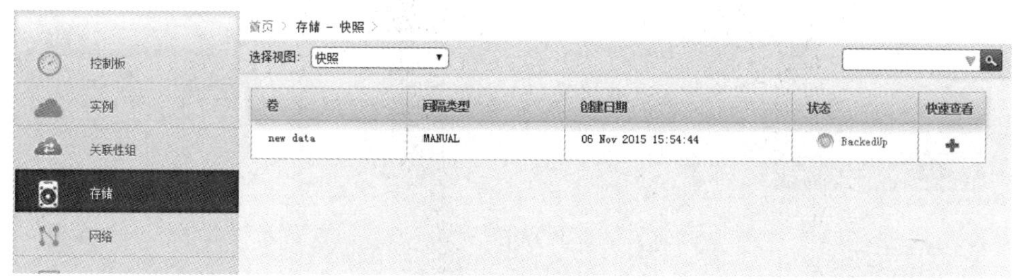

图 8-85 快照制作成功

下面介绍一下重现快照的功能。

设置重现快照实际上是对卷进行周期性的自动快照设置，单击“创建重现快照”按钮，将弹出重现快照设置，如图 8-86 所示，可以设置执行快照的周期。

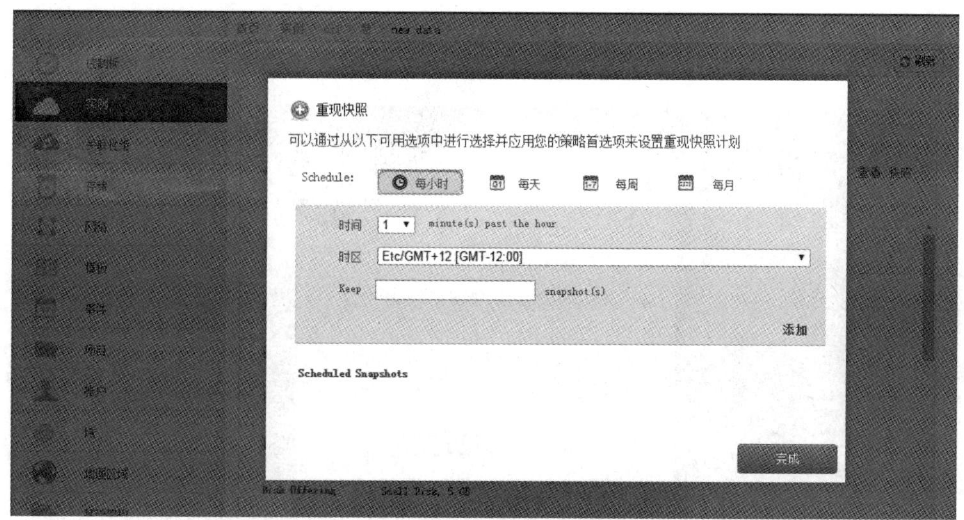

图 8-86 设置执行快照周期

Schedule：执行快照的时间周期。

时间：执行快照操作的时刻。

时区：选择一个时区作为快照执行的时间标准。

Keep：设置快照保存的份数，默认的最大份数为 8 份，不同周期的最大份数可以分别进行设定。

2. 恢复快照

快照恢复是指通过已经制作好的快照恢复模板或卷。

现在对存储中的快照进行恢复操作。在“存储”页面选择“快照”视图，进入查看快照列表页面，单击需要恢复的快照，进入相应的详细信息页面，如图 8-87 所示。

在图 8-87 的左上角有 3 个按钮，分别是“创建模板”“创建卷”和“删除快照”。建议将根卷的快照恢复为模板，将数据卷的快照恢复为卷，这样才可以正常使用。

单击“创建模板”按钮，将弹出“创建模板”对话框，在其中填写相应信息，完成模板的创建，如图 8-88 所示。

图 8-87　查看快照详细信息

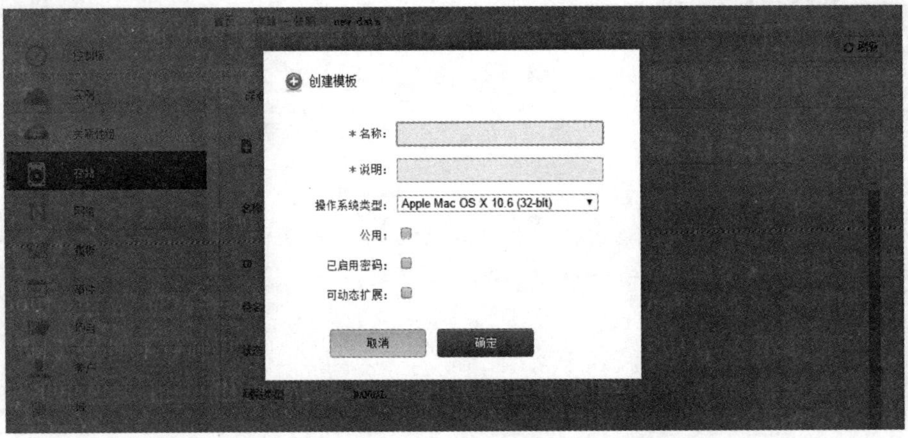

图 8-88　创建模板

单击“创建卷”按钮，将弹出“创建卷”对话框，如图 8-89 所示，填写完卷名称后单击“确定”按钮，等待系统创建新的卷。

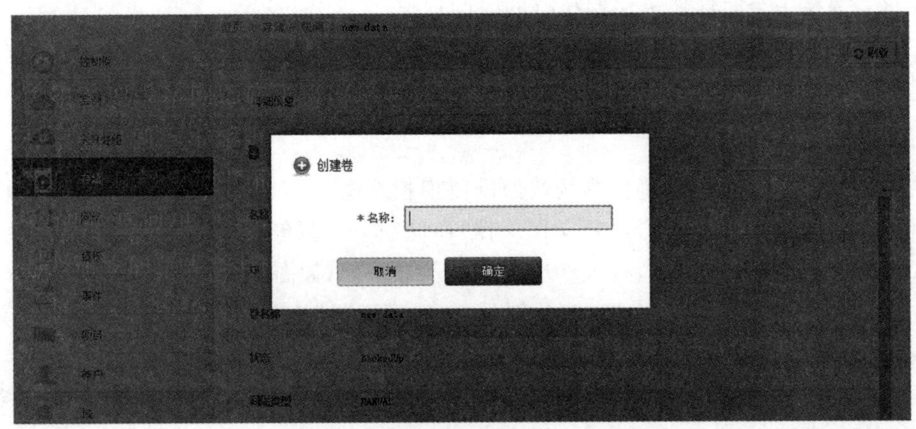

图 8-89　创建卷

从快照恢复的模板或者卷可以在对应的模板列表或卷列表中找到，只需按照其使用方法正常使用即可。

8.5 服务方案的使用

服务方案是 CloudStack 平台中的核心部件，与创建虚拟机的参数，以及虚拟机实例与计算节点、存储设备、网络架构之间的关系有关。

在 CloudStack 管理平台中，创建虚拟机的操作步骤和使用服务方案的方式与常规的方式有一些不同，CloudStack 是通过管理和使用服务方案的方式实现的。方案是整合配置一套参数并将其作为一种方案推出的，以供用户或系统使用。在每一个方案中可以看到很多可以配置的参数，用户在使用过程中直接选择一个方案即可。方案只能由管理员进行管理，最终用户只有使用权限。CloudStack 的服务方案有五种，分别是计算方案、系统方案、磁盘方案、网络方案以及 VPC 方案。

8.5.1 计算方案

计算方案是创建虚拟机时所需要的方案。在新创建的 CloudStack 系统中，默认已经包含了两个计算方案，如图 8-90 所示。

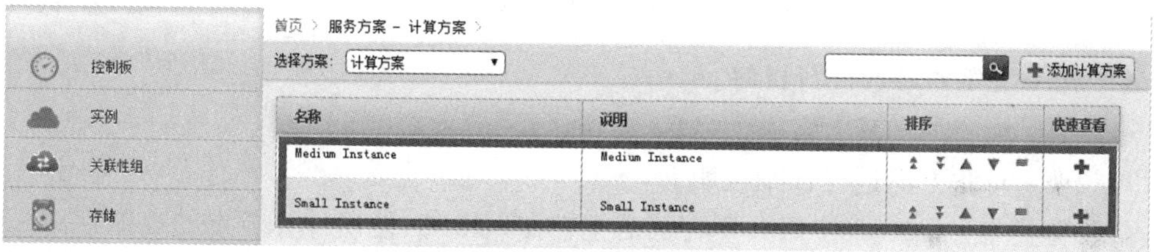

图 8-90 计算方案

下面以 Medium Instance 方案进行进一步的讲解。在 Medium Instance 方案中使用了 shared 存储类型，使用了一个 1GB 内核的 CPU 以及 1GB 的内存。在创建虚拟机的实例时选择此计算方案，虚拟机实例会使用一个 1GB 内核的 CPU 以及 1GB 的内存并将虚拟机的镜像文件存储在共享类型的主存储中。CloudStack 在统计一个集群的 CPU 资源时，用该集群下所有物理 CPU 的主频乘以核数，就得到一个总的频率值。例如，一个集群下有三台物理主机，每台物理主机有两个物理 CPU，每个物理 CPU 有四核，主频为 2.2GHz，则 CloudStack 将显示此集群的 CPU 资源为 3×2×4×2.2=52.8GHz。当创建了使用此计算方案的虚拟机实例后，系统会记录此集群的 CPU 资源被分配了 1GHz 的频率(这里是分配，而不是实际的使用)。CloudStack 有阈值的功能，当一个集群的 CPU 总资源分配量达到一定的百分比时，会报警或禁止在此集群申请 CPU 资源。

接下来了解一下计算方案都可以进行哪些参数的配置。在“服务方案”页面的“选择方案”中选择“计算方案”，单击右上角的“添加计算方案”按钮，进入计算方案添加界面，如图 8-91 所示。

由图 8-91 可以看到，在配置计算方案时有很多的参数配置。在此不一一进行介绍，只

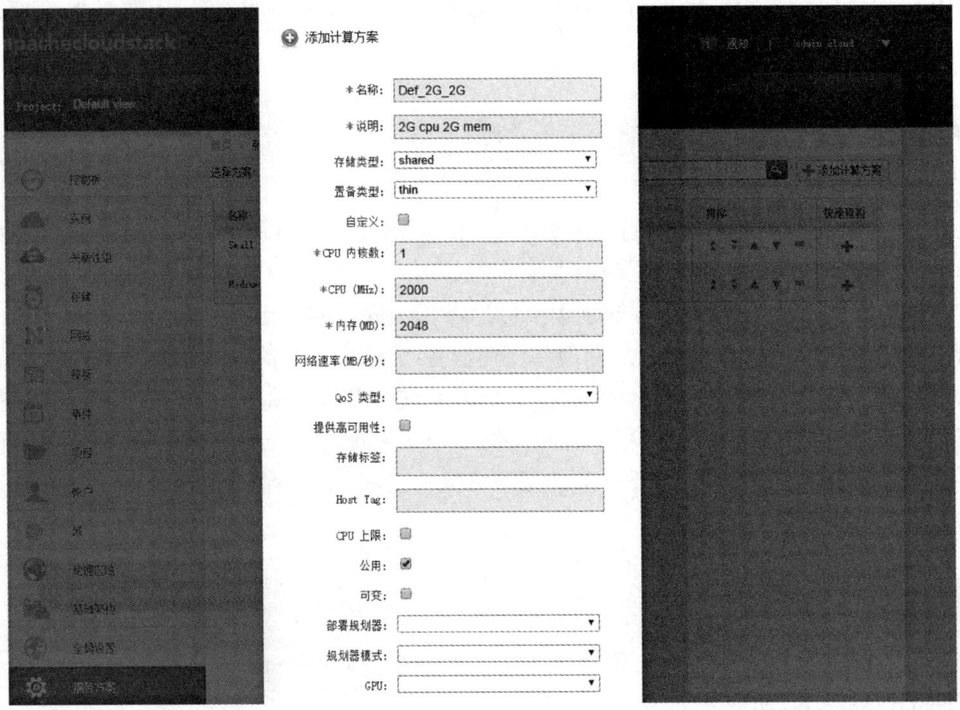

添加计算方案

* 名称：Def_2G_2G
* 说明：2G cpu 2G mem
存储类型：shared
置备类型：thin
自定义：
* CPU 内核数：1
* CPU (MHz)：2000
* 内存(MB)：2048
网络速率(MB/秒)：
QoS 类型：
提供高可用性：
存储标签：
Host Tag：
CPU 上限：
公用：
可变：
部署规划器：
规划器模式：
GPU：

图 8-91　添加计算方案

选取其中几个重要的参数进行讲解。

- 名称：为新的计算方案添加名称。
- 说明：对此方案进行详细说明。
- 存储类型：shared(使用共享存储的主存储)，local(使用计算节点的本地存储)。
- CPU 内核数：设定申请使用的 CPU 内核数目。
- CPU(MHz)：设定申请使用的 CPU 频率，不能超过物理 CPU 主频的上限。
- 内存：设定申请使用的内存资源数。
- 提供高可用性：创建带有此标志且使用共享存储的虚拟机实例，如果虚拟机所运行的主机出现意外故障，CloudStack 会在同一集群的另外一台主机上自动重启此虚拟机实例。
- 存储标签：指定将虚拟机镜像文件创建在带有相同标签的主存储上。
- 公用：是否为所有用户都可以使用的计算方案，默认“公开”。

系统管理员通过创建不同类型的计算服务方案，可以为用户提供创建虚拟机实例的整套方案，以满足不同用户对使用虚拟机的不同要求。需要注意的是，已经创建的计算方案，其参数不可以再次修改。

8.5.2　系统方案

系统方案与计算方案类似，参数的设定也比较类似，系统方案是特别提供给系统虚拟机使用的，如图 8-92 所示。

由图 8-92 可以看出，系统为每一种系统虚拟机各添加了一个默认的系统方案，单击相

图 8-92 系统方案

应的系统方案，就可以查看其详细信息。

添加一个系统方案也十分简单。在系统方案界面单击右上角的“添加系统服务方案”按钮，会弹出相应的“添加系统服务方案”对话框，如图 8-93 所示。

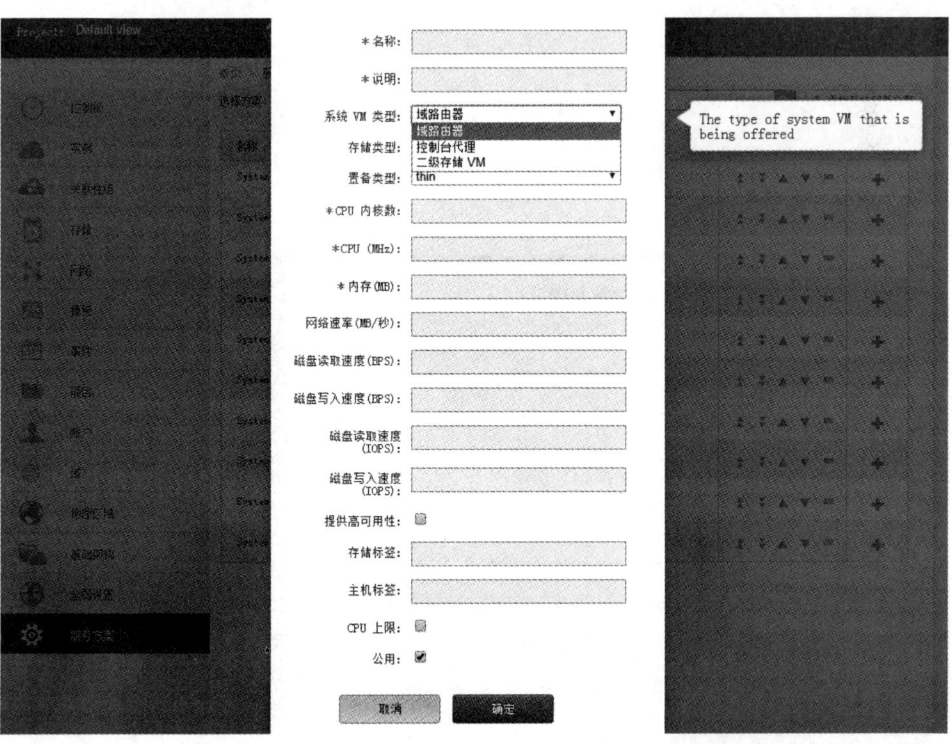

图 8-93 添加系统服务方案

相应的配置参数与计算方案中的配置参数类似，在此不再详细叙述。在添加系统服务方案中，多了一个“系统 VM 类型”选项，由于系统服务方案是为相应的系统虚拟机使用的，因此如果选择了“域路由器”，则此系统方案只供虚拟路由器类型的系统虚拟机使用。

8.5.3 磁盘方案

磁盘方案和计算方案类似，是为用户提供创建虚拟机所需的根卷或数据卷所使用的方案。CloudStack 系统默认建立了四个磁盘方案，如图 8-94 所示。

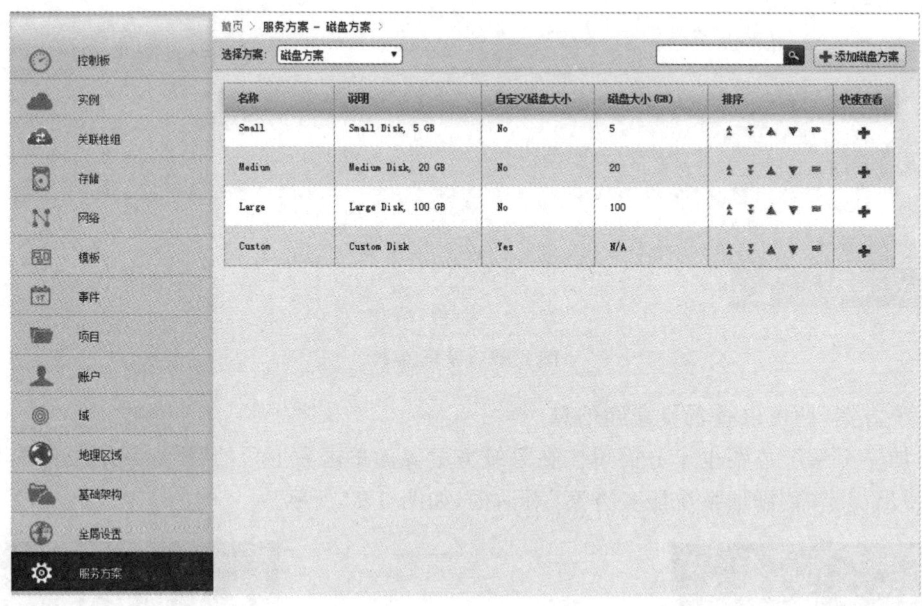

图 8-94　磁盘方案

单击磁盘方案页面右上角的“添加磁盘方案”按钮，将弹出“添加磁盘方案”对话框，如图 8-95 所示。

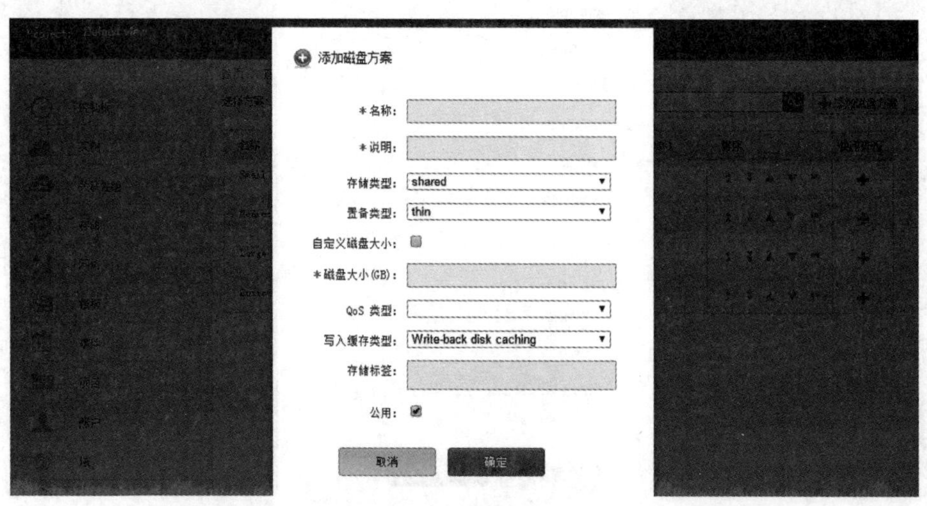

图 8-95　添加磁盘方案

- 名称：为新建的磁盘方案设定一个名称。
- 说明：为新建的方案添加详细的描述。
- 存储类型：shared(使用共享存储的主存储)，local(使用计算节点的本地存储)。
- 置备类型：分为 thin(精简置备)、fat(厚置备)以及 sparse(精简置备的另一种形式)。精简置备当创建一个指定大小的镜像时，在硬盘上面不会真的马上占用指定大小的空间，大小是缓慢增加的，用多少空间就占用多少空间；厚置备是指在创建一个指定大小的镜像时，在硬盘上将会占用指定的空间大小而无论镜像中有没有写内容。
- 自定义磁盘大小：指磁盘方案的容量是直接分配固定值还是在创建虚拟机的过程中动态指定。
- 磁盘大小：当使用非自定义磁盘时，指定的固定磁盘容量值。
- QoS 类型：分为两种，即 Hypervisor 和 Storage，是指通过哪种机制来实现存储的 QoS 功能。
- 写入缓存类型，分为 No disk cache、Write-back 和 Write-thought。No disk cache 不指定磁盘缓存，Write-back 和 Write-thought 指当虚拟机在硬盘上面写文件，是马上返回还是等写入成功再返回；Write-back 速度快，但可能丢数据，Write-thought 速度慢，但不会丢数据。
- 公用：是否为所有用户都可以使用的磁盘方案，默认为选中。

8.5.4 网络方案

CloudStack 在网络管理方面的功能非常全面、强大，网络功能是 CloudStack 系统中重要的组成部分。CloudStack 默认已经添加了多个网络方案，如图 8-96 所示。

首页 > 服务方案 - 网络方案 >

选择方案：网络方案　　添加网络方案

名称	状态	排序	快速查看
DefaultSharedNetworkOfferingWithSGService	Enabled		+
DefaultSharedNetworkOffering	Enabled		+
DefaultIsolatedNetworkOfferingWithSourceNatService	Enabled		+
DefaultIsolatedNetworkOffering	Enabled		+
DefaultSharedNetscalerEIPandELBNetworkOffering	Enabled		+
DefaultIsolatedNetworkOfferingForVpcNetworks	Enabled		+
DefaultIsolatedNetworkOfferingForVpcNetworksNoLB	Enabled		+
DefaultIsolatedNetworkOfferingForVpcNetworksWithInternalLB	Enabled		+
QuickCloudNoServices	Enabled		+

图 8-96　网络方案

单击任意一个网络服务方案，可以看到该服务方案的配置信息。对于已经添加的方案，其配置参数不能再更改，默认的网络方案不能被删除，只能禁用或者启用。

如果想添加一个新的网络方案，可以单击网络方案页面右上角的“添加网络方案”按钮，打开“添加网络方案”对话框，如图 8-97 所示。

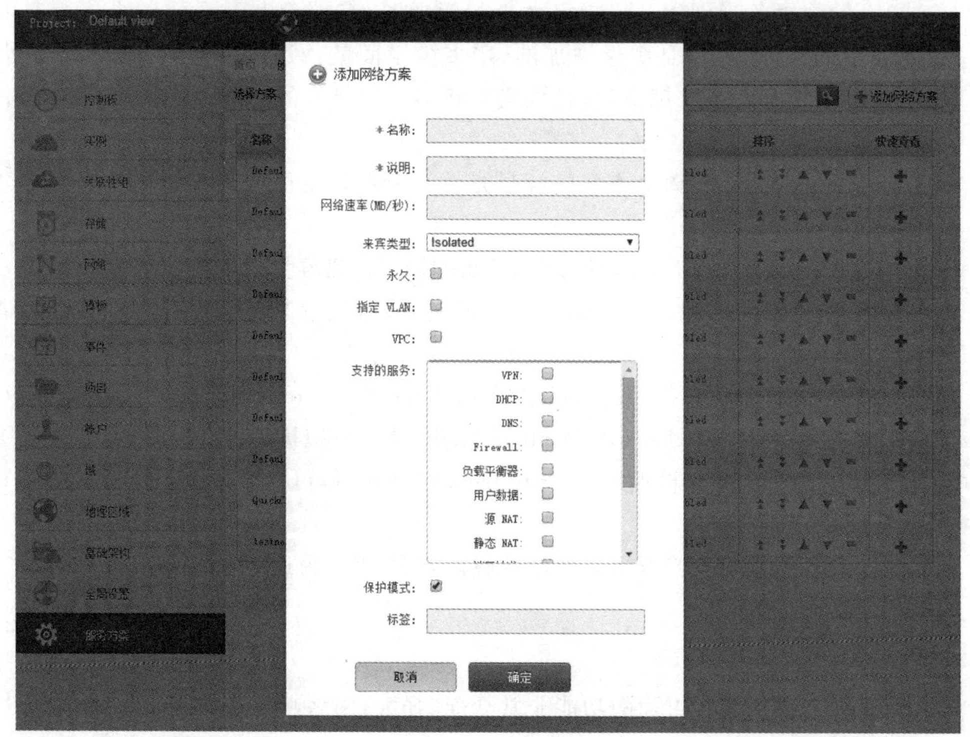

图 8-97　添加网络方案

- 名称：设置一个网络方案的名称。
- 说明：多此方案进行详细的说明。
- 网络速率：用于设定网络的带宽。
- 来宾类型：Isolated(应用于隔离网络)和 Shared(应用于共享网络)。
- 指定 VLAN：若选择此项，则在此方案创建 VPC 或隔离网络时，可以指定 VLAN ID。
- VPC：用于设置此网络方案是否应用于 VPC 网络。
- 支持的服务：所有 CloudStack 可以提供的网络功能，可以根据需要进行选择。学生可以查询相关网络功能的概念，在此不进行讲解。
- 保护模式：如果选择此项，则使用该方案的所有公共网络 IP 地址可以同时使用多种网络功能；如果不选择，则使用此方案的网络，一次只能提供一种功能。在 VPC 网络中，此选项是不可用的。
- 标签：指定带有相同标签的物理网络使用。

8.5.5　VPC 方案

VPC 方案是 CloudStack 系统中专为创建 VPC 网络所能选择和使用的网络方案。在

CloudStack 系统中默认会创建两种 VPC 方案，如图 8-98 所示。

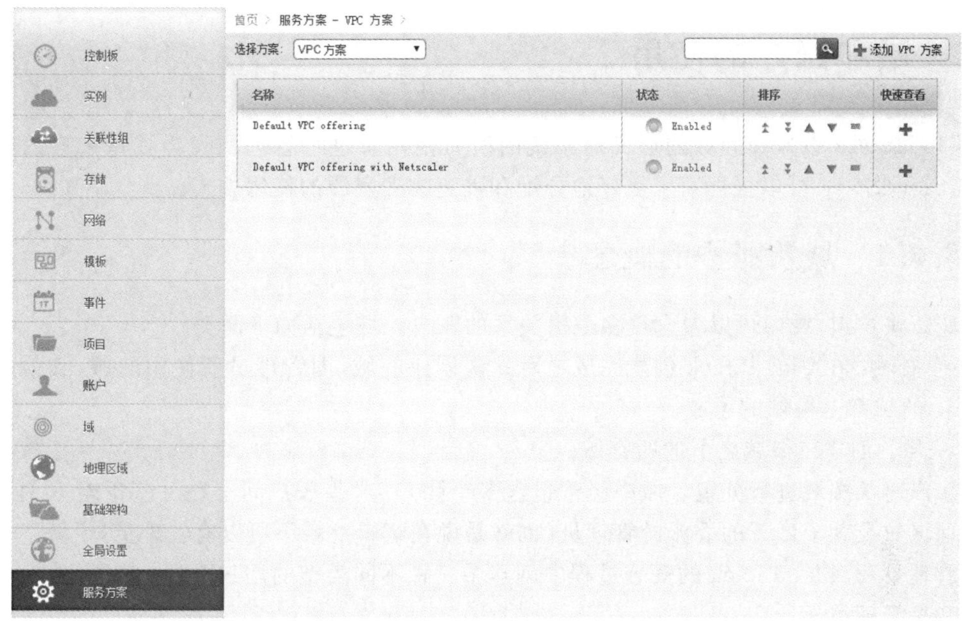

图 8-98 VPC 方案

可以通过单击 VPC 网络服务页面右上角的“添加 VPC 方案”按钮，添加一个新的 VPC 方案，如图 8-99 所示。

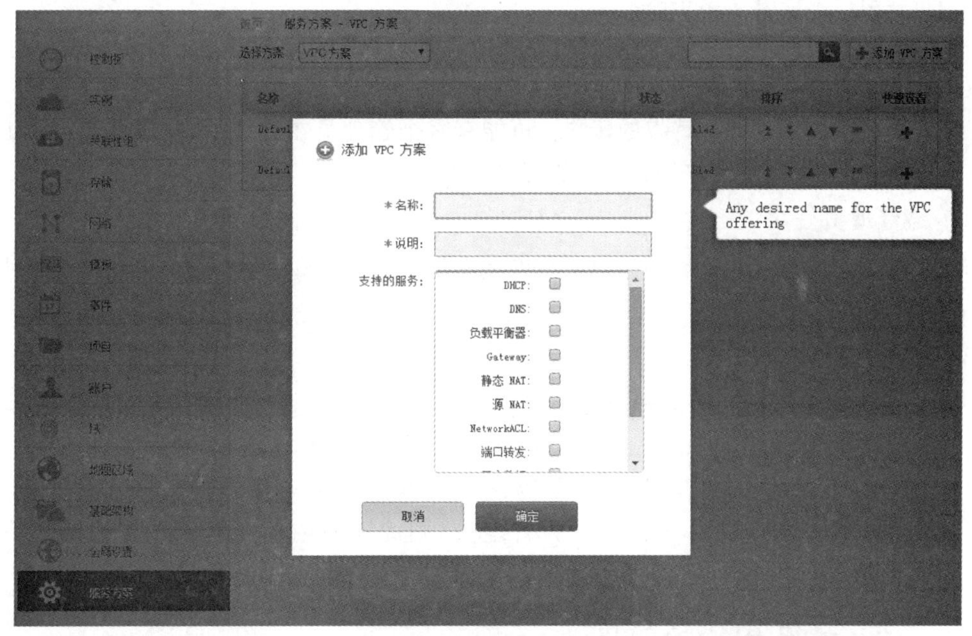

图 8-99 添加 VPC 方案

填写必要的名称和说明，选择相应的所支持的服务，即可完成 VPC 网络的添加。此时在添加网络时，如果想创建一个 VPC 网络，则此网络方案将会在网络方案列表中出现；如果添加的是普通网络，则此方案将不会在网络列表中出现。

8.6 域和账户的使用

CloudStack 以账户和域的形式对系统的所有使用者进行管理。配合域和账户的组织形式，CloudStack 可以根据需求更好地分配和隔离物理资源的使用方式。

8.6.1 域及账户的概念

域即账户组，域内可以包含很多逻辑关系的账户。域包括如下两类。

- 根域：在 CloudStack 创建完成之后默认创建的域，即管理员所使用的域，其他新建的域都是根域的子域。
- 域：创建在根域之下的所有域。

账户通常按域进行分组。域中经常包含多个账户，这些账户间存在一些逻辑上关系和一系列该域及其子域下的委派的管理员（也就是说在逻辑上域下可以有管理员，子域下也可以有管理员）。CloudStack 的安装过程中创建了三种不同类型的用户账户：普通用户、域管理员和根管理员。

1. 普通用户

用户就像是账户的别名。在同一账户下的用户彼此之间并非隔离的。但是他们与不同账户下的用户是相互隔离的。大多数安装不需要用户的表面概念；他们只是每一个账户的用户。同一用户不能属于多个账户。

多个账户中的用户名在域中应该是唯一的。相同的用户名能在其他的域中存在，包括子域。域名只有在全路径名唯一的时候才能重复。

管理员在系统中是拥有特权的账户。可能有多个管理员在系统中，管理员能创建删除其他管理员，并且修改系统中任意用户的密码。

2. 域管理员

域管理员可以对属于该域的用户进行管理操作。域管理员在物理服务器或其他域中不可见。

3. 根管理员

根管理员拥有系统完全访问权限，包括管理模板、服务方案、客户服务管理员和域。

用户是登录和使用 CloudStack 的基本账号单位，账户是一组用户的集合，域是一组账户的集合。CloudStack 可以将一定的物理资源网络分配给账户，而不是用户。用户继承配置账户角色的权限，如果账户为管理员，则此账户内的所有用户都有域管理员权限。

8.6.2 域及用户的管理

1. 域的管理

登录 CloudStack，在导航选项中单击“域”选项，可以看到如图 8-100 所示的界面。

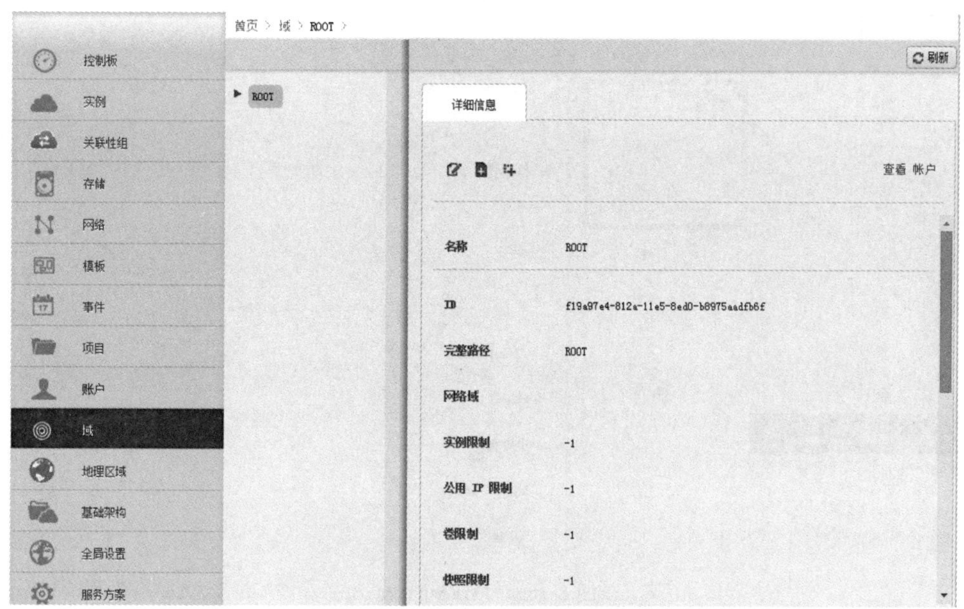

图 8-100 域的详细信息

1）添加域

默认情况下只有 ROOT 域。在此根域的详细信息页面单击左上角的第二个按钮（添加域），将弹出“添加域”对话框，用于创建 CloudStack 系统的第一个域，如图 8-101 所示。

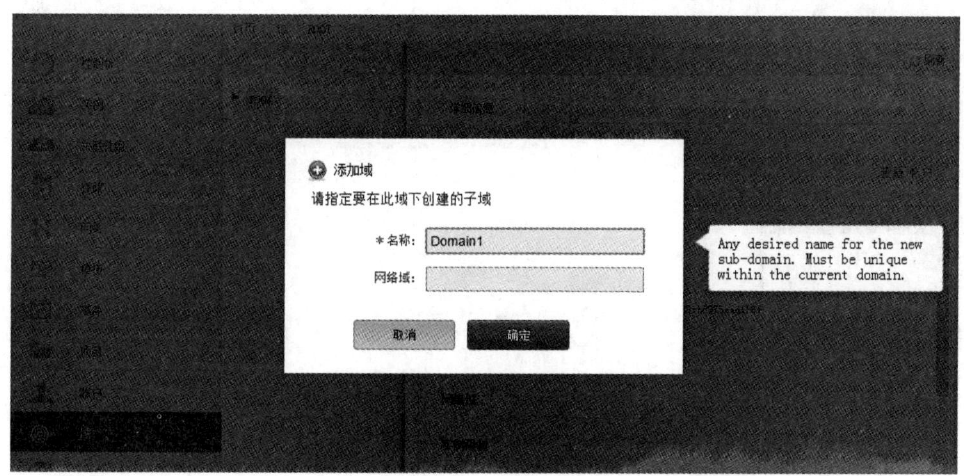

图 8-101 添加域

为域填写一个名称，单击“确定”按钮后，刷新页面，单击 ROOT 左边的三角形按钮，将会看到刚刚创建的域 Domain1，如图 8-102 所示。

选中 Domain1，继续添加一个域 Domian2，添加后查看 Domain2 的详细信息，通过左边的树形结构以及 Domian2 域的完整路径，可以清楚地知道这个域所在的层级及其父级域的关系，如图 8-103 所示。

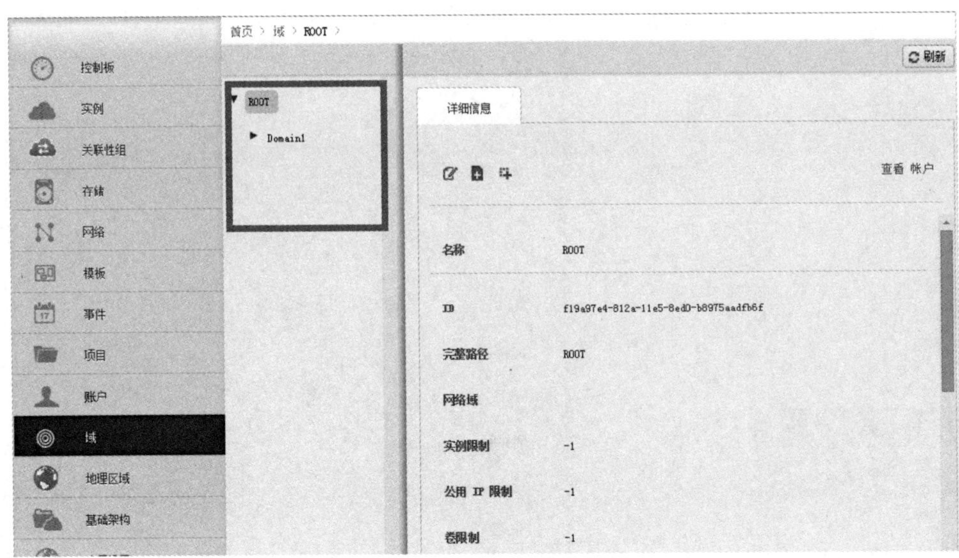

图 8-102　Domain1 域

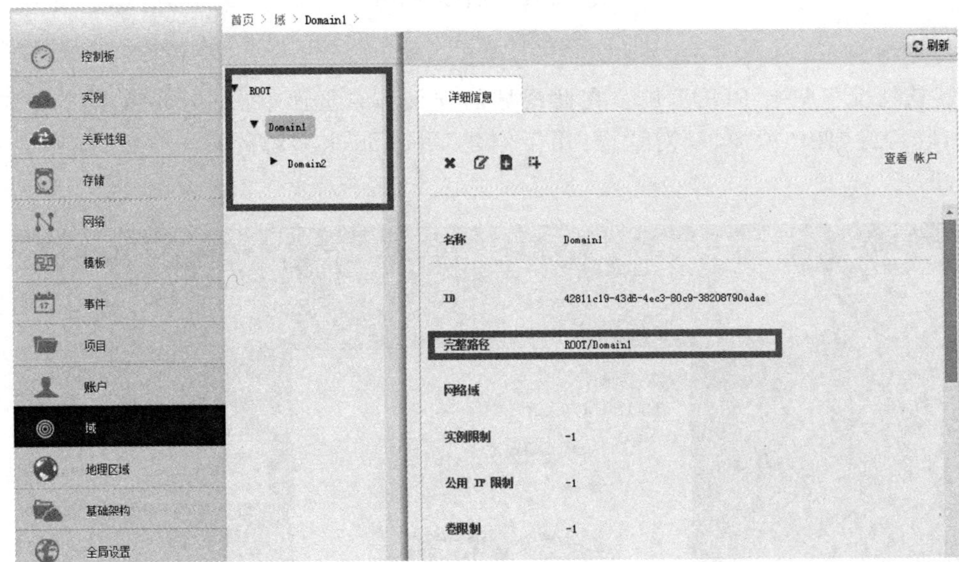

图 8-103　Domain2 域

2) 删除域

单击计划删除的域,在其详细信息界面单击“删除”按钮即可。

删除域的时候有以下几个条件需要注意:

- 如果域中包含账户,需要先删除账户,然后才可以删除域。
- 如果域中包含下级子域,需要先删除下级子域后才可以删除父域。
- 根域(ROOT)不可以删除。

3) 配置和管理域

在配置和管理域中,主要是以域为范围限制域内所使用的资源数量。选中需要配置的

域，在详细信息页面单击“编辑域”按钮，如图 8-104 所示。

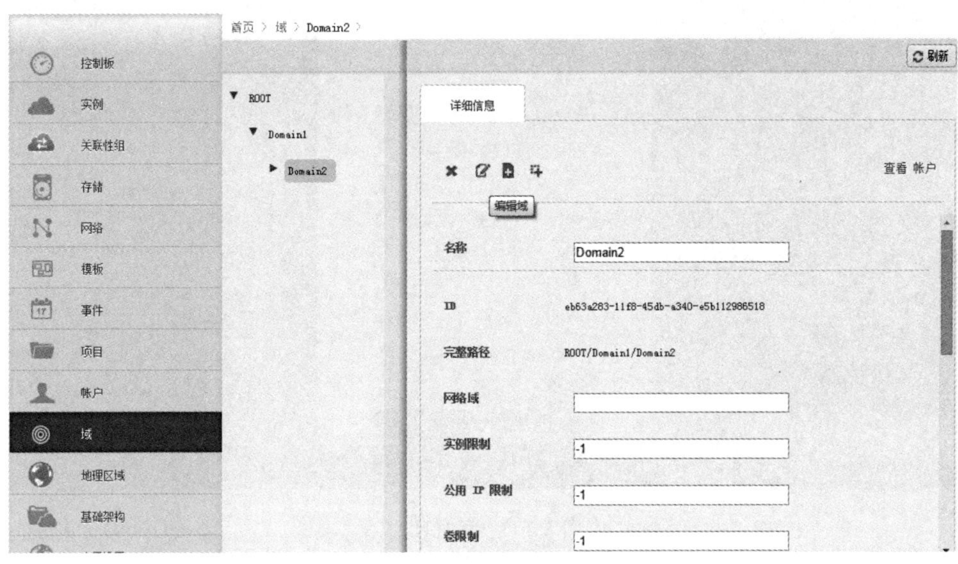

图 8-104 编辑域

除修改名称外，可以对实例的数量、公用 IP 地址的数量、模板的数量等进行资源使用限制。默认配置为－1，代表无限制，可以填入任意的数值以设置策略。

2. 账户的管理

学习了对域的管理操作之后，再介绍对账户的管理操作。登录 CloudStack，在导航选项中单击“账户”选项，可以看到如图 8-105 所示的界面。

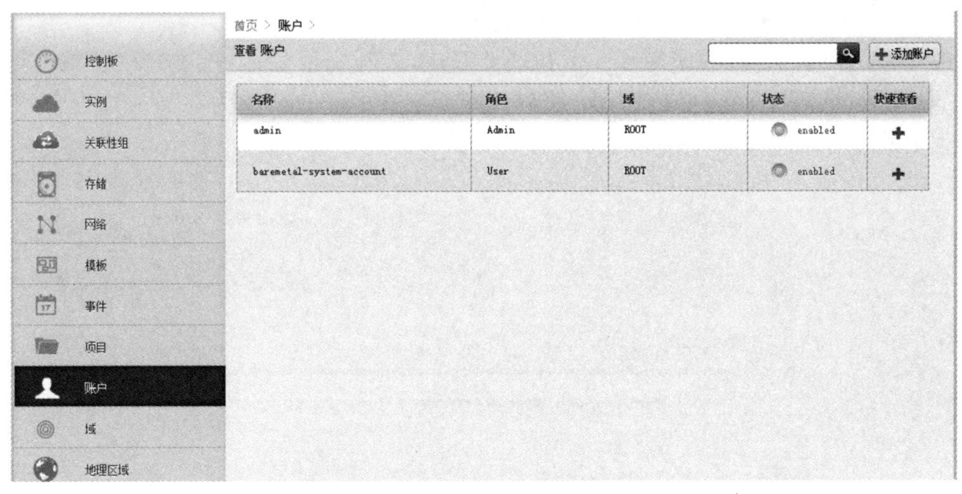

图 8-105 账户显示

1）添加账户

单击界面右上角的“添加账户”按钮，会弹出“添加账户”对话框，如图 8-106 所示。

- 用户名：创建一个用户名在登录的时候使用。
- 密码：登录名对应的密码。

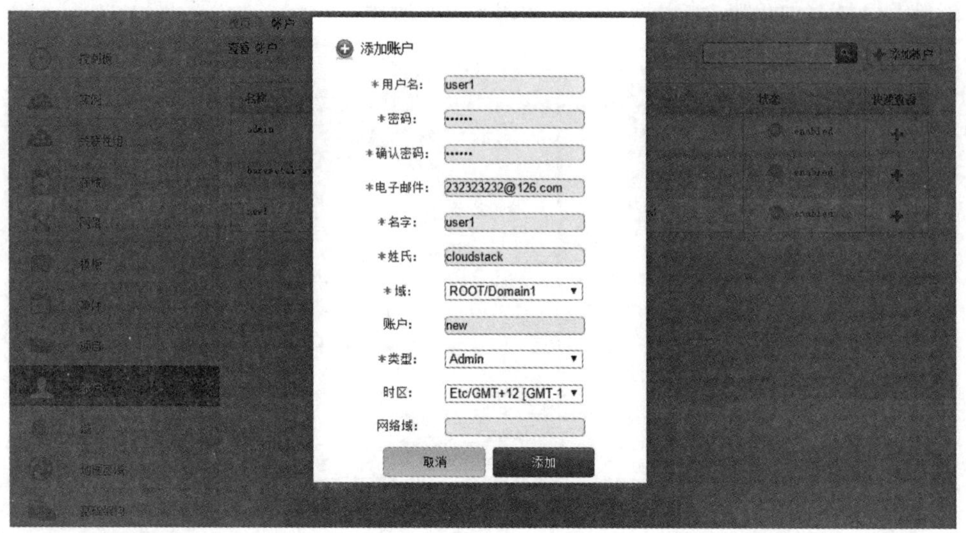

图 8-106 添加账户

- 电子邮件：当发生与此账户相关的警告时会发送邮件到此地址。
- 名字：此账户使用者的名字。
- 姓氏：此账户使用者的姓氏。
- 域：此账户所在的域。
- 账户：为新账户创建名称，如果不填写将会使用默认的与用户名相同的账户名。
- 类型：设置账户是普通用户还是域管理员。
- 时区：用户所在的时区。
- 网络域：为此用户所属的虚拟机配置自定义的域名后缀。

在此，在 Domain1 域中添加了一个管理员账户，填写完信息后，单击"确定"按钮，完成账户的创建。此时返回账户列表页面，可以看到新创建的账户名称为在添加过程中"账户"文本框中所填写的名称，如图 8-107 所示。

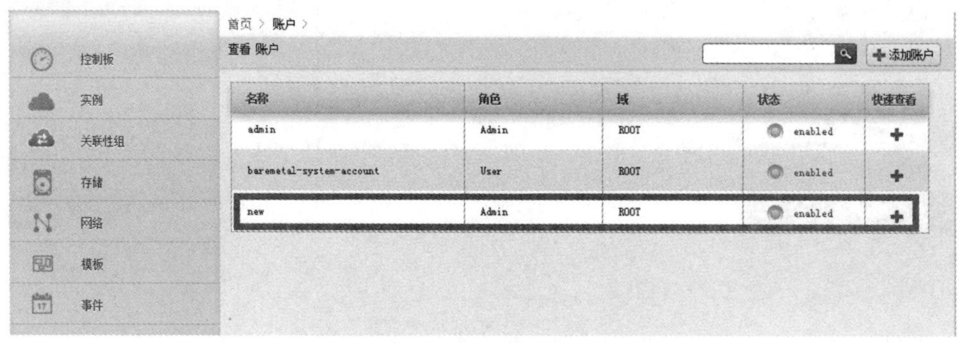

图 8-107 添加账户

单击 new 账户，再单击"详细信息"页面右上角的"查看用户"按钮，可以看到用户的名称 user1，所以在创建账户的同时，也创建了账户内的第一个用户，用户名即为创建账户时候的用户名，如图 8-108 所示。

图 8-108 查看用户

通过同样的方法，创建账户时在“类型”中选择 User，就可以添加普通账户，在域 Domain1 中添加一个 user2 账户，如图 8-109 所示。

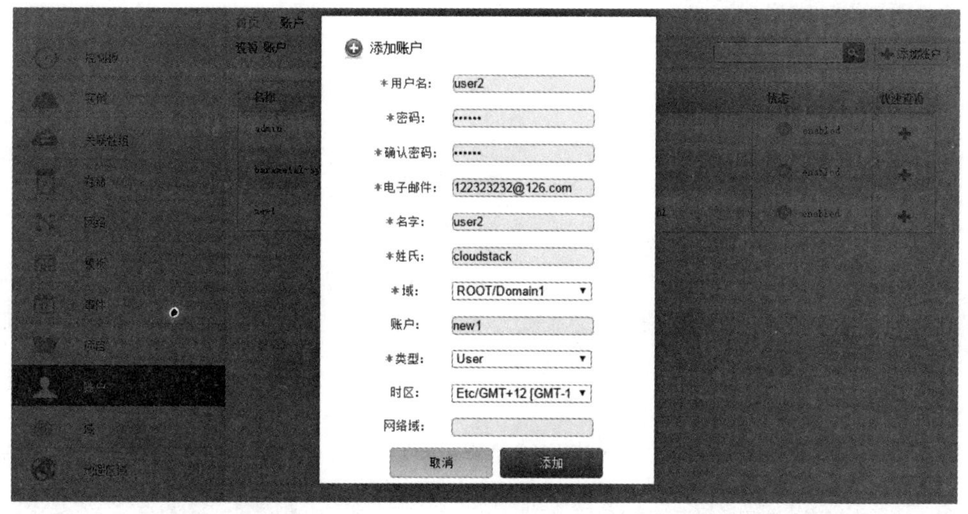

图 8-109 添加 user2 账户

2）添加用户

在用户查看页面中，单击右上角的“添加用户”按钮，添加新的用户，此时会弹出“添加用户”对话框，如图 8-110 所示，单击“确定”按钮完成添加。

关于各个参数的含义，与添加账户时的参数含义一致，此处不再赘述。

此时再次进入用户管理页面就会看到刚刚创建的用户了，如图 8-111 所示。

3）删除用户

在用户列表界面中选择计划删除的用户，进入详细信息页面，在用户的详细信息页面有五个按钮。

• 编辑：用于编辑用户名、邮箱、姓名等信息。

图 8-110　添加用户

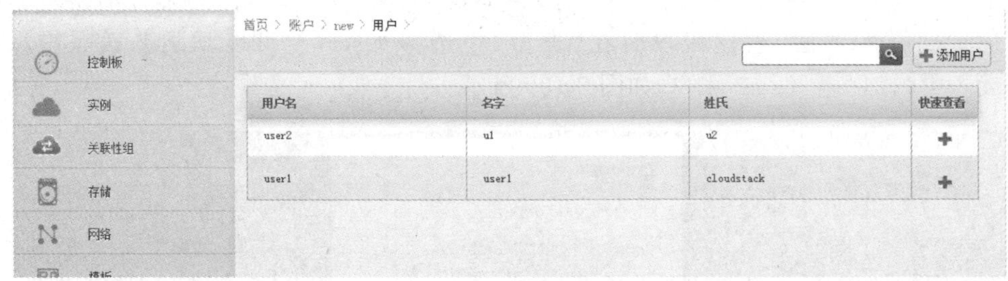

图 8-111　查看新建用户

- 更改密码：更改用户的密码。
- 生成密钥：单击该按钮后，会在"API 密钥"和"密钥"栏中生成一串密钥，可用于用户调用 API 等操作。
- 禁用用户：禁用后，该用户将无法登录和使用系统。
- 删除用户：删除当前的用户。

单击"删除用户"按钮，即可完成用户的删除，如图 8-112 所示。

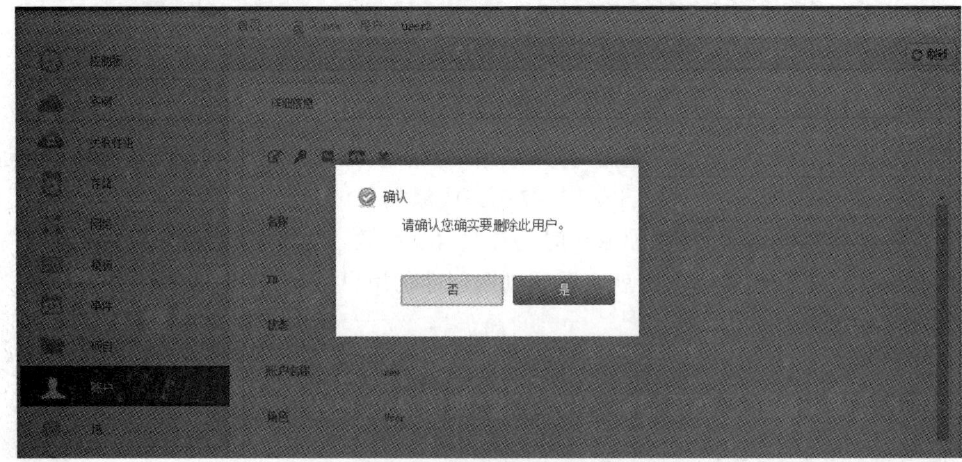

图 8-112　删除用户

4）删除账户

在账户管理页面选择计划删除的账户，进入详细信息页面，在账户的详细信息页面有五个按钮。

- 编辑：用于设定此账户的资源使用限制等信息。
- 更新资源数量：将会手动刷新当前账户下使用资源的数量。
- 禁用账户：禁用后，该账户内的所有用户将无法登录和使用系统。
- 锁定账户：锁定账户后，账户内的用户仍然可以登录和使用系统中已经申请的资源，但是不能再申请新的资源。
- 删除账户：删除当前的账户。

单击"删除账户"按钮，即可完成账户的删除(删除账户时应将账户内所有的用户都删除)，如图 8-113 所示。

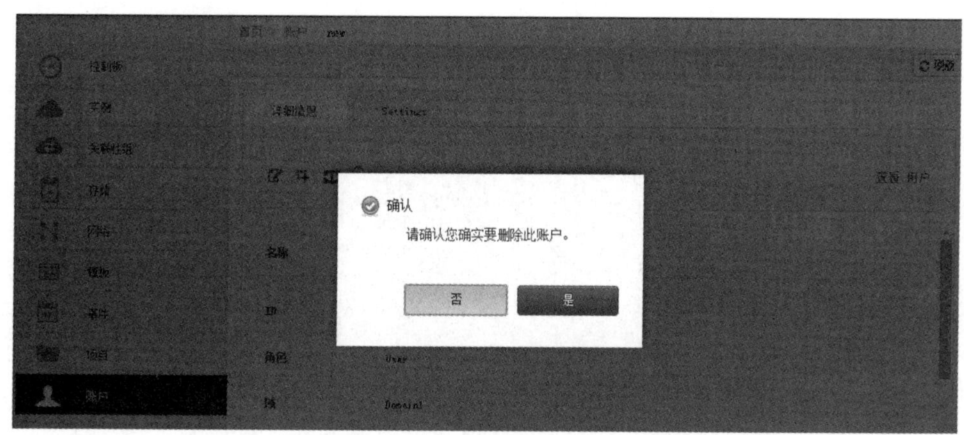

图 8-113 确认删除账户

8.6.3 普通用户登录 CloudStack

在创建了域、账户和用户后，不同的角色登录系统的方法和使用的功能将会与管理员的登录完全不一样。

首先使用域管理员用户登录，我们之前创建的域管理员的用户名是 user1，密码是 111111，属于 Domain1 域，因此在登录页面上，除了要填写用户名和密码外，还需要选择相应的域，如图 8-114 所示。

使用域管理员登录后，看到的界面与系统管理员登录看到的界面相差很多，如图 8-115 所示。域管理员除了可以申请资源，还可以查看自己所管辖的域内的子域的所有账户和用户信息。

而使用普通账户登录后，管理界面如图 8-116 所示，除了完整的资源申请功能外，无法查看域信息，在账户页面也只能看到用户所属账户的所有用户列表。

无论是何种角色的账户，创建和管理虚拟机或资源的操作方式都是一致的。

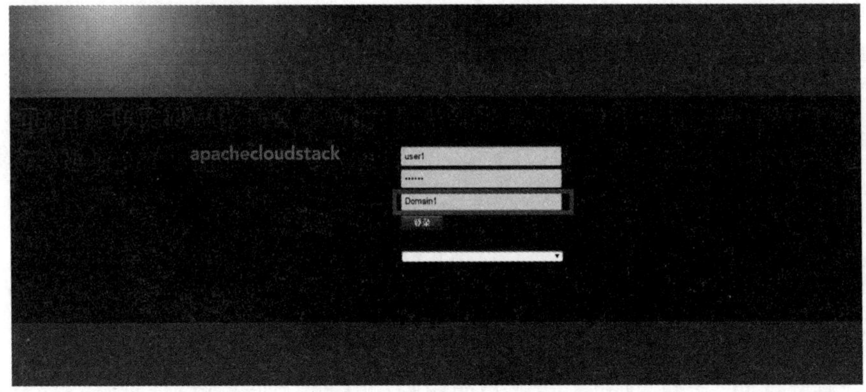

图 8-114　登录 CloudStack

图 8-115　首页

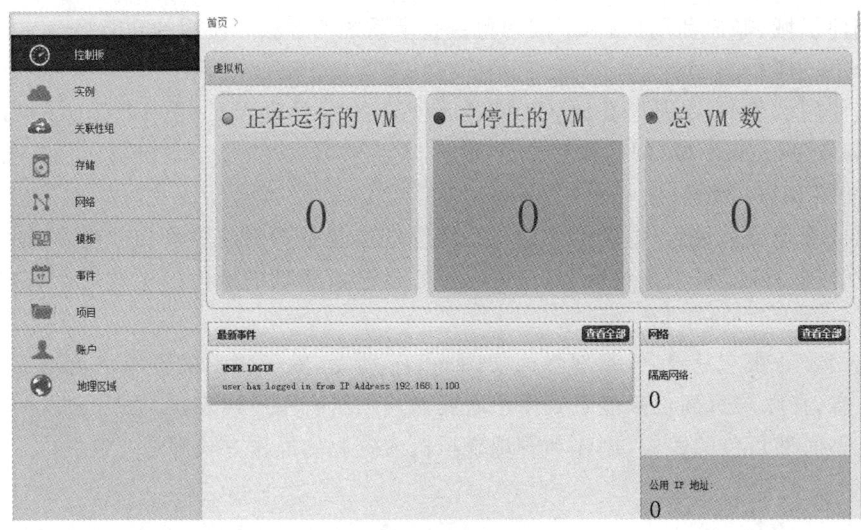

图 8-116　管理界面

8.7　项目的使用

在 CloudStack 中，可以根据需要创建不同的项目来实现人员和资源的逻辑分组。每一个项目内的成员，可以共享所有的虚拟机资源。CloudStack 会跟踪每一个项目中的资源使用情况。

CloudStack 可以配置为允许任何人创建项目，也可以配置为只允许管理员创建项目。项目被创建后只有一个项目管理员。项目管理员可以将权限和资源分配给该项目的其他用户。项目的成员可以查看和管理项目中的所有虚拟机资源。项目管理员可以更改整个项目虚拟资源受限的数量。一个用户可以属于多个项目，一个项目也可以用于多个用户。

项目的使用和之前介绍的用户域是分不开的。项目允许同一个域中不同的账户共享和管理虚拟资源。在项目中，只有项目管理员可以邀请或阻止同一个域中的不同账户到项目中去。

8.7.1　创建项目

下面介绍如何创建一个项目。

如果想让普通角色的用户也能够创建项目，可以在全局设置中检查 allow. user. create. projects 参数的值是否为 true。

可以参考以下步骤创建一个项目：

(1) 根据之前创建的域和账户，在这里选择 Domain1 域的管理员 user1 进行操作。如果使用默认的管理员账户登录，创建的项目将会属于根域；如果项目属于普通域，则使用该域下的管理员账户进行项目的创建。

(2) 使用 user1 账户登录后，单击导航栏中的“项目”选项，会显示项目的详细信息。如果是第一次进入会看不到任何数据。单击左上角的“新建项目”按钮，弹出如图 8-117 所示的对话框，在该对话框中输入项目的名称和显示文本，然后单击“创建项目”按钮。

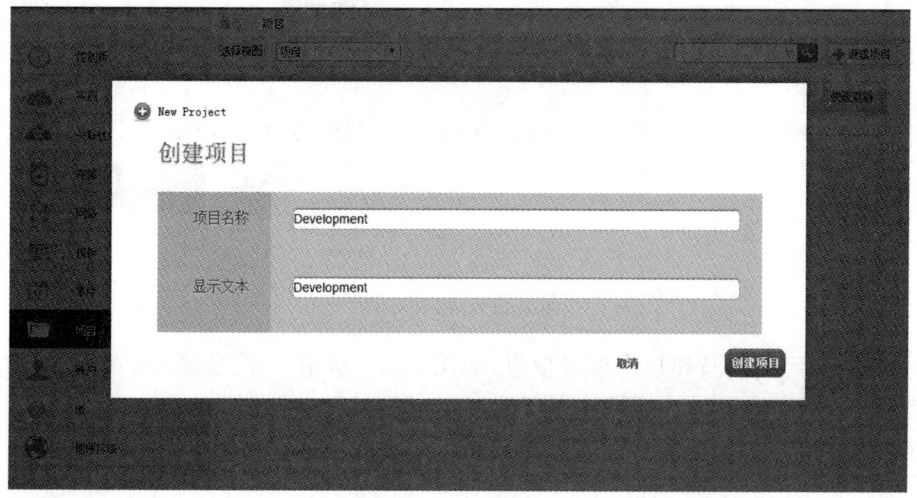

图 8-117　创建项目

(3) 此时对话框以只读形式显示刚刚创建的项目名称和显示文本，如图 8-118 所示。如果要继续添加账户，则单击“添加账户”按钮，向导会一步步指导完成添加。

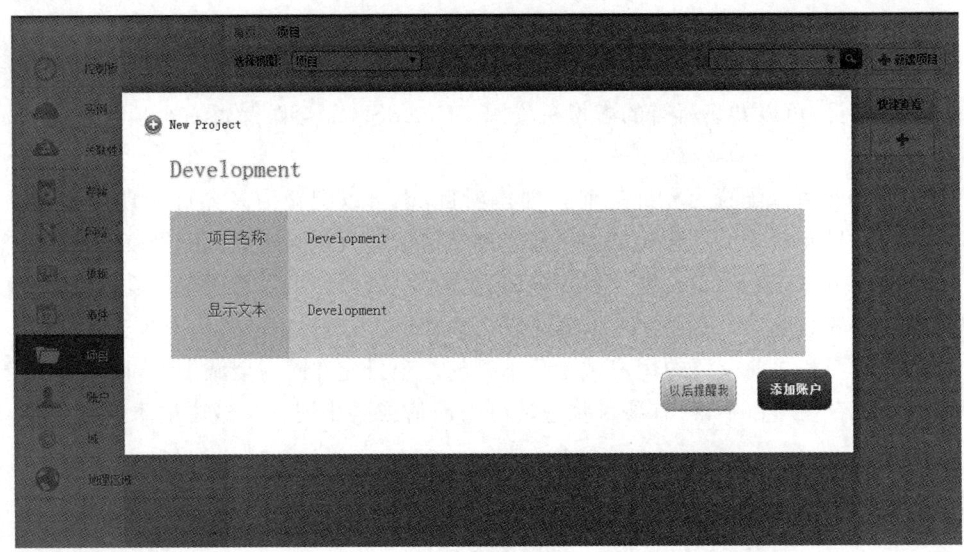

图 8-118　添加账户

(4) 单击“添加账户”按钮，添加向导会变成添加账户的界面，如图 8-119 所示。输入之前创建的 new1 账户进行添加(只能添加相同域内的账户，不能添加不同域中的账户或者同一域中的用户)。

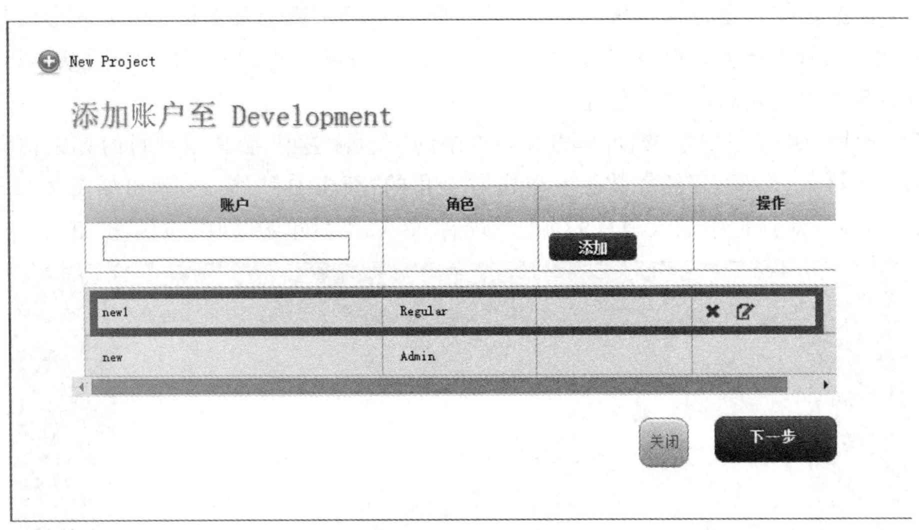

图 8-119　添加账户

(5) 单击“下一步”按钮再次核对信息，如图 8-120 所示。在“资源”选项卡中可以对此项目使用的资源进行限制，如图 8-121 所示。

(6) 单击“保存”按钮，项目就创建完成了。

图 8-120　核对信息

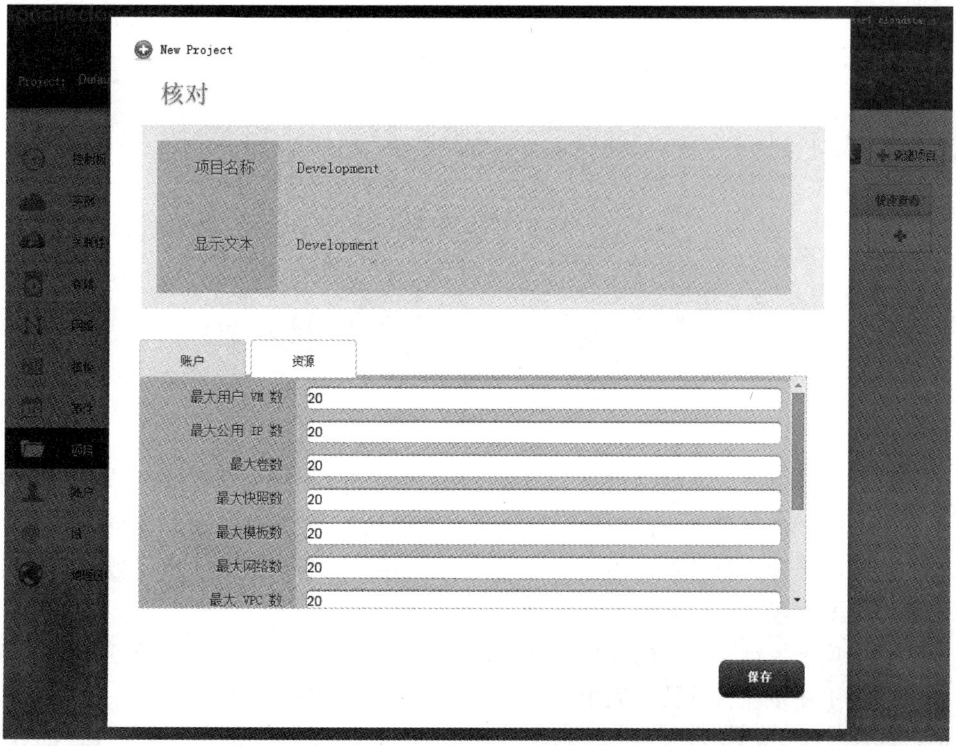

图 8-121　进行资源限制

8.7.2 管理项目

在项目列表页面检查这个名为 Development 的项目，因为它是由属于 Domain1 域的管理员创建的，因此该项目属于 Domain1 域，而且处于激活状态，如图 8-122 所示。

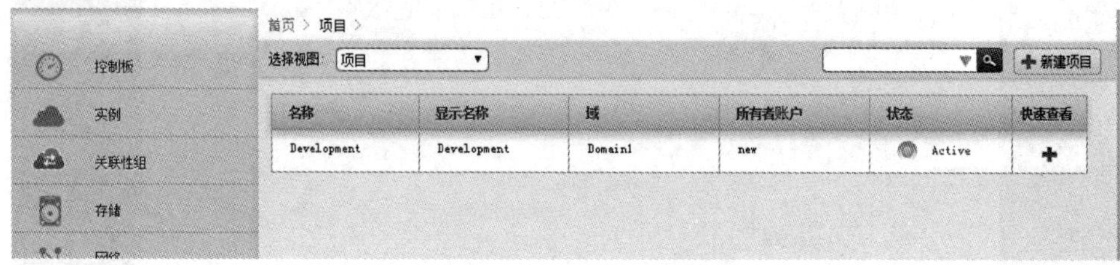

图 8-122　项目列表

单击该项目，会显示“详细信息”“账户”“资源”三个选项卡，如图 8-123 所示。

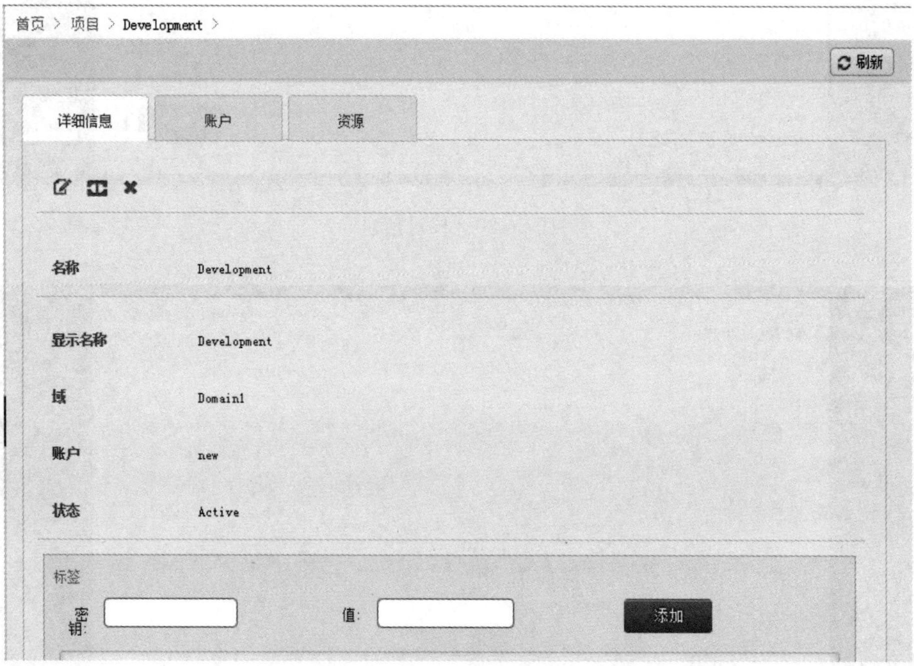

首页 > 项目 > Development >
刷新
详细信息
账户
资源
名称 Development
显示名称 Development
域 Domain1
账户 new
状态 Active
标签
密钥:
值:
添加

图 8-123　项目参数

“详细信息”选项卡主要提供用户对该项目的控制操作，如显示名称修改、项目禁用和删除。在“详细信息”选项卡中，有“编辑”“暂停项目”“删除项目”三个按钮。项目暂停后，项目中已有的虚拟资源和账户都不可用，也不能创建新的用户和虚拟资源。项目被删除之后，项目中的所有资源和账户都会被删除和释放。

“账户”选项卡提供了账户的管理功能。在该选项卡中可以看到，项目创建向导中的两个账户已经显示在该项目成员列表中，如图 8-124 所示。如果需要添加或删除账号，可以在此页面进行管理。new 账户为创建者，则其角色为 Admin，后续添加的角色都是 Regular，如果此时选择 new1 中的用户登录，将无法看到项目内的账户列表和资源信息，如图 8-125 所示。

图 8-124　账户列表

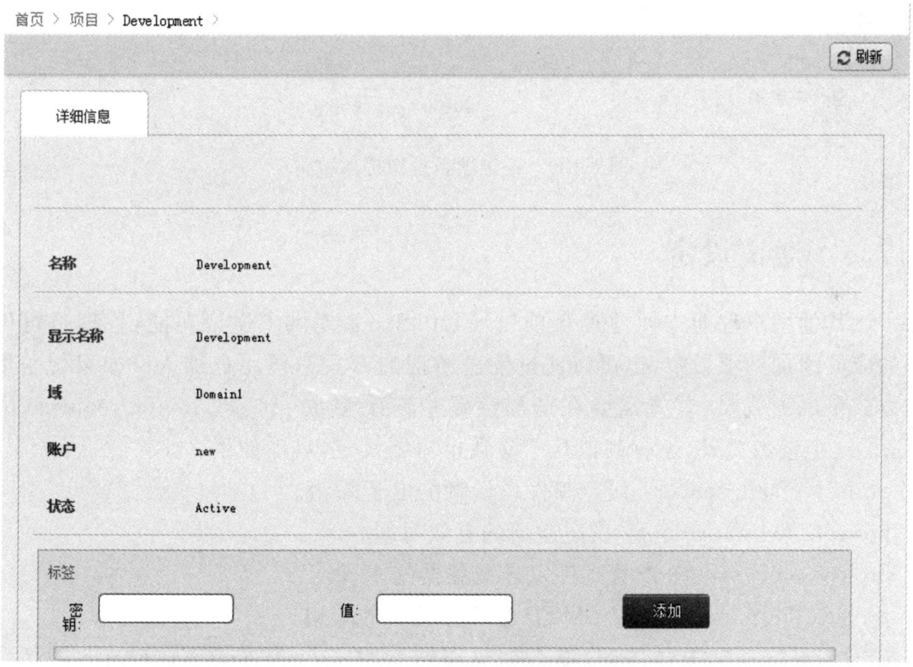

首页 > 项目 > Development >

刷新

详细信息

名称　Development

显示名称　Development

域　Domain1

账户　new

状态　Active

标签

密钥:　值:　添加

图 8-125　项目的详细信息

“资源”选项卡可以设定这个项目能拥有的虚拟资源数量，如图 8-126 所示。

资源限定只有域管理员的账户才能进行设置，即使是普通用户创建的项目，也只能由域管理员进行设置。项目默认的资源限制数量都是 20(可以在全局设置中修改每个项目默认的资源使用量)。如果项目在使用一段时间后，管理员修改的资源限制数量小于目前项目中实际使用的资源数量，那么已有的资源是不受影响的，但是将无法再申请新的资源。

图 8-126 设定项目虚拟资源数量

8.7.3 邀请设定

为了让其他用户也能方便地加入项目，CloudStack 提供了邀请功能，管理员可以直接将现有的成员添加到项目中，也可以通过发送邀请的方式邀请用户加入。如果想采取发送邀请的方式来添加成员，首先需要在全局设置中修改参数 project. invite. required 的值为 true。除了这个参数之外，还有其他几个参数也需要设定，具体如下。

- project. email. sender：设定邮件发送者的电子邮箱。
- project. invite. timeout：设定邀请的有效时间。
- project. smtp. host：设置邮件发送服务器的主机。
- project. smtp. port：设定 SMTP 服务器监听的端口。

如果 SMTP 服务器需要认证，那么需要设定参数 project. smtp. useAuth 的值为 true 并配置 project. smtp. username 和 project. smtp. password 参数，在其中分别填写为 SMTP 服务器的认证账户和密码。这些配置完成后，应重启服务使之生效。

重新登录系统后，查看项目列表，单击刚刚创建的 Development 项目，可以看到新增了一个名为“邀请”选项卡，如图 8-127 所示。单击该选项卡，可以通过输入被邀请者的电子邮件地址或账户名称两种方式来邀请用户加入项目(被邀请的账户需要和项目属于同一个域)。

被邀请的用户登录 CloudStack 后，会出现如图 8-128 所示的提示信息。在项目选项中“选择视图”下拉列表框中选择“邀请”，可以看到处于 Pending 状态的新邀请，如图 8-129 所示，在操作区域单击“加入”或“取消”按钮，即可完成操作。

图 8-127 查看项目列表

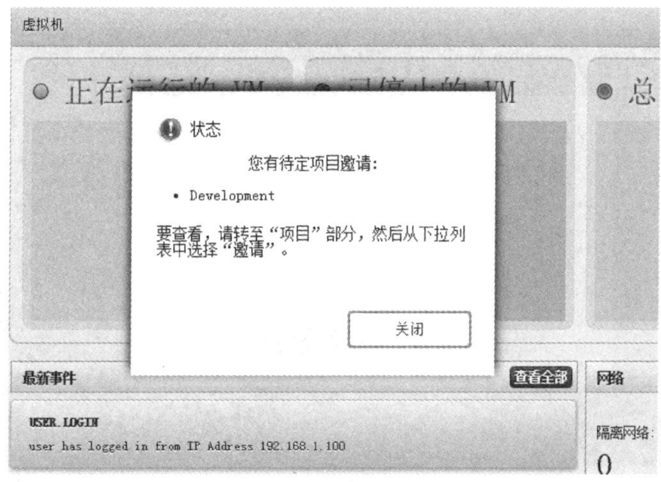

图 8-128 提示信息

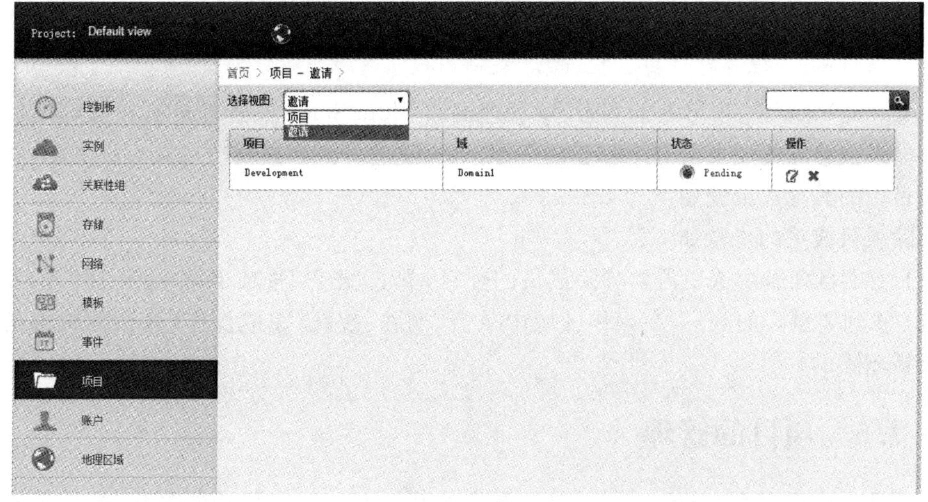

图 8-129 项目邀请

通过输入电子邮件地址发送邀请邮件给被邀请者。每一封电子邮件都有一个唯一的令牌用于进行被邀请用户的确认。

用户登录后,进入项目的邀请列表页面,单击右上角的"输入令牌"按钮,如图 8-130 所示,会弹出一个对话框,如图 8-131 所示,在其中输入从邮件中获取的项目 ID 和令牌字符串,完成接受邀请操作。

图 8-130 输入令牌

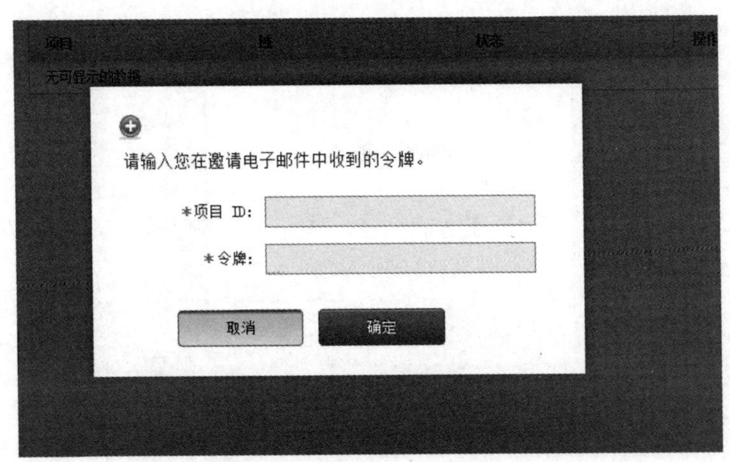

图 8-131 输入项目 ID 和令牌

8.7.4 移除项目成员

在 CloudStack 中,项目的拥有者、域管理员和 CloudStack 的管理员有权移除项目中的成员。如果被移除的成员仍有未释放的资源,那么这些资源在成员被移除后仍然存在,并可以被项目中的其他成员使用。

移除项目成员的步骤如下:

(1) 在项目列表中选中需要移除成员的项目,单击"账户"选项卡,如图 8-132 所示。

(2) 找到要删除的账户,在操作区域中单击"删除"按钮,完成操作(默认的管理员账户是不能被删除的)。

8.7.5 项目的管理

所有的用户登录 CloudStack 系统后,看到的都是默认形式显示的页面,默认形式包含

图 8-132 移除项目成员

左边的导航栏和右边的内容栏。CloudStack 提供了另外一种风格的显示视图，就是以项目为单位来显示资源的数量。如果想切换为以项目为单位的视图模式，可在首页选择左上角的 Project 下拉列表，列表中将会列出当前登录用户所属的所有项目，单击要查看的项目名称，即可进入相应的项目视图，如图 8-133 所示。

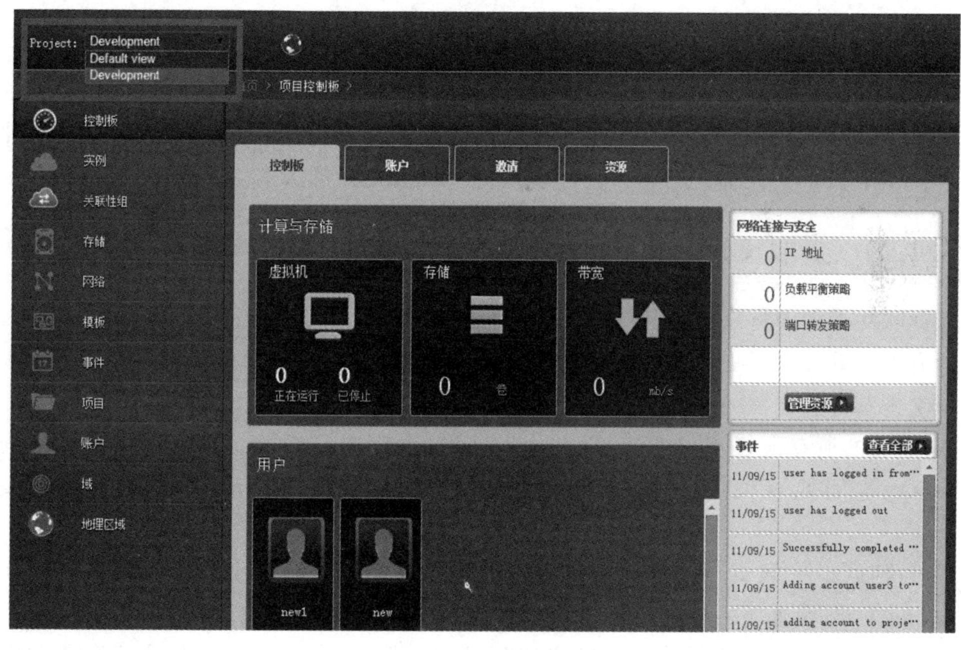

图 8-133 项目视图

在项目视图中，可以看到当前的资源使用情况以及用户情况，在页面的右下角可以看到所有的事件列表。可以在该视图模式下创建新的虚拟机实例、存储和网络，项目内的所有成员都有对这些资源进行操作的权限。

第9章 CloudStack开发

9.1 Linux 开发环境安装及配置

本章使用的操作系统类型为 CentOS 6.5，源码版本为 4.5.1。在 CloudStack 中，4.1 版本是一个分水岭，在 4.1 之前使用 Ant 进行编译，在 4.1 及之后的版本使用 Maven 进行编译。

9.1.1 获取 CloudStack 代码

开源软件最大的特点就是开放源代码，CloudStack 作为 Apache 的一个顶级开源项目，允许所有人对软件进行更改并再次开发，同时也不限制任何商业目的的使用。开发者只需要在源文件的开头保留 Apache 许可证即可。

Apache 的所有顶级项目都会在 Apache 网站上有专属的入口，形如"<项目名称>.apache.org"，因此有关 CloudStack 的信息都可以在 http://cloudstack.apache.org 中找到。

CloudStack 社区每次发布新的版本都会放到 http://cloudstack.apache.org/downloads.html 页面下，在这里除了官方发布的最新版本外，还可以找到以往发布的版本。本章将讲述 CloudStack 的开发环境安装、API 调用、代码分析入门等与开发相关的知识。

通常情况下，Apache 只发布符合其许可规范的源码，而不是二进制安装包。如果需要二进制安装包，可以通过官方构建服务器获得相应的版本，地址为：http://jenkins.buildacloud.org/。建议先掌握 CloudStack 的构建方式，再使用官方发布的源码标签来构建一个与官方发布的一模一样的二进制包。

在此先解释一下 CloudStack 和 CloudStack NonOSS 的区别。NonOSS 是 Non Open Source Software 的缩写。由于 CloudStack 在捐献给 Apache 基金会后，所有源码的许可证

都已经改为 Apache 2.0 格式,对于贡献者所提交的功能或修复,一定要遵照相应的格式才有可能进入主版本,因此源码不会产生许可不一致的情况,只有用到某些库的时候可能会产生许可不兼容的问题。因此掌握构建 CloudStack 二进制包的好处显而易见——可以控制生成自己想要的东西。由此可知,CloudStack NonOSS 版本实际上是包含 OSS 版本的。

同时可以通过访问以下网址获取源码,然后将下载的源码复制到相应的目录下:

https://github.com/apache/cloudstack/releases

下载所需要的版本,本章使用的源码版本是 4.5.1。

9.1.2 安装相关依赖软件

在 Linux 上安装 CloudStack 开发环境之前,需要安装多个依赖软件。

(1) 安装 Development Tools。

```
yum groupinstall "Development Tools" -y
```

(2) 执行以下命令安装相关的依赖软件。

```
yum install git java-1.7.0-openjdk java-1.7.0-openjdk-devel mysql mysql-server mkisofs
gcc python MySQL-python openssh-clients wget rpm-build ws-commons-util net-snmp
genisoimage -y
```

9.1.3 安装 Maven

CloudStack 需要使用 Maven 3.0 及以上的版本,执行以下命令获取相应的安装包。

```
cd /usr/local/
(wget http://www.us.apache.org/dist/maven/maven-3/3.0.5/binaries/apache-maven-3.0.5-
bin.tar.gz)
```

解压安装包,并重命名。

```
cd /usr/local/
tar -zxvf apache-maven-3.0.5-bin.tar.gz
mv apache-maven-3.0.5 maven
```

修改~/.bashrc 文件。

```
vi ~/.bashrc
```

添加以下内容:

```
export M2_HOME=/usr/local/maven
export PATH=$PATH:$M2_HOME/bin
```

为了使修改生效,执行以下命令:

```
source ~/.bashrc
```

输入以下命令验证 Maven 是否安装成功，如图 9-1 所示。

```
mvn - version
```

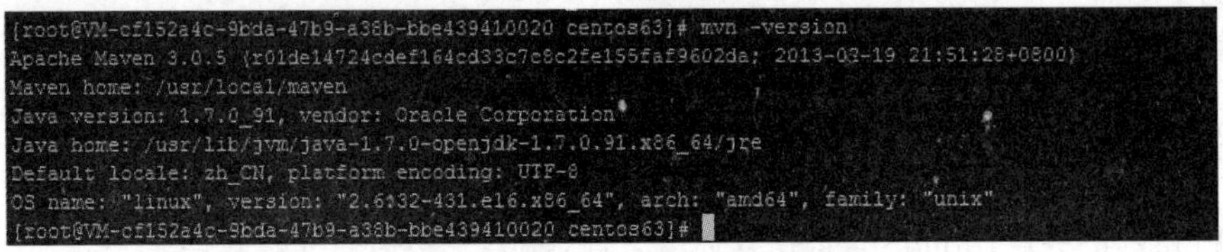

```
[root@VM-cf152a4c-9bda-47b9-a38b-bbe439410020 centos63]# mvn -version
Apache Maven 3.0.5 (r01de14724cdef164cd33c7c8c2fe155faf9602da; 2013-03-19 21:51:28+0800)
Maven home: /usr/local/maven
Java version: 1.7.0_91, vendor: Oracle Corporation
Java home: /usr/lib/jvm/java-1.7.0-openjdk-1.7.0.91.x86_64/jre
Default locale: zh_CN, platform encoding: UTF-8
OS name: "linux", version: "2.6.32-431.el6.x86_64", arch: "amd64", family: "unix"
[root@VM-cf152a4c-9bda-47b9-a38b-bbe439410020 centos63]#
```

图 9-1　验证安装是否成功

9.1.4　安装 Ant

在编译 CloudStack 4.1 之前的版本时，需要使用 Ant 编译，因此需要安装 Ant。编译 CloudStack 4.1 及之后的版本则不需要(由于本书的编译版本为 4.5.1，因此不需要安装 Ant)。

如果需要，可以通过以下的命令安装 Ant。

```
cd /usr/local/
wget http://www.us.apache.org/dist/ant/binaries/apache - ant - 1.9.5 - bin.tar.gz
```

解压文件，并将文件夹重新命名。

```
tar - zxvf apache - ant - 1.9.5 - bin.tar.gz
mv apache - ant - 1.9.5 ant
```

编辑"~/.bashrc"文件。

```
vi ~/.bashrc
```

在文件末尾输入以下内容：

```
export ANT_HOME = /usr/local/ant
export PATH = $ ANT_HOME/bin: $ PATH
```

为了使修改生效，执行以下命令：

```
source ~/.bashrc
```

9.1.5　安装 Tomcat

在编译 CloudStack 4.5.1 源码时，需要另外安装 Tomcat 6，否则将会出现"error: Failed build dependencies: tomcat6 is needed by cloudstack-4.5.1-1.el6.x86_64"错误。通

过以下命令安装 Tomcat 6：

```
yum install tomcat6
```

9.1.6 编译 CloudStack

从 https://github.com/apache/cloudstack/releases 获取 CloudStack 4.5.1 的源码：

```
cloudstack-4.5.1.tar.gz
```

将源码复制到/usr/local/目录下，运行如下命令将源码包解压：

```
cd /usr/local/
tar -zxvf cloudstack-4.5.1.tar.gz
```

修改相应的源码文件。

```
cd /usr/local/cloudstack-4.5.1
vi services/console-proxy-rdp/rdpconsole/src/test/java/rdpclient/MockServerTest.java
```

将方法 setEnabledCipherSuites 中的参数修改为以下内容：

```
sslSocket.setEnabledCipherSuites(new String[]{ "SSL_DH_anon_WITH_3DES_EDE_CBC_SHA" });
```

切换目录。

```
cd /usr/local/cloudstack-4.5.1/packaging/centos63/
```

执行脚本，开始编译源码（由于网速的原因可能会导致编译过程中出现未知的错误，如果在编译过程出现错误中断编译，可以重新执行脚本，系统将会继续之前的编译。我们在编译的过程中出现过五次错误中断，错误提示如图 9-2 所示。多次重新执行脚本后，最终编译成功）。

```
[INFO] ------------------------------------------------------------------------
[INFO] Total time: 28:45.281s
[INFO] Finished at: Tue Nov 10 14:48:26 CST 2015
[INFO] Final Memory: 64M/156M
[INFO] ------------------------------------------------------------------------
[ERROR] Failed to execute goal on project cloud-plugin-user-authenticator-ldap: Could not resolve dependencies for pro
t org.apache.cloudstack:cloud-plugin-user-authenticator-ldap:jar:4.5.1: The following artifacts could not be resolved:
nit:junit-dep:jar:4.10, org.codehaus.groovy:groovy-all:jar:2.0.5: Could not transfer artifact junit:junit-dep:jar:4.10
om/to central (http://repo.maven.apache.org/maven2): repo.maven.apache.org: Name or service not known: Unknown host re
maven.apache.org: Name or service not known -> [Help 1]
[ERROR]
[ERROR] To see the full stack trace of the errors, re-run Maven with the -e switch.
[ERROR] Re-run Maven using the -X switch to enable full debug logging.
[ERROR]
[ERROR] For more information about the errors and possible solutions, please read the following articles:
[ERROR] [Help 1] http://cwiki.apache.org/confluence/display/MAVEN/DependencyResolutionException
[ERROR]
[ERROR] After correcting the problems, you can resume the build with the command
[ERROR]   mvn <goals> -rf :cloud-plugin-user-authenticator-ldap
error: Bad exit status from /var/tmp/rpm-tmp.xeTpqn (%build)


RPM build errors:
    Bad exit status from /var/tmp/rpm-tmp.xeTpqn (%build)
RPM Build Failed
[root@VM-cf152a4c-9bda-47b9-a38b-bbe439410020 centos63]#
```

图 9-2 错误提示

```
./package.sh
```

如果执行脚本时出现“-bash：./package.sh：权限不够”信息，则需要运行如下命令修改脚本的执行权限，如图 9-3 所示。

```
[root@VM-c6415a60-37a0-4a3a-90b8-cb0499e33fbd centos63]# ./package.sh
-bash: ./package.sh: 权限不够
[root@VM-c6415a60-37a0-4a3a-90b8-cb0499e33fbd centos63]# chmod 777 package.sh
[root@VM-c6415a60-37a0-4a3a-90b8-cb0499e33fbd centos63]# ./package.sh
-D_os default
```

图 9-3 修改权限

```
chmod 777 package.sh
```

等待编译完成(时间长短与网速相关)，当出现类似“RPM Build Done”的信息时，说明编译完成，如图 9-4 所示。

```
Requires(pre): /bin/sh
Requires: /bin/bash /usr/bin/python
Obsoletes: cloud-aws-api < 4.1.0
Checking for unpackaged file(s): /usr/lib/rpm/check-files /usr/local/cloudstack-4.5.1/dist/rpmbuild/BUILDROOT/cloudstack-4.5.1-1.el6.x86_64
Wrote: /usr/local/cloudstack-4.5.1/dist/rpmbuild/RPMS/x86_64/cloudstack-management-4.5.1-1.el6.x86_64.rpm
Wrote: /usr/local/cloudstack-4.5.1/dist/rpmbuild/RPMS/x86_64/cloudstack-common-4.5.1-1.el6.x86_64.rpm
Wrote: /usr/local/cloudstack-4.5.1/dist/rpmbuild/RPMS/x86_64/cloudstack-agent-4.5.1-1.el6.x86_64.rpm
Wrote: /usr/local/cloudstack-4.5.1/dist/rpmbuild/RPMS/x86_64/cloudstack-baremetal-agent-4.5.1-1.el6.x86_64.rpm
Wrote: /usr/local/cloudstack-4.5.1/dist/rpmbuild/RPMS/x86_64/cloudstack-usage-4.5.1-1.el6.x86_64.rpm
Wrote: /usr/local/cloudstack-4.5.1/dist/rpmbuild/RPMS/x86_64/cloudstack-cli-4.5.1-1.el6.x86_64.rpm
Wrote: /usr/local/cloudstack-4.5.1/dist/rpmbuild/RPMS/x86_64/cloudstack-awsapi-4.5.1-1.el6.x86_64.rpm
Executing(%clean): /bin/sh -e /var/tmp/rpm-tmp.onlDVb
+ umask 022
+ cd /usr/local/cloudstack-4.5.1/packaging/centos63/../../dist/rpmbuild/BUILD
+ cd cloudstack-4.5.1
+ '[' /usr/local/cloudstack-4.5.1/dist/rpmbuild/BUILDROOT/cloudstack-4.5.1-1.el6.x86_64 '!=' / ']'
+ rm -rf /usr/local/cloudstack-4.5.1/dist/rpmbuild/BUILDROOT/cloudstack-4.5.1-1.el6.x86_64
+ exit 0
RPM Build Done
[root@VM-cf152a4c-9bda-47b9-a38b-bbe439410020 centos63]#
```

图 9-4 编译完成

9.1.7 编译 RPM 包

在 9.1.6 节中，如果成功编译之后，将可以在 CloudStack 的文件路径对应的 dist/rpmbuild/RPMS/x86_64 目录下(此处对应的绝对路径为/usr/local/cloudstack-4.5.1/dist/rpmbuild/RPMS/x86_64)看到生成的 RPM 文件，如图 9-5 所示。

```
[root@VM-cf152a4c-9bda-47b9-a38b-bbe439410020 centos63]# cd /usr/local/cloudstack-4.5.1/dist/rpmbuild/RPMS/x86_64
[root@VM-cf152a4c-9bda-47b9-a38b-bbe439410020 x86_64]# ls
cloudstack-agent-4.5.1-1.el6.x86_64.rpm              cloudstack-common-4.5.1-1.el6.x86_64.rpm
cloudstack-awsapi-4.5.1-1.el6.x86_64.rpm             cloudstack-management-4.5.1-1.el6.x86_64.rpm
cloudstack-baremetal-agent-4.5.1-1.el6.x86_64.rpm    cloudstack-usage-4.5.1-1.el6.x86_64.rpm
cloudstack-cli-4.5.1-1.el6.x86_64.rpm
[root@VM-cf152a4c-9bda-47b9-a38b-bbe439410020 x86_64]#
```

图 9-5 RPM 文件

9.1.8 编译后的 RPM 包的安装

按照前面的讲解，我们已经成功编译出了 RPM 包，将 RPM 包所在的目录配置为 YUM 源，就可以通过 yum 命令进行安装了。

关于具体的安装过程，可以参考前面的介绍，此处不再赘述。

9.1.9 如何处理不能上网的问题

在安装的过程中，由于需要下载 Ant、Maven 等软件，所以需要上网，但是有些环境中不能上网，下面简要介绍在不能上网的环境中应该注意哪些问题。

对于 Ant、Maven 和 Tomcat，可以使用能上网的计算机下载软件压缩包，然后将软件包上传到不能上网的计算机中，再进行相应操作。

CloudStack 的依赖包通过在可以上网的计算机中安装 CloudStack 的开发环境，然后执行“mvn -P deps”命令下载相应的文件，依赖包存储在用户文档目录的“.m2”子目录下。例如，root 用户的依赖包存储在“/root/.m2/”目录下，s1 用户的依赖包存储在“/home/s1/.m2/”目录下，将“.m2”目录压缩后上传到 CloudStack 编译计算机的用户文档目录中并解压。完成上述工作后，再次进行编译，CloudStack 就可以完成编译了。

9.1.10 CloudStack 编译简述

CloudStack 4.1 及其以后的版本完全改为使用 Maven 构建整个项目。编译环境中除了不需要单独安装 Ant 工具外，其他安装步骤与 CloudStack 4.1 之前的版本是相同的。CloudStack 提供了 RPM 和 DEB 的安装包，用来在 CentOS 或者 Ubuntu 上进行安装。这里讨论的是在 CentOS 上进行构建，而 RPM 的生成需要依赖 rpmbuild 工具，所以在 CentOS 上可以方便地生成 RPM 包。DEB 包的生成依赖于 dpkg-* 工具，所以如果想生成 DEB 包，最好在 Ubuntu 上进行，因为在 Ubuntu 的开发环境中已经集成了相应的支持工具。只要有相应的工具，只需要很简单的操作就可以生成相应的安装包。

9.2 使用 Eclipse 调试 CloudStack

很多开发者都喜欢使用 Eclipse 作为 IDE 进行 Java 开发，下面简要介绍一下如何使用 Eclipse 进行 CloudStack 的开发。由于本书编写的主要目的在于指导学生进行 CloudStack 入门学习，因此在这里只简要介绍与代码分析相关的内容。

9.2.1 导入 CloudStack 源代码到 Eclipse

使用 Eclipse 的导入功能将 CloudStack 的源代码导入到 Eclipse。单击 File→Import 命令，如图 9-6 所示。

在弹出的对话框中选择 Maven，导入已存在的 Maven 项目，如图 9-7 所示。

单击 Next 按钮，选择 CloudStack 的源代码路径（选择路径后，Eclipse 会查找目录下的所有 pom.xml 文件），如图 9-8 所示。

单击 Finish 按钮完成导入操作，导入完成后，项目栏如图 9-9 所示。

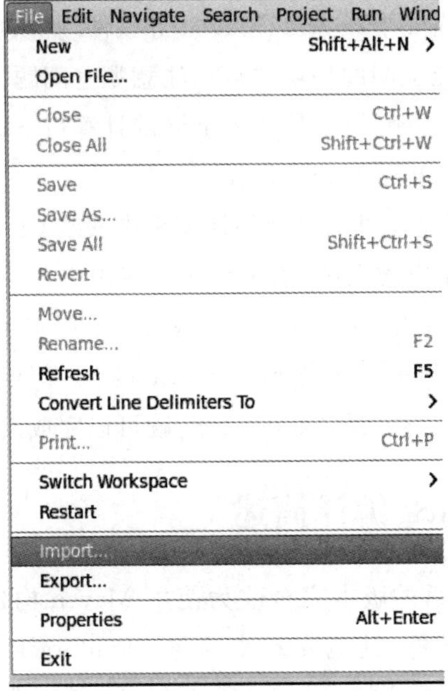

图 9-6 导入源码

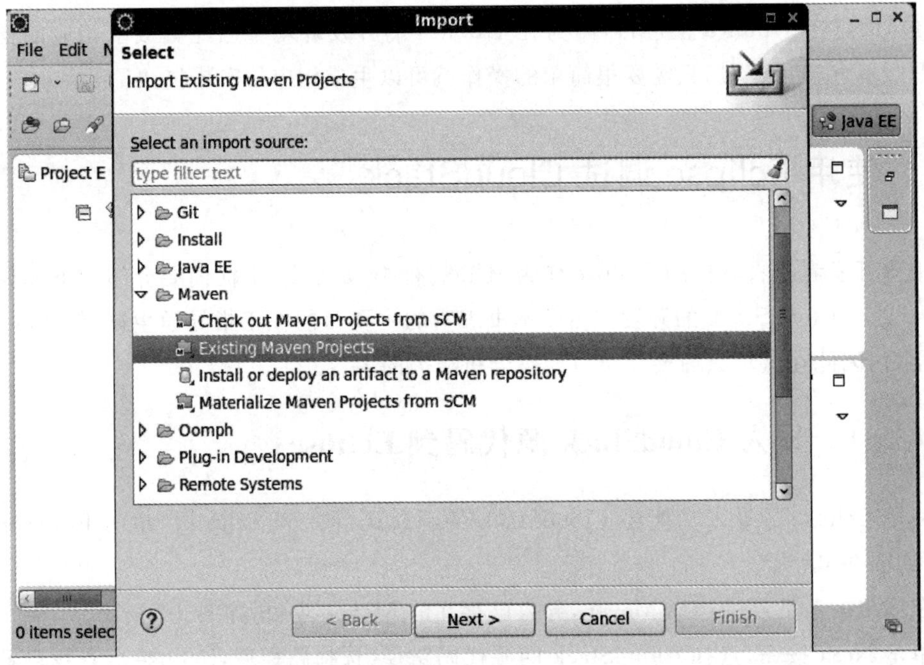

图 9-7 选择项目

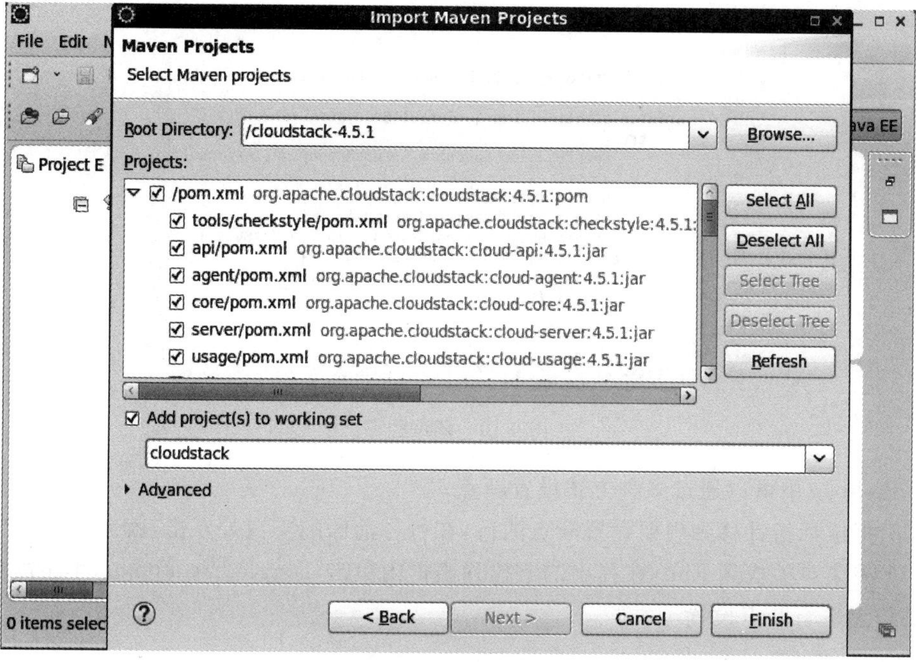

图 9-8 选择源码路径

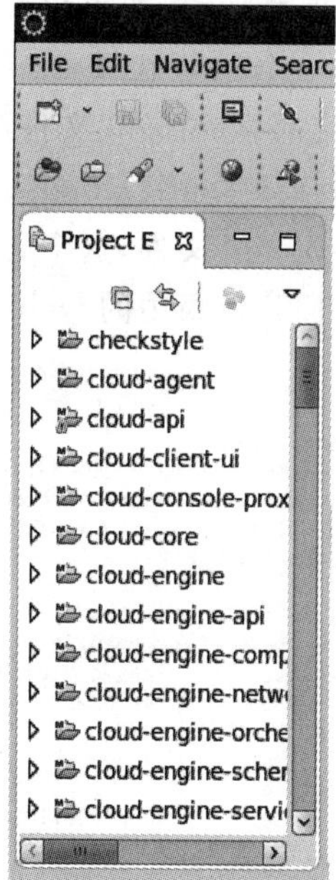

图 9-9 导入完成

9.2.2 在 Eclipse 中调试 CloudStack 代码

调试 CloudStack 代码与在 Eclipse 调试普通的程序方式相同，可以通过设置断点的方式来进行调试，如图 9-10 所示，在此不再进行详细叙述。

```java
ConsoleProxy.java

    static String encryptorPassword = genDefaultEncryptorPas

    private static String genDefaultEncryptorPassword() {
        try {
            SecureRandom random = SecureRandom.getInstance("

            byte[] randomBytes = new byte[16];
            random.nextBytes(randomBytes);
            return Base64.encodeBase64String(randomBytes);
        } catch (NoSuchAlgorithmException e) {
            s_logger.error("Unexpected exception ", e);
            assert (false);
        }

        return "Dummy";
```

图 9-10　调试程序

在 Eclipse 中可以通过多种方式设置断点。

(1) 把鼠标指针移到想要设置断点的行，在行号前面的空白处双击，就会出现断点。

(2) 在菜单栏找到 Run，在弹出的下拉列表框内单击 Toggle Breakpoint，单击需要设置断点的位置进行断点设置。

9.2.3　代码分析入门

对于 100 多万行的 CloudStack 项目来说，如果想分析其代码，第一步需要做的就是找到代码的相应入口。CloudStack 是一个运行在 Tomcat 环境中的项目，其系统和普通的 Tomcat 系统一样。Tomcat 根据系统的 web. xml 文件决定如何运行。通过查看安装后的 CloudStack，可以看到在管理节点的/usr/share/cloudstack-management/webapps/client 目录下，WEB-INF 文件夹中有一个 web. xml 文件，这个文件就是系统的入口。对应到源代码中就是 cloud-client-ui 项目的 WEB-INF 目录中的 web. xml 文件，如图 9-11 所示。

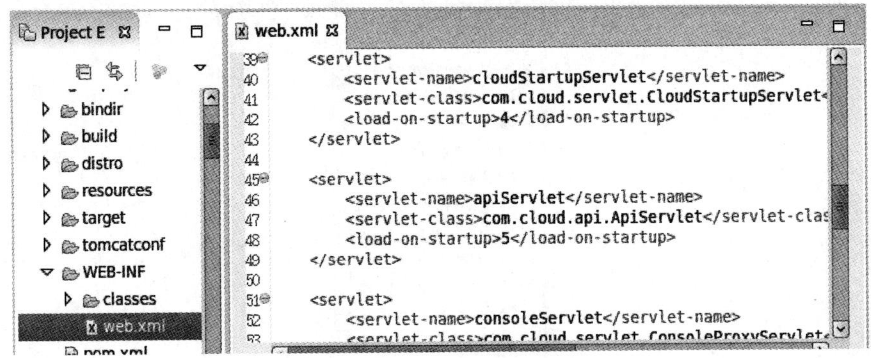

图 9-11　入口文件

从 web. xml 文件中可以看出，CloudStack 系统在启动的时候会自动启动三个 Servlet，分别是 apiServlet、cloudStartupServlet、consoleServlet。

cloudStartupServlet 是 CloudStack 启动时用来启动整个系统的，并进行一些初始配置工作，包括获取全局参数并使用这些参数等。apiServlet 是用来处理 API 请求的，

CloudStack 管理界面上的功能也是通过调用 API 来实现的。consoleServlet 主要用来处理网页 VNC 访问虚拟机的操作。

下面主要讲解 apiServlet 收到一个请求后如何进行处理,以及同步 API 和异步 API 的区域及处理方法。

从 web. xml 中可以看到,apiServlet 的实现类是 com. cloud. api. ApiServlet,该类是 cloud-server 子项目的一个类,继承自 HttpServelet 类,doGet 和 doPost 分别处理 GET 和 POST 方式的 HTTP 请求。从 ApiServlet 的源代码可以看出,doGet 和 doPost 均调用了 processRequest()方法进行处理,如图 9-12 所示,在 cloud-server/src/com/cloud/api 下可以找到 ApiServlet. java 文件。

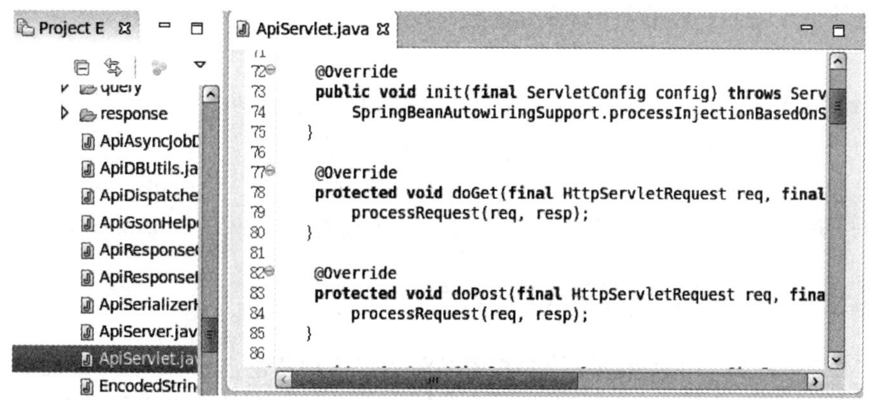

图 9-12 ApiServlet. java 文件

processRequest 方法首先调用 utf8Fixup 对 URL 中传递的参数进行 UTF-8 解码,然后获取 command 参数,根据 command 参数的值来进行相应的处理。如果 command 参数的值为 login 或者 logout,则分别进行登录或者退出的处理,并返回相应的结果。当 command 参数为其他值时,会先判断这个 Session 是否为新的,如果已经存在,则会判断所带的 sessionKey 参数的值是否和系统记录的 sessionKey 参数值相同,如果不同,则会返回错误信息。然后会调用_apiServer. verifyRequest 对参数请求进行正确性验证,包括用户是否有权访问 API、apiKey 方式的 signature 是否正常等。如果无法通过校验,则返回相应的错误信息;如果能够通过校验,则调用 apiServer. handleRequest 对请求进行处理,最后调用 writeResponse 写入返回信息,结束 API 调用。

apiServer. handleRequest 方法是具体处理 API 命令的地方。该方法首先获取 command 参数的值,然后将剩余的参数放到一个 Map 中。根据 command 参数的值调用 cmdClass 获得相应的处理类,通过 Java 的反射技术获得一个处理类的实例,并通过 Spring 的自动装配技术将处理类所需要的 Bean 注入处理类实例中。在将参数 Map 设置为处理类实例后,调用 queueCommand 对 command 的同步/异步属性进行处理。在 queueCommand 中,通过对处理类实例做出 instanceof BaseAsyncCmd 判断,可以判断是否为异步 command。如果是同步 command,则会调用_dispatcher. dispatch 来调用 command 的 execute()方法,该方法是具体的业务逻辑处理。如果是异步 command,还需要判断是否为 BaseAsyncCreateCmd 的实现类,如果是,则需要通过调用_dispatcher. dispatchCreateCmd 来调用 command 的 create()方法。接着，会构建一个 AsyncJobVO 类型的对象，通过_asyncMgr. submitAsyncJob 来提交一个异步任务到异步任务执行队列中，并返回任务信息。至此，调用过程结束。

关于返回数据，同步 command 执行后的结果保存在 command 实现类的实例中，通过其 getResponseObject( ) 方法可以获取。在执行_dispatcher. dispatch 之后，直接调用 ApiResponseSerializer. toSerializedString 来构建返回信息。异步 command 执行的状态和结果保存在数据库中。在异步 command 的请求和处理过程中，调用_asyncMgr. submitAsyncJob 后会返回一个 jobid，并用其通过 ApiResponseSerializer. toSerializedString 来构建返回信息。API 调用者可以通过 queryAsyncJobResult 来查询任务的执行状态。

9.3 CloudStack 的 API 开发

和传统的 Web 应用程序一样，CloudStack 也提供了丰富的 API 供用户使用。很多用户对 CloudStack 目前的界面并不喜欢，更有不少用户想通过 CloudStack 来搭建自己的公有云环境，这自然要重写 UI，并加入更加完善的运维管理功能。CloudStack 提供了丰富的 API 供用户集成自己的前端，并加入其他功能。下面将详细介绍 CloudStack 的 API。

9.3.1 CloudStack 的账户管理

在 CloudStack 中，用户根据不同的权限被分为了四种角色，分别是全局管理员、资源域管理员、域管理员及最终用户。全局管理员和资源域管理员分别对应整个云平台的权限和资源域的权限；域管理员及最终用户则是逻辑上的权限。根据用户权限的不同，API 操作权限也不一样。CloudStack 通过对 API 的不同权限映射不同的用户角色来达到控制权限的目的。例如，普通用户想操作建立资源域或删除账号的 API，API 在执行前进行判断的时候，会发现普通用户没有这样的权限，从而拒绝执行。当然，API 并不是任何用户想调用就可以调用的。

9.3.2 CloudStack 中的 API 服务器

如果成功安装了 CloudStack 管理服务器，就会在全局配置参数中看到 integration. api. port。这个参数的值在开发环境中默认为 8096，在生产环境中默认是 0(此时 API 服务是关闭的，以此来防范恶意访问)。建议在开发和测试过程中启用 API 以快速完成工作，但如果想最终集成 CloudStack 的 API 访问，最好还是通过 8080 端口，这与 CloudStack 自身的 UI 使用相同方式，通过 API Key 和 Signature 来完成 API 调用。在 CloudStack 中，API 服务器通过 HTTP 线程池来提供客户端的连接，最多情况下可以开启 100 多个 HTTP 连接来处理请求。因此，我们不必担心性能问题，也不用担心公有云对并发访问的限制。

9.3.3 准备知识

如果想使用 CloudStack 的 API，需要准备以下内容：

- 要使用的 CloudStack 的 URL 地址。

- CloudStack 中一个用户的 API Key 和 Secret Key(需要由管理员生成)。
- 熟悉 HTTP GET/POST 和查询字符串的操作。
- 了解 XML 或 JSON 的相关知识。
- 了解一种能够生成 HTTP 请求的语言。

9.3.4 生成 API 请求

所有的 API 请求都由相关的命令和该命令所需的参数通过 HTTP GET/POST 形式提交。不论 HTTP 还是 HTTPS,一个请求都由以下部分组成。

- CloudStack API URL:API 服务的入口。
- Command:要执行的命令。
- Parameters:必需或可选的参数。

下面构造一个 API 请求,来进行相应的分析:

```
http://192.168.30.2:8080/client/api?command = deployVirtualMachine&zoneId = 2&templateId = 2&apikey = RAuEXHczZLN3qDGwx - tekr5cxPTQlWcEjOfX9PAMl8wTjZEfj67rM - v55MDti - _YO3KA8a_RZC8Wm5dR1kOSLA&signature = KEO % 2BTzvs9BO2vhA3LnoT % 2B2akR6Y % 3D
```

可以将上面调用的 URL 进行整理:

```
1 http://192.168.30.2:8080/client/api?
2 command = deployVirtualMachine
3 &zoneId = 2&templateId = 2
4 &apikey = RAuEXHczZLN3qDGwx - tekr5cxPTQlWcEjOfX9PAMl8wTjZEfj67rM - v55MDti - _YO3KA8a_
  RZC8Wm5dR1kOSLA
5 &signature = KEO % 2BTzvs9BO2vhA3LnoT % 2B2akR6Y % 3D
```

第一行是 CloudStack 的主机地址和 API 路径,该行的最后一个字符是“?”,用来与 Command 进行分隔。

第二行是要调用的 API 命令,在这个构建的例子中是要生成一个新的虚拟机。

第三行是该命令的参数(有关每个命令的参数,请查阅 CloudStack 的 API 参考文档),每个参数采用 name=value 的格式,参数之间用“&”分隔。

第四行是 API 所使用的 API Key(API 密钥)。

第五行是散列签名,用来对该命令的用户进行认证。

9.3.5 CloudStack 的 API 调用的认证方式

API 调用的代码首先需要在管理服务器上进行认证。目前 CloudStack 采用以下两种方式进行认证。

- Session 认证:通过 Login API 获得一个 JSESSIONID Cookie 和一个 JSESSIONKEY Token。
- API Key 认证。

9.3.6 API 调用实例

我们在 CloudStack 的 Web UI 界面中创建一个虚拟机，然后进入虚拟机的详细信息页面，单击“查看控制台”按钮，如图 9-13 所示，此时在浏览器的地址栏将会生成一个 API 调用字符串“http://192.168.30.2:8080/client/console?cmd=access&vm=e9d3a3dd-3a8d-4e41-9147-af893eb7166d”，如果将此字符串复制下来，输入到其他浏览器的地址栏中，则依然可以打开此虚拟机的控制台，如图 9-14 所示。

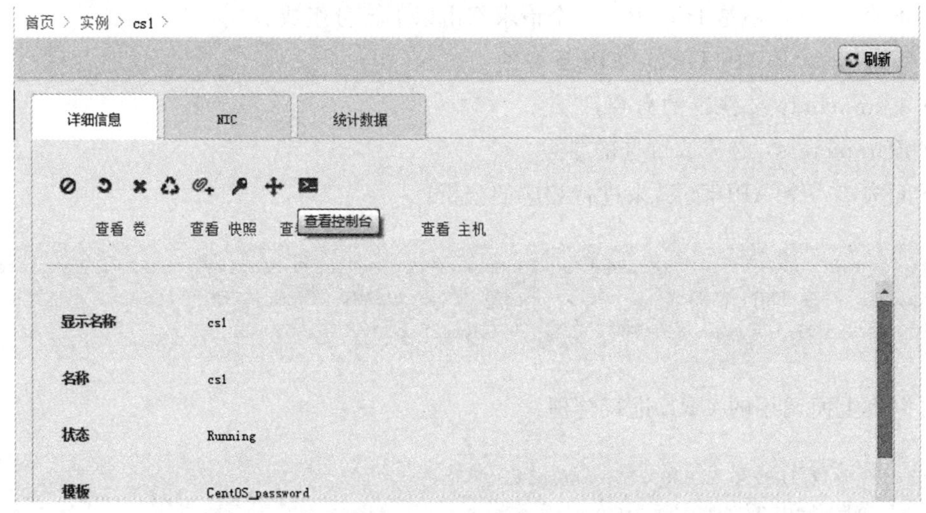

图 9-13 查看控制台

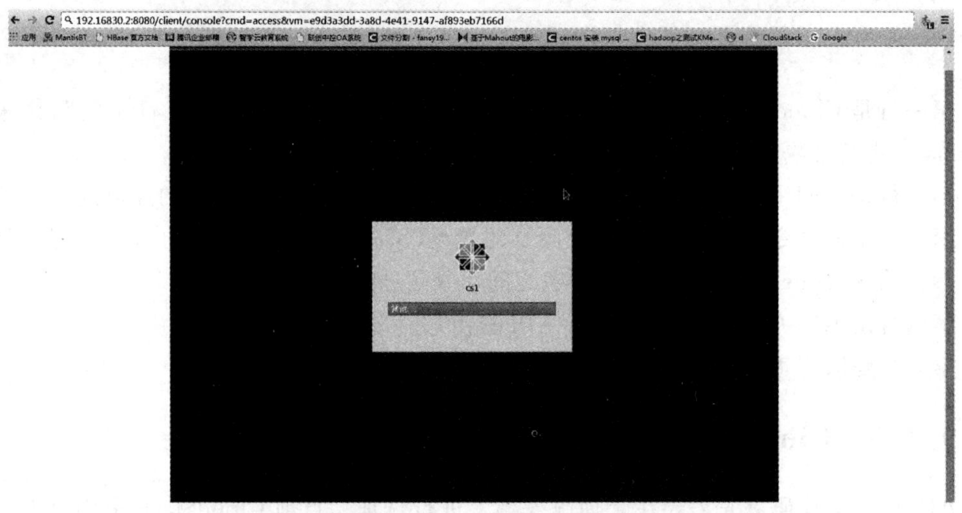

图 9-14 控制台

如果涉及一些需要访问权限的 API 调用，则需要在 API 字符串中加入相应的 API Key（API 密钥）和 Secret Key（密钥）来进行签名。

1. 分配 API Key 和 Secret Key

API Key 和 Secret Key 可以由 admin 用户通过控制台生成。

登录 CloudStack 的 Web UI 界面，单击“账户”，选择 admin 选项。单击右上角的“查看用户”按钮进入用户标签页，找到 admin 用户，这时可以看到 API Key（API 密钥）和 Secret Key（密钥），如果两个文本框中没有值，应单击工具栏中的“生成密钥”按钮，生成新的密钥，如图 9-15 所示。

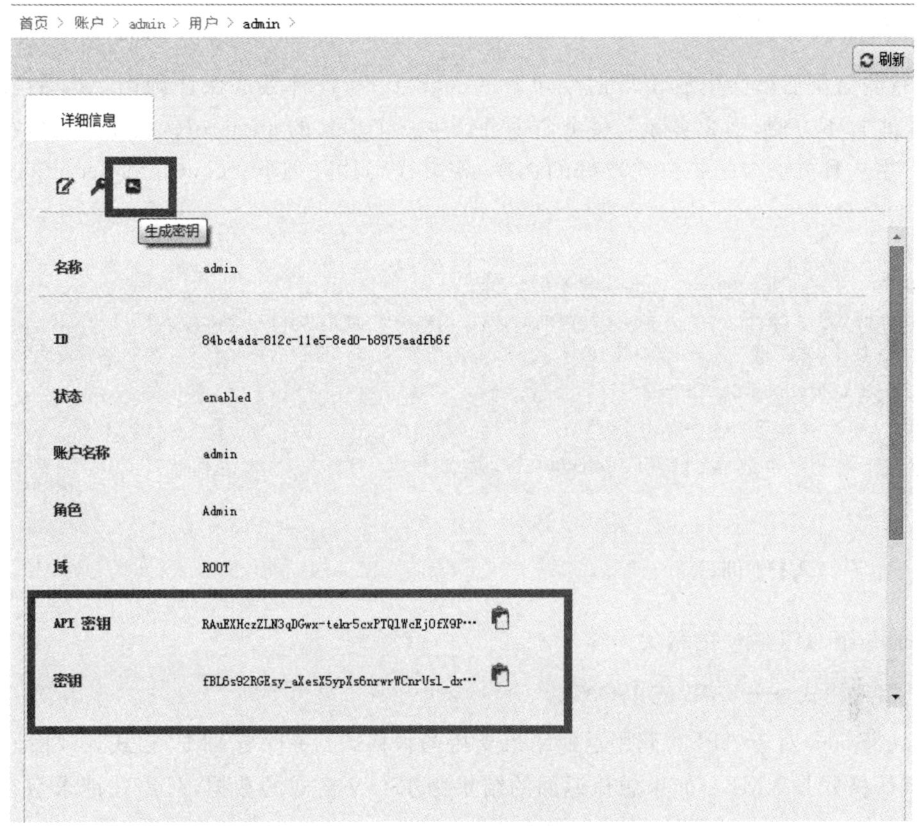

图 9-15 生成密钥

有了 API Key（API 密钥）和 Secret Key（密钥），就可以用它们来对 API 命令及参数进行签名了。

2. 生成签名步骤

调用发布虚拟机实例的命令 deployVirtualMachine，得到如下字符串：

```
http://192.168.30.2:8080/client/api?command=deployVirtualMachine&serviceOfferingId=1&templateId=2&zoneId=3&apikey=RAuEXHczZLN3qDGwx-tekr5cxPTQlWcEjOfX9PAMl8wTjZEfj67rM-v55MDti-_YO3KA8a_RZC8Wm5dR1kOSLA&signature=KEO%2BTzvs9B02vhA3LnoT%2B2akR6Y%3D
```

以上命令要注意两个请求参数：apikey 和 signature。以 CloudStack 管理员的身份（admin）为例进行说明，可以先在 CloudStack UI 上生成用户的 apikey 和 secretkey，只有管理员权限可以生成这两个 key。上述请求的 apikey 直接填生成的即可，signature 是通过请求的命令及参数＋secretkey，再通过 HmacSHA1 哈希算法共同生成的，大多数语言都提供类似的库来生成这种 signature。在 CloudStack 中可以参考测试类：test/src/com/cloud/test/utils/UtilsForTest.java 里的实现，或直接用其产生 signature，这个测试类要生成上述 API 调用的 signature，输入参数为(api key，secret key)：

```
-u "command=deployVirtualMachine&serviceOfferingId=1&templateId=2&zoneId=3" -a "api
key" -s "secret key"
```

运行测试类后就会生成请求命令包含的 signature，这种方法保证调用 API 的安全检查，但是非常不方便，因为实际上每个命令会产生一个单独的 signature，但如果是进行自动化测试，用这种方法会是一个比较好的选择，相关代码片段如下(request 和 secretkey 为输入项)：

```
Mac mac = Mac.getInstance("HmacSHA1");
SecretKeySpec keySpec = new SecretKeySpec(secretkey.getBytes(),"HmacSHA1");
mac.init(keySpec);
mac.update(request.getBytes());
byte[] encryptedBytes = mac.doFinal();
return Base64.encodeBase64String(encryptedBytes);
```

9.3.7 API 响应

下面介绍 API 响应的相关内容。

1. 相应格式——XML 或 JSON

CloudStack 对于 API 的调用返回结果支持两种格式：一种是 XML 格式，一种是 JSON 格式，默认格式是 XML。如果想让返回的结果为 JSON 格式的数据，只需在请求字符串中添加“&response=json”即可。

2. API 命令请求的返回页面大小

对于每一个调用 API 的结果，每个页面的数据量都有一个默认的最大值，这是为了防止 CloudStack 管理服务器超载以及被攻击。

每个 CloudStack 服务器默认的页面大小是不同的，可以在全局变量 default.page.size 中设定。如果 CloudStack 中有很多用户和大量的虚拟机，应该增大参数的值，但该值不应该设置得过大，否则可能引起服务器宕机。

3. 错误处理

如果在 API 请求处理的过程中有错误发生，则会返回合适的响应结果。每个错误响应中都包含一个错误代码和一个记录错误描述的文本信息。

如果一个 API 请求总是返回 401 错误，可能是因为 Signature 中有错误、apikey 丢失或者该用户没有权限执行该 API。

9.3.8 异步 API

如果一个 API 命令需要花费较长的时间才能完成，如创建快照或者磁盘卷，那么这个 API 命令将会被设计成异步 API。

异步 API 和同步 API 的区别：

- 异步 API 在文档中被标示为"(A)"。
- 异步 API 在被调用后，会立刻返回一个对应于该命令的 Job 的 Job ID。
- 如果执行的是一个创建资源类型的命令，会返回该资源的 ID 及 Job ID。

获得 Job ID 后，可以通过 queryAsyncJobResult 这个 API 检查 Job ID 所对应的 Job 的状态。

使用 queryAsyncJobResult 检查 Job ID 所对应的 Job 的状态时，可能会返回三种状态代码：

- 0 表示 Job 仍然在执行。
- 1 表示 Job 执行成功，Job 将返回任何与之前执行的命令相关的响应值。
- 2 表示 Job 执行失败，返回值<jobresultcode></jobresultcode>中的内容是错误的原因代码，<jobresult></jobresult>中的内容用于判断失败的原因。

附　录

在 CloudStack 使用的过程中，会遇到各种异常，导致系统无法正常运行。在这里列举出本书编写过程中遇到的问题以及解决方法，仅供参考。

（1）管理节点的 Web 界面无法访问。

检查 iptablcs 是否阻挡了 8080 端口。检查 cloudstack-management 服务是否正常启动。

```
service cloudstack - management status
```

如果启动状态不正常，则需要检查一下管理节点的日志。日志位于/var/log/cloudstack/management/catalina. out。根据日志中的错误提示，进行相应的处理，绝大多数问题都可以得到解决。

（2）登录时提示用户名密码不正确。

默认的登录用户名为 admin，密码是 password。如果登录时提示不正确，可能是导入基础数据库时有的问题。应重新导入基础数据库，如果还是不行，将数据库删掉再重新导入。

（3）CloudStack 不能添加主存储或二级存储。

检查/etc/sysconfig/nfs 配置文件是否把端口都开放了，检查 iptables 是否有阻挡。检查 CloudStack 的"全局设置"，secstorage. allowed. internal. sites 属性是否设置正确。

（4）CloudStack 无法导入 ISO 或虚拟机模板。

创建好"基础架构"后，就可以导入 ISO 文件或虚拟机模板，为创建虚机做准备了。如果你发现注册 ISO 或注册模板时，状态字段一直不变化，已就绪永远都是 no，那一般都是因为二级存储有问题或 Secondary Storage VM 有问题了。

选择"控制板"然后单击"系统容量"按钮，检查二级存储容量是否正确。检查系统 VM 中的 Secondary Storage VM 是否正常启动。

(5) 安装完成后，启动 cloud-management 服务或者 cloud-usage 服务时，出现以下错误：

```
cloud - management dead but pid file exists. The pid file locates at /var/run/cloud - management.
pid and lock file at /var/lock/subsys/cloud - management. Starting cloud - management will take
care of them or you can manually clean up.
```

赋日志文件权限：

```
chown cloud /var/log/cloudstack/ - R
```

(6) com. mysql. jdbc. exceptions. jdbc4. MySQLSyntaxErrorException: Duplicate column name 'size'。

重新初始化数据库并重启 cloud-management 服务，执行两遍，然后重新启动即可。

(7) 为什么第一次创建虚拟机的时候比较慢？

首次使用模板创建虚拟机时，CloudStack 会将此模板从二级存储复制到主存储，大约需要等 3～5 分钟让 CloudStack 完成首次复制(具体时间依据硬件和网络的情况有所不同)，之后再使用此模板创建虚拟机将只会在主存储上复制，而不用再经过二级存储，所以再次创建虚拟机将只需要 5～10s 即可完成。

(8) 在管理节点中添加主机失败。

添加主机时失败，请查看日志。

管理节点日志在/var/log/cloudstack/management/catalina. out。

受控节点日志在/var/log/cloudstack/agent/cloudstack-agent. out。

(9) Unable to start agent: Failed to get private nic name。

在 CloudStack 中，流量标签是与受控主机的网桥相关的。如果设置了流量标签，则受控机必须设置相应的网桥。CloudStack 4. 5. 1 的 agent 在启动时，默认会自动创建 cloudbr0。如果指定了其他的标签名，则对相应的网桥也要做修改，甚至需要在受控机上手工创建网桥。

如果想修改成其他网桥名字，那么需要在配置文件里面指定：

```
vim /etc/cloudstack/agent/agent.properties
```

修改下面两个参数：

```
private.network.device
public.network.devic
```

如果网桥指定错误，就会出现上面的错误。

(10) Failed to create vnet。

如果再尝试创建高级网络，又出现如上错误，那是因为没有安装 vconfig 程序。

```
yum install vconfig
```

（11）在添加主存储过程中出现“unexpected exit status 32：mount. nfs：Connection timed out”。

可以尝试通过以下命令重新启动管理节点服务后再重新添加：

```
service cloudstack - management restart
```

（12）Exception while trying to start console proxycom. cloud. exception. InsufficientServerCapacityException：Unable to create a deployment for VM。

可能是计算主机所分配的 CPU 或内存不够,需要加大分配的资源。

参 考 文 献

[1] Thomas Erl. 云计算：概念、技术与架构[M]. 北京：机械工业出版社，2014.

[2] 陆平. 云计算基础架构及关键应用[M]. 北京：机械工业出版社，2016.

[3] 王鹏，李俊杰，谢志明，等. 云计算和大数据技术：概念应用与实战[M]. 2 版. 北京：人民邮电出版社，2016.

[4] 刘洋. 云存储技术——分析与实践[M]. 北京：经济管理出版社，2017.

[5] 武志学，赵阳，马超英. 云存储系统——Swift 的原理、架构及实践[M]. 北京：人民邮电出版社，2015.

[6] 肖力，汪爱伟，杨俊俊，等. 深度实践 KVM：核心技术、管理运维、性能优化与项目实施[M]. 北京：机械工业出版社，2015.

[7] 蒋迪. KVM 私有云架构设计与实践[M]. 上海：上海交通大学出版社，2017.

[8] 中国 CloudStack 社区编写小组. CloudStack 入门指南[M]. 北京：电子工业出版社，2014.

[9] 鲍亮，叶宏. 开源云计算平台 CloudStack 实战[M]. 北京：清华大学出版社，2016.

[10] 英特尔开源技术中心. OpenStack 设计与实现[M]. 2 版. 北京：电子工业出版社，2017.

[11] 张子凡. OpenStack 部署实践[M]. 2 版. 北京：人民邮电出版社，2016.

[12] 卢万龙. OpenStack 从零开始学[M]. 北京：电子工业出版社，2016.

图 书 资 源 支 持

感谢您一直以来对清华版图书的支持和爱护。为了配合本书的使用，本书提供配套的资源，有需求的读者请扫描下方的“书圈”微信公众号二维码，在图书专区下载，也可以拨打电话或发送电子邮件咨询。

如果您在使用本书的过程中遇到了什么问题，或者有相关图书出版计划，也请您发邮件告诉我们，以便我们更好地为您服务。

我们的联系方式：

地　　址：北京市海淀区双清路学研大厦 A 座 714

邮　　编：100084

电　　话：010-83470236　010-83470237

客服邮箱：2301891038@qq.com

QQ：2301891038（请写明您的单位和姓名）

资源下载：关注公众号“书圈”下载配套资源。

资源下载、样书申请

书圈

获取最新书目

观看课程直播